“十三五”国家重点出版物出版规划项目
面向可持续发展的土建类工程教育丛书
普通高等教育“十一五”国家级规划教材
21世纪高等教育建筑环境与能源应用工程系列教材

建筑设备工程CAD制图与识图

第4版

主编　于国清
参编　曹双华　王　非　吕　静
主审　寿炜炜　方修睦

机械工业出版社

本书系统地介绍了暖通空调、建筑给水排水、建筑电气工程的制图标准、识图方法、CAD 制图技巧及 BIM 建模技术。本书内容全面，资料丰富，几乎所有图形符号均采用英汉对照。本书共 9 章，分别介绍了常用的制图术语和 CAD 制图标准化体系，房屋建筑制图统一标准，暖通空调工程中的冷热源、供暖和空调通风工程的制图方法和技巧，建筑给水排水的制图，建筑消防工程制图，设备电路图的识图、照明工程和动力配电工程的制图方法，BIM 的概念和 Revit 建模技术等。

本书可作为高等院校建筑环境与能源应用工程专业以及相关专业的本科、高职高专“专业 CAD”“专业制图与识图”“BIM 建模技术”等课程的教材，或者课程设计的辅导资料，也可供暖通空调、给水排水、建筑电气工程设计、施工人员参考。

本书配有电子课件，免费提供给选用本书作为教材的授课教师，需要者根据书末的“信息反馈表”索取，或登录机械工业出版社教育服务网（www.cmpedu.com）注册，免费下载。

图书在版编目（CIP）数据

建筑设备工程 CAD 制图与识图/于国清主编. —4 版. —北京：机械工业出版社，2020.4

“十三五”国家重点出版物出版规划项目　面向可持续发展的土建类工程教育丛书　普通高等教育“十一五”国家级规划教材　21 世纪高等教育建筑环境与能源应用工程系列教材

ISBN 978-7-111-64632-7

Ⅰ.①建…　Ⅱ.①于…　Ⅲ.①房屋建筑设备-建筑制图-Auto CAD 软件-高等学校-教材　Ⅳ.①TU8-39

中国版本图书馆 CIP 数据核字（2020）第 011294 号

机械工业出版社（北京市百万庄大街 22 号　邮政编码 100037）
策划编辑：刘　涛　责任编辑：刘　涛
责任校对：刘雅娜　封面设计：陈　沛
责任印制：张　博
三河市宏达印刷有限公司印刷
2020 年 4 月第 4 版第 1 次印刷
184mm×260mm · 22.25 印张 · 588 千字
标准书号：ISBN 978-7-111-64632-7
定价：59.80 元

电话服务　　网络服务
客服电话：010-88361066　　机　工　官　网：www.cmpbook.com
010-88379833　　机　工　官　博：weibo.com/cmp1952
010-68326294　　金　书　网：www.golden-book.com

机工教育服务网：www.cmpedu.com

序

建筑环境与设备工程（2012年更名为建筑环境与能源应用工程）专业是教育部在1998年颁布的全国普通高等学校本科专业目录中将原“供热通风与空调工程”专业和“城市燃气供应”专业进行调整、拓宽而组建的新专业。专业的调整不是简单的名称的变化，而是学科科研与技术发展，以及随着经济的发展和人民生活水平的提高，赋予了这个专业新的内涵和新的元素，创造健康、舒适、安全、方便的人居环境是21世纪本专业的重要任务。同时，节约能源、保护环境是这个专业及相关产业可持续发展的基本条件。它们和建筑环境与设备工程（建筑环境与能源应用工程）专业的学科科研与技术发展总是密切相关，不可忽视。

新专业的组建及其内涵的定位，首先是由社会需求决定的，也是和社会经济状况及科学技术的发展水平相关的。我国的经济持续高速发展和大规模建设需要大批高素质的本专业人才，专业的发展和重新定位必然导致培养目标的调整和整个课程体系的改革。培养“厚基础、宽口径、富有创新能力”，符合注册公用设备工程师执业资格要求，并能与国际接轨的多规格的专业人才是本专业教学改革的目的。

机械工业出版社本着为教学服务，为国家建设事业培养专业技术人才，特别是为培养工程应用型和技术管理型人才做贡献的愿望，积极探索本专业调整和过渡期的教材建设，组织有关院校具有丰富教学经验的教师编写了这套建筑环境与设备工程（建筑环境与能源应用工程）专业系列教材。

这套系列教材的编写以“概念准确、基础扎实、突出应用、淡化过程”为基本原则，突出特点是既照顾学科体系的完整，保证学生有坚实的数理科学基础，又重视工程教育，加强工程实践的训练环节，培养学生正确判断和解决工程实际问题的能力，同时注重加强学生综合能力和素质的培养，以满足21世纪我国建设事业对专业人才的要求。

我深信，这套系列教材的出版，将对我国建筑环境与设备工程（建筑环境与能源应用工程）专业人才的培养产生积极的作用，会为我国建设事业做出一定的贡献。

陈在康

第4版前言

近年来，BIM 技术在工程建设领域得到了快速发展和广泛应用，掌握 BIM 技术已经成为土木建筑相关学科的重要技能。BIM 技术是 CAD 技术的升级和拓展，基于此，本次修订增加了 BIM 的相关内容。本版主要修订的内容有：

1）本版第 9 章，对 BIM 技术的基本概念以及应用现状进行了总体介绍，并通过多个实例介绍了应用 Revit 建立建筑、单体设备族、管路系统、设备机房等模型的方法和步骤。限于篇幅和自身水平，本书对 BIM 的介绍还很粗浅，只能抛砖引玉，读者还需要结合其他资料进行丰富和提高。

2）第 3 版第 9 章 国外工程图的识读，包括 ISO、美国、英国、日本相关标准的介绍，本版不再保留；需要相关内容的读者请参阅第 3 版的内容。

3）《房屋建筑制图统一标准》2017 版本，相较于 2010 版本变化不大，本书根据新标准的内容对第 2 章进行了相应修订。《暖通空调制图标准》《供热工程制图标准》《建筑给水排水制图标准》《建筑电气制图标准》仍为第 3 版所依据的版本，相关章节只对个别不妥之处进行了修订。

本书由上海理工大学的于国清、曹双华、王非、吕静多位教师合作完成。本次修订分工如下：于国清、吕静、曹双华共同完成第 9 章的编写；于国清、王非负责对第 7 章的修订；其他章节由于国清修订。全书由于国清主编、统稿并定稿。

本书由上海建筑设计研究院寿炜炜教授级高级工程师、哈尔滨工业大学方修睦教授审阅。在书稿的编写过程中，研究生顾赵季、刁竹正、李果、佘奉卓、王婉桐、杨斌、闫振业、杨高杰做了大量辅助工作。机械工业出版社的刘涛同志给予了大力协助。在此，一并致谢。由于退休、工作安排等原因，黄晨、李丽没有参加本版的修订，对于她们为本书做出的贡献，致以衷心的感谢。

本次修订涉及面广，限于自身水平，书中难免存在不妥之处，欢迎广大同仁和读者及时批评、指正。

主编联系方式：

地址：上海市杨浦区军工路 516 号 484 信箱

邮编：200093

邮箱：hvac4@ 163. com

于国清

第3版前言

本书第1版自2005年1月首次出版以来，得到了广大读者的支持和鼓励，国内已有多所院校和培训机构把它作为建筑环境与能源应用工程专业的专业制图教材，并且入选了教育部“普通高等教育‘十一五’国家级规划教材”。

2010年，我国发布了新修订的《房屋建筑制图统一标准》《暖通空调制图标准》《建筑给水排水制图标准》等国家标准以及行业标准《供热工程制图标准》，2012年《建筑电气制图标准》首次发布，本版主要根据新的制图标准对第2版的相关内容进行更新，其原有体系和风格基本保持不变。

为了提高本书的实用性，本版修订时以新标准为依据对制图方法进行重点介绍和讲解，同时也对旧标准和工程上的一些常用画法进行简要介绍，以期读者既能掌握新标准，也能阅读和理解已有的工程图样。本版主要修订的内容有：

1）新版《房屋建筑制图统一标准》中图幅、标题栏、字体、图线、图样画法的规定与旧标准相比有较大变化，并增加了图层、计算机制图文件组织等内容。新版《暖通空调制图标准》的图例和管道代号和旧标准相比有较大的变化，《供热工程制图标准》《建筑给水排水制图标准》与旧标准相比变化较小，只是局部进行了完善和更新。根据这些新标准分别对第2~6章、第8章的相关内容进行了修订和更新。

2）《建筑电气制图标准》属于首次发布，对建筑电气制图进行了较为全面的规定，在图线、图形符号、文字标注等多个方面，与原电气工程画法有较大不同，因此对第7章的总体结构做了一些调整，内容也有较多的增加、删减以及更新。

3）英国和美国制图标准此期间没有变化；ISO的暖通标准已经废止，但由于没有新的替代标准，本版仍予保留；日本的制图标准发生了很大变化，本版进行了相应修订。

本书由上海理工大学（于国清、黄晨、曹双华、王非）、青岛理工大学（李丽）的多位教师合作完成。本书编写分工如下：黄晨：5.1~5.4、9.4；曹双华：第8章、附录A；王非、于国清：第7章；李丽：2.7、3.4；其他章节由于国清修订。

全书由于国清主编、统稿并定稿。

本书由上海建筑设计研究院寿炜炜教授级高级工程师、哈尔滨工业大学方修睦教授审阅。在书稿的编写过程中，研究生贾新龙、左苹、唐永强、秦俊、丰振、张黎做了大量辅助工作。机械工业出版社的刘涛等同志给予了大力协助。在此，一并致谢。由于退休、出国等原因，金宁、詹咏、马国彬等没有参加本版的修订，对于他们对本书做出的贡献，致以衷心的感谢。

本次修订，对正文以及插图均进行了检查和更新，但由于涉及面广，内容繁杂，书中一定存在不妥、疏漏甚至错误之处，欢迎广大同仁和读者及时批评、指正。

作者联系方式：

地址：上海市军工路 516 号 484 信箱

邮编：200093

电话：021-55270275（办）

作　者

第2版前言

本书自2005年1月出版以来，得到了广大读者的支持和鼓励，国内已经有多所院校把它作为建筑环境与设备工程的专业制图教材，并且入选教育部“普通高等教育‘十一五’国家级规划教材”。根据这几年来教材的实际使用情况，新版教材主要修订的内容有：

1）增加了建筑图的识读知识。建筑图的识图是机电设计和施工的一个基础，本版在第2章中增加了相关内容。

2）增加了设备本体图的识读和绘制。在建筑设备工程的设计和施工过程中，必须了解设备本身的特征和形状，因此第2版在第3章中专门增加了一节，介绍制冷机、锅炉、泵、风机等常见设备的识图和绘制。

3）增加了工业通风方面的内容。教材的第1版详细讲述了空调的风系统和水系统的制图方法，基本没有涉及工业通风和除尘方面的制图，第2版在第5章增加了工业通风一节。

4）增加了消防工程的制图和识图，包括消防给水、防火排烟、火灾报警等多项内容。消防工程是大型建筑十分重要的一个部分，本次修订把消防工程单独作为一章（第8章，原第8章改为第9章）进行介绍，并增加了AutoCAD中图纸布局功能使用方法的介绍。

5）美国在2005年出台了新的暖通空调制图标准，因此在第2版中将这部分的内容进行了更新。

其他内容基本没有改变，第2版基本上维持了第1版的风格和体系。本书由上海理工大学（于国清、黄晨、曹双华、金宁、詹咏）、同济大学（马国彬）、青岛理工大学（李丽）的多位教师合作完成。本次修订分工如下：黄晨：5.4、9.4；曹双华：第8章；马国彬：5.5，9.3；李丽：2.7，3.4；金宁：附录C；詹咏：6.1、6.3、6.4和附录B；其他章节由于国清编写。

全书由于国清主编、统稿并定稿。

本书由上海建筑设计研究院寿炜炜教授级高级工程师和哈尔滨工业大学方修睦教授审阅。在书稿的编写过程中，得到了王瑾、李玉洁、叶海等同志的帮助。研究生汤金华、高钢烽、申肖肖也做了许多辅助工作。同时，本书在编写过程中，借鉴了一些相关教材和文献中的资料，在此，一并致谢。

由于本教材涉及面很广，常常有一种力不从心的感觉，书中一定存在不妥、疏漏或错误之处，欢迎业内专家和广大读者及时批评、指正。

作　者

第1版前言

为了培养学生的制图和识图能力，许多院校开设了“专业制图与识图”课程。1998年教育部在新的专业目录中将原来的“供热通风与空调工程”与“燃气工程”专业合并，调整为“建筑环境与设备工程”专业。调整后，专业面有所拓宽，增加了建筑给水排水和建筑电气方面的内容。2001年，国家发布了新的建筑系列制图标准，目前，基于新标准的制图教材尚不多，能够完整地覆盖建筑环境与设备专业各主要工程方面的制图教材更少。

随着CAD的普及和深入，CAD已经成为工科大学生必须掌握的技术。许多建筑设备专业的学生以及工程技术人员，CAD制图效率不高，绘制的工程图不够规范。如何将CAD制图技术与专业制图相结合，提高效率和标准化水平，成为当前制图课程的一个重要内容。

中国进入WTO后，工程界与国外的交流与合作越来越多，因此要求学生不但能够读懂国内的工程图，并且也要具备一定的海外工程图的识读和制作能力。但是，介绍海外工程制图标准的文献资料很少。

基于上述背景，作者结合自己近几年的教学实践，尝试本着“立足中国，面向世界，介绍建筑环境与设备工程相关的制图和识图，同时将CAD技术融入其中”的思路来进行《建筑设备工程CAD制图与识图》的教材建设。因此，本书中，几乎所有的图形符号都采用了英汉对照，大多数章都有一节专门论述相关的CAD实现技术。2002年初，该教材列入“上海市教育委员会高校重点教材建设项目”，并获得资助。2004年该教材又有幸列入机械工业出版社“21世纪高等教育建筑环境与设备工程系列规划教材”。

本书制图和识图的内容主要包括三个方面：暖通空调工程（包括冷热源工程、采暖工程、空调通风工程），建筑给水排水工程，建筑电气工程。本书编写分工如下：于国清：第1~4章、5.5、6.2、6.5、7.3、7.6、8.1、8.2和附录A；黄晨：5.1~5.4、8.4；詹咏：6.1、6.3、6.4和附录B；金宁：7.1和附录C，与于国清合作完成7.2；马国彬：8.3；周恩泽：7.4、7.5。

全书由于国清主编、统稿并定稿。

本书由上海建筑设计研究院寿炜炜教授级高级工程师和哈尔滨工业大学方修睦教授审阅，并提出了许多意见和建议，使本书的质量有了很大的提高。

在书稿的编写过程中，得到了孟凡兵、吴学君、赵伟、叶海等同志的大力帮助。研究生陈朋、王小兵、于昌勇也做了大量辅助工作。机械工业出版社的同志也给予了大力协助。同时，本书在编写过程中，借鉴了一些相关教材和文献中的资料。在此，一并致谢。

由于编写专业CAD制图教材是作者的首次尝试，而且教材涉及多个工程方面，多个标准化组织，多种语言；标准的发布和修订又是一个动态过程；加之时间紧促、作者水平和能力所限，书中一定存在不妥、疏漏或错误之处，欢迎业内专家和广大读者将使用过程中发现的纰漏和错误及时反馈给作者，也欢迎各位同仁积极提供建设性意见或建议，以提高本书的质量，不胜感激。

于国清

目录

CONTENTS

第 1 章 绪论

制图标准化的一个重要方面是术语的标准化。本章首先介绍一些常用的投影术语的含义，以及常用的图样种类术语，然后介绍 CAD 制图的标准化体系和国际上比较有影响的几个标准化组织。

1.1 投影基本术语

（1）中心投影法（central projection method） 投射线汇交于一点的投影法（图 1-1）。

（2）平行投影法（parallel projection method） 投射线相互平行的投影法（图 1-2）。

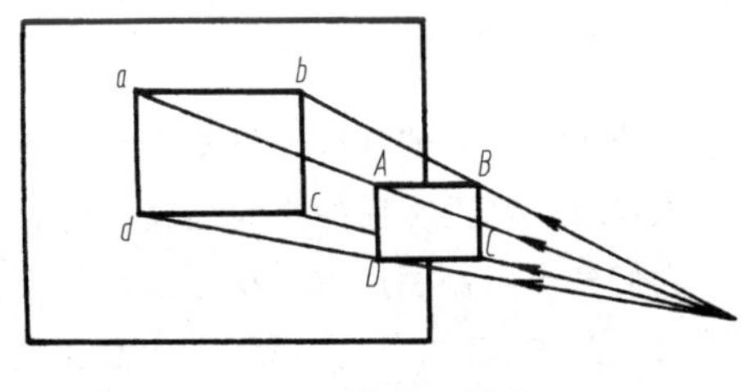

图 1-1 中心投影

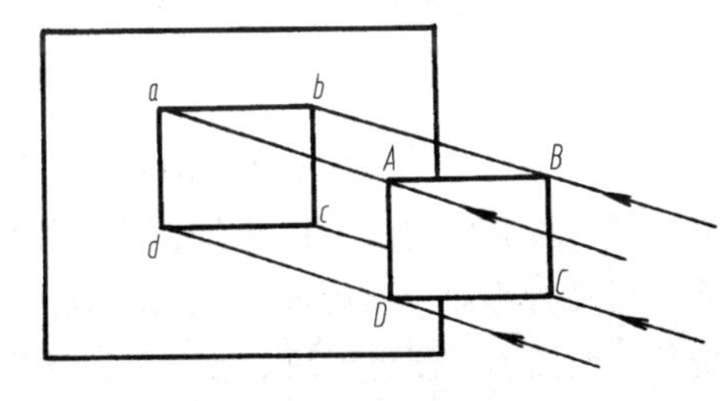

图 1-2 平行投影

（3）斜投影法（oblique projection method） 投射线与投影面相倾斜的平行投影法（图 1-3）。

（4）正投影法（orthogonal projection method） 投射线与投影面（projection plane）互相垂直的平行投影法（图 1-4）。

（5）透视图（perspective projection） 用中心投影法将物体投射在单一投影面上所得到的图形。

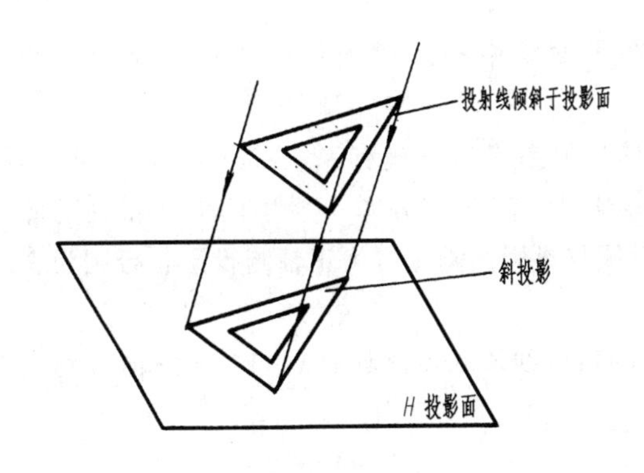

图 1-3 斜投影

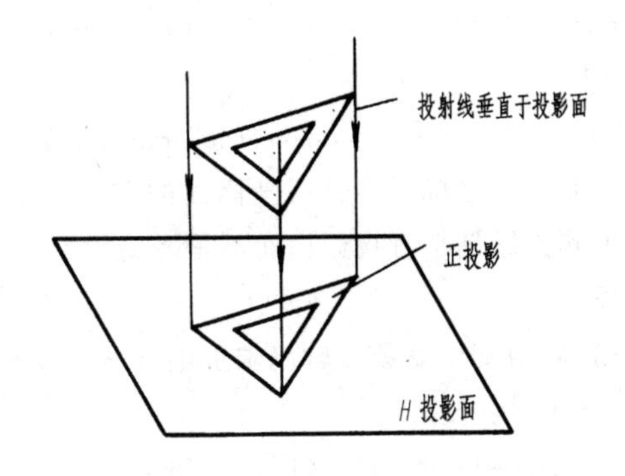

图 1-4 正投影

（6）分角（quadrant） 用水平和垂直的两投影面将空间分成的各个区域。分角的划分如图 1-5 所示。

（7）视图（view） 根据有关标准和规定，用正投影法所绘制出的物体的图形。图 1-6 中各投影方向所得视图分别为：*A*，主视图或前视图（principal view/front view）；*B*，俯视图（top view）；*C*，左视图（left view）；*D*，右视图（right view）；*E*，仰视图（bottom view）；*F*，后视图（rear view）。

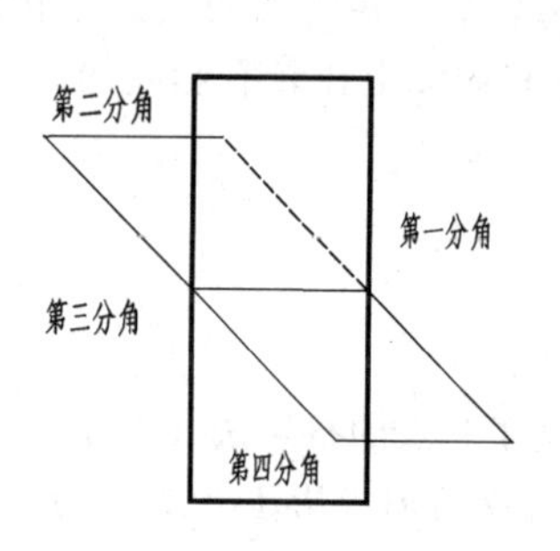

图 1-5 分角示意

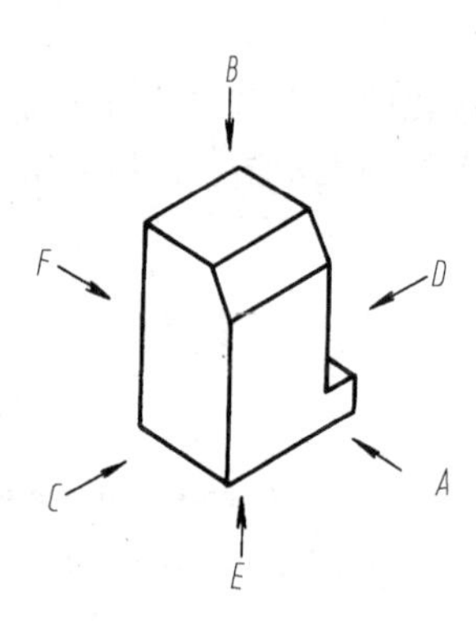

图 1-6 投影方向示意图

（8）第一角画法（first angle method） 将物体置于第一分角内，并使其处于观察者与投影面之间而得到正投影的方法。其投影示意如图 1-7a 所示，首先以 *F*、*C* 投影面的交线为轴，将 *F* 投影面旋转到 *C* 投影面，然后再将 *B*、*C*、*D*、*E* 各投影面以它们各自与制图面（*A* 投影面）的交线为轴旋转到制图面，便得到图 1-7b。可以这样简单记忆，第一角画法时，以主视图为中心，左视图在右。我国规定一般使用第一角画法，其识别符号（图 1-7c）可以省略。

（9）第三角画法（third angle method） 将物体置于第三分角内，并使投影面处于观察者与物体之间而得到正投影的方法，如图 1-8 所示。采用第一角画法和第三角画法所得相应的视图完全相同，但视图的放置位置不同。第三画法时，以主视图为中心，左视图在左，右视图在右和第一分角画法正好相反。我国国标规定，当使用第三角画法时，必须给出识别符号（图 1-8c）。美国、日本等国主要使用第三角画法。在阅读设备样本上的视图时，首先要弄清它采用的是哪种画法。

（10）镜像投影（reflective projection） 物体在平面镜中的反射图像的投影，见第 2 章图 2-13。

（11）轴测投影（axonometric projection） 将物体连同参考直角坐标系（coordinates），沿不平行于其参考坐标系中任一坐标面的方向，用平行投影法将其投射在单一投影面上所得到的图形。轴测投影是平行投影，而不是透视投影。当投射线与投影面垂直时为正轴测投影，否则为斜轴测投影。

1）轴向变形系数：轴测轴上的线段与坐标轴上的对应线段长度之比，*X*、*Y*、*Z* 三向分别用 *p*、*q*、*r* 表示。

2）轴间角：轴测轴之间的夹角。

各种投影法的关系参见图 1-9。

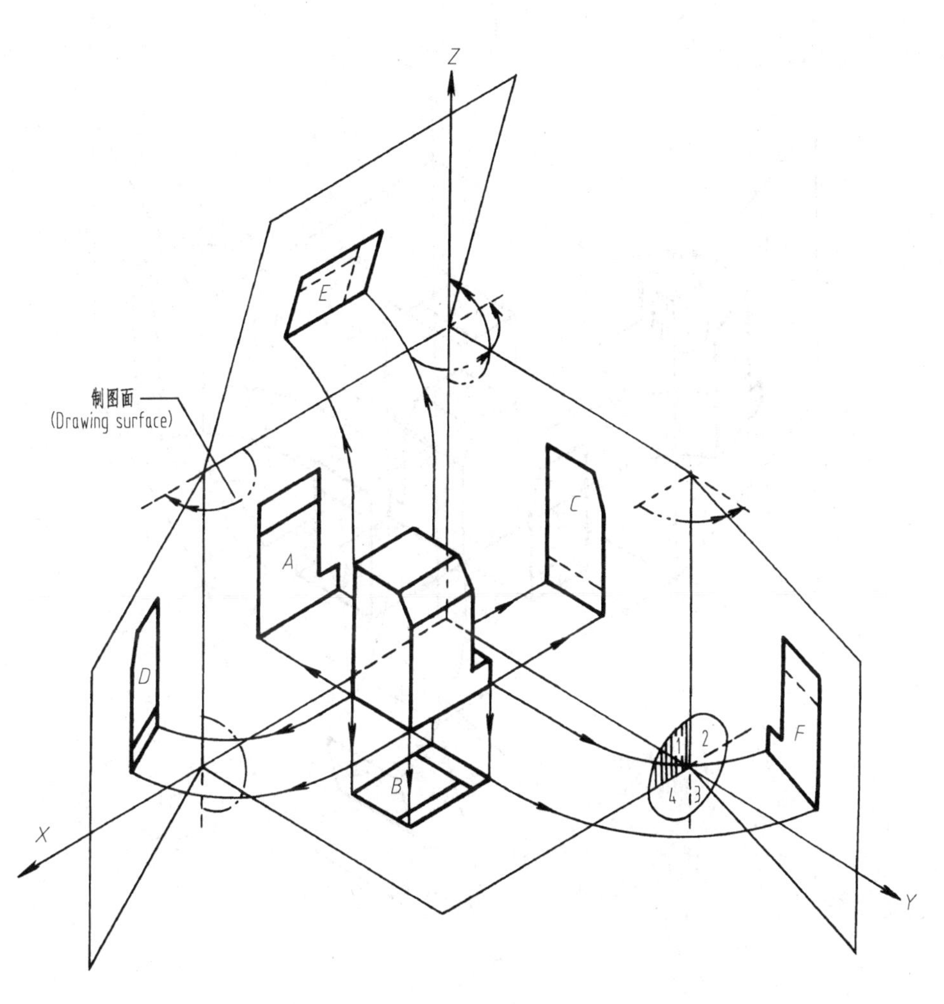

a）投影示意

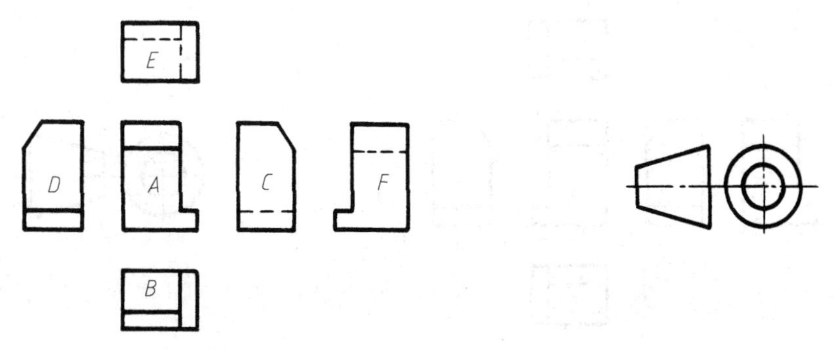

b）视图配置

c）识别符号

图 1-7　第一角画法

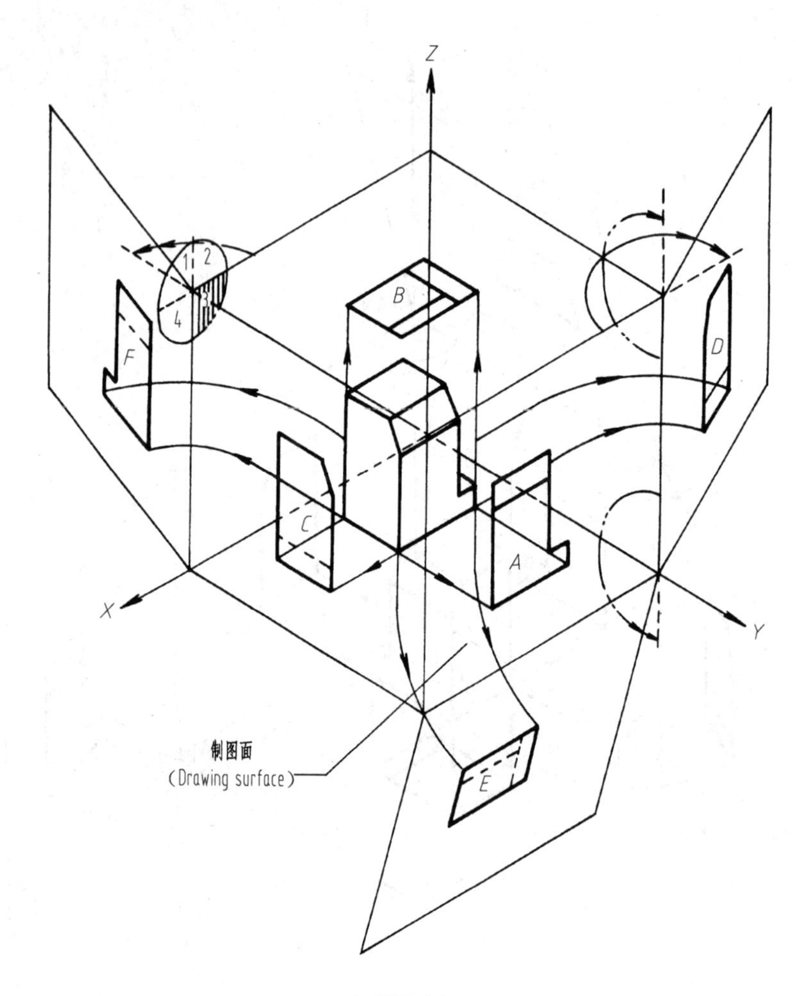

a）投影示意

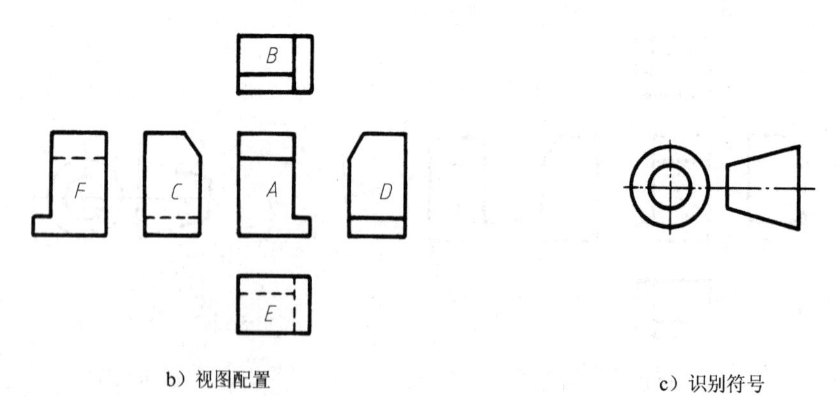

b）视图配置

c）识别符号

图 1-8 第三角画法

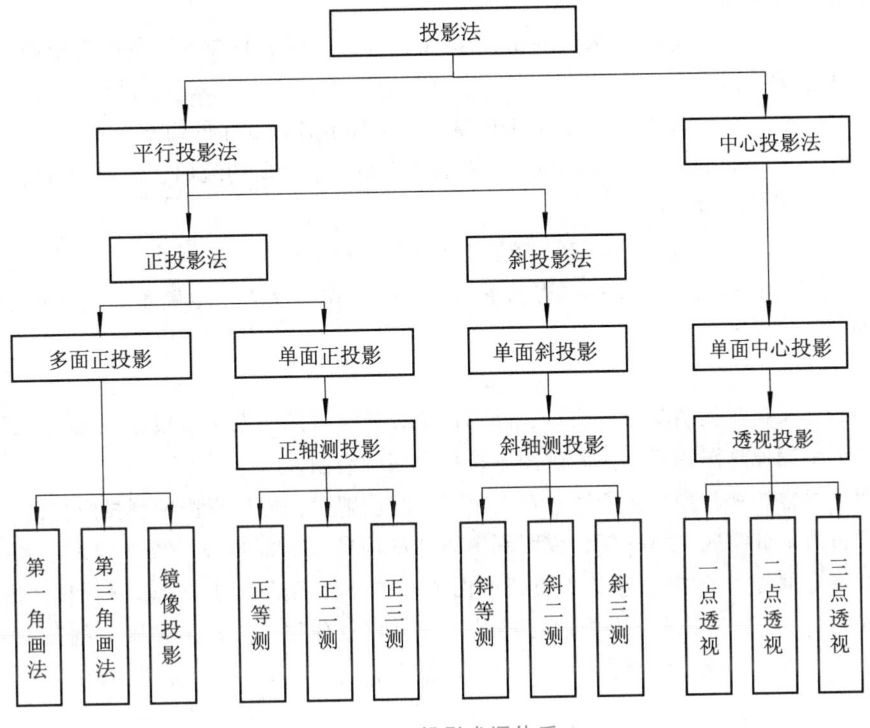

图 1-9 投影术语体系

1.2 图的种类术语

（1）平面图（plan） 建筑物、构筑物等在水平投影上所得的图形。

（2）立面图（elevation） 建筑物、构筑物等在直立投影上所得的图形。

（3）总平面图/总布置图（general plan） 表示特定区域的地形和所有建（构）筑物等布局以及邻近情况的平面图样。

（4）方案图（conceptual drawing） 概要表示工程项目或产品的设计意图的图样。

（5）施工图（production drawing） 表示施工对象的全部尺寸、用料、结构、构造以及施工要求，用于指导施工的图样。

（6）竣工图（as-built drawing / recording drawing） 在施工完成后，记录具体施工细节的图样。

（7）外形图（figuration drawing） 表示产品外形轮廓的图样。

（8）安装图（installation drawing） 表示设备、构件等安装要求的图样。

（9）详图（detail） 表明生产过程中所需要的细部构造、尺寸及用料等全部资料的详细图样。

（10）局部放大图（drawing of partial enlargement） 将图样中所表示的物体部分结构，用大于原图形的比例所绘出的图形。

（11）剖面图和断面图（section and cut） 采用一个假想平面，将需要表达清楚的部位剖开，并把处在观察者和剖切平面之间的物体移去，把留下的物体重新向投影面投影，所得到的图形。机械制图中通常称为剖视图。如果只绘制剖切平面和形体接触到的那一部分图形，为断面图。机械制图中，也称作断面图。

(12) 原理图（schematic diagram/elementary diagram） 表示系统、设备的工作原理及其组成部分的相互关系的简图。

(13) 流程图（flow diagram） 表示生产事务各个环节进行顺序的简图。

(14) 系统图（piping system drawing） 表示管道系统中介质的流向、流经的设备，以及管件等连接、配置状况的图样。

(15) 轴测图（axonometric view） 将某物体用轴测投影向某平面投影得到的图样。

(16) 电路图（circuit diagram） 用图形符号，按工作顺序表示电路设备装置的组成和连接关系的简图。

说明：

原理图的含义比流程图要深、要广，既可用于设备也可用于系统。根据概念本身的含义和行业习惯，本书采用原理图的概念。原理图不按投影规则绘制。

系统图，通常按轴测投影法绘制；在不至于引起误解时，也可不按轴测投影规则绘制。通常工程图名称由两部分组成：第一部分说明制图表达的内容（它既可以是整个建筑、系统或设备，也可以是其某个部分或子项），第二部分说明图的种类（即表达的方法，如平面图、断面图、轴测图、原理图）。由于“系统”的概念已经被工程界广泛使用，通常用来限定描述的某个范畴，例如空调系统、供暖系统，而所有相关图样都是在定义或描述某个系统，“系统”就不宜再用来限定图的种类，否则容易使人概念不清。因此，本书不使用“系统图”的概念，并这样约定：当某系统的图样采用轴测投影进行表达时，称之为某系统轴测图（而不是某系统图）；当不按投影规则进行表达时，称之为某系统原理图。

1.3 制图的标准化体系

工程图是工程技术界交流的语言，其标准化十分重要，各国都很重视，制图的标准化是整个标准化体系的重要组成部分。但由于历史的原因，各个国家、各行业的表达习惯又都不尽相同，因此目前的工程制图还远没有“天下一统”，给工程的交流带来了许多困难。

我国的标准化工作由国家标准化管理委员会（Standardization Administration of China，SAC）负责，其下设 260 个专业委员会，网址为 http：//www. sac. org. cn。我国国家标准代号为 GB，由国家质量监督检验检疫总局发布。从组织形式上，我国的标准化体系为国家标准、行业标准、企业标准。除国家标准外，许多行业设有自己的行业标准，例如机械行业、建设行业等都制定了大量的标准、规范。许多国家标准是由行业标准上升而来，另外也有一些国家标准是直接采用国际标准或发达国家的标准，这样可以缩短我国的标准化进程，迅速与国际接轨。许多企业也有自己的企业标准。

一部标准的完整表示一般包括标准化组织、标准代号、发布年号三部分，例如：我国《房屋建筑制图统一标准》表示为“GB/T 50001—2017”，其中 GB 为我国国家标准的代号，50001 为该标准在国标中的编号，2017 为发布时间，/T 表示该标准为推荐性标准，否则为强制性标准，必须执行。又如，Technical drawings—General principles of representation—Part 21 Preparation of lines by CAD systems 的代号为“ISO 128-21：1997”，这是 ISO 发布的标准，是 128 号的第 21 部分，1997 年发布。

1.3.1 技术制图的标准化体系

技术制图标准体系是整个标准化体系的一个子项，它可以分为四个层次，如图1-10所示。

（1）基础标准 它主要涉及有关标准制定的一般规定和管理方法，是整个标准化体系中的各个子项都遵守的一般规定。

（2）技术制图的一般规定 如制图工具，制图术语，制图通则，有关图纸的幅面、比例、字体、投影法的内容就是属于这一层次。

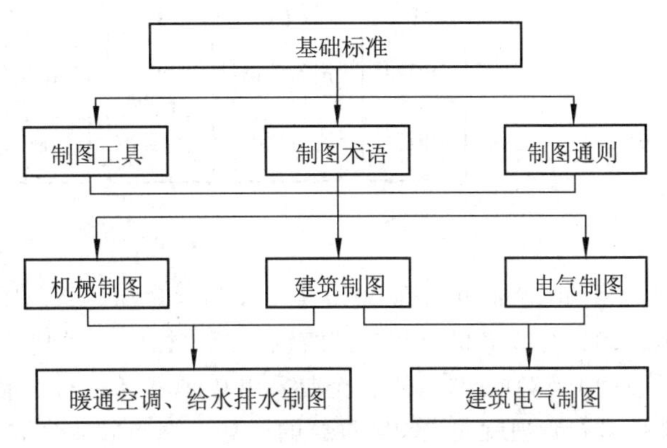

图1-10 技术制图标准体系

（3）制图大类标准 由于表达内容的差异和历史原因，主要分为三大类：机械制图、建筑制图和电气制图。这些制图标准就各自行业制图的一般内容进行了规定。例如，《房屋建筑制图统一标准》规定了建筑制图时的图纸幅面、比例、字体、投影方法、视图布置、尺寸标注等一般性问题。机械制图标准中则规定了管路系统的表达方法和图形符号。

（4）专业制图标准 这是工程制图时具体依据的标准。由于具体专业涉及多方面的内容，因此其制图标准往往跨越大类。例如，《暖通空调制图标准》《建筑给水排水制图标准》是综合机械制图中的管路系统表达方法、图形符号与建筑制图统一标准而制定的；建筑电气制图标准则是结合房屋建筑制图标准和电气制图标准而制定的。

我国现行与建筑制图相关的标准有：

1）GB/T 50001—2017《房屋建筑制图统一标准》（Unified standard for building drawings）。

2）GB/T 50103—2010《总图制图标准》（Standard for general layout drawings）。

3）GB/T 50104—2010《建筑制图标准》（Standard for architectural drawings）。

4）GB/T 50105—2010《建筑结构制图标准》（Standard for structural drawings）。

5）GB/T 50106—2010《建筑给水排水制图标准》（Standard for water supply and drainage drawings）。

6）GB/T 50114—2010《暖通空调制图标准》（Standard for heating, ventilation and air conditioning drawings）。

7）GB/T 50786—2012《建筑电气制图标准》（Standard for building electricity drawings）。

8）CJJ/T 78—2010《供热工程制图标准》（Drawing standard of heat-supply engineering）。

1.3.2 CAD制图的标准化体系

目前，CAD的应用越来越广泛和深入，其取代传统的手工制图已是历史的必然。CAD的应用使图样的交流和共享程度大大提高，因此其标准化也更重要。目前，我国已经发布了GB/T 17304—2009《CAD通用技术规范》，其规定了CAD软件开发、技术应用以及一致性测试的标准化范围和应该采用的标准，并给出了CAD标准化体系表，该表的总体结构见图1-11，目前该体系中有的相关标准已经发布，有的尚在制定之中。这里只对技术制图和文件管理进行介绍。

CAD技术制图主要包括三部分：机械CAD制图、建筑CAD制图、电气CAD制图。相关的标准分别为GB/T 14665—2012《机械工程CAD制图规则》、GB/T 18112—2000《房屋建筑CAD制图统一规则》和GB/T18135—2008《电气工程CAD制图规则》。《房屋建筑CAD制图统一规

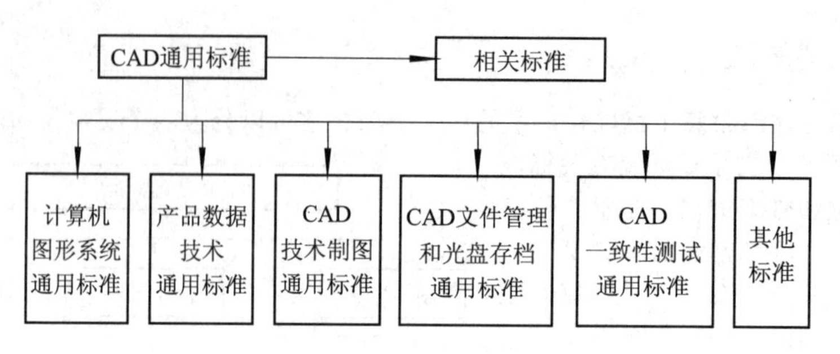

图 1-11 CAD 标准化体系

则》目前已经废止，在 2010 年发布的《房屋建筑制图统一标准》中增加了计算机制图的相关规定，2017 年发布的《房屋建筑制图统一标准》对其进行了完善。

（1）CAD 文件管理　企业采用 CAD 技术进行产品设计以后，如何对设计过程中的 CAD 电子文件进行管理就成了非常重要的问题。原有技术图样的管理规定和标准已经不再适用，特别是产品数据管理（PDM）系统更需要新的标准。如果企业忽视这一问题，后果不堪设想。我国制定了 GB/T 17825—1999 CAD 文件管理标准，该标准共有 10 个分标准，对于当前 CAD 文件管理的一些问题做出了具体的规定。该标准共包括 10 个部分：总则、基本格式、编号原则、编制规则、基本程序、更改规则、签署规则、标准化审查、完整性、存储与维护。

（2）CAD 光盘存档　企业的信息技术应用对电子格式的技术性文件存档提出了新的要求，容量大的光盘是非常理想的介质。但是，采用光盘存档也会产生新的不安全因素，如光盘偶然损坏问题，盘片的存放期限问题，光盘信息兼容性问题，纸介质存档向光盘存档的逐渐过渡问题等。在长期存档的情况下，还会有电子文件的读取浏览软件的更新问题，这会造成老版本的文件不能正确读出。为此，国家质量技术监督局会同国家档案局共同组织制定了以下标准：

1）GB/T 17678.1—1999《CAD 电子文件光盘存储、归档与档案管理要求　第一部分：电子文件归档与档案管理》。企业的 CAD 电子文件档案管理工作要遵守这一标准。光盘档案存储和管理系统的开发也要符合标准中规定的有关归档流程和管理方面的内容。

2）GB/T 17678.2—1999《CAD 电子文件光盘存储、归档与档案管理要求　第二部分：光盘信息组织结构》。主要解决光盘中存储信息的兼容性问题，光盘档案存储管理系统的开发要遵守这一标准，以保证写入光盘的信息在不同的光盘存档管理系统中都能够读出。

3）GB/T 17679—1999《CAD 电子文件光盘存储归档的一致性测试》。主要解决 CAD 光盘存储系统是否符合标准的问题，按照该标准的要求，CAD 光盘存储系统应该通过有关测试实验室的测试。

1.3.3 国外标准化组织简介

1. ISO：国际标准化组织（International Organization for Standardization）

国际标准化组织是世界上最大的非政府性标准化专门机构，它在国际标准化中占主导地位。ISO 的主要活动是制定国际标准，协调世界范围内的标准化工作，组织各成员国和技术委员会进行情报交流，以及与其他国际性组织进行合作，共同研究有关标准化问题。随着国际贸易的发展，对国际标准的要求日益提高，ISO 的作用也日趋扩大，世界上许多国家对 ISO 也越加重视。网址为 http：//www.iso.org。

2. ANSI：美国国家标准学会（American National Standards Institute）

美国国家标准学会是非营利性质的民间标准化团体，但它实际上已成为美国国家标准化中心，美国各界标准化活动都围绕它进行。ANSI协调并指导美国全国的标准化活动，给标准制定、研究和使用单位提供帮助，并提供国内外标准化情报。同时，它又起着行政管理机构的作用。网址为http：//www. ansi. org。

3. BSI：英国标准学会（British Standards Institution）

英国标准学会是世界上最早的全国性标准化机构，它不受政府控制，但得到了政府的大力支持。BSI制定和修订英国标准，并促进其贯彻执行。网址为http：//www. bsi-global. com。

4. DIN：德国标准化学会（Deutsches Institut fur Normung）

DIN是德国的标准化主管机关，是作为全国性标准化机构参加国际和区域标准化组织的非政府性标准化机构。DIN是一个经注册的私立协会，大约有6000个工业公司和组织为其会员。目前设有123个标准委员会和3655个工作委员会。DIN于1951年参加国际标准化组织。DIN还是欧洲标准化委员会、欧洲电工标准化委员会（CENELEC）和国际标准实践联合会（IFAN）的积极参加者。网址为http：//www2. din. de。

5. JIS：日本工业标准调查会（Japanese Industrial Standard）

日本工业标准调查会成立于1946年2月，隶属于通产省工业技术院。它由总会、标准会议、部会和专门委员会组成。标准会议下设29个部会，负责审查部会的设置与废除，协调部会间工作，负责管理调查会的全部业务和制订综合计划。各部会负责最后审查在专门委员会会议上通过的JIS标准草案。专门委员会负责审查JIS标准的实质内容。网址为http：//www. jsa. or. jp。

6. IEC：国际电工委员会（International Electrotechnical Commission）

IEC是世界上成立最早的非政府性国际电工标准化机构，是联合国经济与社会理事会（ECOSOC）的甲级咨询组织。目前IEC成员国包括了绝大多数的工业发达国家及一部分发展中国家。IEC的宗旨：促进电工标准的国际统一和电气、电子工程领域中标准化及有关方面的国际合作，增进各国的相互了解。网址为http：//www. iec. ch。

7. ASME：美国机械工程师协会（American Society of Mechanical Engineers）

美国机械工程师协会成立于1881年12月24日，会员约693000人。ASME主要从事发展机械工程及其有关领域的科学技术，制定机械规范和标准。ASME是ANSI五个发起单位之一。ANSI的机械类标准，主要由它协助提出，并代表美国国家标准委员会技术顾问小组，参加ISO的活动。网址为http：//www. asme. org。

本书主要讲述我国建筑设备工程CAD制图所涉及的房屋建筑制图统一标准，暖通空调（包括供暖、空调通风及其冷热源）、建筑给水排水、建筑电气的相关制图标准、识图方法及相关的CAD实现技术。同时简要介绍ISO、美国、英国、日本等建筑设备工程相关的制图标准。读者在学习时首先要紧密结合实例来学习制图和识图方法，然后要拿出一定时间进行CAD上机实践，掌握CAD制图技巧。

第 2 章

2

房屋建筑制图统一标准

GB/T 50001—2017《房屋建筑制图统一标准》，为推荐性国家标准。该标准是房屋建筑制图的基本规定，适用于总图、建筑、结构、给水排水、暖通空调、电气等各专业制图，适用于以计算机制图和手工制图方式绘制的图样。它适用于各专业下列工程制图：

1）新建、改建、扩建工程的各阶段设计图、竣工图。

2）既有建筑物、构筑物和总平面的实测图。

3）通用设计图、标准设计图。

本章主要介绍《房屋建筑制图统一标准》中对制图的各项规定；同时根据《建筑制图标准》和《建筑结构制图标准》的规定，介绍一些常用的建筑和建筑材料的图例及建筑图的识读方法；最后介绍如何在 AutoCAD 中进行定制，实现制图标准化。

2.1 图纸规格

2.1.1 图纸幅面规格

1）图纸幅面（format）及图框（border）尺寸（size）应符合表 2-1 所示的规定及图 2-1~图 2-4 所示的格式。

2）需要微缩复制的图纸，其一条边上应附有一段准确米制尺度，四个边上均附有对中标志，米制尺度的总长应为 100mm，分格应为 10mm。对中标志应画在图纸各边长的中点处，线宽应为 0.35mm，并伸入内框边，在框外为 5mm。对中标志的线段，于 l_1 和 b_1 范围取中。

表 2-1　图纸幅面的尺寸　（单位：mm）

尺寸代号 \ 幅面代号	A0	A1	A2	A3	A4
$b \times l$	841×1189	594×841	420×594	297×420	210×297
c	10			5	
a	25				

注：表中 b 为幅面短边尺寸，l 为幅面长边尺寸，c 为图框线与幅面线间宽度，a 为图框线与装订线间宽度。

3）图纸的短边一般不应加长，A0~A3 幅面长边尺寸可加长，但应符合表 2-2 的规定。

4）图纸以短边作为垂直边称为横式，以短边作为水平边称为立式。一般 A0~A3 图纸宜横式使用；必要时，也可立式使用。

5）一个工程设计中，每个专业所使用的图纸，一般不宜多于两种幅面，目录及表格所采用的 A4 幅面不计入在内。

表 2-2 图纸幅面的加长尺寸 （单位：mm）

幅面尺寸	长边尺寸	长边加长后尺寸
A0	1189	1486 1783 2080 2378
A1	841	1051 1261 1471 1682 1892 2102
A2	594	743 891 1041 1189 1338 1486 1635 1783 1932 2080
A3	420	630 841 1051 1261 1471 1682 1892

注：有特殊需要的图纸，可采用 $b \times l$ 为 841mm×891mm 与 1189mm×1261mm 的幅面。

2.1.2 标题栏

图纸的标题栏（title block）及装订边的位置，应符合下列规定：

1）横式使用的图纸，可按图 2-1 和图 2-2 所示的形式布置，其标题栏也可采用图 2-3 所示的横式通栏形式；立式使用的图纸，可按图 2-3 和图 2-4 所示的形式布置，其标题栏也可采用图 2-1 所示的立式通栏形式。

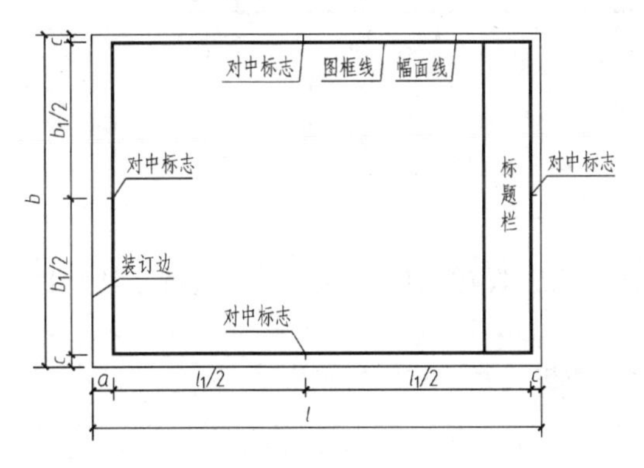

图 2-1 A0～A3 横式幅面（一）

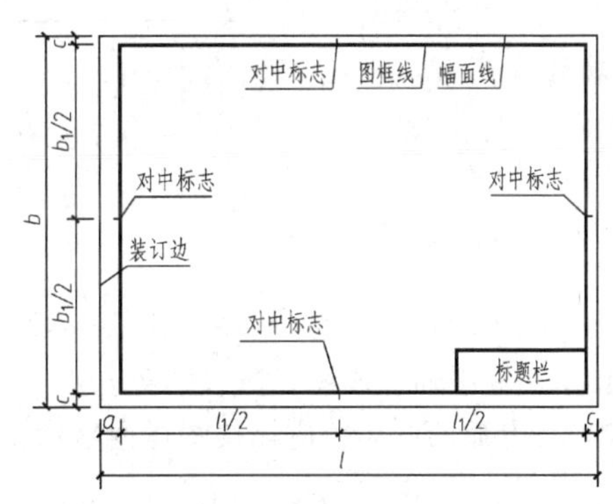

图 2-2 A0～A3 横式幅面（二）

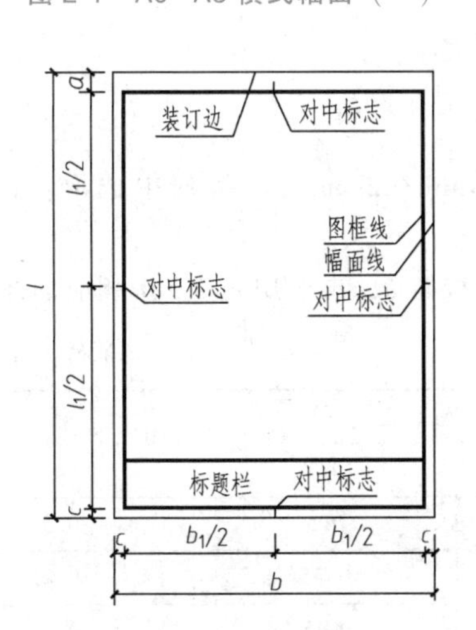

图 2-3 A0～A4 立式幅面（一）

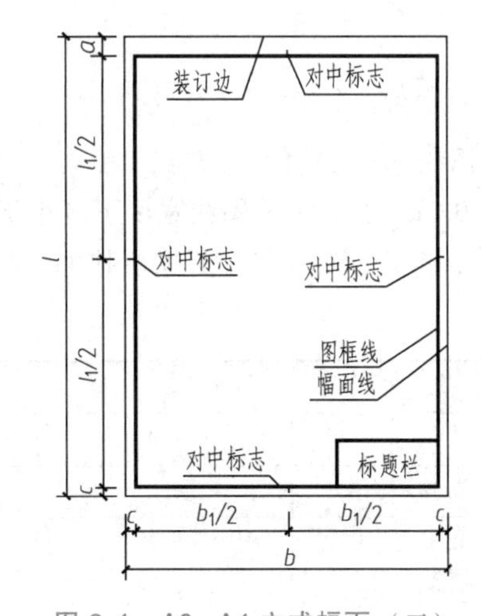

图 2-4 A0～A4 立式幅面（二）

2）标题栏可按图 2-5 所示，根据工程需要选择确定其尺寸、格式及分区。签字区应包含实名列和签名列。涉外工程的标题栏内，各项主要内容的中文下方应附有译文，设计单位的上方或左方，应加“中华人民共和国”字样。

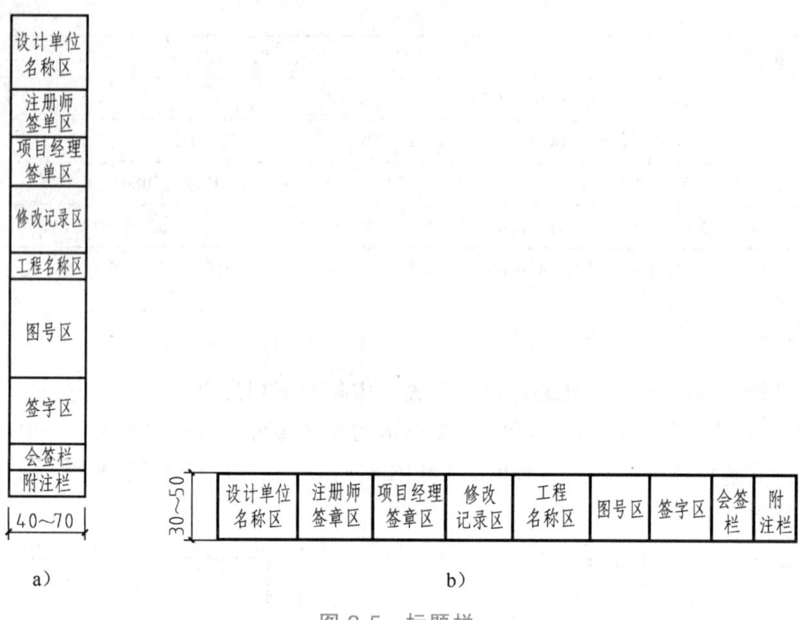

图 2-5 标题栏

2.1.3 图样编排顺序

1）工程图样应按专业顺序编排。一般应为图样目录、设计说明、总图、建筑图、结构图、给水排水图、暖通空调图、电气图等。

2）各专业的图样，应该按图样内容的主次关系、逻辑关系，有序排列。

2.2 图线、字体与比例

2.2.1 图线

1）图线（line）的宽度 b，宜从下列线宽（line width/thickness）系列中选取：1.4mm、1.0mm、0.7mm、0.5mm 图线宽度不应小于 0.1mm。

每个图样，应根据复杂程度与比例大小，先选定基本线宽 b，再选用表 2-3 中相应的线宽组。

表 2-3 线宽组 （单位：mm）

线宽比	线宽组			
b	1.4	1.0	0.7	0.5
$0.7b$	1.0	0.7	0.5	0.35
$0.5b$	0.7	0.5	0.35	0.25
$0.25b$	0.35	0.25	0.18	0.13

注：1. 需要缩微的图样，不宜采用 0.18mm 及更细的图线。
2. 同一张图样内，各不同线宽中的细线，可统一采用较细的线宽组的细线。

2）工程建设制图，应选用表 2-4 所示的图线。

3）同一张图样内，相同比例的各图样，应选用相同的线宽组。

4）图样的图框和标题栏线，可采用表 2-5 所示的线宽。

5）相互平行的图线，其间隙不宜小于其中的粗线宽度，且不宜小于 0.2mm。

6）虚线、单点长画线或双点长画线的线段长度和间隔，宜各自相等。

7）单点长画线或双点长画线，当在较小图形中绘制有困难时，可用实线代替。

8）单点长画线或双点长画线的两端，不应是点。点画线与点画线交接或点画线与其他图线交接时，应是线段交接。

表 2-4　线型（types of line）

名称		线型	线宽	一般用途
实线 continuous	粗		b	主要可见轮廓线
	中粗		$0.7b$	可见轮廓线、变更云线
	中		$0.5b$	可见轮廓线、尺寸线
	细		$0.25b$	图例填充线、家具线
虚线 dashed	粗		b	见各有关专业制图标准
	中粗		$0.7b$	不可见轮廓线
	中		$0.5b$	不可见轮廓线、图例线
	细		$0.25b$	图例填充线、家具线
单点长画线 long dashed dotted	粗		b	见各有关专业制图标准
	中		$0.5b$	见各有关专业制图标准
	细		$0.25b$	中心线、对称线、轴线等
双点长画线 long dashed double-dotted	粗		b	见各有关专业制图标准
	中		$0.5b$	见各有关专业制图标准
	细		$0.25b$	假想轮廓线、成型前原始轮廓线
折断线（break line） lines with zigzags			$0.25b$	断开界线
波浪线 continuous freehand			$0.25b$	断开界线

表 2-5　图框和标题栏的线宽　（单位：mm）

幅面代号	图框线	标题栏外框线	标题栏分格、会签栏线
A0、A1	b	$0.5b$	$0.25b$
A2、A3、A4	b	$0.7b$	$0.35b$

9）虚线与虚线交接或虚线与其他图线交接时，应是线段交接。虚线为实线的延长线时，不得与实线连接。

10）图线不得与文字、数字或符号重叠、混淆，不可避免时，应首先保证文字等的清晰。

2.2.2　字体

字体（lettering）是指图中文字、字母、数字的书写形式。

1）文字的字高，如果采用中文矢量字体，应从 3.5mm、5mm、7mm、10mm、14mm、20mm 中选用；如果采用 True type 或者非中文矢量字体，应从 3mm、4mm、6mm、10mm、14mm、20mm 中选取；如需书写更大的字，其高度应按$\sqrt{2}$的倍数递增。

2）图样及说明中的汉字，宜优先采用 TrueType 字体中的宋体字型，宽高比宜为 1；采用矢量字体时应为长仿宋体字型。长仿宋体宽度与高度的关系应符合表 2-6 的规定。大标题、图册封面、地形图等的汉字，也可书写成其他字体，但应易于辨认，其高宽比宜为 1。

表 2-6 长仿宋体字高宽关系 （单位：mm）

字高	20	14	10	7	5	3.5
字宽	14	10	7	5	3.5	2.5

3）图样及说明中的拉丁字母、阿拉伯数字及罗马数字，宜采用 TrueType 字体中的 Roman 字型。拉丁字母、阿拉伯数字与罗马数字的书写与排列，应符合表 2-7 的规定。

表 2-7 拉丁字母、阿拉伯数字与罗马数字书写规则

书写格式	一般字体	窄字体
大写字母高度	h	h
小写字母高度(上下均无延伸)	$7/10h$	$10/14h$
小写字母伸出的头部和尾部	$3/10h$	$4/14h$
笔画宽度	$1/10h$	$1/14h$
字母间距	$2/10h$	$2/14h$
上下行基准线最小间距	$15/10h$	$21/14h$
词间距	$6/10h$	$6/14h$

4）拉丁字母、阿拉伯数字与罗马数字，如需写成斜体字，其斜度应是从字的底线逆时针向上倾斜 75°。斜体字的高度与宽度应与相应的直体字相等。

5）拉丁字母、阿拉伯数字与罗马数字的字高，应不小于 2.5mm。

6）数量的数值注写，应采用正体阿拉伯数字。各种计量单位凡前面有量值的，均应采用国家颁布的单位符号注写。单位符号应采用正体字母。

7）分数、百分数和比例数的注写，应采用阿拉伯数字和数学符号，例如，四分之三、百分之二十五和一比二十应分别写成 3/4、25% 和 1：20。

8）当注写的数字小于 1 时，必须写出个位的“0”，小数点应采用圆点，齐基准线书写，如 0.01。

2.2.3 比例

1）图样的比例（scale），应为图形与实物相对应的线性尺寸之比。比例的大小，是指其比值的大小，如 1：50，大于 1：100。

2）比例宜注写在图名的右侧，字的基准线应取平；比例的字高宜比图名的字高小一号或二号（图 2-6）。

平面图 1:100 ⑥ 1:20

图 2-6 比例的书写

3）绘图所用的比例，应根据图样的用途与被绘对象的复杂程度，从表 2-8 中选用，并优先用表中常用比例。

表2-8 绘图所用的比例

常用比例	1∶1、1∶2、1∶5、1∶10、1∶20、1∶30、1∶50、1∶100、1∶150、1∶200、1∶500、1∶1000、1∶2000
可用比例	1∶3、1∶4、1∶6、1∶15、1∶25、1∶40、1∶60、1∶80、1∶250、1∶300、1∶400、1∶600、1∶5000、1∶10000、1∶20000、1∶50000、1∶100000、1∶200000

4）一般情况下，一个图样应选用一种比例。根据专业制图需要，同一图样可选用两种比例。

5）特殊情况下也可自选比例，这时除应注出绘图比例外，还必须在适当位置绘制出相应的比例尺。

2.3 定位轴线与指北针

2.3.1 定位轴线

1）定位轴线应用0.25b线宽的单点长画线绘制。

2）除较复杂需采用分区编号或圆形、折线形外，定位轴线一般应编号，编号应注写在轴线端部的圆内。圆应用细实线绘制，直径为8~10mm。定位轴线圆的圆心，应在定位轴线的延长线上或延长线的折线上。

3）平面图上定位轴线的编号，宜标注在图样的下方与左侧。横向编号应用阿拉伯数字，从左至右顺序编写，竖向编号应用大写拉丁字母，从下至上顺序编写（图2-7）。

4）拉丁字母作为轴线编号时，应全部采用大写字母，不应用同一个字母的大小写来区分轴线号。拉丁字母的I、O、Z不得用做轴线编号。如字母数量不够使用，可增用双字母或单字母加数字注脚，如AA、BA、…、YA或A_1、B_1、…、Y_1。

5）组合较复杂的平面图中定位轴线也可采用分区编号（图2-8），编号的注写形式应为“分区号-该分区轴线编号”。分区号采用阿拉伯数字或大写拉丁字母表示。

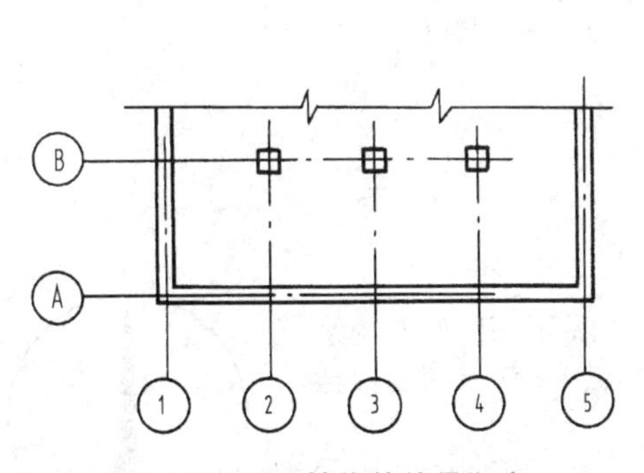

图2-7 定位轴线的编号顺序

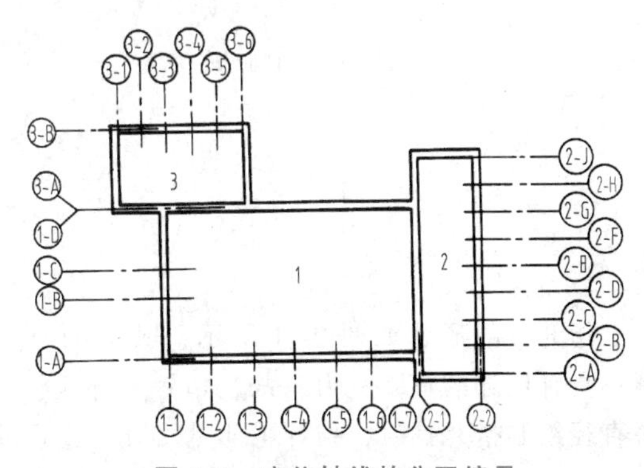

图2-8 定位轴线的分区编号

6）附加定位轴线的编号，应以分数形式表示，并应按下列规定编写。

① 两根轴线间的附加轴线，应以分母表示前一轴线的编号，分子表示附加轴线的编号，编号宜用阿拉伯数字顺序编写，如：

表示2号轴线之后附加的第一根轴线。

表示 C 号轴线之后附加的第三根轴线。

② 1 号轴线或 A 号轴线之前的附加轴线的分母应以 01 或 0A 表示，如：

表示 1 号轴线之前附加的第一根轴线。

表示 A 号轴线之前附加的第三根轴线。

7）一个详图适用于几根轴线时，应同时注明各有关轴线的编号，如图 2-9 所示。

8）通用详图中的定位轴线，应只画圆，不注写轴线编号。

9）圆形与弧形平面图中的定位轴线，其径向轴线应以角度进行定位，其编号宜用阿拉伯数字表示，从左下角或-90°（若径向轴线很密，角度间隔很小）开始，按逆时针顺序编写；其环向轴线宜用大写拉丁字母表示，从外向内顺序编写（图 2-10a）。

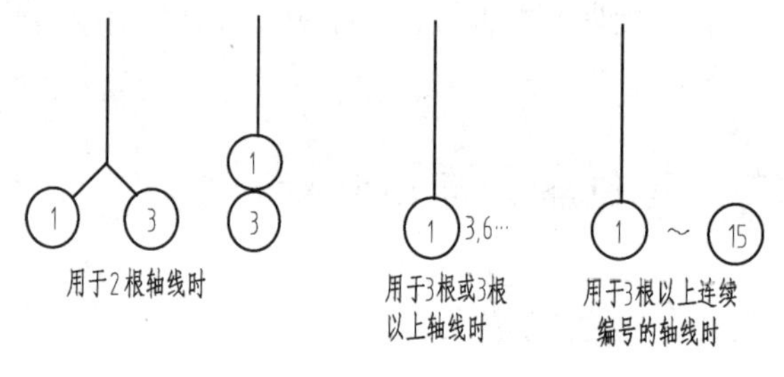

图 2-9 详图的轴线编号

10）折线形平面图中定位轴线的编号可按图 2-10b 所示的形式编写。

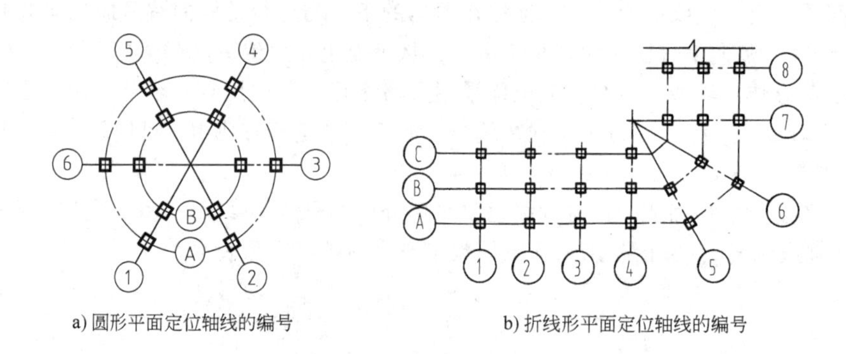

图 2-10 定位轴线的编号

2.3.2 指北针

指北针的形状如图 2-11 所示，其圆的直径宜为 24mm，用细实线绘制；指针尾部的宽度宜为 3mm，指针头部应注“北”或“N”字。需用较大直径绘制指北针时，指针尾部宽度宜为直径的 1/8。

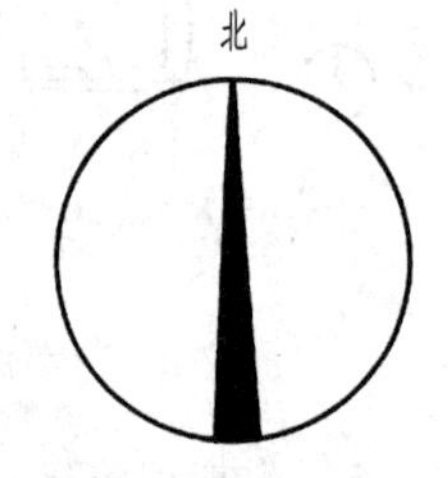

图 2-11 指北针

2.4 常用建筑图例和材料图例

当选用标准中未包括的建筑材料或组件时，可自编图例（graphical symbol），但不得与《房屋建筑制图统一标准》所列的图例重复，绘制时，应在适当位置画出该材料或组件图例，并加以说明。

2.4.1 常用建筑材料图例

1）不同品种的同类材料使用同一图例时（如某些特定部位的石膏板必须注明是防水石膏板时），应在图上附加必要的说明。

2）两个相同的图例相接时，图例线宜错开或使倾斜方向相反。

3）两个相邻的涂黑图例（如混凝土构件、金属件）间，应留有空隙。其宽度不得小于0.5mm。

4）需画出的建筑材料图例面积过大时，可在断面轮廓线内，沿轮廓线局部表示。

常用建筑材料的图例如表2-9所示。

表2-9 常用建筑材料的图例

中文名称	图例	英文名称	备注
自然土壤		Natural soil	包括各种自然土壤
夯实土壤		Compacted fill	
砂、灰土	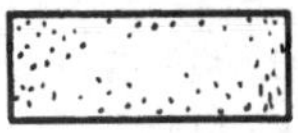	Sand	
砂砾石、碎砖三合土	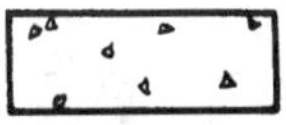	Gravel	
石材	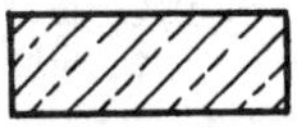	Stone	
毛石	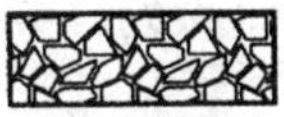	Rubble	
金属		Metal	1. 包括各种金属 2. 图形小时，可涂黑
实心砖 多孔砖	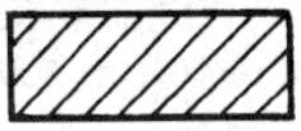	Brick	包括普通砖、多孔砖、混凝土砖等砌体
耐火砖	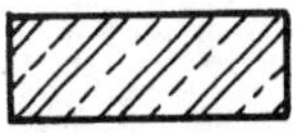	Firebrick	包括耐酸砖等砌体
空心砖， 空心砌块		Air brick	包括空心砖、普通或轻骨料混凝土小型空心砌块等砌体
饰面砖		Facing tile	包括铺地砖、玻璃马赛克、陶瓷锦砖、人造大理石等
液体	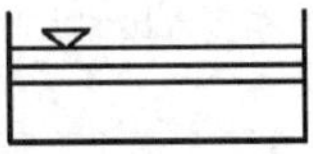	Liquid	应注明具体液体名称
焦渣、矿渣	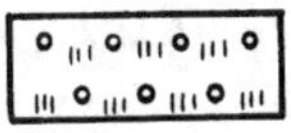	Cinder	包括与水泥、石灰等混合而成的材料

（续）

中文名称	图例	英文名称	备注
混凝土		Concrete	1. 包括各种强度等级、骨料、添加剂的混凝土 2. 在剖面图上画出钢筋时，不画图例线 3. 断面图形小，不易画出图例时，可涂黑或深灰（灰度宜 75%）
钢筋混凝土		Reinforced concrete	
多孔材料		Porous material	包括水泥珍珠岩、沥青珍珠岩、泡沫混凝土、软木、蛭石制品等
纤维材料		Fibrous material	包括矿棉、岩棉、玻璃棉、麻丝、木丝板、纤维板等
泡沫塑料材料		Foamed plastics	包括聚苯乙烯、聚乙烯、聚氨酯等多孔聚合物类材料
木材		Wood	1. 上图为横断面，上左图为垫木、木砖或木龙骨 2. 下图为纵断面
胶合板		Plywood	应注明为×层胶合板
石膏板		Gypsum board	包括圆孔或方孔石膏板、防水石膏板、硅钙板、防火石膏板等
网状材料		Meshy material	1. 包括金属、塑料网状材料 2. 应注明具体材料名称
玻璃		Glass	包括平板玻璃、磨砂玻璃、夹丝玻璃、钢化玻璃、中空玻璃、夹层玻璃、镀膜玻璃
橡胶		Rubber	
塑料		Plastics	包括各种软、硬塑料及有机玻璃
防水材料		Waterproof material	构造层次多或比例大时，采用上面图例
粉刷		Plastering	本图例采用较稀的点

2.4.2　常用建筑图例

常用建筑图例如表 2-10 所示，其他图例如表 2-11 所示。

表 2-10　常用建筑图例

中文名称	图　例	英文名称	中文名称	图　例	英文名称
墙体		Wall	检查口		Check hole
隔断		Baffle	孔洞		Hole
栏杆		Raling	坑槽		Groove
玻璃幕墙		Glass curtain wall	地沟		Trench
楼梯（底层）	上	Stairs (bottom)	烟道		Flue
楼梯（中间层）	下 上	Stairs (middle)	风道		Ventilation duct
楼梯（顶层）	下	Stairs(top)	改建时在原有墙或者楼板新开的洞		New opening in the existing wall or floor
新建的墙和窗		New wall and window	在原有墙或楼板上全部填塞的洞		Existing opening to block
改建时保留的原有墙和窗		Existing wall and window to remain	坡道	下	Ramp

（续）

中文名称	图 例	英文名称	中文名称	图 例	英文名称
单面开启单扇门(包括平开或单面弹簧)	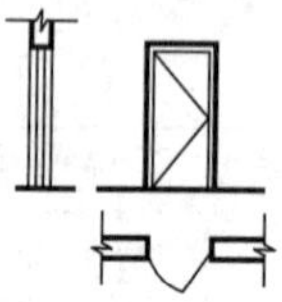	Single-leaf door	双层双扇平开门		Two- leaf double door
单面开启双扇门(包括平开或单面弹簧)	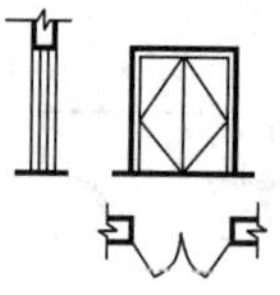	Two-leaf door	旋转门	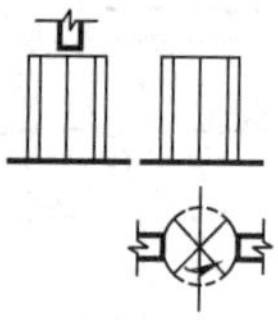	Revolving door
折叠门	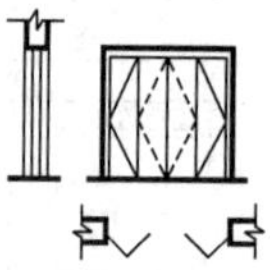	Folding door	自动门	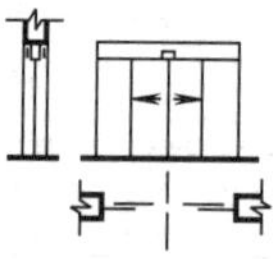	Automatic door
墙洞外单扇推拉门	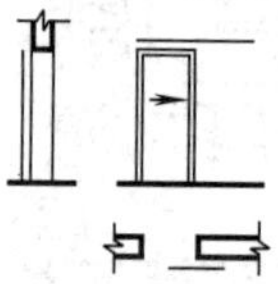	Sliding door	竖向卷帘门	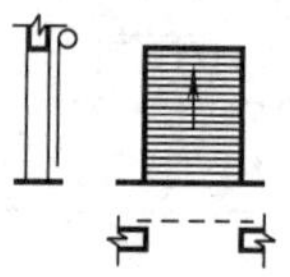	Rolling door
双面开启单扇门(包括双平开或双面弹簧)	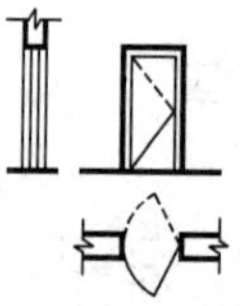	Single-leaf swing door	提升门	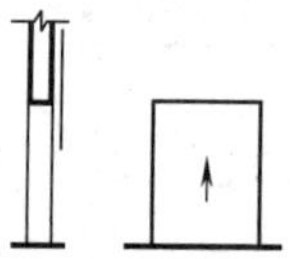	Elevating door
固定窗	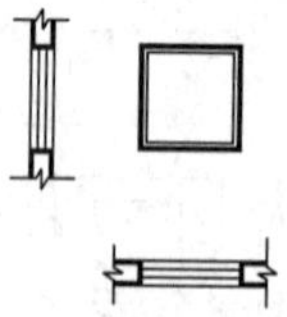	fixed window	双层内外开平开窗	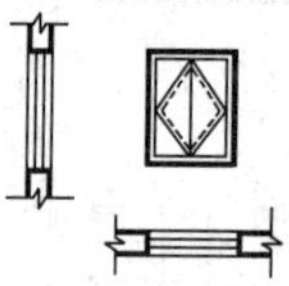	Double side-hung window(opening inward and outward)
上悬窗	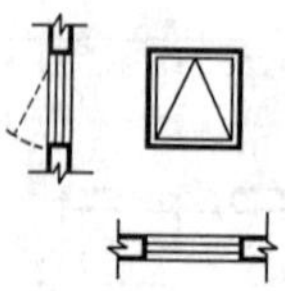	top hung window	单层推拉窗	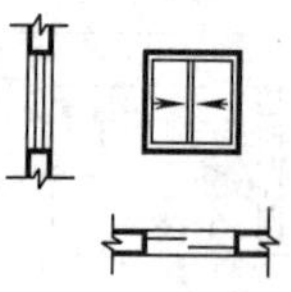	Horizontally sliding window

（续）

中文名称	图例	英文名称	中文名称	图例	英文名称
中悬窗		horizontally pivoted hung window	上推窗		Vertically sliding window
立转窗		Vertically pivoted window	百叶窗		Louver
单层内开平开窗		Single side-hung windows (opening inward)	高窗	h=	High window

门窗绘制中的说明：门的名称代号 M，窗的名称代号 C。

表 2-11　其他图例

中英文名称	图例	图例
墙预留洞/槽 Reserved hole/ groove in wall	宽×高或φ 标高	宽×高或φ×深 标高
电梯 Lift elevator		
自动扶梯 Escalator	上	上 下
自动人行道及自动人行坡道 Moving walkway		上

2.5　图样画法

2.5.1　投影法

1）房屋建筑的视图，应按正投影法并用第一角画法绘制。自前方 *A* 投影称为正立面图（front elevation），自上方 *B* 投影称为平面图（plan），自左方 *C* 投影称为左侧立面图（left elevation)，自右方 D 投影称为右侧立面图（right elevation），自下方 E 投影称为底面图，自后方 F 投影称为背立面图（rear elevation）（图 2-12）。

2）当视图用第一角画法绘制不易表达时，可用镜像投影法绘制（图 2-13a）。但应在图名后注写“镜像”二字（图 2-13b），或按图 2-13c 画出镜像投影识别符号。

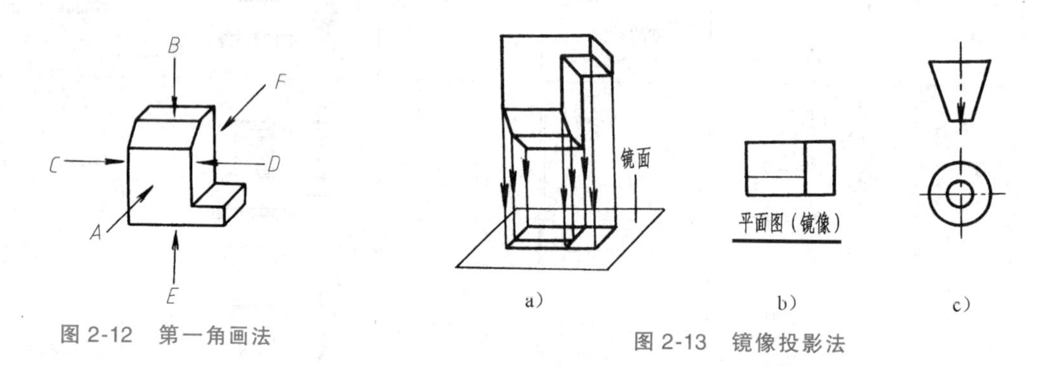

图 2-12 第一角画法

图 2-13 镜像投影法

2.5.2 视图布置

1）如在同一张图纸上绘制若干个视图时，各视图的位置宜按图 2-14 所示的顺序进行布置。

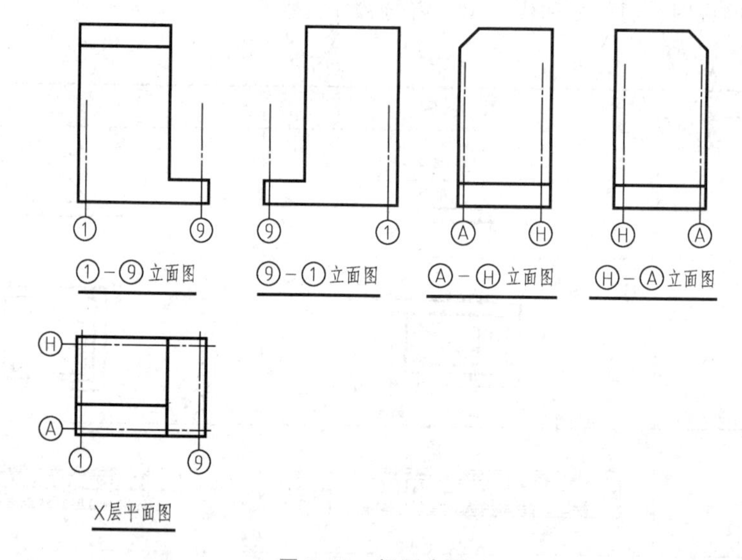

图 2-14 视图布置

2）每个视图均应标注图名。各视图的命名，主要应包括平面图、立面图、剖面图或断面图、详图。同一种视图多个图的图名前加编号以示区分。平面图以楼层编号，包括地下二层平面图、地下一层平面图、首层平面图、二层平面图。立面图以该图两端头的轴线号编号，剖面图或断面图以剖切号编号，详图以索引号编号。图名宜标注在视图的下方或一侧，并在图名下用粗实线绘一条横线，其长度应以图名所占长度为准（图 2-14）。使用详图符号作图名时，符号下不再画线。

3）分区绘制的建筑平面图，应绘制组合示意图，指出该区在建筑平面图中的位置。各分区视图的分区部位及编号均应一致，并应与组合示意图一致（图 2-15）。

4）总平面图应反映建筑物在室外地坪上的墙基外包线，宜以粗实线表示，室外地坪上的墙基外包线以外的可见轮廓线宜以中粗实线表示。同一工程不同专业的总平面图，在图样上的布图方向均应一致；单体建（构）筑物平面图在图样上的布图方向，必要时可与其在总平面图上的布图方向不一致，但必须标明方位；不同专业的单体建（构）筑物平面图，在图样上的布图方向均应一致。

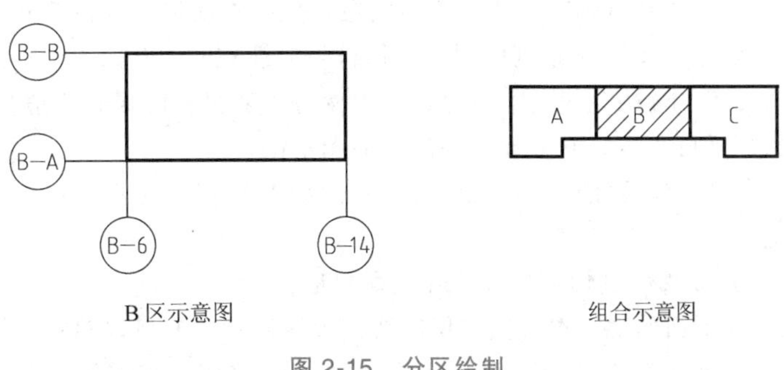

图 2-15 分区绘制

5）建（构）筑物的某些部分，如与投影面不平行（如圆形、折线形、曲线形等），在画立面图时，可将该部分展至与投影面平行，再以正投影法绘制，并应在图名后注写“展开”字样。

6）建筑吊顶（顶棚）灯具、风口等设计绘制布置图，应是反映在地面上的镜面图，不是俯视图。

2.5.3 剖面图和断面图

1）剖面图（section）除应画出剖切面切到部分的图形外，还应画出沿投射方向看到的部分，被剖切面切到部分的轮廓线用粗实线绘制，剖切面没有切到、但沿投射方向可以看到的部分，用中粗实线绘制；断面图（cut）则只需（用粗实线）画出剖切面切到部分的图形（图 2-16）。

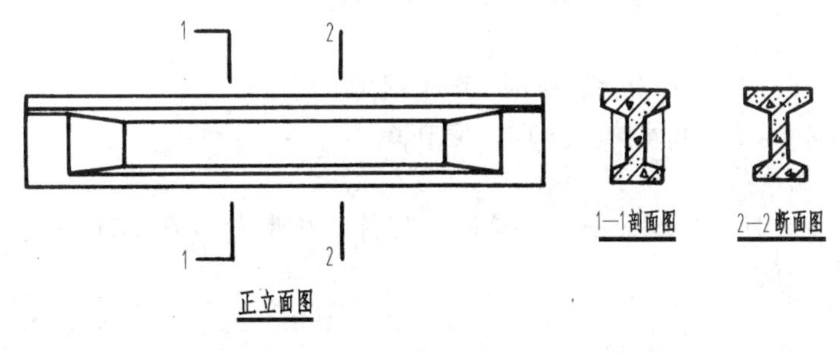

图 2-16 剖面图和断面图的区别

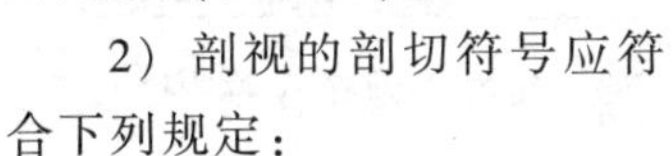

2）剖视的剖切符号应符合下列规定：

① 剖视的剖切符号应由剖切位置线及投射方向线组成，均应以粗实线绘制，线宽宜为 b。剖切位置线的长度宜为 6~10mm；投射方向线应垂直于剖切位置线，长度应短于剖切位置线，宜为 4~6mm（图 2-17a）。剖切符号也可采用国际统一标准和常用的剖视方法，如图 2-17b 所示。绘制时，剖视的剖切符号不应与其他图线相接触。

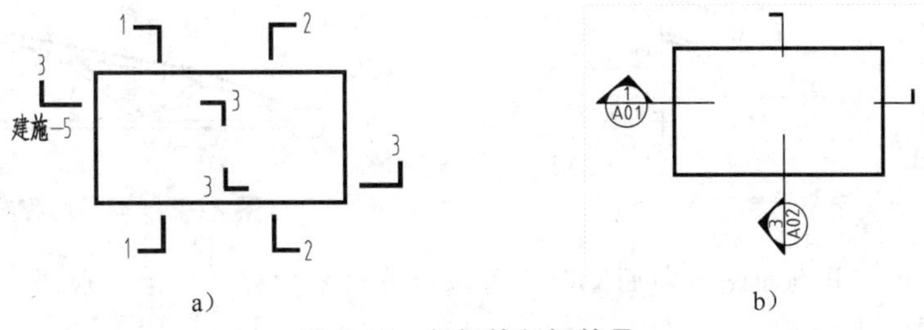

图 2-17 剖视的剖切符号

② 剖视剖切符号的编号宜采用粗阿拉伯数字，按剖切顺序由左至右、由下至上连续编排，并应注写在剖视方向线的端部。

③ 需要转折的剖切位置线，应在转角的外侧加注与该符号相同的编号。

④ 建（构）筑物剖面图的剖切符号应注在±0.00 标高的平面图或首层平面图上。对于设备、管道而言，为表达设备、管道位置或构造，有很多时候，不适合在±0.00 标高的平面图剖切，可以根据实际需要，在其他标高的平面图上剖切。

⑤ 局部剖面图（不含首层）、断面图的剖切符号应注在包含剖切部位的最下面一层的平面图上。

3）断面的剖切符号应符合下列规定：

① 断面的剖切符号应只用剖切位置线表示，并应以粗实线绘制，长度宜为 6~10mm。

② 断面剖切符号的编号宜采用阿拉伯数字，按顺序连续编排，并应注写在剖切位置线的一侧；编号所在的一侧应为该断面的剖视方向（图 2-18）。

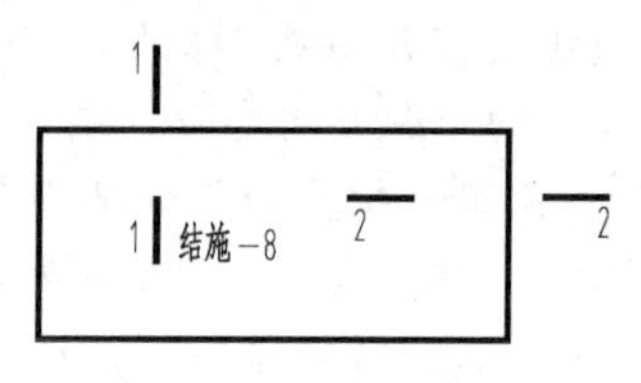

图 2-18 断面剖切符号

4）剖面图或断面图，如与被剖切图样不在同一张图内，可在剖切位置线的另一侧注明其所在图样的编号，也可以在图上集中说明。

5）剖面图和断面图应按下列方法剖切后绘制：

① 用一个剖切面剖切（图 2-19a）。

② 用两个或两个以上平行的剖切面剖切（图 2-19b）。

③ 用两个相交的剖切面剖切（图 2-19c）。用此法剖切时，应在图名后注明“展开”字样。

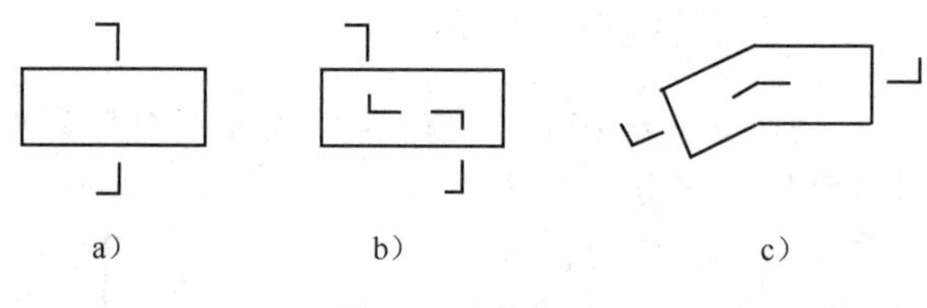

图 2-19 剖切面

6）杆件的断面图也可绘制在杆件的中断处（图 2-20）或杆件的一侧。

图 2-20 断面图画在杆件中断处

2.5.4 简化画法

1）构配件的视图有一条对称线，可只画该视图的一半；视图有两条对称线，可只画该视图的 1/4，并画出对称符号（图 2-21）。图形也可稍超出其对称线，此时可不画对称符号（图 2-22）。

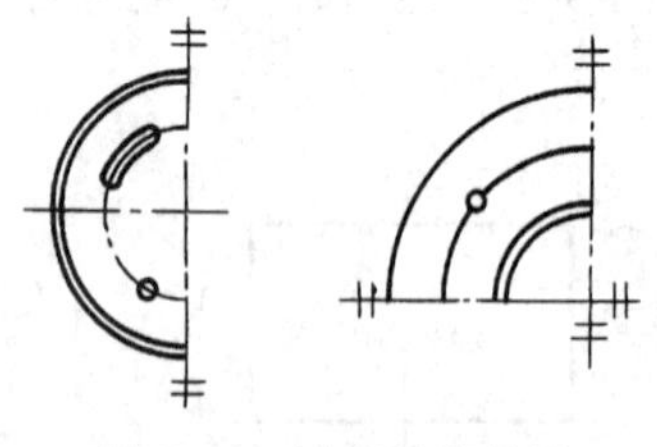
图 2-21 画出对称符号

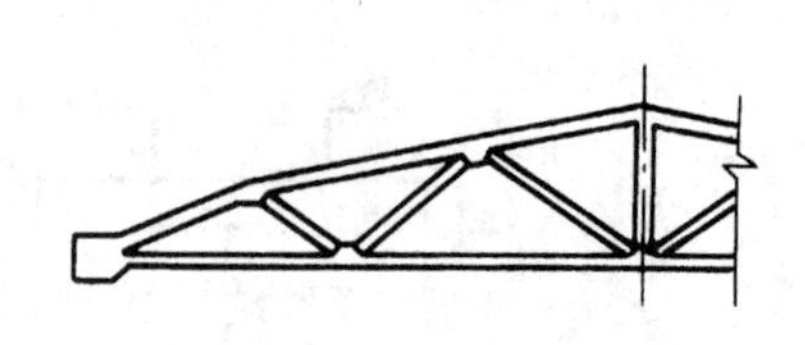
图 2-22 不画对称符号

2）对称的形体需画剖面图或断面图时，可以对称符号为界，一半画视图（外形图），一半画剖面图或断面图（图 2-23）。

3）对称符号由对称线和两端的两对平行线组成。对称线应用细单点长画线绘制；平行线用细实线绘制，其长度宜为 6~10mm，每对的间距宜为 2~3mm；对称线垂直平分两对平行线，两

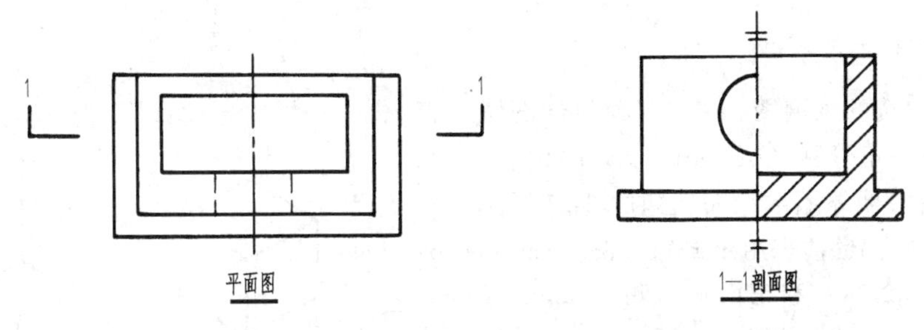

图 2-23　一半画视图，一半画剖面图

端超出平行线宜为 2～3mm。

4）构配件内多个完全相同而连续排列的构造要素，可仅在两端或适当位置画出其完整形状，其余部分以中心线或中心线交点表示（图 2-24a）。当相同构造要素少于中心线交点时，其余部分应在相同构造要素位置的中心线交点处用小圆点表示（图 2-24b）。

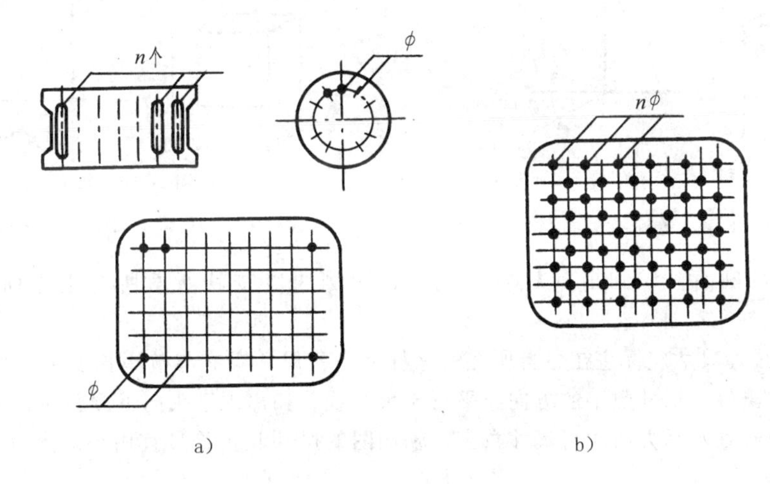

图 2-24　相同要素的简化画法

5）较长的构件，当沿长度方向的形状相同或按一定规律变化时，可断开省略绘制，断开处应以折断线（break line）表示（图 2-25）。当断开的两部位相距过远时，应以折断线表示需连接的部位，折断线两端靠图样一侧应标注大写拉丁字母表示连接编号。两个被连接的图样必须用相同的字母编号。

6）一个构配件，如绘制位置不够，可分成几个部分绘制，并应以连接符号表示相连。一个构配件如与另一构配件仅部分不相同，该构配件可只画不同部分，但应在两个构配件的相同部分与不同部分的分界线处，分别绘制连接符号（图 2-26）。

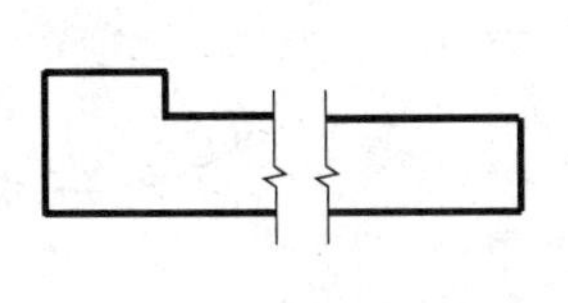

图 2-25　折断简化画法

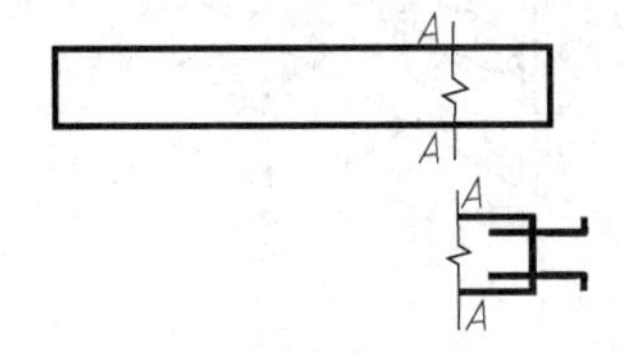

图 2-26　构件局部不同的简化画法

2.5.5 房屋建筑的轴测图

1）房屋建筑的轴测图，《房屋建筑制图统一标准》规定宜采用正等测（isometric axonometry）投影，并用简化的轴向伸缩系数绘制，如图 2-27 所示。在工程实际应用中，也常采用正面斜等测（cavalier axonometry）（图 2-28）和正面斜二测（cabinet axonometry）（图 2-29）投影的画法。

2）轴测图的可见轮廓线宜用中实线绘制，断面轮廓线宜用粗实线绘制。不可见轮廓线一般不绘出，必要时，可用细虚线绘出所需部分。

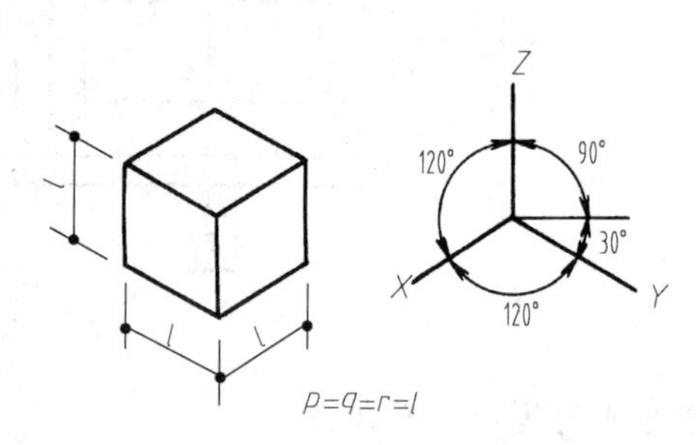

图 2-27 正等测投影的画法

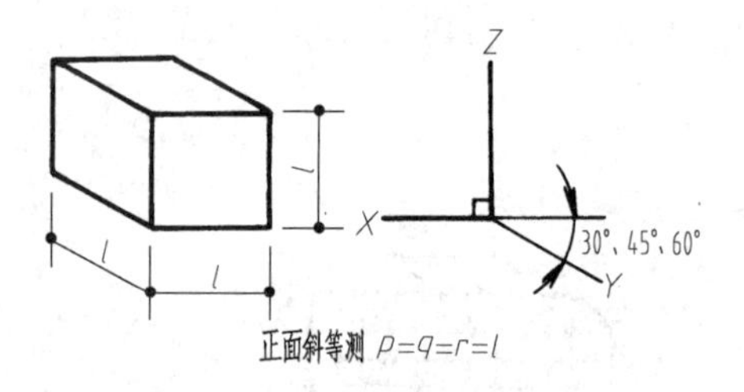

图 2-28 正面斜等测投影的画法

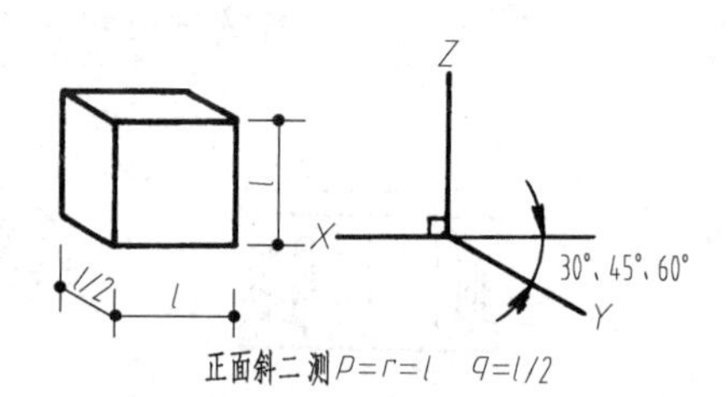

图 2-29 正面斜二轴测投影的画法

3）轴测图的断面上应画出其材料图例线，图例线应按其断面所在坐标面的轴测方向绘制。

4）轴测图线性尺寸应标注在各自所在的坐标面内，尺寸线应与被注长度平行，尺寸界线应平行于相应的轴测轴，尺寸数字的方向应平行于尺寸线，如出现字头向下倾斜时，应将尺寸线断开，在尺寸线断开处水平方向注写尺寸数字。轴测图的尺寸起止符号宜用小圆点（图 2-30），小圆点直径为 1mm。

5）轴测图的角度尺寸应标注在该角所在的坐标面内，尺寸线应画成相应的椭圆弧或圆弧。尺寸数字应水平方向注写（图 2-31）。

6）在暖通空调、给水排水、供暖工程制图中，使用最广泛的轴测投影是正面斜等测投影，

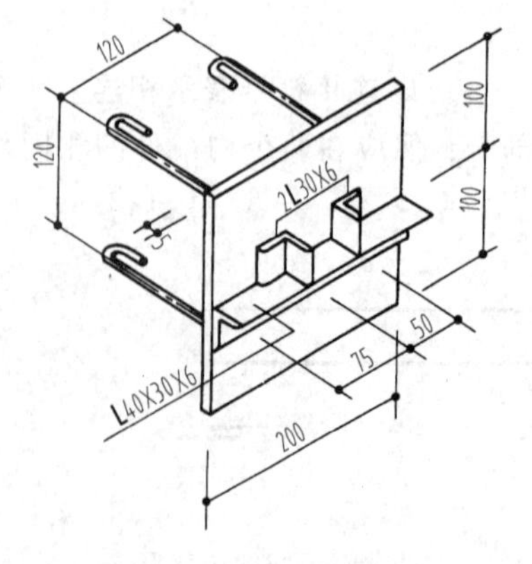

图 2-30 轴测图中线性尺寸的标注方法

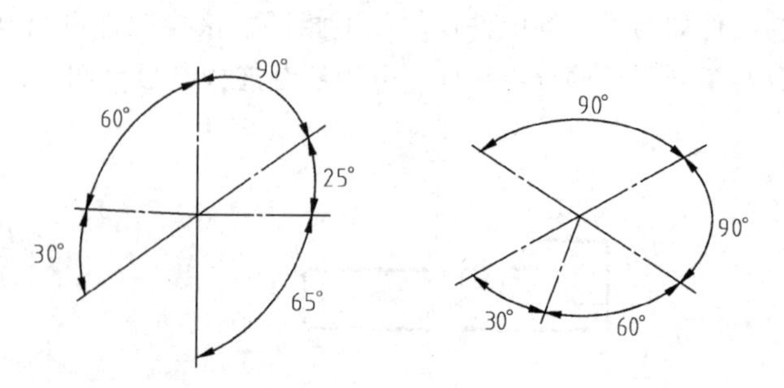

图 2-31 轴测图角度的标注方法

三个轴的轴向伸缩系数均为 1。绘制时一般将 Y 轴倾斜 45°，观察点一般在东南方向，如图 2-32 所示；大多不采用图 2-28 所示的观察点在西南方向的绘制方法。

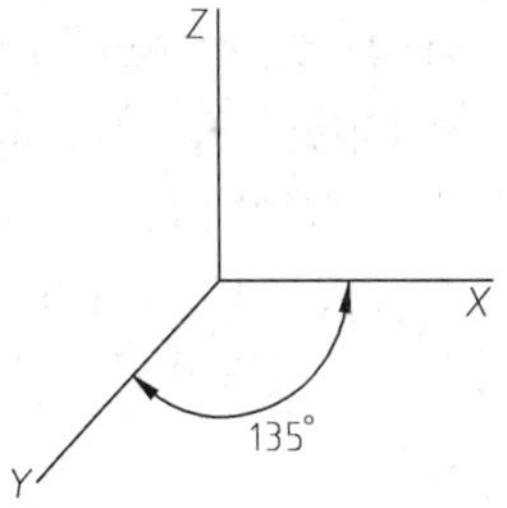

图 2-32　常用轴测画法

2.6　标注

2.6.1　尺寸界线、尺寸线及尺寸起止符号

1）图样上的尺寸标注（dimension），包括尺寸界线、尺寸线、尺寸起止符号和尺寸数字（图 2-33）。

2）尺寸界线（projection line）应用细实线绘制，一般应与被注长度垂直，其一端应离开图样轮廓线不小于 2mm，另一端宜超出尺寸线 2～3mm。图样轮廓线可用作尺寸界线（图 2-34）。

3）尺寸线（dimension line）应用细实线绘制，应与被注长度平行。图样本身的任何图线均不得用作尺寸线。

4）尺寸起止符号（termination）一般用中粗斜短线绘制，其倾斜方向应与尺寸界线成顺时针 45°角，长度宜为 2～3mm。半径、直径、角度与弧长的尺寸起止符号，宜用箭头表示（图 2-35），箭头宽度不宜小于 1mm。

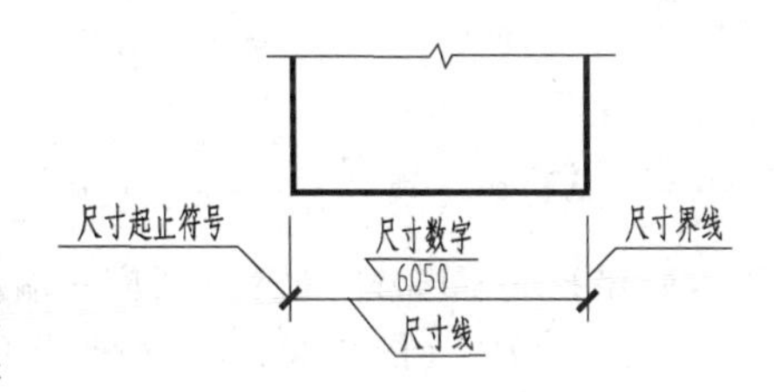

图 2-33　尺寸的组成

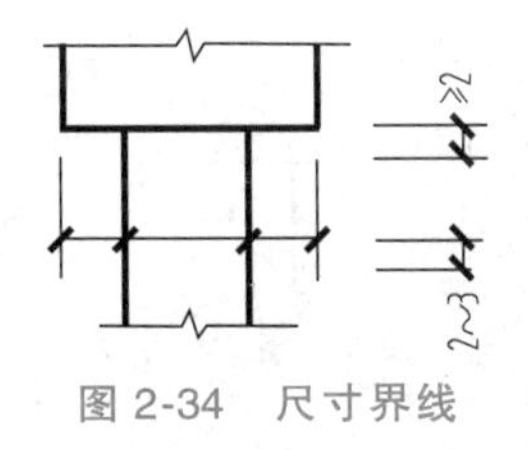

图 2-34　尺寸界线

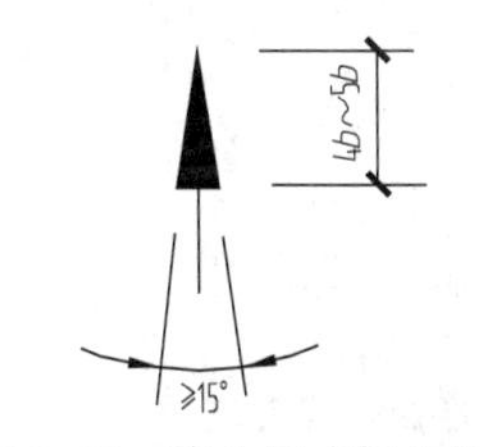

图 2-35　箭头尺寸起止符号

2.6.2　尺寸数字

1）图样上的尺寸，应以尺寸数字（dimensional value）为准，不得从图上直接量取。

2）图样上的尺寸单位，除标高及总平面以米为单位外，其他必须以毫米为单位。

3）尺寸数字的方向，应按图 2-36a 所示的规定注写。若尺寸数字在 30°斜线区内，宜按图 2-36b 所示的形式注写。

4）尺寸数字一般应依据其方向注写在靠近尺寸线的上方中部。如没有足够的注写位置，最外边的尺寸数字可注写在尺寸界线的外侧，中间相邻的尺寸数字可错开注写，引出线端部用圆点表示标注尺寸的位置（图 2-37）。

5）尺寸宜标注在图样轮廓以外，不宜与图线、文字及符号等相交（图 2-38）。

6）互相平行的尺寸线，应从被注写的图样轮廓线由近向远整齐排列，较小尺寸应离轮廓

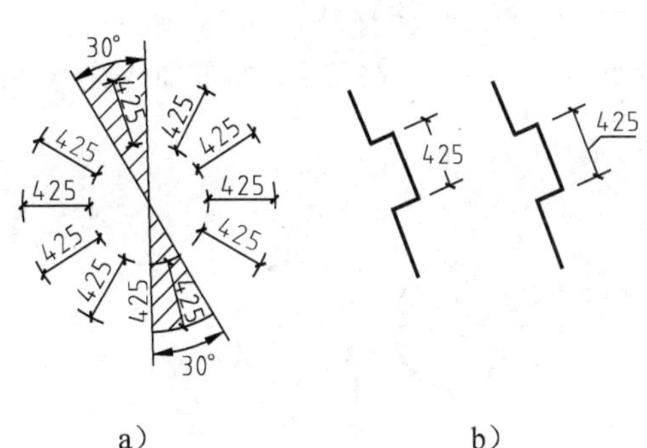

图 2-36　尺寸数字的书写方向

线较近，较大尺寸应离轮廓线较远（图 2-39）。

7）图样轮廓线以外的尺寸线，距图样最外轮廓之间的距离，不宜小于 10mm。平行排列的尺寸线的间距，宜为 7~10mm，并应保持一致（图 2-39）。

8）总尺寸的尺寸界线应靠近所指部位，中间的分尺寸的尺寸界线可稍短，但其长度应相等（图 2-39）。

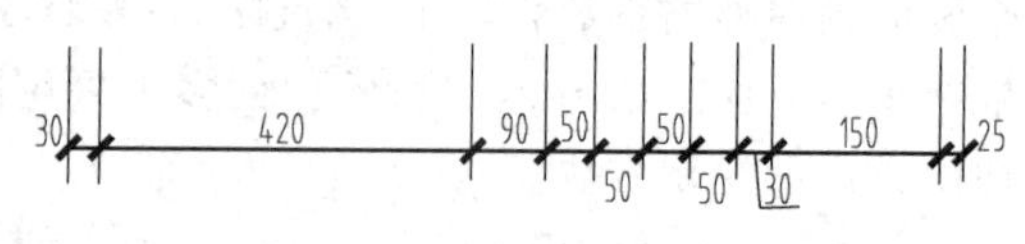

图 2-37 尺寸数字的注写位置

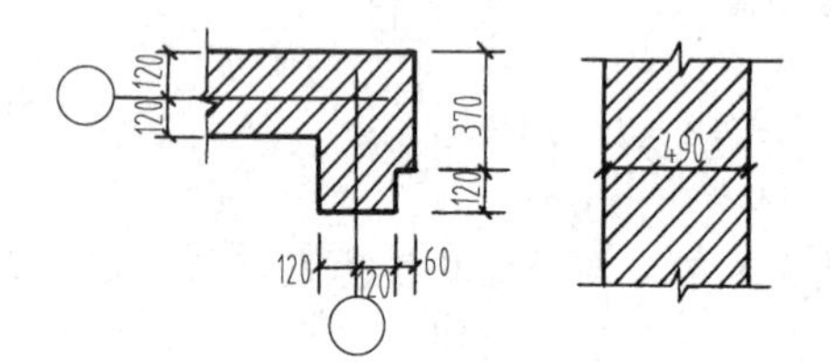

图 2-38 尺寸数字的注写

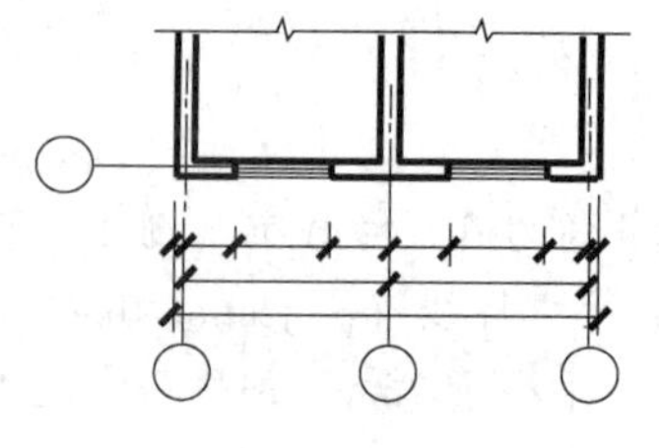

图 2-39 尺寸的排列

2.6.3 半径、直径、球的尺寸标注

1）半径（radium）的尺寸线应一端从圆心开始，另一端画箭头指向圆弧。半径数字前应加注半径符号“*R*”（图 2-40）。较小圆弧的半径，可按图 2-41 所示形式标注。较大圆弧的半径，可按图 2-42 所示形式标注。

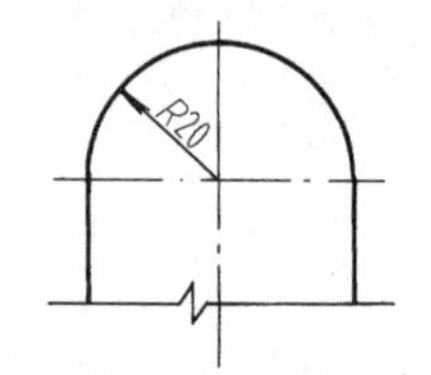

图 2-40 半径标注方法

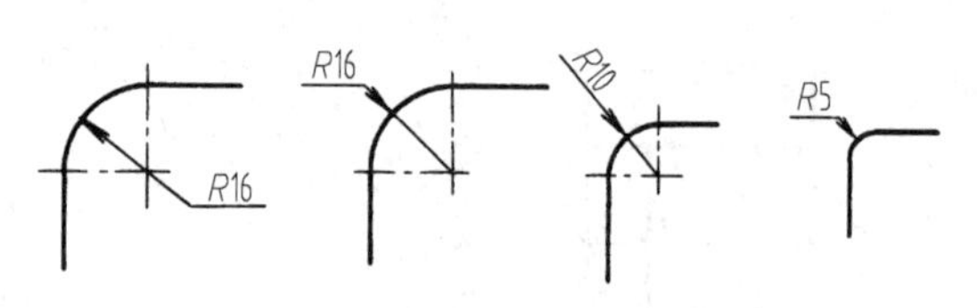

图 2-41 小圆弧半径的标注方法

2）标注圆的直径（diameter）尺寸时，直径数字前应加直径符号“ϕ”。在圆内标注的尺寸线应通过圆心，两端画箭头指至圆弧（图 2-43）。较小圆的直径尺寸，可标注在圆外（图 2-44）。

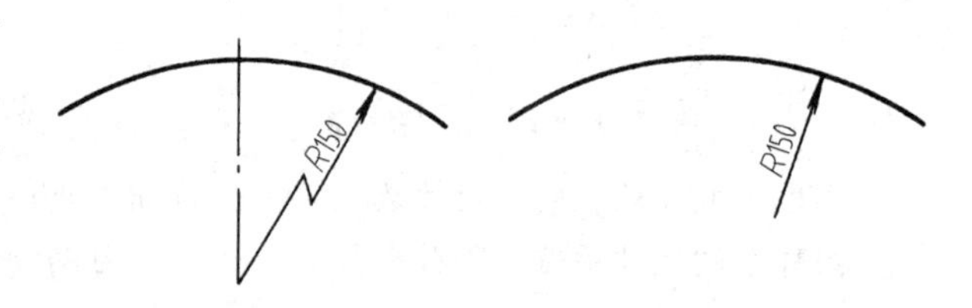

图 2-42 大圆弧半径的标注方法

3）标注球（sphere）的半径尺寸时，应在尺寸前加注符号“*SR*”。标注球的直径尺寸时，应在尺寸数字前加注符号“$S\phi$”。注写方法与圆弧半径和圆直径的尺寸标注方法相同。

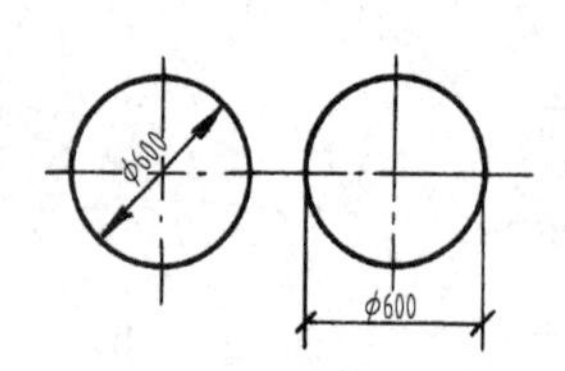

图 2-43 圆直径的标注

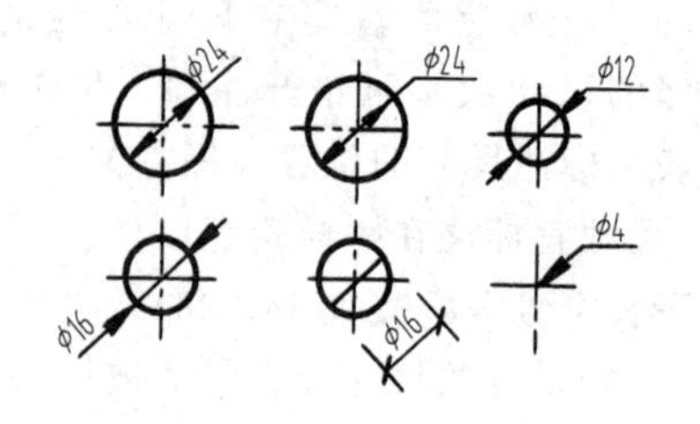

图 2-44 小圆直径的标注

2.6.4 角度、弧度、弧长的标注

1）角度（angle）的尺寸线应以圆弧表示。该圆弧的圆心应是该角的顶点，角的两条边为尺寸界线。起止符号应以箭头表示，如没有足够位置画箭头，可用圆点代替，角度数字应按水平方向注写（图2-45）。

2）标注圆弧（arc）的弧长时，尺寸线应以与该圆弧同心的圆弧线表示，尺寸界线应指向圆心，起止符号用箭头表示，弧长数字上方应加注圆弧符号“⌒”（图2-46）。

3）标注圆弧的弦（chord）长时，尺寸线应以平行于该弦的直线表示，尺寸界线应垂直于该弦，起止符号用中粗斜短线表示（图2-47）。

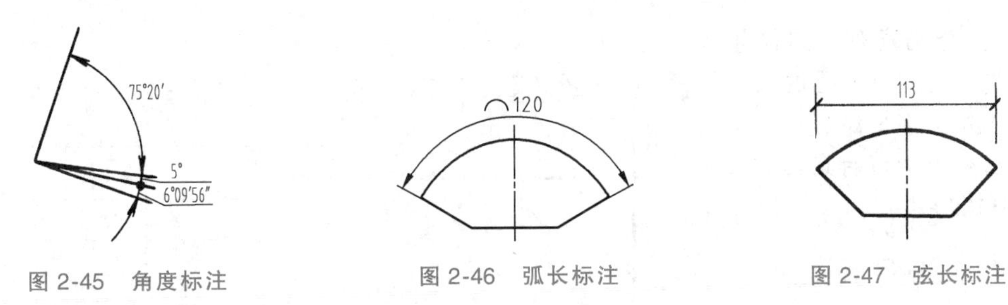

图2-45 角度标注　　图2-46 弧长标注　　图2-47 弦长标注

2.6.5 尺寸的简化标注

1）杆件或管线的长度，在单线图（桁架简图、钢筋简图、管线简图）上，可直接将尺寸数字沿杆件或管线的一侧注写（图2-48）。

2）连续排列的等长尺寸，可用“等长尺寸×个数＝总长”或“等分×个数＝总长”的形式标注（图2-49）。

3）构配件内的构造要素（如孔、槽等）如相同，可仅标注其中一个要素的尺寸（图2-50）。

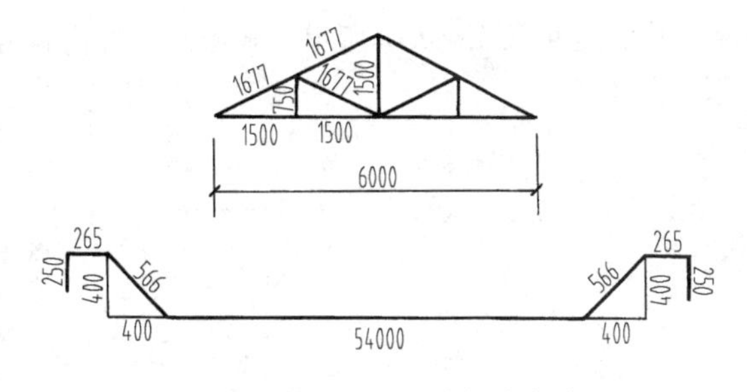

图2-48 单线图尺寸标注方法

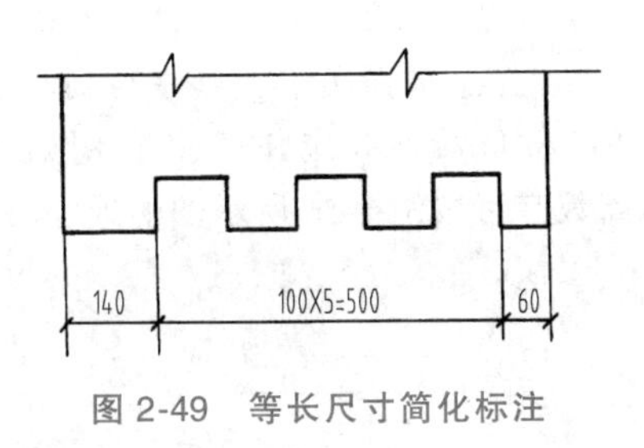

图2-49 等长尺寸简化标注

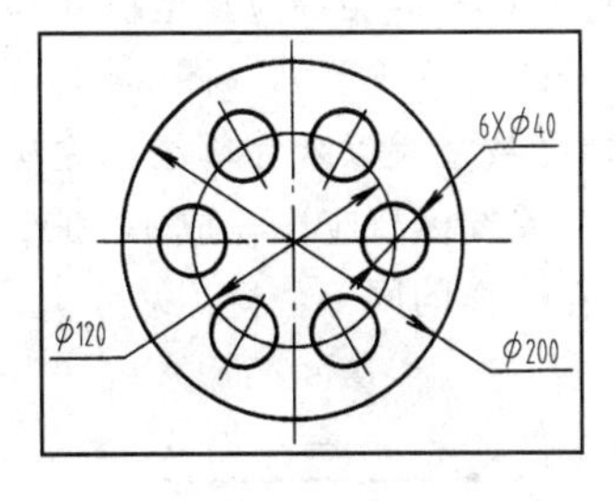

图2-50 相同要素尺寸标注

4）对称构配件采用对称省略画法时，该对称构配件的尺寸线应略超过对称符号，仅在尺寸线的一端画尺寸起止符号，尺寸数字应按整体全尺寸注写，其注写位置宜与对称符号对齐（图2-51）。

5）两个构配件，如个别尺寸数字不同，可在同一图样中将其中一个构配件的不同尺寸数字注写在括号内，该构配件的名称也应注写在相应的括号内（图 2-52）。

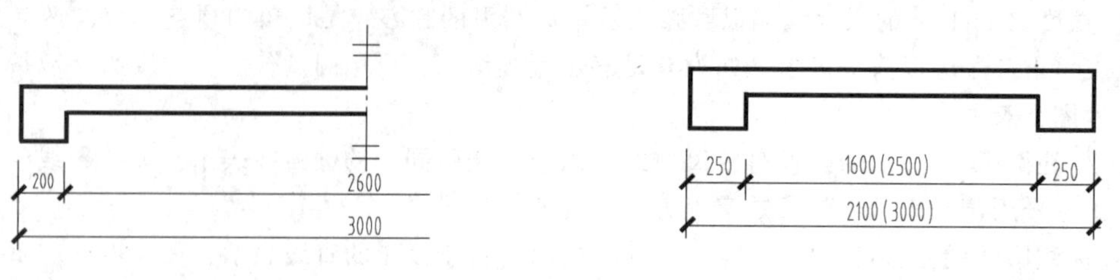

图 2-51　对称构件尺寸标注方法

图 2-52　相似构件尺寸标注方法

6）数个构配件，如仅某些尺寸不同，这些有变化的尺寸数字，可用拉丁字母注写在同一图样中，另列表格写明其具体尺寸（图 2-53）。

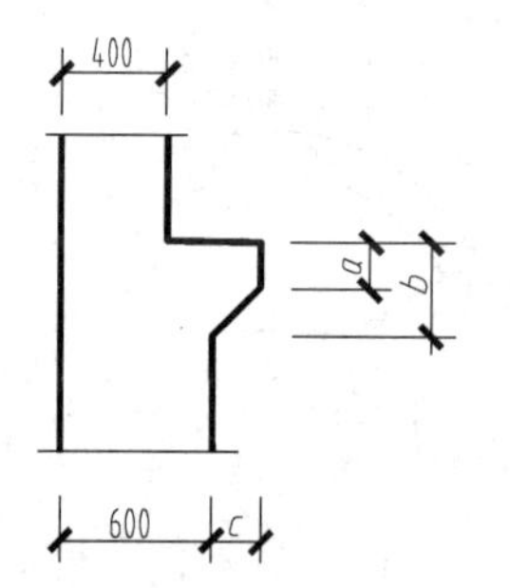

构件编号	a	b	c
Z—1	200	400	200
Z—2	250	450	200
Z—3	200	450	250

图 2-53　相似构配件尺寸表格式标注方法

2.6.6　标高与坡度

1）标高（level）符号应以等腰直角三角形表示，按图 2-54a 所示形式用细实线绘制，如标注位置不够，也可按图 2-54b 所示形式绘制。标高符号的具体画法如图 2-54c、d 所示。

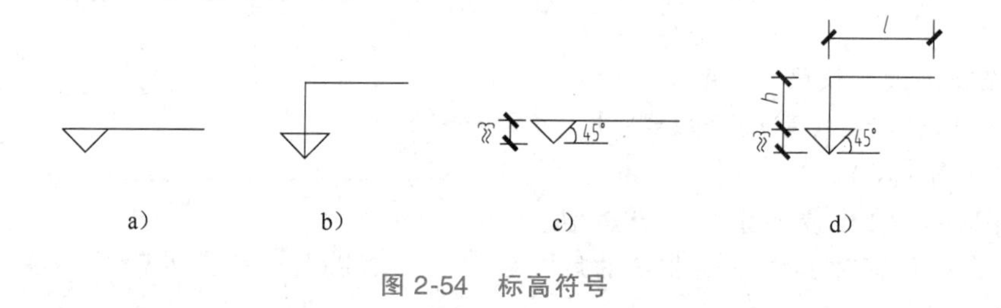

图 2-54　标高符号

2）标高符号的尖端应指至被注高度的位置。尖端一般应向下，也可向上。标高数字应注写在标高符号的上侧或下侧（图 2-55）。

3）标高数字应以米为单位，注写到小数点以后第三位。在总平面图中，可注写到小数点以后第二位。零点标高应注写成±0.000，正数标高不注“+”，负数标高应注“-”，例如 3.000、-0.600。在图样的同一位置需表示几个不同标高时，标高数字可按图 2-56 所示的形式注写。

图 2-55　标高的指向

图 2-56　同一位置多个标高

4）标注坡度（amount of slope）时，应加注坡度符号（图 2-57a、b），该符号为单面箭头，箭头应指向下坡方向。坡度也可用直角三角形形式标注（图 2-57c）。

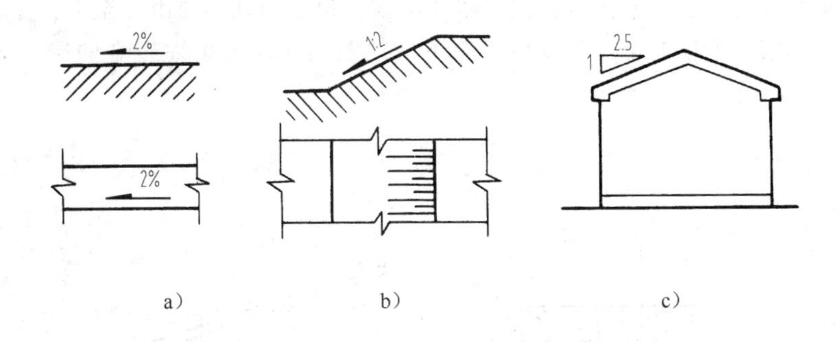

图 2-57　坡度标注方法

2.6.7　索引符号

1）图样中的某一局部或构件，如需另见详图，应以索引符号（key line）索引（图 2-58a）。索引符号是由直径为 8～10mm 的圆和水平直径组成，圆及水平直径均应以细实线绘制。索引符号应按下列规定编写：

① 索引出的详图，如与被索引的详图同在一张图样内，应在索引符号的上半圆中用阿拉伯数字注明该详图的编号，并在下半圆中间画一段水平细实线（图 2-58b）。

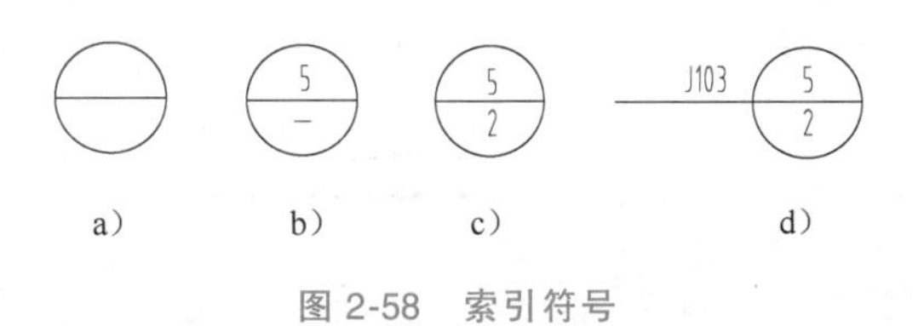

图 2-58　索引符号

② 索引出的详图，如与被索引的详图不在同一张图样内，应在索引符号的上半圆中用阿拉伯数字注明该详图的编号，在索引符号的下半圆中用阿拉伯数字注明该详图所在图样的编号（图 2-58c）。数字较多时，可加文字标注。

③ 索引出的详图，如采用标准图，应在索引符号水平直径的延长线上加注该标准图册的编号（图 2-58d）。需要标注比例时，文字在索引符号右侧或延长线下方，与符号下对齐。

2）零件、钢筋、杆件、消火栓、配电箱、管井等设备的编号，宜以直径为 4～6mm 的细实线圆表示，同一图样应保持一致，其编号应用阿拉伯数字按顺序编写。

2.6.8　引出线

1）引出线（header line）应以细实线绘制，宜采用水平方向的直线，或与水平方向成 30°、45°、60°、90°的直线，并经上述角度再折为水平线。文字说明宜注写在水平线的上方（图 2-59a），也可注写在水平线的端部（图 2-59b）。索引详图的引出线，应与水平直径线相连接（图 2-59c）。

2）同时引出几个相同部分的引出线，宜互相平行（图 2-60a），也可画成集中于一点的放射线（图 2-60b）。

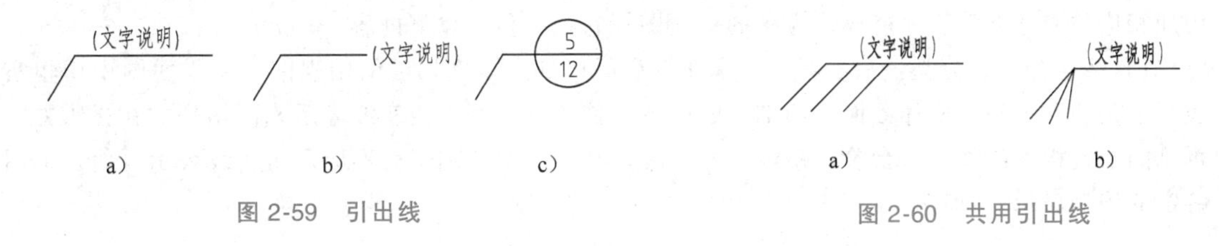

图 2-59　引出线　　图 2-60　共用引出线

3）多层构造或多层管道共用引出线，应通过被引出的各层，并用圆点示意对应各层。文字说明宜注写在水平线的上方，或注写在水平线的端部，说明的顺序应由上至下，并应与被说明的层次对应一致；如层次为横向排序，则由上至下的说明顺序应与由左至右的层次对应一致（图 2-61）。

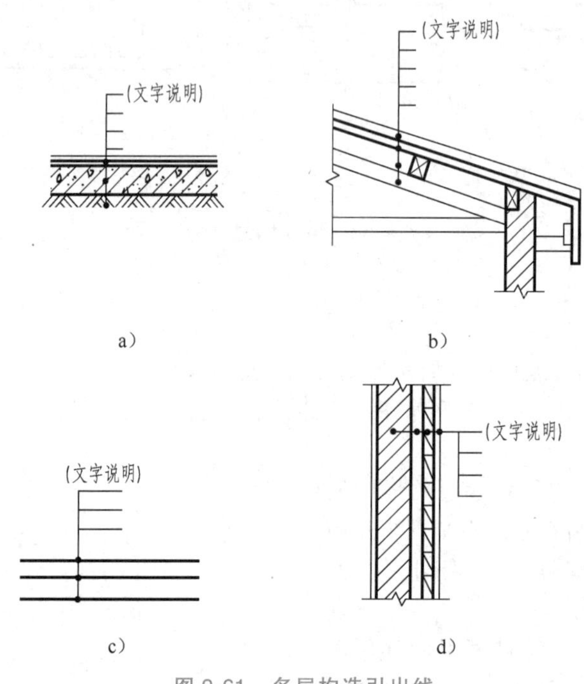

图 2-61 多层构造引出线

2.7 建筑图的识读

建筑图主要包括建筑总平面图、建筑平面图、建筑立面图、建筑剖面图、详图及构造图。平面图是建筑专业施工图中最基本、最主要的图样，是结构及设备专业进行设计和制图的基础依据。同时，结构及设备专业对建筑的技术要求如柱断面、管道竖井、留洞等也主要表示在平面图中。平面图上内容繁多，所表达的信息也非常庞杂，按同一张平面图上所绘的内容的属性来看，可分为图形及符号、文字、尺寸标注三大部分。另外，平面图上表达不清的地方，一般要通过索引指向详图。理解了这一点，在绘图及识图时保证条理清晰是非常重要的。

2.7.1 建筑制图基本知识

（1）平面图的组成 平面图中的图形是最基本的内容。文字和尺寸标注都是围绕图形来展开的。这种图形、符号都用线条来表示，不同的线条有不同的含义。平面图按照一系列的规定，增加相应的表达方法，才能成为完整的平面图，它主要包括以下内容：

1）线条分级、分类：平面图一般是在门窗洞口处水平剖切后的俯视图，在平面图中用粗实线表示剖切到的建筑实体断面，如剖到的墙体、柱子等；用中粗实线表示未剖切到的在投影方向可见的建筑构、配件，如台阶、踏步、窗台等。其中门窗被剖切后不应用粗实线表示，而是采用特定的图例表示。

此外，在平面图中还常见另一类线条：虚线。用虚线表示高窗、上部孔洞、地沟等不可见的建筑构件。

2）常采用标准图例：平面图中的图例主要分为构件图例和材料图例，如表2-9和表2-10所示，它们有不同的意义和表示方法。

构、配件图例主要用来表示门、窗、孔洞、楼梯、坡道、电梯等。这些图例在平面图中简明而确切地表示了某些构、配件及其主要特征，是整个图样的重要组成元素。

材料图例主要用来表达不同的材料。材料图例与图样比例有很大的关系，在不同比例的图样中，同一种材料的图例很多时候是不同的，如砖墙在1∶100的图中用两根粗实线表示，而在1∶25的图中则需要在两根粗实线中填充斜线表示。建筑施工平面图中，一般要将钢筋混凝土与砖两种材料区别出来：用涂黑的方法表示钢筋混凝土，如钢筋混凝土柱、构造柱、剪力墙等；用加粗的双实线表示砖墙。

3）采用一定的符号：平面图中的符号是约定俗成的图形，这些符号大多已经编入《房屋建筑制图统一标准》，主要包括剖切符号、索引符号与详图符号、引出线、对称符号、标高符号、尺寸标注、轴号等，这些符号在第2.6节中已讲述。

4）附加相应的文字：平面图中的文字在制图中起着重要的作用。例如，位于主要图形下方的每张图样的名称，在其右下侧注明该图的比例；平面图中各个房间的名称需用文字标出，表明各个房间的功能；某些较隐蔽难以表达的东西，常在平面图上用文字注明其主要特征，如墙上的洞口常用文字注明其尺寸及位置。某些个别的工程做法常用文字在平面图中说明。

（2）平面图包括的内容

1）表示房屋的名称或编号，墙、柱、内外门窗位置及编号，轴线编号。

2）标注室内外的有关尺寸及室内楼地面的标高（首层地面为±0.000）。

3）表示电梯、楼梯位置、楼梯上下方向及主要尺寸。

4）表示阳台、雨篷、踏步、坡道、通风竖道、管道竖井、消防梯、雨水管、散水、排水沟和花池等位置及尺寸。

5）绘制卫生器具、水池、橱柜、隔断及重要设备位置。

6）表示地下室、地沟、各种平台、阁楼（板）、检查孔、墙上留洞和高窗等位置尺寸与标高。如果是隐蔽的或在剖切面以上的内容，应用虚线表示。

7）绘制剖面图的剖切号及编号（一般只注在一层平面）。

8）标注有关部位上节点详图的索引符号。

9）在一层平面附近，绘制出指北针。

10）屋顶平面图则主要表明屋面的平面形状、屋面坡度、排水方式、雨水口位置、变形缝、楼梯间、水箱间、天窗、上人孔、消防梯及其他构筑物和索引符号等。平面图的示例如图2-62~图2-65所示。

（3）立面图、剖面图　在立面图上要绘制室外地坪线、建筑外轮廓线；各层门窗洞口线；墙面细部，如阳台、窗台、楣线、门窗细部分格、壁柱、室外台阶、花池等；标注标高、首尾轴线，书写墙面装修文字、图名、比例等，如图2-66所示。

绘制剖面图要绘制被剖切到的墙体定位轴线、墙体、楼板面等；在被剖切的墙上开门窗洞口及可见的门窗投影；绘制剖开房间后沿投影方向所看到部分的投影；按建筑剖面图的图示方法加深图线、标注标高与尺寸，最后绘制定位轴线；剖面图的图名应与建筑底层平面图的剖切符号一致，如图2-67所示。

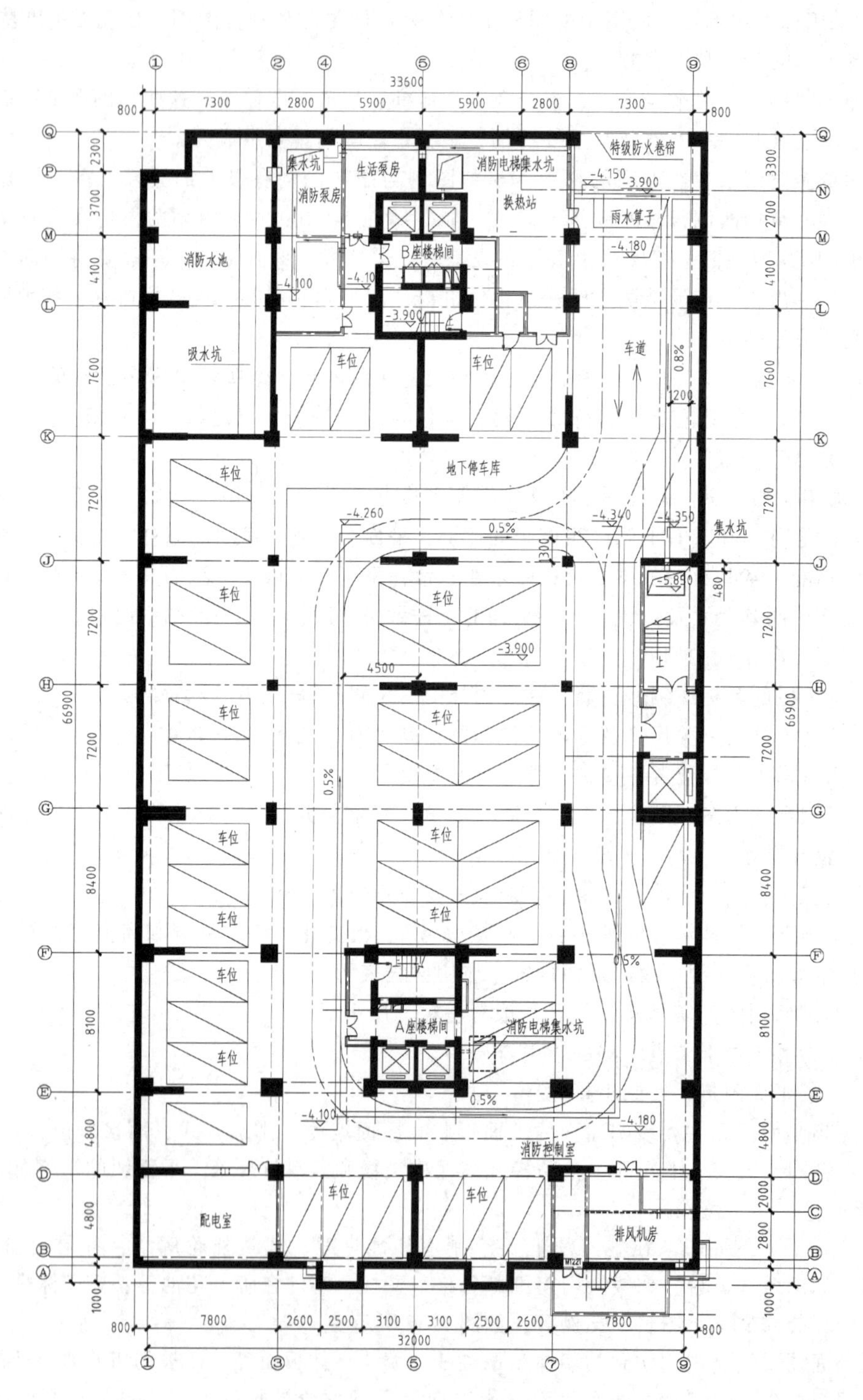

图 2-62 地下室总平面图 1：100

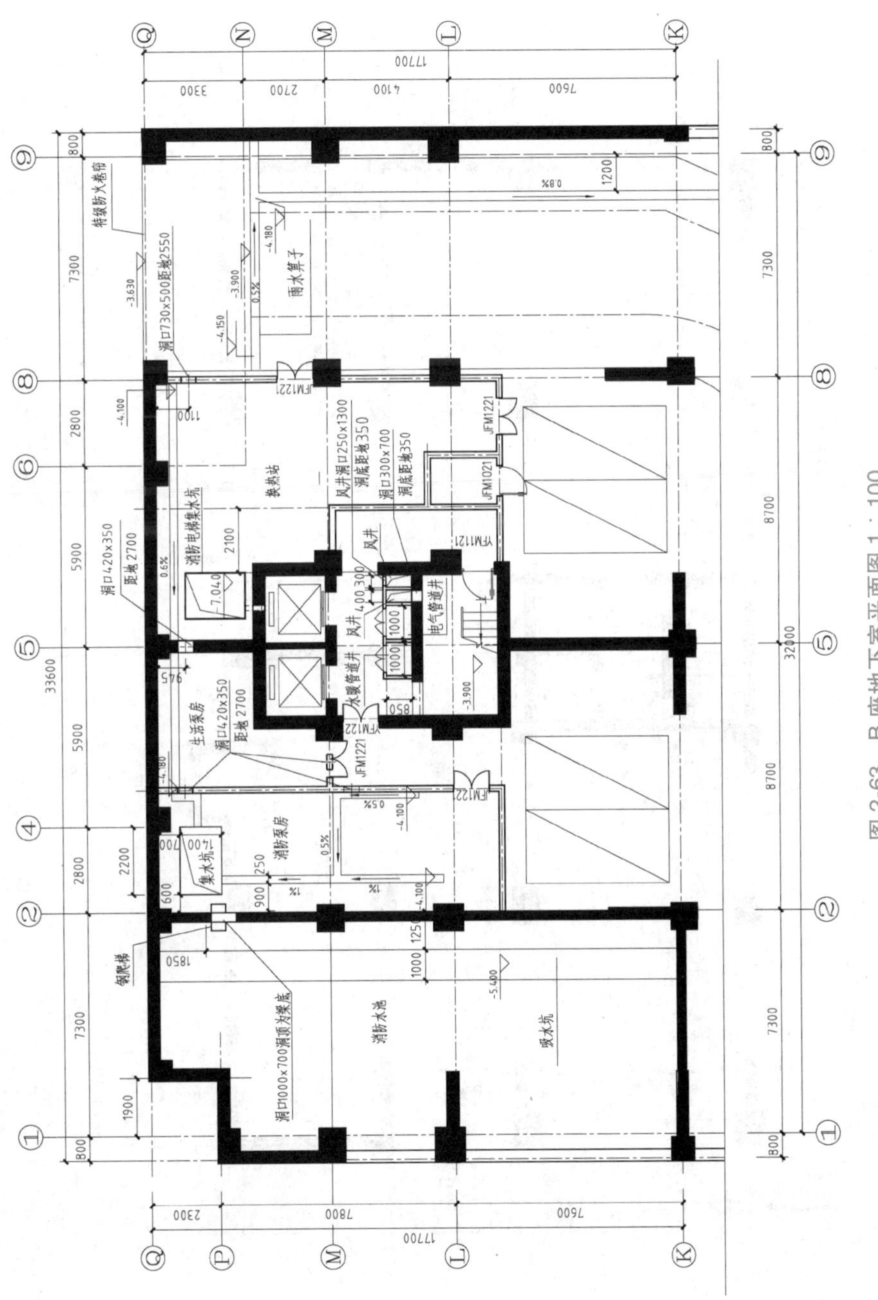

图 2-63　B 座地下室平面图 1：100

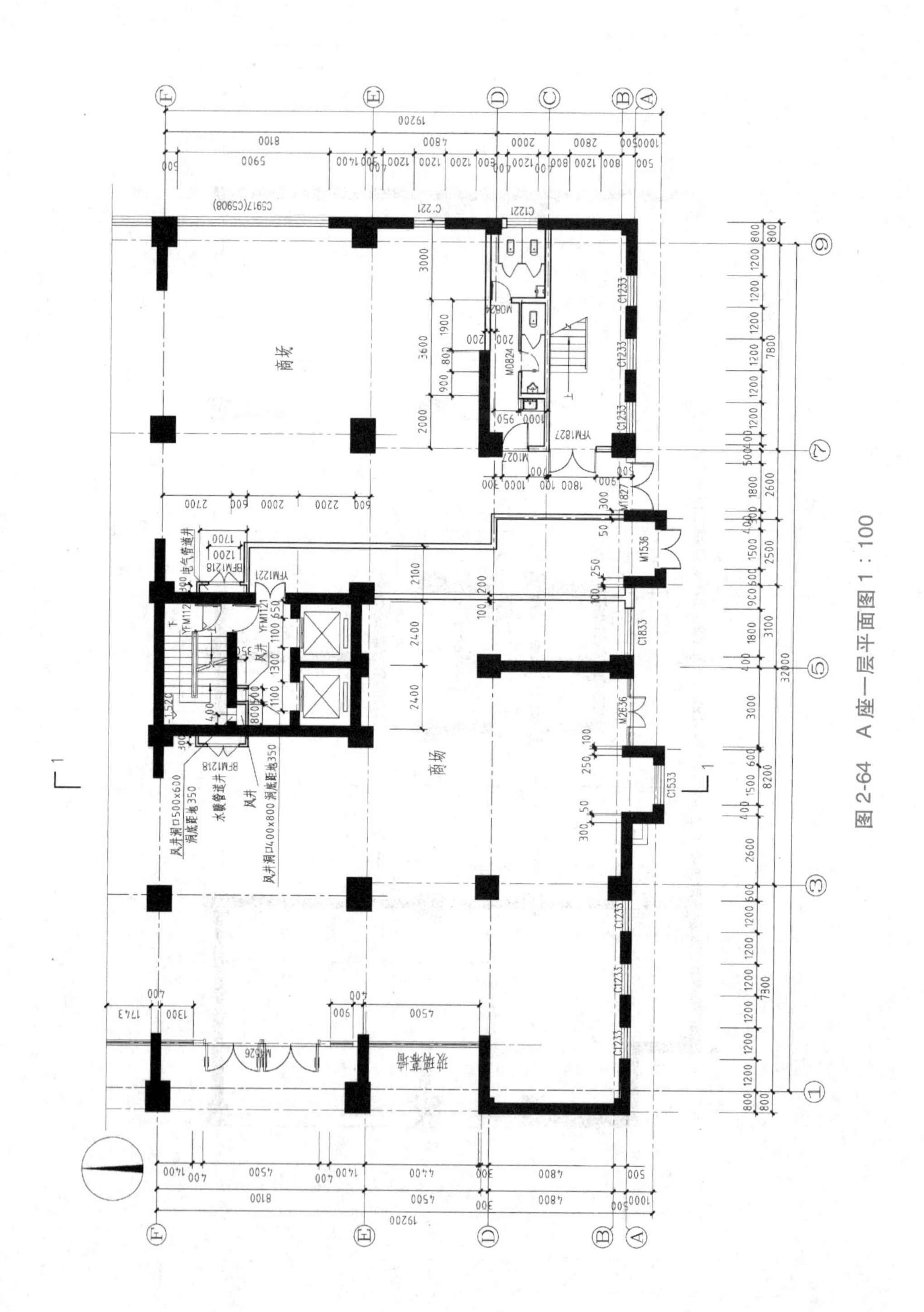

图 2-64 A 座一层平面图 1：100

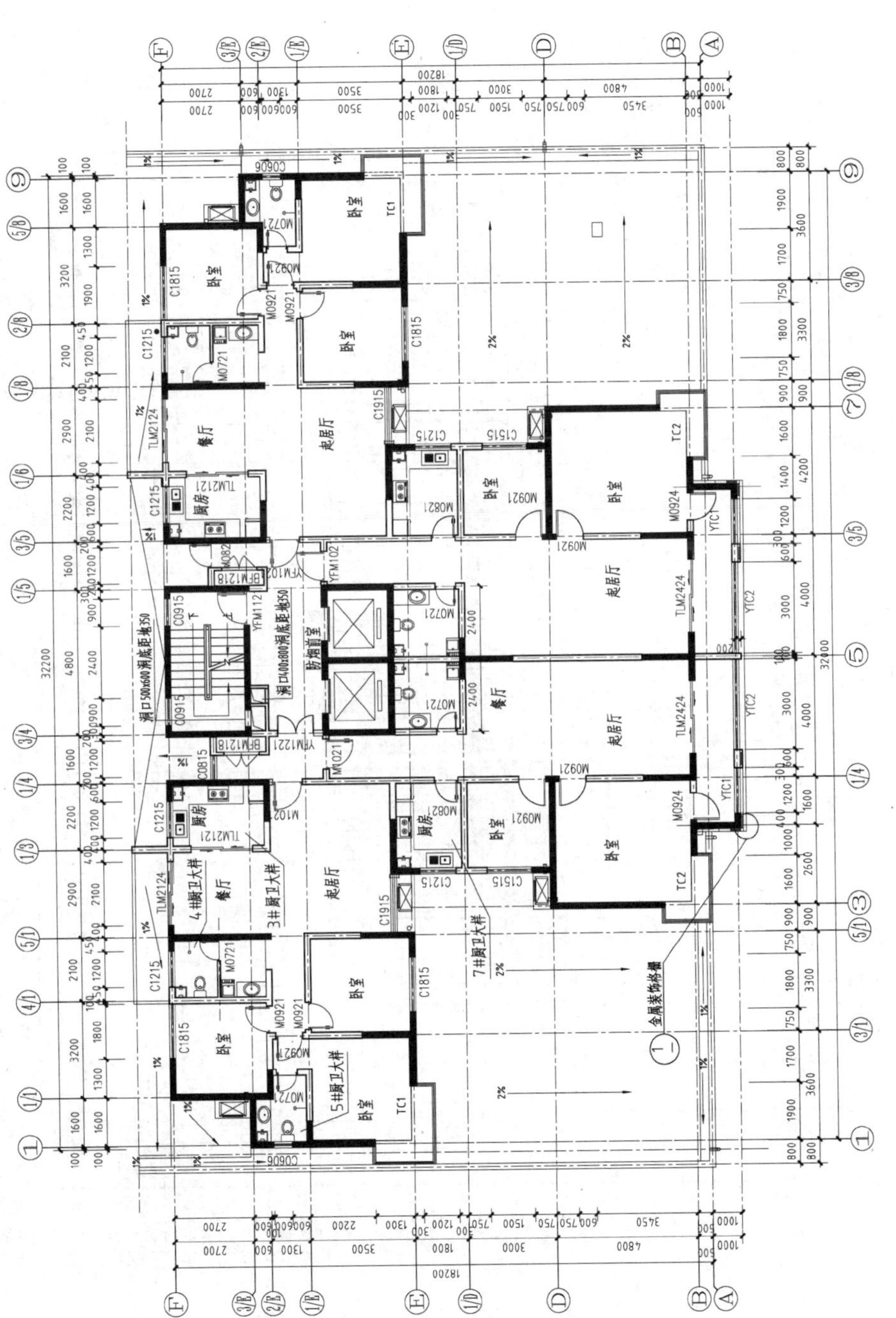

图 2-65　A 座四层平面图 1：100

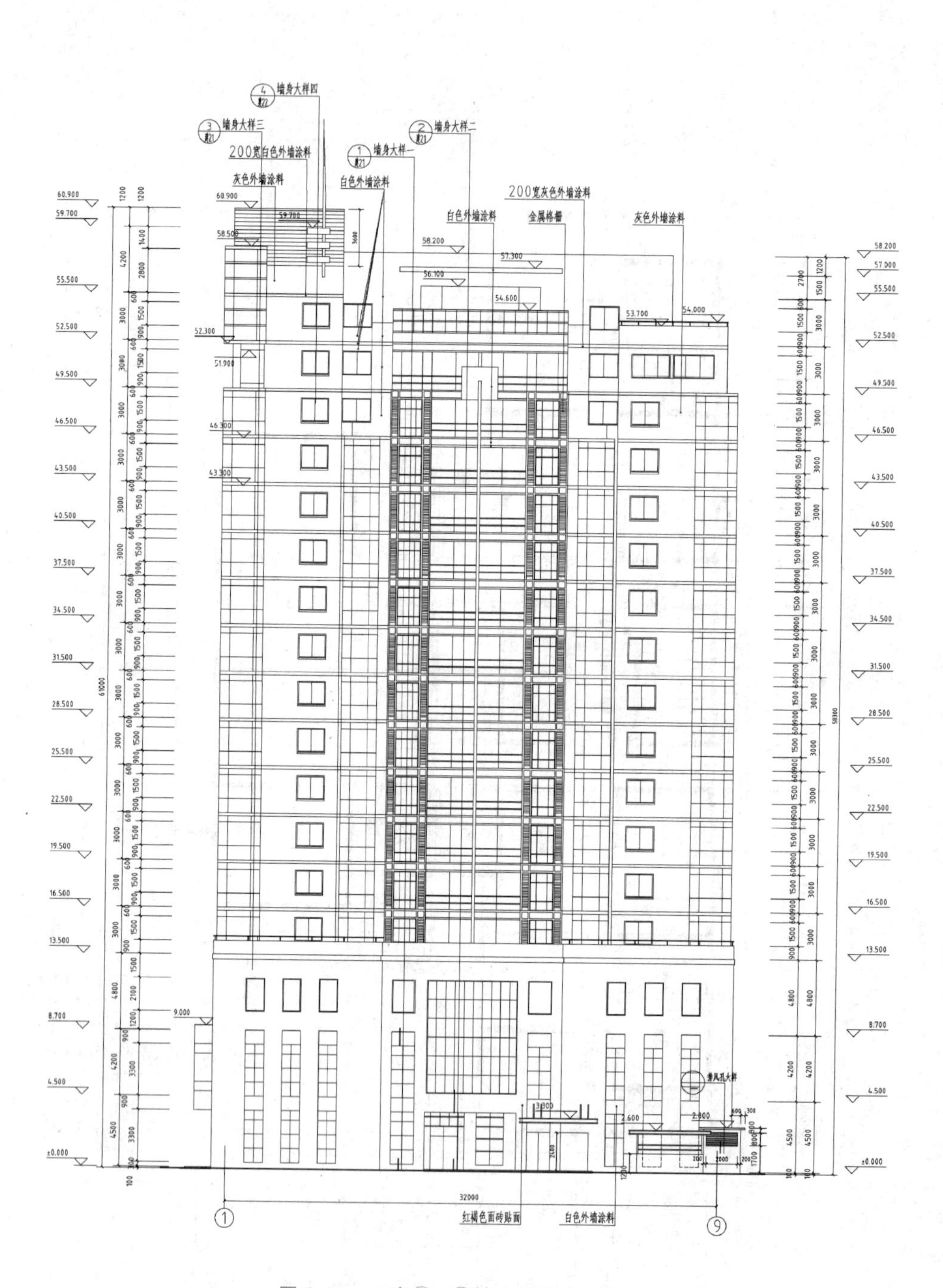

图 2-66 A 座①~⑨轴立面图 1：150

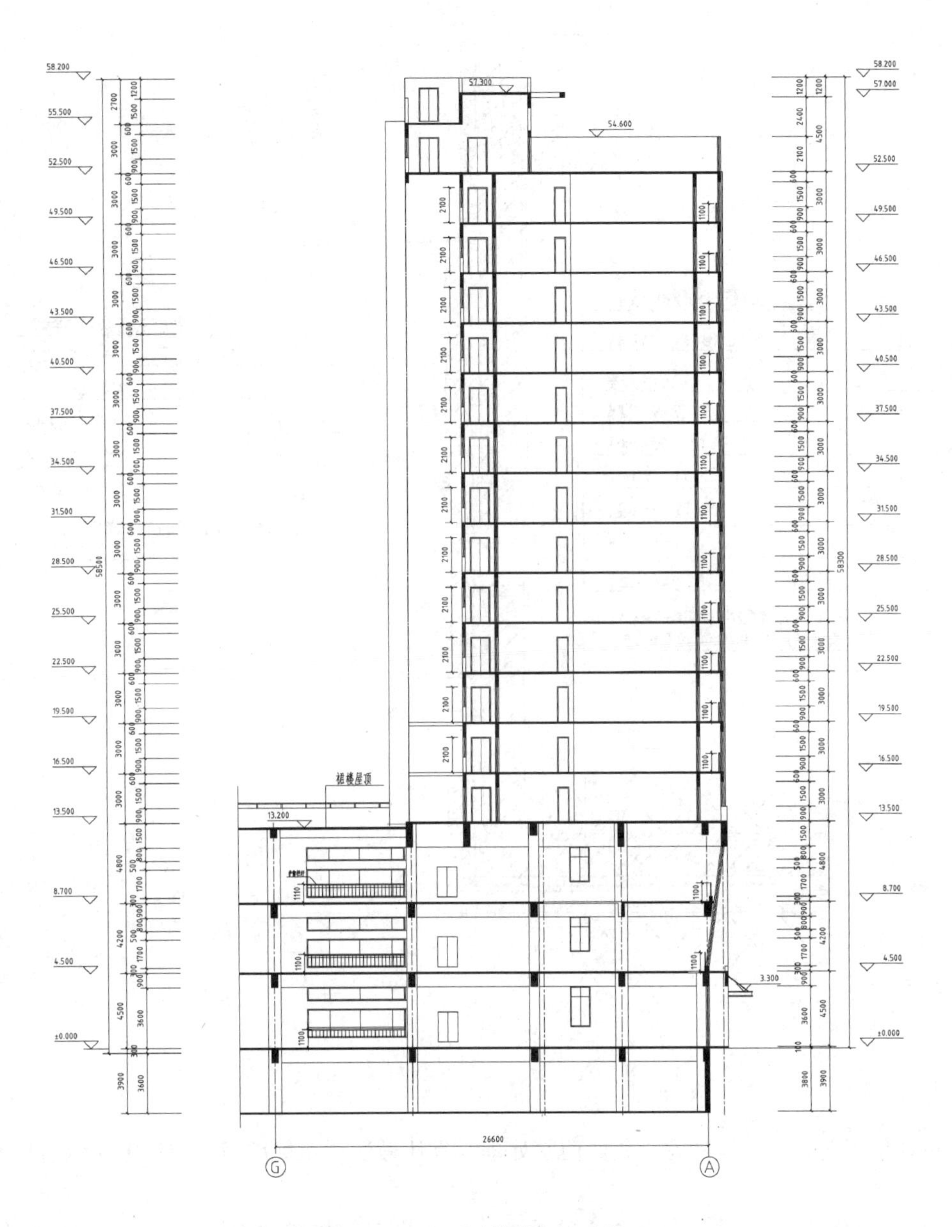

图 2-67　1—1 剖面图 1∶150

（4）墙身大样图　暖通空调设计的一个基本内容是计算建筑围护结构的冷热负荷，这就需要明确围护结构的构造。墙身大样图主要包括三方面的内容：一是表示出各种构件和配件，包括其断面形状和尺寸；二是各种材料，尤其是构、配件的用料；三是构造层次和构造方法。以外墙大样图为例，其表达内容一般包括：结构断面的尺寸和形状，墙身材料和构造，墙身内外饰面的用料和构造，楼地面、室外地面、地下层墙身及底板的防水做法，屋面材料和构造等。其中，需用材料图例和文字注明各主要用料，如图 2-68 所示。

楼板按其材料的不同常有木楼板、钢筋混凝土楼板、钢楼板等。目前使用最多的是现浇式钢筋混凝土楼板，其抗弯和防火性能俱佳。设备专业采暖管道敷设沟槽在图样平面图上以中虚线

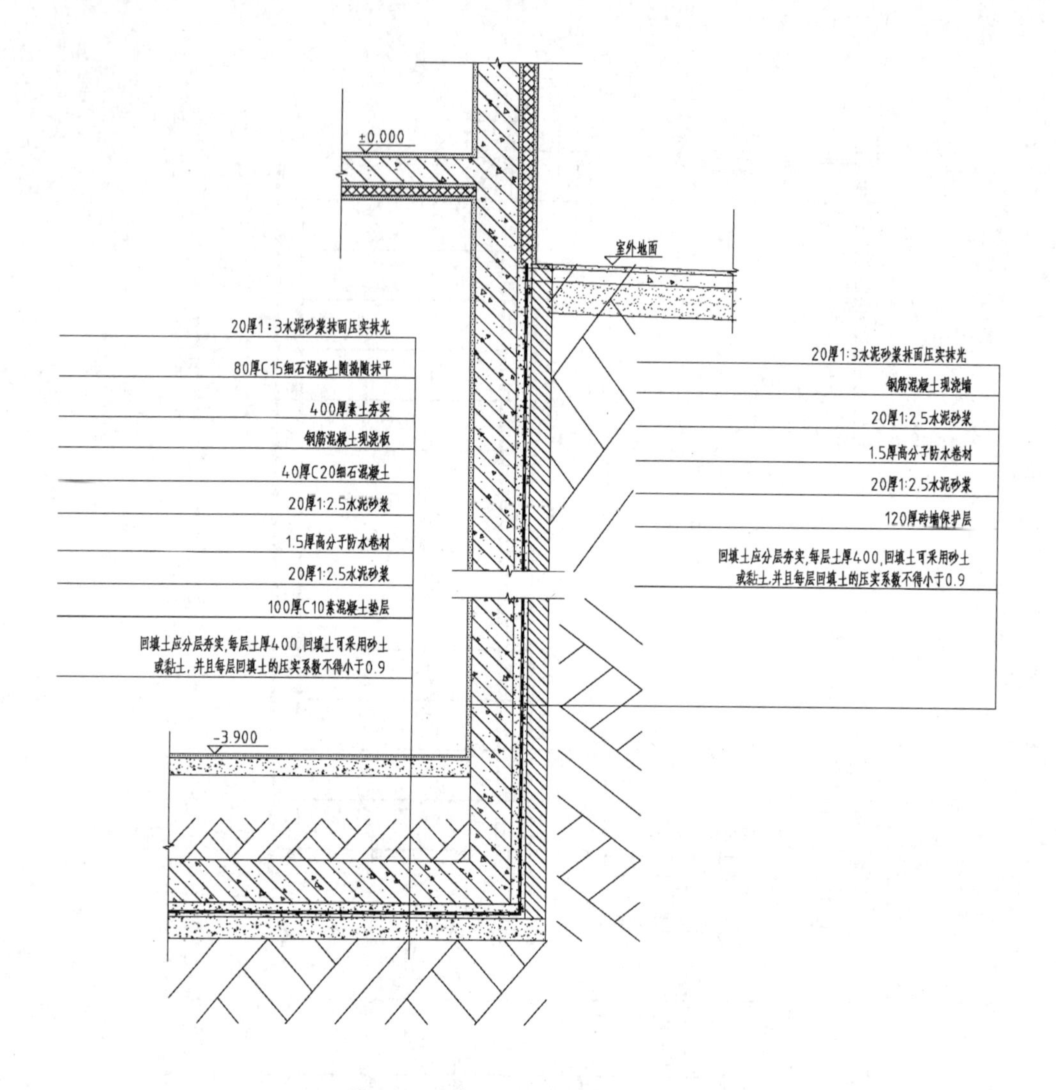

图 2-68 地下室防水大样 1：25

表示。设计楼板时，一般应考虑楼板的防水处理。具体做法详见标准图集或按图样索引号找对应的详图。

地面及屋面构造也是设备专业关心的重点。地面构造分架空和实铺两种，主要考虑地面的防潮问题，一般参见标准图集或按图样索引号找对应的详图。图 2-68 所示为一详图示例。

屋顶分平屋顶和坡屋顶，由墙身大样图直接反映出属于哪种形式。屋顶构造图主要反映屋面的保温隔热处理，参见标准图集或按图样索引号找对应的详图。屋顶平面上经常放置一些露天设备，如冷却塔等，常用虚线表示其外轮廓线，常用中实线绘制设备基础。

（5）门窗详图 门窗详图常按类别集中序号绘制，以便不同的厂家分别制作。门窗立面均系外视图，旋转开启的门窗，用实开启线表示外开，虚开启线表示内开。开启线交角处表示旋转轴的位置，由此可以判断门窗的开启形式，如平开、上悬、中悬、下悬、立转等。推拉开启的门窗要在推拉扇上画箭头表示开启方向；固定扇只画窗樘不画窗扇即可。弧形窗及转折窗应绘制展开立面图。图 2-70 所示为门窗表及门窗大样图。

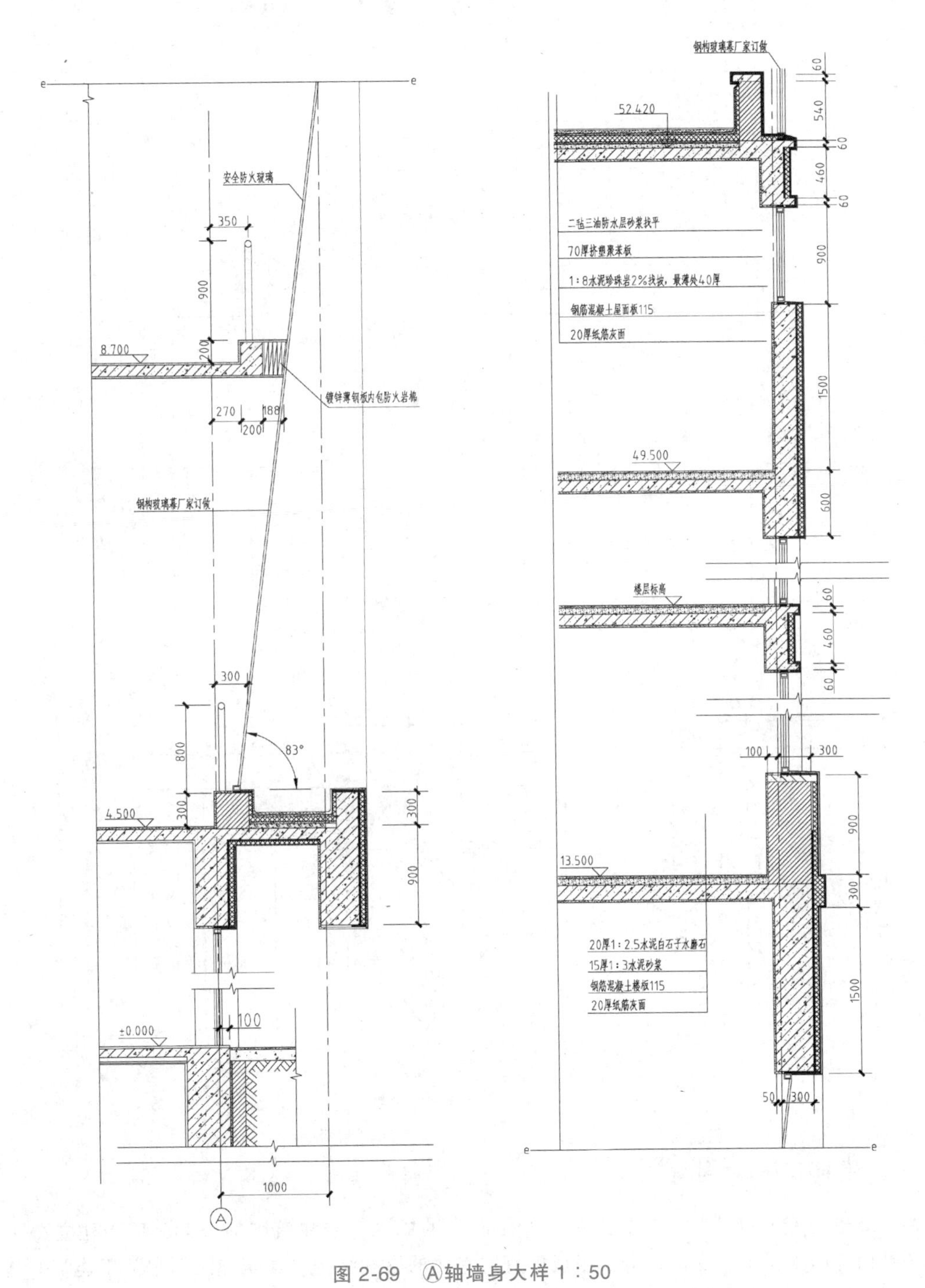

图 2-69　Ⓐ轴墙身大样 1 : 50

门窗表

类型	设计编号	洞口尺寸(mm)	数量	图集名称	页次	选用型号	备注
门	M0721	700X2100	163	L92J601		M2-9	木门
	M0821	800X2100	108		57	M2-13	
	M0824	800X2400	13		57	M2-21	
	M0921	900X2100	243		59	M2-57	
	M2526	2500X2600	1	详大样			
	M6436	6400X3600	1				
窗	YTC1	1500X2400	48	详大样			塑钢中空玻璃推拉窗
	YTC2	3000X2400	24				
	YTC3	3300X2400	24				

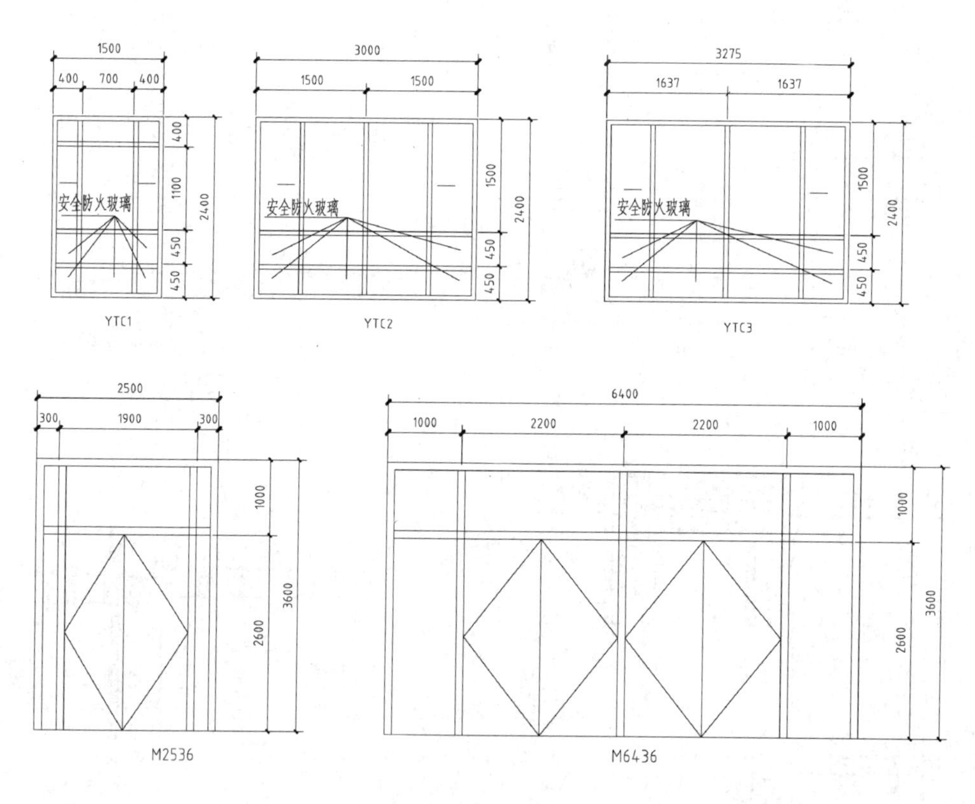

图 2-70 门窗大样 1：50

2.7.2 建筑识图举例

在查阅建筑施工图时，一定要建立“整体性”的概念。对建筑图的识读，应当建立一个树状认知结构，即由树干、支干、分叉组成的有主有次的层次结构。建筑施工图中关于建筑的基本组成、主要流线、主要房间、外部主要体型等被当作认知结构的树干，而细部尺寸、细部构件等应被看作认知结构中的分叉部分。这样就明白该先看什么，后看什么。但后看的部分并不意味着不重要，可以不看，相反，后看的部分不仅要明白其本身的内容，而且要明白与先看部分的联系，如同要理清分叉同树干的关系一样。“整体性”就体现在这里，不仅要弄清图样中的各项内容，如柱、墙、门、窗等各个构件、各个尺寸、各个文字等，而且要清楚它们相互的关系，进而形成一个有主有次、无遗漏的建筑整体。

设计或者施工的目的不同，在读图时关注的重点也有所不同。例如，在进行采暖或者空调设计时，就要仔细了解建筑围护结构的构造；而防排烟设计时，就要特别关注建筑的总体布局和防火、防烟分区。

现以图 2-62～图 2-70 所示为例，说明建筑图的识读。该建筑为高层建筑，包括地下室，三层裙房，主楼包括 A、B 两座塔楼，每座塔楼各 13 层。本书以该建筑地下室总平面、B 座地下室平面、A 座一层平面、A 座四层平面为例说明平面图的识读。为了重点突出设备专业的识读重点以及图面的清晰，本书将原建筑施工图中某些尺寸标注去掉了。

（1）平面图的识读

1）图样的比例、图例及有关的文字说明。平面图常用的比例为 1∶50、1∶100、1∶150、1∶200，最常用的为 1∶100。从图名可了解该图是哪一层的平面图及该图的比例是多少。本例图 2-62 所示为地下室总平面图，图 2-64 所示为 A 座一层平面图，图 2-65 所示为 A 座四层平面图，其绘图比例均为 1∶100。

2）识读管线竖井、通风竖井。结合图 2-62 和图 2-63 地下室平面图可以看出：该工程主楼包括南北两个楼座，每个楼座均设有消防电梯、防烟楼梯间、合用前室、电气管道井和水暖管道井、两个送风竖井，所有这些均用标准图例表示，很容易看懂。其内部详细内容仅以图 2-63 所示 B 座地下室平面图为例来说明。从图 2-63 B 座地下室平面图中可以看到送风竖井附有文字说明：“洞口×××洞底距地×××”，这表明预留洞口的大小及标高。每个洞口的中心距墙体的距离也有标注，这样所留洞口的具体位置就可确定。另外，每个竖井的大小在平面图上也有标注。B 座电梯间水暖管井及电气管井断面尺寸均为 1000mm×850mm，防烟楼梯间送风竖井断面尺寸为 850mm×400mm，合用前室送风竖井断面尺寸为 850mm×300mm。

3）了解各个房间的使用功能。了解了各房间的使用功能，才能进一步识读其辅助设施，这些辅助设施是设备专业设计的依据。从图 2-62 中可以看出，该地下室主要是车库房，小部分为消防水池、水泵房、换热间和排风机房，这就意味着设计有地沟、通风洞等。

从图 2-62 和图 2-63 可以看出车库内、泵房内及换热站内排水沟的尺寸、位置、坡度、拐点的标高，集水坑的大小及坑底的标高。该例有水泵房、消防电梯、车库四个集水坑。从图 2-64 所示可知一层为大型商场。

从图 2-65 所示 A 座四层平面图可以看出，该主楼为一梯四户住宅设计，住户内包括起居室、卧室、厨房和卫生间等房间。

4）了解主要的结构体系。也就是通过图样了解建筑的主要承重构件，了解柱网的情况、剪力墙的情况、外墙的情况等。

从图 2-62～图 2-65 中绘图图例可以看出，该建筑主体为框架结构，剪力墙较多，剪力墙上洞口一定要预留，如图 2-63 所示，②-Ⓜ剪力墙上有“洞口 1000×700 洞顶为梁底”。所有剪力墙上的洞均为设备专业向建筑专业提供，稍有疏忽，就为施工单位造成损失，继而追究设计者的责任。

5）了解主要构配件。了解建筑物防潮、防水做法、墙体变形缝的做法等。一般建筑物构配件做法都有相应的大样图或根据索引号查具体做法。本例地下室防水做法如图 2-68 所示。

6）识读一层平面图特有的内容。指北针符号和剖切符号一般只表示在一层平面上。本例图 2-64 所示 A 座一层平面图绘有一指北针，表明该建筑的朝向。房屋朝向是设备专业采暖空调冷热负荷计算的基础。还可根据剖切号，如1-1查阅相应的剖面图，图2-67所示为1-1剖面图。

7）从平面图中门窗的图例及其编号，可了解门窗的位置、大小和数量。

国标中规定门的代号是M，窗的代号是C，代号后面写上编号，如M1、M2、M3和C1、C2、C3。未能在平面图上表示的门窗，应在立面图上标注。同一编号表示同一类型的门窗，它的构造和尺寸都一样，通常在平面图或首页图上附有门窗表，或有专门的门窗表，如图2-70所示。

（2）立面图、剖面图识读 从立面图可了解建筑的外貌、整个建筑的高度、建筑物的外装修；了解立面图上详图索引号的位置与其作用，如图2-66所示A座①-⑨轴立面图可知，该图比例为1∶150；整个建筑物高60.9m；通过图上的文字，可知房屋外墙面装修的做法，如部分外墙采用白色外墙涂料。另外，通过索引号可以找到墙身大样图，如墙身大样图一在建筑施工图样第21张，墙身大样图四在建筑施工图样第22张。

通过剖面图可了解被剖切到的墙体、楼板、楼梯和屋顶；通过剖面图上的尺寸标注，可以看出房间窗台的高度、窗上梁的大小，这些有助于设备专业进行设备选择及布置。由图2-67所示1-1剖面图可知，主楼部分窗台为900mm，窗上梁高600mm，一、二层窗上梁高900mm，三层窗上梁高1500mm。通过剖面图的标高，可清楚地知道每层的层高是多少，如本例建筑地下室层高3.9m，一层高4.5m，二层高4.2m，三层高4.8m，主楼层高均为3.0m。

（3）对墙身大样图识读 识读墙身大样图时，首先清楚它与建筑整体的联系或它在建筑整体中的部位，找出外墙大样图，它是典型部位从上至下连续的，通常表示竖向各主要部位和构配件。根据墙身大样图了解墙身、楼板、顶棚的用料、构造和尺寸。在识读屋面、楼板和墙体构造时，不仅要知道每层做法，而且要知道它们是解决哪些问题的，如防水、保温、隔热、隔汽、透气等。以图2-69所示为例，说明墙身大样图的阅读方法：

1）根据剖面图图名，对照图2-62~图2-65所示的轴线位置，可知剖面图的剖切位置和投影方向。

2）在详图中，对屋面、楼层和地面的构造，采用多层构造说明方法来表示。该图采用此法详细说明楼板及屋面的构造，从屋面构造可以看出该屋面有防水隔热保温功能。因图2-68所示为地下室防水大样图，故在该大样图中省略了地面构造部分。

3）从楼板与墙身的连接部分可了解各层楼板（或梁）与墙身的关系。如图2-69所示，楼板与墙（梁）均现浇而成。

4）从图2-69中可以看到窗台、窗梁的构造情况。如二层、四层窗台均为砖墙，二层窗台高300mm，四层窗台高900mm。二三层为玻璃幕墙，窗台处设有护栏。

5）在大样图中，一般应标出各部位的标高和墙身细部的大小尺寸。如二层挑台的大小、每层梁及窗台的标高图上均有标注。

（4）门窗详图的识读 图2-70所示为门窗大样，图中含有门窗表，表中列出了门窗的编号、名称、尺寸以及所选标准图集的编号等内容，至于门窗的具体做法，则要看所选标准图集相应的门窗构造详图或绘制的门窗大样图。识读门窗详图，要了解门窗的种类、大小尺寸，特别是开启扇的尺寸，这关系到计算冷风渗透量的问题。如图2-70所示，窗YTC1、YTC2、YTC3均为塑钢中空玻璃推拉窗，活动窗扇尺寸分别为1500mm×1100mm、3000mm×1500mm、3275mm×1500mm。门M2536和M6436为外开门，活动门扇的尺寸分别为1900mm×2600mm、2200mm×2600mm、2200mm×2600mm。

2.8 在AutoCAD中实现制图标准化

目前，工程制图越来越多地从图板转向计算机。在这一转化过程中，制图的效率和质量都有很大的提高，但也由于某些 CAD 软件本身的缺陷或设计人员对其研究不够，致使计算机制图的标准化程度有时低于手工制图。因此，2000 年我国发布了 GB/T 18112—2000《房屋建筑 CAD 制图统一规则》（General rules of drawings in building engineering CAD），以规范房屋建筑 CAD 制图。经修订，在 2010 年发布的 GB/T 50001—2010《房屋建筑制图统一标准》中增加了计算机制图的相关条款，规定了计算机制图的一般规则。2017 年发布的 GB/T 50001—2017《房屋建筑制图统一标准》中增加了协同设计的内容，修改补充了计算机辅助制图文件、计算机辅助制图图层和计算机辅助制图规则等内容。本章主要增加了“协同设计”的内容。下面以在工程技术界广泛应用的 AutoCAD 为例，根据《房屋建筑制图统一标准》的要求，介绍如何实现制图的标准化。

2.8.1　两种制图模式

（1）传统制图模式　在图板制图中，一般采用的制图模式是将客观实物的尺寸按一定的比例和规则绘制在图纸上，然后在上面添加标注和说明。一张工程图样通常包括两部分的内容：反映客观实物的图形（这一部分内容和客观实物有比例对应关系）和辅助性内容（标注、说明文字、图框等，这部分内容和客观实物没有比例对应关系）。

传统制图模式的不方便之处是要进行比例换算，在计算机上仍然可以沿用这一模式。两样绘图模式示意如图 2-71 所示。

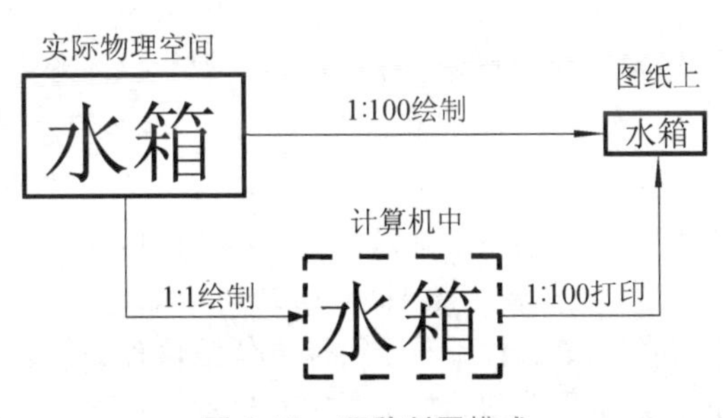

图 2-71　两种制图模式

（2）另一种模式　尽管 AutoCAD 的图形屏幕很小，但它的坐标系却是一个天文数字，设计人员可以按客观实物的尺寸值直接输入计算机，而不进行比例折算，在最后出图（plot）时，再设定绘图比例。例如，由于工程设计中常以 mm 为默认单位，因此可以将一个图形单位（Drawing unit）当作 1mm，那么 1000mm 长的物体就为 1000，如果图样比例为 1∶100，在出图打印时，将 CAD 图上 100 个图形单位设置为代表 1mm，则最后长为 1000mm 的客观实物在图样上长度就为 10mm，比例正好为 1∶100。对于图幅、字号等，在计算机上绘制时，则要经过折算，比如 3 号字，输入计算机时其大小应为 300，最后出图时，落于图样上其大小仍为 3mm。这种模式的好处主要有：

1）比例折算的工作量大大减小。

2）由于图形在显示屏上的尺寸都和客观实物的真实尺寸的数值一致，因此，坐在显示屏前，就有点像在现场操作真实的客观实物。例如，可以用 DIST 测量两点间的距离，用 AREA 测量封闭图形的面积。计算机显示器显示屏相当于一个“虚拟现场”，操作者可以将“物体”移来移去，进行布置“试验”。操作者是在计算机上进行“现场设计构思”，而不仅仅是将脑海中已有的模型绘制出来。这是重大的思维方式转变，当使用三维制图时，其优越性更加明显。下面就以采用这种模式为例介绍图幅、标注等的标准化定制。

2.8.2　制图单位

用一个图形单位代表 1mm。物体均采用以毫米为单位的实际尺寸数值进行绘制，而文字、图形符号的大小为图样上的尺寸乘以绘图比例的倒数。具体设置步骤，点按菜单 Format→Units…后弹出对话框，设置如下：

1）Length 栏：Type 设为“Decimal”，Precision 设为“0”。

2）Angle 栏：Type 设为“Decimal Degrees”，Precision 设为“0.0”。

3）Drawing Units for Design Center blocks 栏设为“Millimeters”。

2.8.3 制图比例

制图比例的确定十分重要，在制图前应该确定。许多人以为在计算机上绘图是 1∶1，不用考虑制图比例，这种想法是错误的。由于制图比例与线宽、标注、文字及编号等许多非物体轮廓图形的绘制紧密相关，因此，在制图前应先确定比例。应根据图形外围轮廓的大小、图样规格、可用制图比例等因素综合确定，应使最终打印出的图样线条清晰，不要太密或太稀，并使字体大小合适。可以采用在图形屏幕上做试验的方法：先以实际尺寸值绘制所需最大外围轮廓，然后绘制（或插入）图框（图框的实际尺寸），根据可用的比例值用 SCALE 命令放大，多次试验，最终确定图幅和比例。另外，也可以先不确定制图比例，只绘制实际物体的轮廓，在上面进行“方案试验”，方案确定后，再确定制图比例，然后绘制尺寸标注、轴线编号、设备说明等辅助性内容。

2.8.4 线宽

设置线宽有多种方法：

（1）用 PLINE 设置线宽　以前，许多用户通过绘制不同宽度的 Pline 线来区分不同的线宽，这是设置线宽的最直接的方法，但这种方法的致命缺点是图形在显示屏缩放时，线宽的粗细跟着改变，时常使眼睛难以分辨其具体的粗细。

（2）LWT 法　自 AutoCAD2000 开始，每一实体都具有线宽属性。设置线宽就和设置颜色一样简单，通过属性工具条可以方便地设置和修改，并且可以按状态条上的 LWT 控制线宽的显示与否，显示屏上的缩放不影响其显示的宽度值。但是在出图前想改变已设置的线宽，则要改变相应实体的 LWT 属性，比较费事。而且在图面上如果让其显示线宽，则图面可能如涂鸦，而不显示线宽时又不知道线宽。

（3）颜色法　由于工程设计图样大多为黑线条，晒蓝图复制的方法（工程用途一般不采用彩色图，成本太高）不需要颜色来表现光线和色泽，因此可以利用 AutoCAD 提供的用特定颜色代表特定线宽的方法。例如，用红色（1号）代表粗线，白色（7号）代表中线，绿色（3号）代表细线，在使用 PLOT 出图打印时，可以通过打印设置对话框，将特定的颜色打印成特定的线宽，并且彩色线条打印为黑色，具体打印设置方法参见 7.6.2 节。颜色法克服了 PLINE 和 LWT 法的不足，并且通过适当的颜色搭配，可以使图面更加美观，并且在出图前，如果想改变某颜色代表的线宽，只要修改其代表的笔宽就可以，十分方便。设置颜色时，尽量使用七种基本颜色，线条颜色太多时，不易分辨。

2.8.5 图层

图层（layer）是 CAD 制图中一个特有的概念，通过图层可以对大量的设计信息进行分类管理，来实现各相关专业的数据共享和区分，《房屋建筑制图统一标准》规定了图层的命名方法和格式。

（1）图层命名应符合的规定

1）图层名称可使用汉字、拉丁字母、数字和连字符“-”的组合，但汉字与拉丁字母不得混用。

2）在同一工程中，应使用统一的图层命名格式，图层名称应自始至终保持不变，且不得同时使用中文和英文的命名格式。

（2）图层命名格式应符合的规定

1）图层命名应采用分级形式，每个图层名称由 2~5 个数据字段（代码）组成，第一级为专业代码，第二级为主代码，第三、四级分别为次代码 1 和次代码 2，第五级为状态代码；其中专业代码和主代码为必选项，其他数据字段为可选项；每个相邻的数据字段用连字符（-）分隔开。

2）专业代码用于说明专业类别，请参见表 2-12。

3）主代码用于详细说明专业特征，主代码可以和任意的专业代码组合。

4）次代码 1 和次代码 2 用于进一步区分主代码的数据特征，次代码可以和任意的主代码组合；图层命名举例可参见表 2-13。

5）状态代码用于区分图层中所包含的工程性质或阶段，但状态代码不能同时表示工程状态和阶段，请参见表 2-14。

6）中文图层名称宜采用图 2-72 的格式，每个图层名称由 2~5 个数据字段组成，每个数据字段为 1~3 个汉字，每个相邻的数据字段用连字符“-”分隔开。

7）英文图层名称宜采用图 2-73 的格式，每个图层名称由 2~5 个数据字段组成，每个数据字段为 1~4 个字符，每个相邻的数据字段用连字符（-）分隔开；其中专业代码为 1 个字符，主代码、次代码 1 和次代码 2 为 4 个字符，状态代码为 1 个字符。

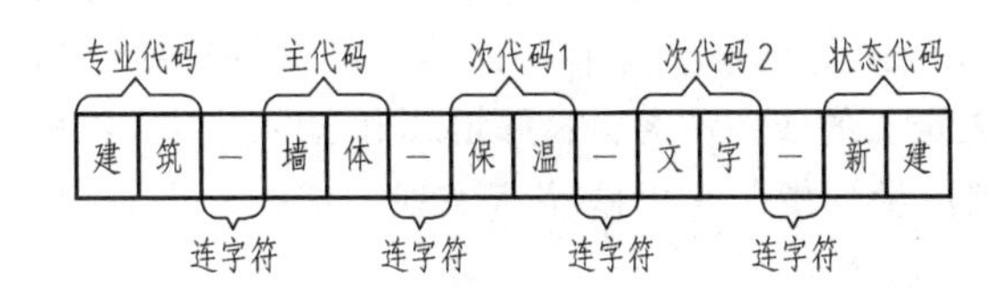

图 2-72　中文图层名称的格式

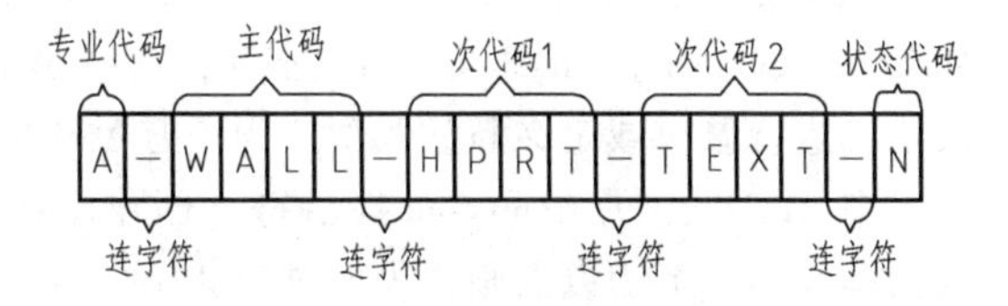

图 2-73　英文图层名称的格式

表 2-12　常用专业代码列表

专　业	专业代码名称	英文专业代码名称	备　注
总图	总	G	含总图、景观、测量/地图、土建
建筑	建	A	含建筑、室内设计
结构	结	S	含结构
给水排水	水	P	含给水、排水、管道、消防
暖通空调	暖	M	含供暖、通风、空调、机械
电气	电	E	含电气(强电)、通信(弱电)、消防

表 2-13　图层命名举例

图　层	中 文 名 称	英 文 名 称
空调系统	暖通-空调	M-HVAC
空调冷水系统	暖通-空调-冷水	M-HVAC-CPIP
空调冷水供水管	暖通-空调-冷水-供水	M-HVAC-CPIP-SUPP

表 2-14 常用状态代码列表

工程性质或阶段	状态代码名称	英文状态代码名称	备　注
新建	新建	N	—
保留	保留	E	—
拆除	拆除	D	—
拟建	拟建	F	—
临时	临时	T	—
搬迁	搬迁	M	—
改建	改建	R	—
合同外	合同外	X	—
阶段编号	—	1~9	—
可行性研究	可研	S	阶段名称
方案设计	方案	C	阶段名称
初步设计	初设	P	阶段名称
施工图设计	施工图	W	阶段名称

2.8.6 线型

（1）建立新线型（line style） AutoCAD 在它的线型定义文件 acad. lin 中提供了一些线型，如 hidden、dashed、dashdot、center 等，这些线型和我国的标准大都有些差异，可以将这些线型的定义进行修改或定义新的线型。为了避免和他人定义的线型冲突，最好定义自己的线型。用户可以在 AutoCAD 的 Command 提示符下创建新线型。设计中常用的线型有实线、虚线、点画线、双点画线等。下面以点画线为例进行介绍：

Command:*-linetype* ↙

?/Creat/Load/Set:*C* ↙

Name of linetype to creat:*mydhx* ↙

这时弹出对话框，要求用户输入新定义的线型所在的文件，如输入 MYLINE. lin，然后单击"OK"按钮即可。系统又回到 AutoCAD 的命令提示行：

Descriptive Text：------- . -------↙ （显示该线型的大体样子）

A *20*，*-2.5*，*0.5*，*-2.5* ↙ （A 是规定字符，正数表示实线段长度，负数表示空白段的长度，要描述完一个周期）

?/Creat/Load/Set：↙

新线型创建以后，用户可以装入（Load 选项）线型和设置（Set 选项）当前线型，或直接通过属性工具条进行设置。

注：斜体表示用户输入的内容；↙表示回车。

另外，可以直接用字处理软件，如记事本，按照线型文件的格式创建相应的纯文本格式的线型库文件，保存在 AutoCAD 的安装文件夹中，或者自己的文件夹中，然后进行调用。如 MYLIN. lin 的部分内容如下，

*MYDASHDOT，________ . ________ . ________ . ________ . ________ . ________

A，20，-1.5，0.5，-1.5

*MYDASHED, ______ ______ ______ ______ ______ ______ __________

A, 6, -2

(2) 线型比例 刚才建立的线型是和最后打印在图样上的大小一一对应的，当图样比例不是1∶1时，可以用LTSCALE命令将定义的线型与当前图形相匹配。例如，图样比例为1∶100，这时可在AutoCAD下进行如下操作：

Command:*ltscale* ↙

New scale factor<1.000>: *100* ↙

另外，对于每一线型都有一个自身的比例因子，一般默认为1。

2.8.7 字体

工程制图标准要求采用长仿宋体，单击下拉菜单“Format”中的“Text Style …”命令，弹出字体样式设置对话框，设置方法如下：

1）字体样式名。先单击New，给出文字样式的名称，该样式名要易于识别，且避免和他人相同。通过修改该样式的定义可以实现字体的批量修改。必要时，可以设置多个字体样式，满足不同的需要。

2）字体的选择。仿宋_GB2312为TrueType字体，当图面上文字较多时，计算机的速度可能很慢，如果确实很慢，可改其他字体，比如，中国建筑标准设计研究所提供的gbhzfs.shx。另外，许多中文字体字高比西文字体小，为此，AutoCAD的中文版提供了相应的西文字库gbenor.shx/gbeitc.shx和中文字库gbcbig.shx。其他版本的用户可以从AutoCAD的网站（www.autodesk.com）下载并将该字体文件复制到AutoCAD的Fonts目录下。在Text style对话框的SHX Font栏中选择“Gbenor”作为西文字体，并选中对话框中的“Font”栏中的“Use big font”后，再在“Big Font”的下拉条中选中gbcbig。这里的文字高度Height里面可以设为0，在书写文字时再确定大小。如果设为其他值，则使用该文字样式的尺寸标注（或其他地方）中设置的文字大小无效。

3）Effect栏中的width factor设为0.7，如果为gbenor和gbcbig字体，则width factor为1，其他使用默认值。

设置完毕，单击Apply后退出对话框。

2.8.8 尺寸标注

尺寸标注最好建立自己的标注样式名，可以自己的名字命名，以防止与他人冲突，并且如要批量进行修改，只要重新对该样式进行定义就可以了。定义样式时，其中的表征大小的参数采用图样上所要求的大小，不同的绘制比例，只要把标注比例因子改成相应的值就可以了。制图标准要求长度尺寸起止符号使用短斜杠，而圆、弧、角度的尺寸起止符号用箭头，应建立两个标注样式，分别用于箭头和短斜杠标注。这里以长度标注为例，进行介绍。

(1) 建立标注样式名 单击下拉菜单“Format”下的“Dimension Style”命令，弹出对话框，再单击“New”按钮，弹出对话框，在New Style Name中输入“Mytick”样式名，然后单击“Continue”按钮，又弹出标注样式对话框。

(2) 设置标注尺寸线和尺寸起止符 首先切换到“Lines and Arrows”页。

1）Dimension line栏中，“Extend beyond Ticks”设为0，“Baseline Spacing”设为8。

2）Extension Line栏中，“Extend beyond Dim”设为3，“Offset from Origin”设为2。

3）Arrowhead栏中，1st和2nd均为“Architectural tick”，Leader设为“Closed filled”，Arrow Size设为2。

(3) 标注文字的设置

1) 切换到“Text”页，设置为：Text Appearance 栏中，“Text Style”设为已定义的自己的文字样式名，“Text Height”为3；“Text Placement”栏中“Offset from dim line”设为1。

2) 再切换到“Primary Units”页，设置为：Linear Dimensions 栏中，“Unit format”设为 Decimal，“Precision”设为0；Angular Dimensions 栏中，“Unit format”设为 Decimal Degrees，“Precision”设为0。

3) 切换到“Fit”页，在 Scale for Dimension features 一栏中将“Use Overall Scale of”设为制图比例的倒数，比如，制图比例为1∶100，则在其中填写100。

其余各项均采用默认值。上述设置完后，单击“OK”按钮后退出。尺寸标注设置完毕。

2.8.9 制作模板

上述设置完毕可以制作模板（drawing template），SaveAs 为“Template”形式或普通的 DWG 形式。在具体使用这些模板时，根据制图比例，更改相应的字体大小、线型比例因子和标注比例因子。可以通过新建文件时使用这些模板，也可以通过 AutoCAD 设计中心中的 Symbol Libraries 将这些样板文件的线型定义、尺寸标注样式、文字样式等导入到当前文件中。

2.8.10 图框

制图标准中规定了图幅的规格和尺寸，如 A0、A1、A2 和图幅加长的规则，设计人员可以根据自己的需要制作图框库。图框制作时以毫米为单位，依据图纸的实际尺寸值绘制，图框还要在标题栏内加上自己单位的名称。最后用 WBLOCK 写块，插入基点一般要选在图框的右下角。使用时用块或外部参照插入，并给出相应的放大比例即可。图框最好做成带属性的块，通过修改属性来填写图框中的一些栏目。

2.9 计算机制图文件的组织

计算机制图文件的组织和管理十分重要，GB/T 50001—2017《房屋建筑制图统一标准》专门设置了一章，对计算机制图文件的命名和组织管理进行了规定。计算机制图文件可分为工程图库文件和工程图纸文件，工程图库文件可在一个以上的工程中重复使用；工程图纸文件只能在一个工程中使用。

2.9.1 工程图纸的编号

工程图纸的有序编号，对于图纸的存储、归档和快速检索十分重要。

(1) 工程图纸编号应符合的规定

1) 工程图纸根据不同的子项（区段）、专业、阶段等进行编排，宜按照设计总说明、平面图、立面图、剖面图、大样图（大比例视图）、详图、清单、简图的顺序编号。

2) 工程图纸编号应使用汉字、数字和连字符“-”的组合。

3) 在同一工程中，应使用统一的工程图纸编号格式，工程图纸编号应自始至终保持不变。

(2) 工程图纸编号格式应符合的规定

1) 工程图纸编号可由区段代码、专业缩写代码、阶段代码、类型代码、序列号、更改代码和更新版本序列号等组成（图2-74），其中区段代码、专业缩写代码、阶段代码、类型代码、序列号、更改代码和更新版本序列号可根据需要设置。区段代码与专业缩写代码、阶段代码与类型代码、序列号与更改代码之间用连字符“-”分隔开。

2）区段代码用于工程规模较大、需要划分子项或分区段时，区别不同的子项或分区，由 2~4 个汉字和数字组成。

3）专业缩写代码用于说明专业类别（如建筑等），由 1 个汉字组成，参见表 2-12。

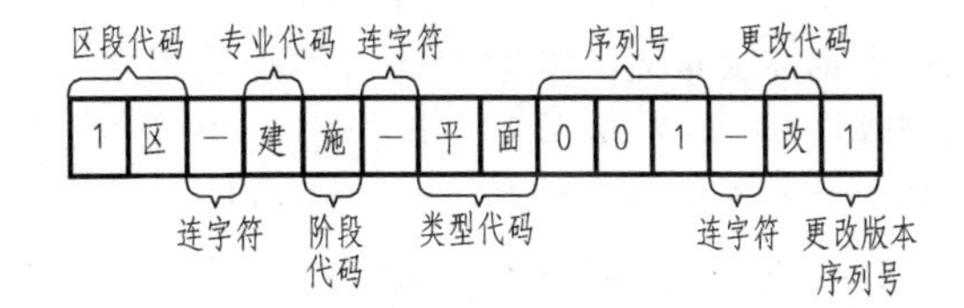

图 2-74　工程图纸编号格式

4）阶段代码用于区别不同的设计阶段，由 1 个汉字组成，参见表 2-14。

5）类型代码用于说明工程图纸的类型（如楼层平面图），由 2 个字符组成，参见表 2-15。

6）序列号用于标识同一类图纸的顺序，由 001~999 之间的任意 3 位数字组成。

7）更改代码用于标识某张图纸的变更图，用汉字“改”表示。

8）更改版本序列号用于标识变更图的版次，由 1~9 之间的任意 1 位数字组成。

表 2-15　常用类型代码

工程图纸文件类型	类型代码名称	英文类型代码名称
图纸目录	目录	CL
设计总说明	说明	NT
楼层平面图	平面	FP
场区平面图	场区	SP
拆除平面图	拆除	DP
设备平面图	设备	QP
现有平面图	现有	XP
立面图	立面	EL
剖面图	剖面	SC
大样图（大比例视图）	大样	LS
详图	详图	DT
三维视图	三维	3D
清单	清单	SH
简图	简图	DG

2.9.2　计算机制图文件的命名

（1）工程图纸文件命名应符合的规定

1）工程图纸文件可根据不同的工程、子项或分区、专业、图纸类型等进行组织，命名规则应具有一定的逻辑关系，便于识别、记忆、操作和检索。

2）工程图纸文件名称应使用拉丁字母、数字、连字符“-”和井字符“#”的组合。

3）在同一工程中，应使用统一的工程图纸文件名称格式，工程图纸文件名称应自始至终保持不变。

（2）工程图纸文件命名格式应符合的规定

1）工程图纸文件名称可由工程代码、专业代码、类型代码、用户定义代码和文件扩展名组成（图 2-75），其中工程代码和用户定义代码可根据需要设置，专业代码与类型代码之间用连字符“-”分隔开；用户定义代码与文件扩展名之间用小数点“.”分隔开。

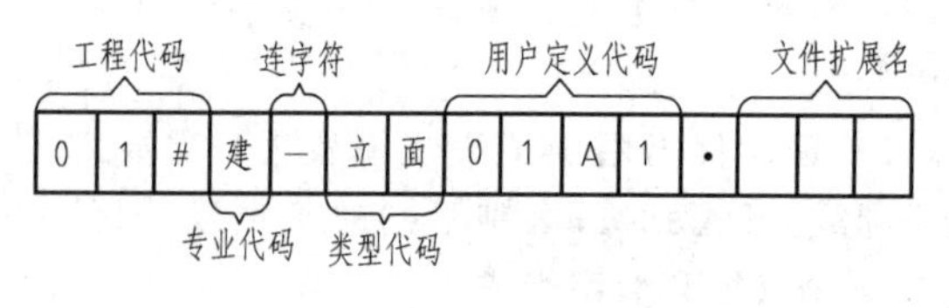

图 2-75 工程图纸文件命名格式

2）工程代码用于说明工程、子项或区段，可由 2~5 个字符和数字组成。

3）专业代码用于说明专业类别，由 1 个字符组成；参见表 2-12。

4）类型代码用于说明工程图纸文件的类型，由 2 个字符组成，参见表 2-15。

5）用户定义代码用于进一步说明工程图纸文件的类型，宜由 2~5 个字符和数字组成，其中前两个字符为标识同一类图纸文件的序列号，后两位字符表示工程图纸文件变更的范围与版次（图 2-76）。

6）小数点后的文件扩展名由创建工程图纸文件的计算机制图软件定义，由 3 个字符组成。

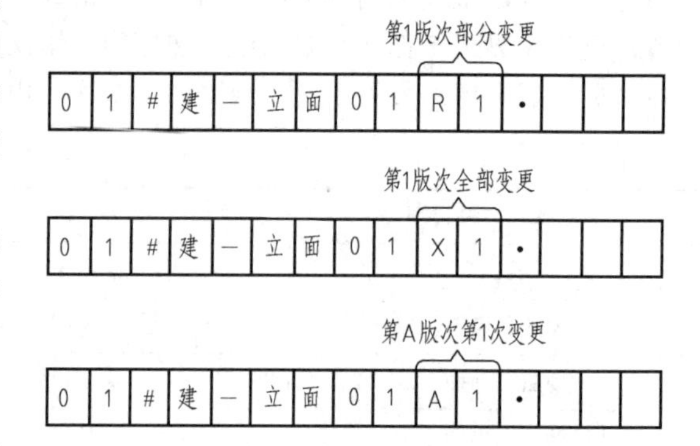

图 2-76 工程图纸文件变更表示方式

（3）工程图库文件命名应符合的规定

1）工程图库文件应根据建筑体系、组装需要或用法等进行分类，便于识别、记忆、操作和检索。

2）工程图库文件名称应使用拉丁字母和数字的组合。

3）在特定工程中使用工程图库文件，应将该工程图库文件复制到特定工程的文件夹中，并应更名为与特定工程相适合的工程图纸文件名。

2.9.3 计算机制图文件夹

1）计算机制图文件夹可根据工程、设计阶段、专业、使用人和文件类型等进行组织。计算机制图文件夹的名称由用户或计算机制图软件定义，并应在工程上具有明确的逻辑关系，便于识别、记忆、管理和检索。

2）计算机制图文件夹名称可使用汉字、拉丁字母、数字和连字符“-”的组合，但汉字与拉丁字母不得混用。

3）在同一工程中，应使用统一的计算机制图文件夹命名格式，计算机制图文件夹名称应自始至终保持不变，且不得同时使用中文和英文的命名格式。

4）为了满足协同设计的需要，可分别创建工程、阶段、专业内部的共享与交换文件夹。

2.9.4 协同设计

1. 一般规定

1）协同设计从低到高可分为文件级协同、图层级协同和数据级协同。

2）协同设计宜采用图层级协同，明确互提资料的有效信息，简化互提资料的处理过程。当未设置图层级协同的过滤条件时，宜采用文件级协同。

2. 协同设计的制图文件组织

1）协同设计文件宜采用服务器集中存储、共享的管理模式。

2）计算机制图文件应减少或避免设计内容的重复创建和编辑，条件许可时，宜使用计算机制图文件参照方式。

3）专业之间的协同设计文件宜按功能划分为：①各专业共用的公共图纸文件；②向其他专业提供的资料文件；③仅供本专业使用的图纸文件。

4）专业内部的协同设计，宜将本专业的一个计算机制图文件中可多次复用的部分分解为若干零件图文件，并利用参照方式建立部件图文件与组装图文件之间的联系。

5）采用数据级协同时，应根据设计团队成员的分工提前设定读取和写入参照文件的权限。

3. 协同设计的计算机辅助制图文件参照

1）协同设计的计算机制图文件参照应符合唯一性原则。参照文件的编辑操作宜设置权限。

2）在组装图文件中，可引用具有多级引用关系的参照文件，并允许对引用的参照文件进行编辑、剪裁、拆离、覆盖、更新、永久合并等操作。

3）组装图文件归档时，应将被引用的参照文件与主体计算机制图文件永久合并（绑定）。

第3章 冷热源机房

3

冷热源机房是供热空调系统的“心脏”，其设计和制图是整个系统中很重要的一部分。冷热源机房中一般有大量的设备，如泵、制冷机、换热器等，通过大量的管道和附件，将这些设备连接成一个完整的系统，进行供热、制冷。这些设备、管道、附件在空间纵横交错，制图表达时有一定的难度。另外，由于设备管路系统应用十分广泛，涉及许多领域，如热能、动力、石油化工等，不同的领域表达习惯和表达深度有较大的差异，这给设备管路系统的制图和识图带来许多不便。

我国在2008年发布了修订的推荐性国家标准来规范管路系统的制图：

1）GB/T 6567.1—2008《技术制图　管路系统的图形符号　基本原则》。

2）GB/T 6567.2—2008《技术制图　管路系统的图形符号　管路》。

3）GB/T 6567.3—2008《技术制图　管路系统的图形符号　管件》。

4）GB/T 6567.4—2008《技术制图　管路系统的图形符号　阀门和控制元件》。

5）GB/T 6567.5—2008《技术制图　管路系统的图形符号　管路、管件和阀门等图形符号的轴测图画法》。

上述国家标准在整个技术制图标准体系中基本处于第三层次，在此基础上，许多专业又根据各自工程制图的特点制定了相应的国家标准或行业标准。与供热空调冷热源机房制图相关的标准有：

1）GB/T 50114—2010《暖通空调制图标准》（Standard for heating, ventilation and air conditioning drawings），推荐性国家标准。

2）CJJ/T 78—2010《供热工程制图标准》（Drawing standard of heating engineering），推荐性行业标准。

本章主要依据《暖通空调制图标准》，对冷热源机房的制图和识图进行介绍，同时对《供热工程制图标准》也进行一些介绍。

3.1　管道表达

《暖通空调制图标准》规定了管道遮挡、重叠、分支的画法以及管道的标注方法等。这些表达方法基本上遵循投影原则，但有时用示意表达方式，不完全遵守投影原则。

3.1.1　管道画法

1）管道表示：用单线（粗线）或双线（中粗线）绘制，当省去一段管道时，可用折断线，折断线应成双对应（图3-1）。

2）管道空间交叉（crossing without connection）时，上面或前面的管道应连通；在下面或后面的管道应断开（图3-2）。

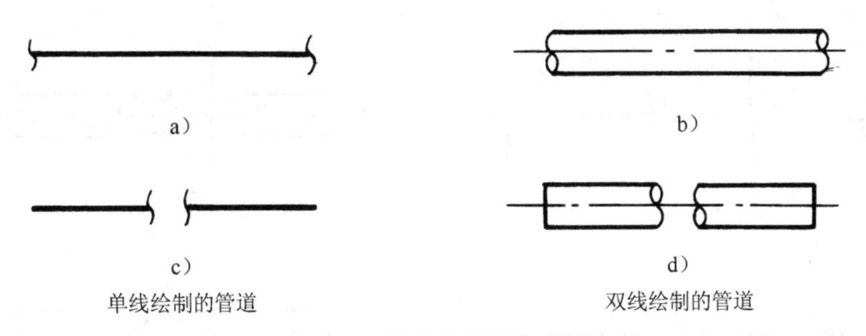

图3-1　管段的表示和省略

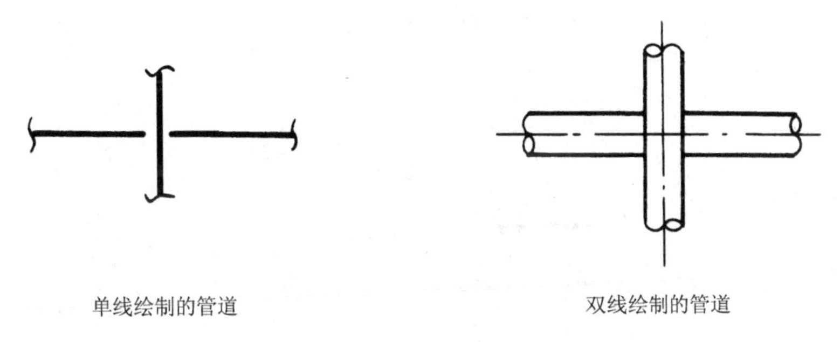

图3-2　管道的交叉

3）管道分支（branch）时，应表示出支管的方向（图3-3）。

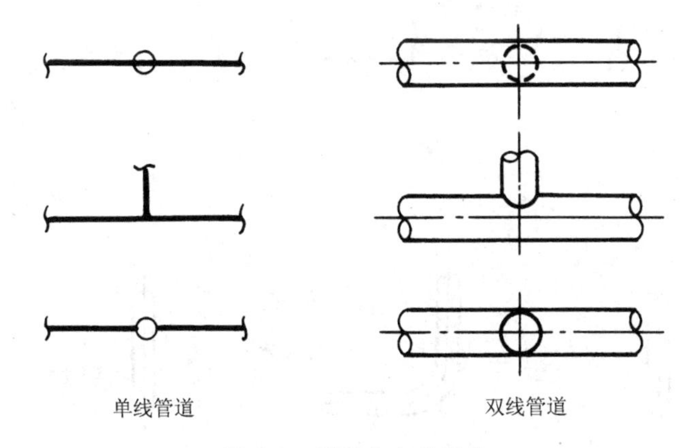

图3-3　管道分支的画法

4）管道重叠时，若需要表示下面或后面的管道，可将上面或前面的管道断开，并应断开在管道直线部分；管道断开时，若管道的上下前后关系明确，可不标注断开点符号。当管道密集，有时也采用断开画法，使图面清晰（图3-4）。

5）同一管道的两个折断符号在一张图中，折断符号的编号用小写英文字母表示。当管道在本图中断，转至其他图面表示（或由其他图中引来）时，应注明转至（或来自）的图样编号（图3-5）。

6）弯头（elbow）转向（图3-6、图3-7），管道跨越（图3-8），管道交叉（四通，图3-9）。

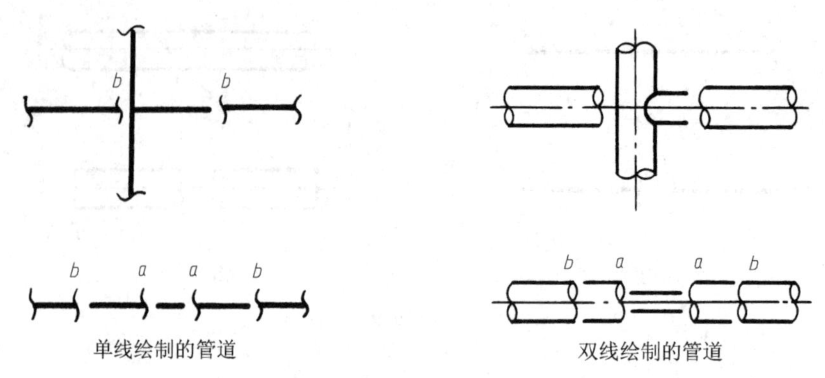

图 3-4　管道重叠与断开

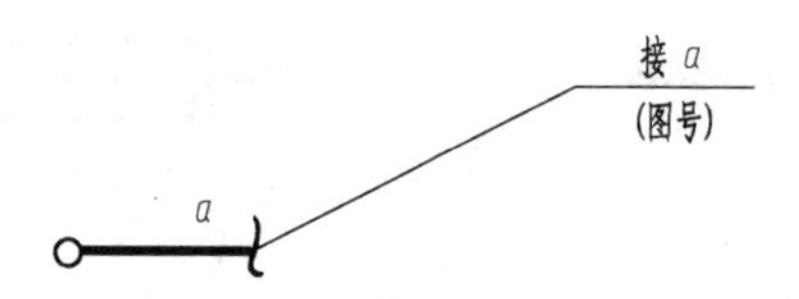

图 3-5　管道在本图中断的画法

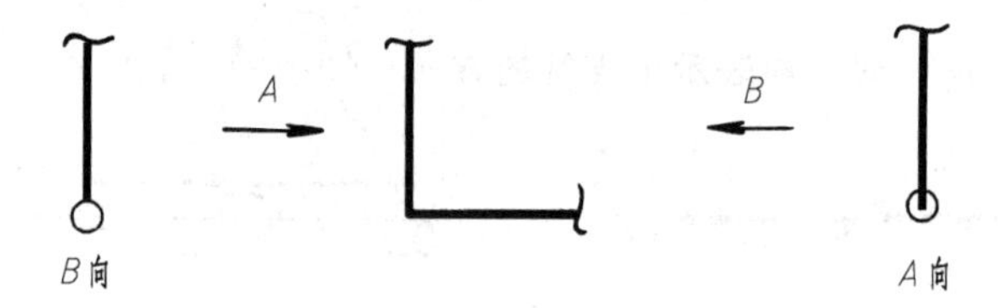

图 3-6　单线管道弯头转向

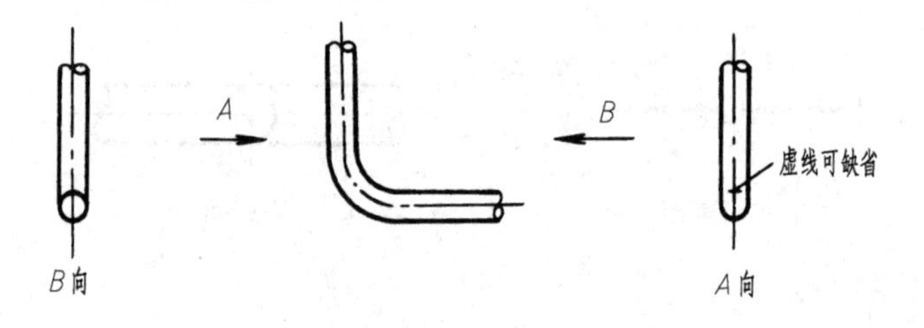

图 3-7　双线管道弯头转向

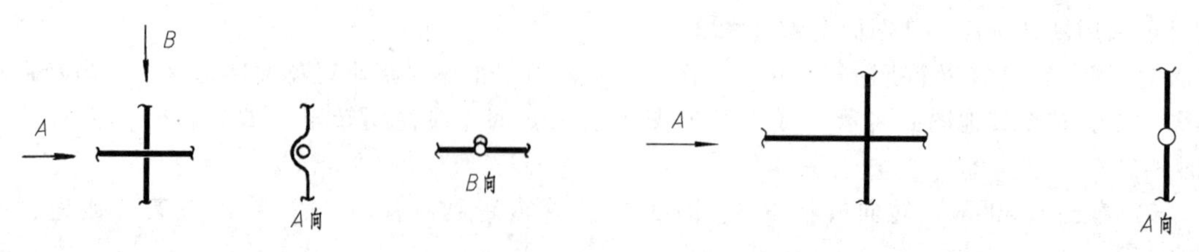

图 3-8　管道跨越的画法

图 3-9　管道交叉的画法

3.1.2 管道标注

（1）管道规格

1）管道规格的单位为毫米，可省略不写。

2）低压流体用焊接钢管，管段规格应标注公称通径或压力。公称通径（nominal diameter）的标记由字母 *DN* 后跟一个以毫米为单位的数值组成，如 *DN*15。公称压力的代号为“*PN*”。常用的管道公称通径的规格有 *DN*15、*DN*20、*DN*25、*DN*32、*DN*40、*DN*50、*DN*65、*DN*80、*DN*100、*DN*125、*DN*150、*DN*200、*DN*250、*DN*300、*DN*350、*DN*400、*DN*450、*DN*500、*DN*600、*DN*700、*DN*800。

3）输送流体用无缝钢管、螺旋缝或直缝焊接钢管、铜管、不锈钢管，当需要标注管径和壁厚时，应用 *D*（或 ϕ）外径×壁厚表示，如 *D*108×4、ϕ108×4，在不致引起误解时，也可采用公称通径表示。常用的有 *D*57×3、*D*73×3.5、*D*89×3.5、*D*108×4、*D*133×4、*D*159×4.5、*D*219×6、*D*273×7、*D*325×8、*D*377×9、*D*426×9、*D*530×9。同一管道外径可有多个管壁厚度与之对应，壁厚主要根据管道承压能力确定。

4）塑料管外径用 *de* 表示，如 *de*10。

（2）管径尺寸标注的位置　应符合下列规定：

1）水平管道的管径尺寸宜标注在管道的上方；竖管道的管径尺寸应注在管道的左侧；双线表示的管道，其规格可标注在管道的轮廓线内。当斜管道不在图 2-36 所示 30°内时，其管径、压力、尺寸应平行标注在管道的斜上方。否则应用引出线水平或 90°方向标注（图 3-10）。

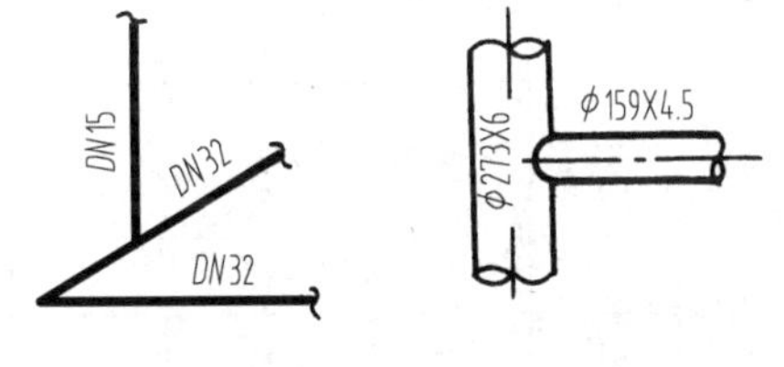

图 3-10　管道标注位置

2）当管径尺寸无法按上述位置标注时，可另找适当位置标注，但应用引出线示意该尺寸与管段的关系。

3）多条管线的规格标注，管线密集时可用图 3-11b 所示画法，其中短斜线也可统一用实心圆点（图 3-11c）。

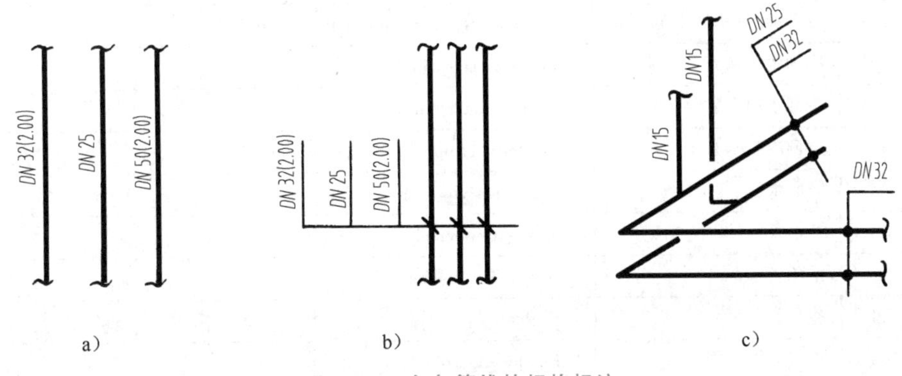

图 3-11　多条管线的规格标注

4）管道的变径和长管道的标注（图 3-12）。

（3）标高的标注

1）水、汽管道所注的标高未予说明时，应表示管中心标高。

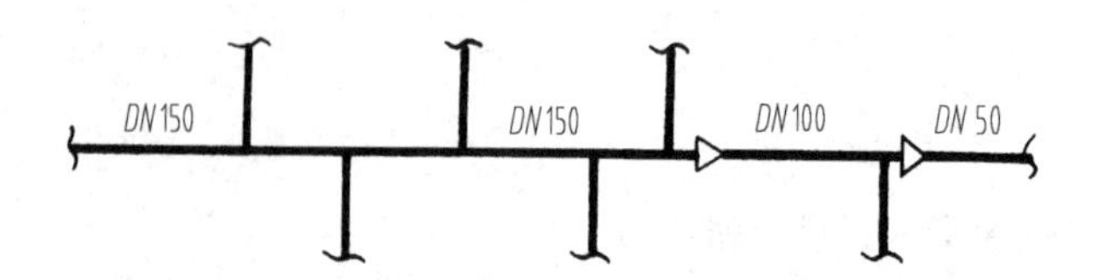

图 3-12　管道分支和变径时管道规格标注

2）水、汽管道标注管外底或顶标高时，应在数字前加“底”或“顶”字样。

3）标高符号的绘制方法见本书第 2.6 节。

4）平面图中，无坡度要求的管道标高可标注在管道截面尺寸后的括号内 *DN*32（2.00），如图 3-11a 所示；必要时，应在标高数字前加注“底”或“顶”字样。

（4）管道代号　管道的代号的名称，取自汉语拼音，具体代号见表 3-1。绘制时，将管道断开，于断开处写管道代号。文字方向和管道标注文字方向遵守相同的书写规则。

管道代号应优先采用制图标准中规定的符号，对于其中没有的内容，用户可以自行建立，并应在图样中对这些代号的含义进行说明，自行定义的代号不要与标准中的代号冲突。

表 3-1　水汽管道代号

序号	代号	管 道 名 称	备注和英文名称
1	RG	采暖热水供水管	Heating supply 可附加阿拉伯数字 1、2、3…表示一个代号、不同参数的多种管道
2	RH	采暖热水回水管	Heating return 可通过实线、虚线表示供回关系省略字母 G、H
3	LG	空调冷水供水管	Chilled water supply for air conditioning
4	LH	空调冷水回水管	Chilled water return for air conditioning
5	KRG	空调热水供水管	Hot water supply for air conditioning
6	KRH	空调热水回水管	Hot water return for air conditioning
7	LRG	空调冷、热水供水管	Chilled/hot water supply for air conditioning
8	LRH	空调冷、热水回水管	Chilled/hot water return for air conditioning
9	LQG	冷却水供水管	Cooling water supply
10	LQH	冷却水回水管	Cooling water return
11	n	空调冷凝水管	Condensate pipe for air conditioning
12	PZ	膨胀水管	Expansion pipeline
13	BS	补水管	Make-up water pipe
14	X	循环管	Circulation pipeline
15	LM	冷媒管	Coolant
16	YG	乙二醇供水管	Ethylene glycol supply
17	YH	乙二醇回水管	Ethylene glycol return
18	BG	冰水供水管	Ice water supply
19	BH	冰水回水管	Ice water return
20	ZG	过热蒸汽管	Superheated steam

（续）

序号	代号	管道名称	备注和英文名称
21	ZB	饱和蒸汽管	Saturated steam 可附加 1、2、3 等表示一个代号、不同参数的多种管道
22	Z2	二次蒸汽管	Secondary steam
23	N	凝结水管	Condensate
24	J	给水管	Feed line
25	SR	软化水管	Softened water
26	CY	除氧水管	Deaerated water
27	GG	锅炉进水管	Boiler water supply
28	JY	加药管	Dosing pipe
29	YS	盐溶液管	Saline solution
30	XI	连续排污管	Continuous blow-off pipe
31	XD	定期排污管	Periodic blow-off pipe
32	XS	泄水管	Drain pipe
33	YS	溢水（油）管	Overflow pipe
34	R_1G	一次热水供水管	Primary hot water supply
35	R_1H	一次热水回水管	Primary hot water return
36	F	放空管	Vent pipe
37	FAQ	安全阀放空管	Safety valve release pipe
38	O1	柴油供油管	Diesel oil supply
39	O2	柴油回油管	Diesel oil return
40	OZ1	重油供油管	Heavy oil supply
41	OZ2	重油回油管	Heavy oil return
42	OP	排油管	Oil drain pipe

在工程实践中，国内许多设计单位为了与国际接轨，采用的管道代号来自英文名称的首字母。一些被广泛使用的空调工程管道英文代号见表 3-2，其他管道英文代号参见表 3-6。

表 3-2 空调常用管道英文代号

序号	代号	管道名称	英文名称
1	CHWS	冷冻水供水管	Chilled water supply
2	CHWR	冷冻水回水管	Chilled water return
3	CWS	冷却水供水管	Cooling water supply
4	CWR	冷却水回水管	Cooling water return
5	HWS	热水供水管	Hot water supply
6	HWR	热水回水管	Hot water return
7	HPWS	热泵供水管	Heat pump water supply
8	HPWR	热泵回水管	Heat pump return water

3.2 图形符号

3.2.1 水、汽管道常用图例

《暖通空调制图标准》给出了暖通空调工程中常用水、汽管道设备与附件的图形符号，如表 3-3 所示。

表 3-3 水、汽管道常用图例

序号	名称	图例	备注和英文名称
1	截止阀		Stop valve
			旧标准的画法
2	闸阀		Gate valve
3	球阀		Globe valve
4	柱塞阀		Plunger valve
5	快开阀		Quick opening valve，也称快速排污阀
6	蝶阀		Butterfly valve，也用 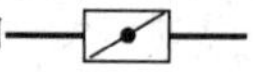
7	旋塞阀		Cock valve
8	止回阀	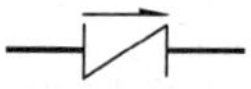	Check/non-return valve，也用 
9	浮球阀		Float-operated valve
10	三通阀	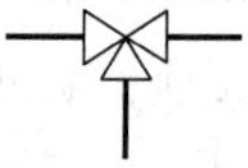	Three-way valve
11	平衡阀		Balanced valve
12	定流量阀		Constant flow valve
13	定压差阀		Constant pressure differential valve
14	自动排气阀		Automatic vent valve
15	集气罐、放气阀		Air collector；vent valve
16	节流阀		Throttle valve
17	调节止回关断阀		水泵出口用

(续)

序号	名称	图例	备注和英文名称
18	膨胀阀		Expansion/diaphragm valve,也称“隔膜阀”
19	排入大气或室外		Air release valve
20	安全阀		Safety valve;relief valve
21	角阀		Angle valve
22	底阀		Foot valve
23	漏斗		Funnel
24	法兰封头或管封		End flange
25	变径管		Reducer
26	活接头或法兰连接		Union or flange connection
27	固定支架		Anchor;fixed support
28	导向支架		Support guide
29	活动支架		movable support
30	金属软管		Metal hose
31	可曲挠橡胶软接头		Flexible rubber joint
32	Y 形过滤器		strainer
33	疏水器		steam trap
34	减压阀		Pressure reducing valve,右侧为高压端
35	直通型(或反冲型)除污器		strainer
36	除垢仪		Descaling instrument
37	补偿器		也称“伸缩器”,Expansion joint
38	矩形补偿器		U-shaped Expansion joint
39	套管补偿器		Sleeve Expansion joint

（续）

序号	名称	图例	备注和英文名称
40	波纹管补偿器		Bellows type expansion joint
41	弧形补偿器		Loop expansion joint
42	球形补偿器		Ball joint compensator
43	伴热管		heating tracer
44	保护套管		Protection casing
45	爆破膜		Rupture disk
46	阻火器		Back-fire relief valve
47	节流孔板 减压孔板		在不致引起误解的情况下，也可表示为 throttle orifice
48	快速接头		Quick joint
49	介质流向		在管道断开处，流向符号宜标注在管道中心线上，其余可同管径标注位置
50	坡度及坡向	i=0.003 或 i=0.003	坡度数值不宜与管道起、止标高同时标注，标注位置同管径标注位置
51	水泵		Pump
52	手摇泵		Hand pump
53	板式换热器		Plate heat exchanger

说明：

1）以截止阀为例，管道与阀门的连接形式见表 3-4。

表 3-4 管道与阀门的连接形式

连接形式	图例	英文说明
通用连接		General connection
螺纹连接		Screwed connection
法兰连接		Flanged connection
焊接		Welded connection

2）阀门在轴测图上的表示方法，如图 3-13 和图 3-14 所示。

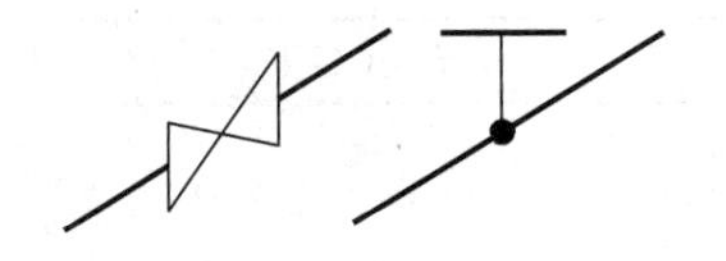

图 3-13　阀杆垂直

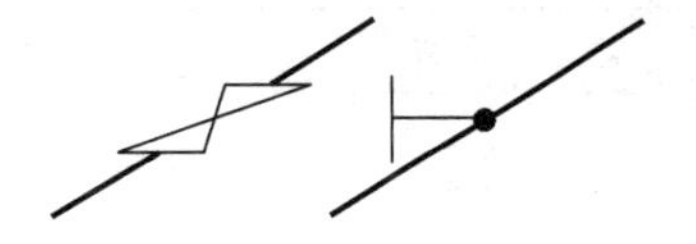

图 3-14　阀杆水平

3）对于泵、换热器、除污器、集气罐等设备的上述图例主要应用于原理图的绘制，而在绘制平面图和剖面图时，一般要依据设备的外形按比例进行。

4）对于阀门、接头等管道附件，这些图例可以应用于原理图的绘制，而在平面图和剖面图中，则应视投影方向确定是否使用上述图例，并应结合该图例以及物体的实际形状确定应绘成什么样子。例如，当投影方向和闸阀的阀体轴线垂直时，可以使用闸阀的图例，图例的大小应和阀门的实际大小大体匹配，即大阀门绘制得大一些，小阀门绘制得小一些；当投影方向和阀体轴线平行时，则可不绘制该阀门。

3.2.2　调节控制装置图形符号

调节控制装置及仪表的图例见表 3-5，表中图例不仅可用于水、汽系统，同样也可用于风系统的调控设备。

表 3-5　调节控制装置及仪表图例

序号	名称	图例	英文名称
1	温度传感器	T	Temperature sensor
2	湿度传感器	H	Humidity sensor
3	压力传感器	P	Pressure sensor
4	压差传感器	ΔP	Pressure difference sensor
5	流量传感器	F	Flow sensor
6	烟感器	S	Smoke detector
7	流量开关	FS	Flow switch
8	控制器	C	Controller
9	吸顶式温度感应器	T	Ceiling type temperature inductor
10	温度计		Thermometer
11	压力表		Manometer pressure gage
12	流量计	F.M	Flow meter

（续）

序号	名称	图例	英文名称
13	能量计	E.M	Energy gauge
14	弹簧执行机构		Spring actuator，如弹簧式安全阀
15	重力执行机构		Weight actuator
16	记录仪		Recorder
17	电磁（双位）执行机构		Solenoid actuator，如电磁阀
18	电动（双位）执行机构		Rotary motor actuator，如电动调节阀
19	电动（调节）执行机构		Rotary motor (regulative) actuator，如电动调节阀
20	气动执行机构		Pneumatic actuator
21	浮力执行机构		Float actuator，如浮球阀
22	数字输入量	DI	Digital input
23	数字输出量	DO	Digital output
24	模拟输入量	AI	Analog input
25	模拟输出量	AO	Analog output

3.3 供热工程制图标准

供热工程制图标准主要适用于供热锅炉房、热力站、热网工程的制图，它与暖通空调制图标准在具体细节的表达上有一些差别。一般可以这样处理：对于供热系统所涉及的供热锅炉房、热力站和室外热力管网，应执行供热标准；而对于一般的空调冷热源，应以暖通空调标准为主，而该标准中未涉及的内容，可参照供热标准中的规定执行。另外，石油、化工、冶金、动力、机械等工程的表达方法与供热工程的制图表达方法比较相近，因此了解供热工程的制图标准是很有好处的。

本节重点介绍供热标准与暖通标准的不同之处。

3.3.1 一般规定

供热标准规定的图纸幅面、图线的线型和宽度、字体、比例、投影方法等与《房屋建筑制图统一标准》的规定相同。标高的表达符号也相同。管路系统画法的基本原则也与暖通标准基本相同，但有的地方在一些细节方面有些差别。从总体上看，供热标准比暖通标准在管路系统的绘制方面更加细致和全面。

供热标准中剖视符号和《房屋建筑制图统一标准》中规定的符号略有不同：其采用带箭头

的投射方向符号使投射方向更明确；文字一般注写在剖切位置线的端部（图 3-15）。

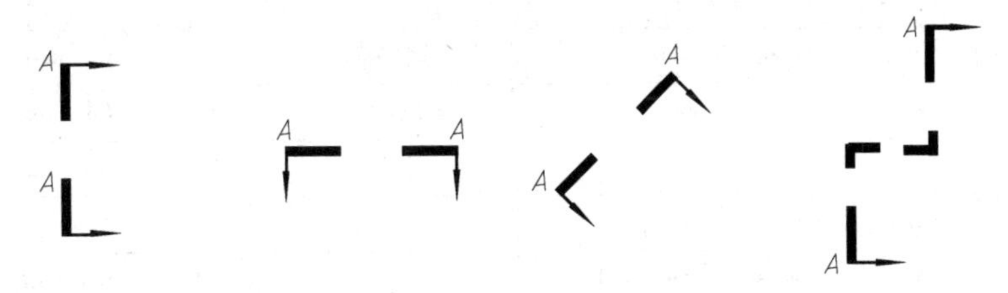

图 3-15　剖视符号

3.3.2　管道画法与代号

（1）管道分支或空间交叉　被遮挡管道的轮廓在暖通标准中为完整的圆，而在供热标准中不是完整的圆（图 3-16）。

（2）管道代号　供热标准从其英文含义而来，而暖通标准采用汉语拼音字母。表 3-6 所示为一些常用的管道代号。暖通空调制图中管道代号一般注在管道的断开部位中间，而供热制图建议把管道代号注于管道规格之前（图 3-17）。

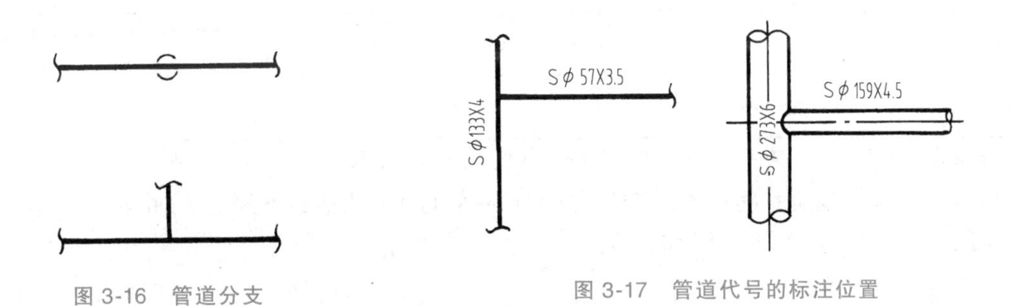

图 3-16　管道分支

图 3-17　管道代号的标注位置

表 3-6　常用管道代号

中文名称	代　号	英文名称	中文名称	代　号	英文名称
供热管(通用)	HP	Heat-supply	膨胀管	E	Water expansion
蒸汽管(通用)	S	Steam	信号管	SI	Signal
饱和蒸汽管	S	Saturated steam	溢流管	OF	Overflow
过热蒸汽管	SS	Superheated steam	取样管	SP	Sampling
二次蒸汽管	FS	Flash steam	排水管	D	Drain
高压蒸汽管	HS	High-pressure steam	放气管	V	Vent
中压蒸汽管	MS	Mid-pressure steam	冷却水管	CW	Cooling water
低压蒸汽管	LS	Low-pressure steam	软化水管	SW	Softened water
凝水管(通用)	C	Condensate	除氧水管	DA	Deaerated water
有压凝结水管	CP	Condensate(by pressure)	除盐管	DM	Demineralized water
自流凝结水管	CG	Condensate(by gravity)	盐液管	SA	Saline solution
排汽管	EX	Exhaust	酸液管	AP	Acid pipe
连续排污管	CB	Continuous blowoff	碱液管	CA	Caustic pipe

（续）

中文名称	代 号	英文名称	中文名称	代 号	英文名称
定期排污管	PB	Periodic blowoff	燃气管	G	Gas pipe
补水管	M	Make-up water	压缩空气管	A	Compressed air
循环管	CI	Circulation	氮气管	N	Nitrogen
生产给水管	PW	Process water supply	回油管	RO	Return oil
生活给水管	DW	Domestic water supply	污油管	WO	Waste oil
锅炉给水管	BW	Boiler feed-water	燃油管(供油)	O	Oil
给水管(通用)自来水管	W	Water supply	空调用供水管	AS	Hot-water supply for air conditioning
采暖供水管(通用)	H	Hot-water supply	空调用回水管	AR	Hot-water return for air conditioning
采暖回水管(通用)	HR	Hot-water return	二级管网供水管	H2	Hot-water supply of secondary circuit
一级管网供水管	H1	Hot-water supply of primary circuit	二级管网回水管	HR2	Hot-water return of secondary circuit
一级管网回水管	HR1	Hot-water return of primary circuit	生活热水供水管	DS	Domestic hot-water supply
生产热水供水管	P	Process hot-water supply	生活热水循环管	DC	Domestic hot-water circulation
生产热水回水管(或循环管)	PR	Process hot-water return			

注：油管代号可用于重油、柴油等；燃气管代号可用于天然气、煤气、液化气等，但应附加说明。

（3） 弯头转向　暖通标准只规定了管道转向的一般画法。供热标准规定了 90°弯头和非 90°弯头的画法，90°弯头画法与暖通标准相同。

3.3.3 阀门画法

在原理图和管系图的绘制中，阀门可以采用 3.3.4 节中规定的图形符号，这些符号以及绘制原则基本上与暖通标准相同。但在需要表达设备管道位置关系和大小的管道图（包括管道平面图、剖面图、轴测图）中要求按下列阀门绘制原则绘制。

1. 阀门绘制原则

1）常用阀门按表 3-7 所示的画法绘制。阀体长度、法兰直径、手轮直径及阀杆长度宜按比例用细实线绘制，阀杆尺寸宜取全开时的尺寸，阀杆方向应符合设计要求。

表 3-7　常用阀门画法

名称	俯视	仰视	主视	侧视	轴测投影
截止阀			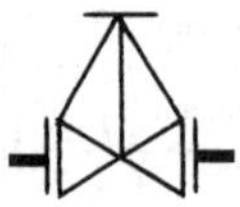		
闸阀	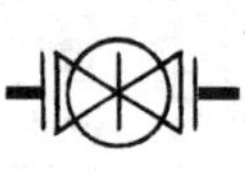		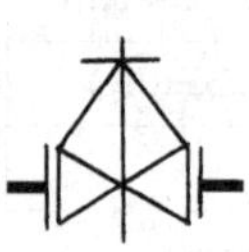		

（续）

名称	俯视	仰视	主视	侧视	轴测投影
蝶阀			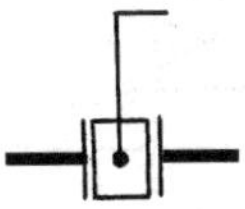		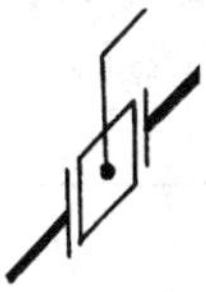
弹簧式安全阀					

2）电动、气动、液动、自动阀门等宜按比例绘制简化实物外形、附属驱动装置和信号传递装置。

3）其他阀门可按 3.3.4 节规定的图形符号并结合上述两条原则绘制。

2. 供热标准和暖通标准阀门绘制的区别

供热标准与暖通标准关于阀门画法的主要差别体现在管道平面、剖面和轴测图的绘制上：

1）阀门符号要绘制阀杆和手轮，且阀杆的方向要与设计要求相符合。这导致阀门的主视、仰视、俯视的图形符号不同。暖通标准中不要求绘制阀杆和手轮，阀门的主视、俯视、仰视可以使用同一符号，并且当阀门侧视时，可以不绘制该阀门。

2）明确了阀门宜按比例绘制；暖通标准没有明确这项要求。

3.3.4　图形符号

供热标准规定的图形符号和代号有几大类：

1）设备与器具的图形符号。

2）阀门、控制元件和执行机构的图形符号。

3）补偿器的图形符号和代号。

4）变径、丝堵、软接头等的图形符号。

5）管道支座、支吊架、管架的图形符号和代号。

6）检测计量仪表的图形符号。

7）管道敷设方式、管线设施等的图形符号和代号。

这些图形代号的规定比暖通标准更加详细和全面。暖通标准中规定的水、汽管道方面的图形符号，供热标准中都有，并且有的进行了分类和细化；而且大部分设备、阀门、附件的图形符号与暖通标准相同。表 3-8 列出了表达方式不同的图形符号。另外，供热标准中有一些图形符号，暖通标准没有规定，表 3-9 列出了一部分此类图形符号。

表 3-8　与暖通标准不同的设备、附件图形符号

中文名称	英文名称	图形符号	中文名称	英文名称	图形符号
板式换热器	Plate type heat exchanger	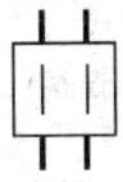	过滤器	Filter	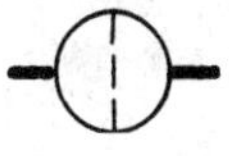
止回阀（通用）	Check valve		除污器（通用）	Strainer	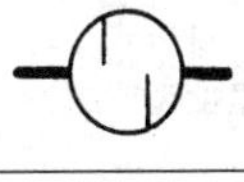

（续）

中文名称	英文名称	图形符号	中文名称	英文名称	图形符号
调节阀(通用)	Regulating valve		疏水阀	Steam trap	

表 3-9 常用设备和附件（暖通标准中没有规定这些设备）

中文名称	英文名称	图形符号	中文名称	英文名称	图形符号
调速水泵	Variable speed pump		分汽缸 分(集)水器	Steam header manifold	
真空泵	Vacuum pump		电子水处理仪	Water magnetizer	N S
水、蒸汽 喷射器	Ejector		热力、真空 除氧器	Thermal / vacuum deaerator	
换热器 (通用)	Heat exchanger (general)		容积式换热器	Cubic exchanger	
闭式水箱	Closed water tank		开式水箱	Open water tank	
套管式 换热器	Concentric tube heat exchanger		多级水封	Mulyiple seal	
管壳式 换热器	Shell and tube heat exchanger		水封单级水封	Water seal	
螺旋板式 换热器	Spiral plate heat exchanger		安全水封	Safe water seal	
离子交换器 (通用)	Ion exchanger		取样冷却器	Sample cooler	
自力式 流量控制阀	Self operated flow control valve	F	自力式 压力调节阀	Self operated pressure regulating valve	P
自力式 温度调节阀	Self operated temperature control valve	T	自力式 压差调节阀	Self operated pressure control valve	

说明：

1）这些设备图例主要应用于原理图的绘制，而绘制在平面图和剖面图时，一般要依据设备的外形按比例进行。

2）设备、管道附件图例应优先采用制图标准中规定的符号，对于其中没有的内容，用户可以自行建立，并应对这些图形符号的含义进行说明，自行定义的图例不要与标准中的图例冲突。

3.3.5 管道图识图举例

（1）根据平面图绘制轴测图 图3-18所示是一个换热器的配管图，根据单线管道弯头转向的表示方法，研究如何根据平面图和立面图，绘制其轴测图。该轴测图采用正等轴测画法，在机械、动力、化工行业中经常采用这种方法。

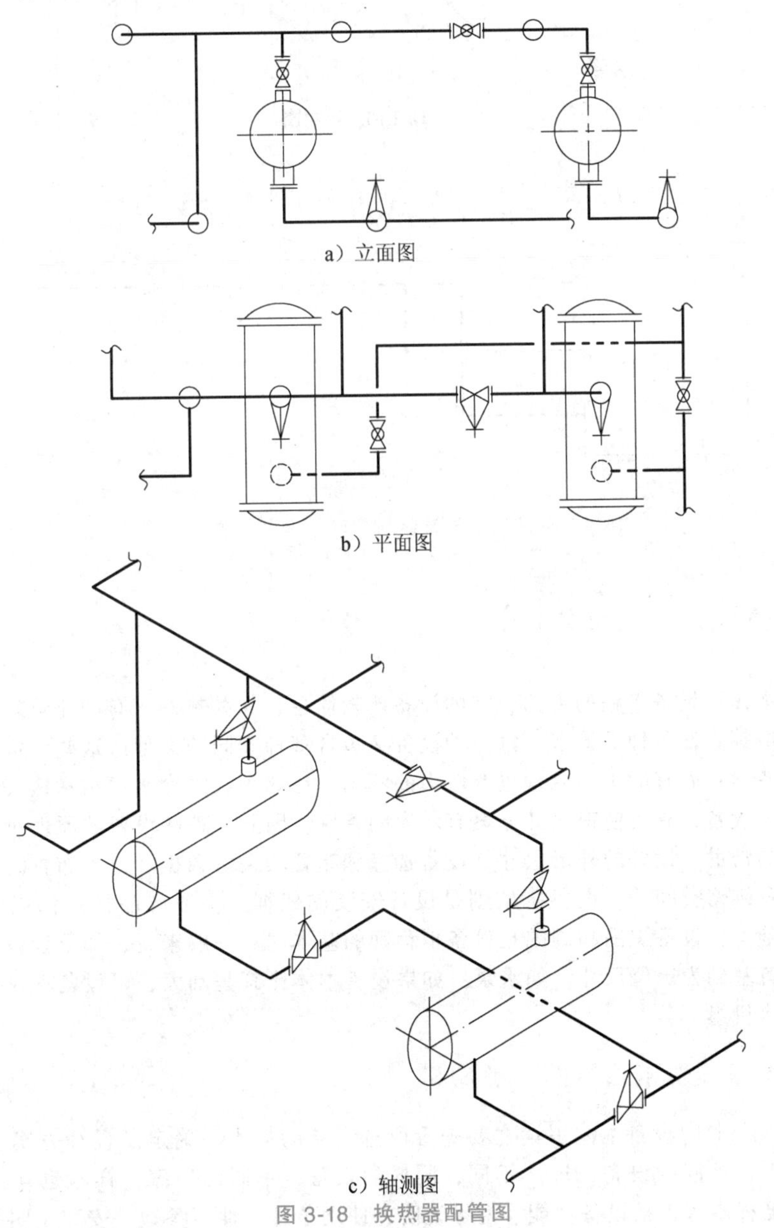

a）立面图

b）平面图

c）轴测图

图3-18 换热器配管图

（2）从轴测图到平面图或剖面图　图 3-19 所示是某设备的配管图，注意研究图中是如何将重叠管道表达清晰的。该轴测图采用正面斜等测画法，在建筑制图中广泛采用此法。读者可以自行绘制其立面图。

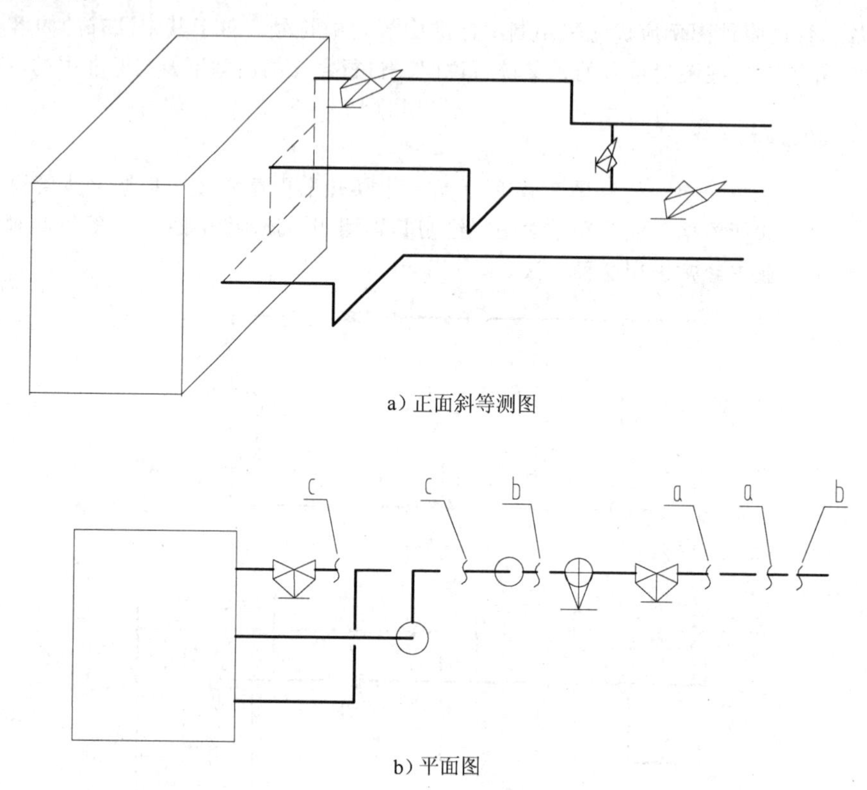

a）正面斜等测图

b）平面图

图 3-19　某设备配管的轴测图和平面图

3.4　设备本体的识读和绘制

建筑设备本体是设备工程的主角，有的设备比较简单，如散热器；有的比较复杂，如冷水机组、热泵、锅炉等。设备种类繁多，每一种设备又包含多种不同的类型。这些设备，有的工作原理相同，外形各异；而有的工作原理也有较大的不同，比如吸收式冷水机组和蒸气压缩式冷水机组。选择不同的设备，有时使得设计方案有较大的差别，因此，理解设备的原理对于设备工程的设计会有很大的帮助。设备的外形尺寸是设备选择和布置的关键数据。设备布置时，还要综合考虑设备的安装及维修空间等。设备基础则是设备安装的依据。一般产品样本都提供产品的外形尺寸及设备基础图，设备识图和制图是设备工程师的基本功。一般来说，如果设备本体比其基础尺寸小，以设备基础为定位尺寸，如水泵；如果设备本体比其基础大，以设备本身外形尺寸为定位尺寸，如制冷机组。

3.4.1　设备图识读和绘制的一般原则

（1）设备图识读　设备本体识读主要查看所选设备的样本。确定了设计方案，基本上就确定了设备的类型。不同的设备，样本不同；同样的设备，不同的厂家，样本也常常有较大的不同。一般的产品样本都包括设备功能、型号说明、使用条件、性能参数、安装说明等。设计者在识读设备图时，应注意以下几个方面：

1）根据所选设备的类型，了解该设备的工作原理。

2）查看该产品使用条件及性能参数：样本制表条件和实际使用条件的区别，看该产品是否符合设计要求。

3）细看设备的平面、立面或者剖面图，找出设备的外形尺寸和接管管口的位置及管径。

4）查找所选设备的设备基础，设备基础及相关预埋配件的位置需要提供给相关专业。

5）详读该设备的安装说明：设备安装是一个重要的环节，作为设备工程师，在为设备定位时必须考虑设备的安装问题，尤其为设备预留进口，这关系到设备进出建筑物的问题。建筑施工时，一般先土建后设备，尤其是大型设备，一般是在土建主体基本结束后才进行设备安装。如果没有为该设备预留足够的空间进入设备房，那你的设计方案再好，也只是纸上谈兵，设备工程师应就设备的安装条件及时和相关专业沟通协调。如果该建筑的结构体系为钢混结构，这一点尤其重要。

（2）绘图的一般原则

1）按比例绘制设备本体的主要部分：要进行设备布置，必须绘制设备平面图、立面图。产品的样本一般都有设备的三视图（平面、正立面和侧立面）的两个或者三个，都有设备外形尺寸、接口尺寸、接口的位置、基础尺寸。这些是进行工程图绘制的主要依据。绘出设备图时，接口的方位和位置必须准确，这对设备的布置以及管道连接是非常重要的。

2）绘制设备本体的细部：结合样本给出的设备外形轮廓和主要尺寸，稍微加深细部的绘制。原则上结合设备的外形和常规画法来绘制。如果是设备组，如冷水机组、空调机组，也没必要详细绘出每一个组件，而把它看成一个整体绘制，关键是要把与设备布置有关的尺寸及接管位置绘制正确。

3）根据需要进行图线的编辑：一般表达设备外形的轮廓线及管道接口用粗线或者中粗线，细部用细实线，具体要求参见3.5节。

4）进行尺寸标注：对于体积较大的设备，一般要在平面图或者剖面图上标注设备的主要外形尺寸、接管口的尺寸，设备的定位尺寸，具体方法参见3.5节。

5）上述的绘制原则主要是针对平面图、剖面图而言的；在原理图上，许多设备（泵、风机、换热器等）要使用专门的图形符号（参见3.3节），当制图标准没有规定相应的图形符号时，可以根据设备的主要功能和外形特征自行创建图形符号，也可以用十分简单的图形符号来表示，比如常用方框来表示冷水机组、水箱、换热器、热泵等设备。

3.4.2 泵与风机

水泵和风机是整个设备管道系统的“心脏”，为了更好地选择泵和风机，了解其外形和性能是非常重要的，这是工程设计的基本要求。

（1）水泵

1）了解水泵规格型号的含义。水泵有较多类型，建筑设备工程应用较多的还是大流量、小扬程的离心泵。如某品牌泵KTB125-100-250A（B），“KTB”表示制冷空调泵；“125”表示吸入口直径（mm）；“100”表示排出口直径（mm）；“250”表示叶轮名义直径（mm）；“A（B）”表示叶轮经过切割，第一次为A，第二次为B。再如IS65-50-160A（B），“IS”表示国际标准单级单吸清水离心泵；“65”表示吸入口直径（mm）；“50”表示排出口直径（mm）；“160”表示叶轮名义直径（mm）；“A（B）”表示叶轮经过切割，第一次为A，第二次为B。现在国内的水泵品牌型号不统一，但是在规格型号内一般包含水泵的进出口管径和叶轮直径。

2）了解所选设备的性能参数。水泵的性能参数主要有流量、扬程、轴功率、效率、转速和允许吸上真空高度等。一般样本中的水泵性能表如表 3-10 所示。

表 3-10 水泵性能表

型号	流量 Q	扬程 H	转速 n	轴功率	电动机		效率 η	必需汽蚀余量	应配锥管	轴承型号	总重量
					功率	型号					
	m^3/h	m	r/min	kW	kW		%	m	mm		kg
	200	33		25.3			71	2.5			
KTB200-150-320A	280	28	1480	26.36	37	Y225S-4S	81	2.2	150~200	6311	708
	340	25		29.3			79	4.2			

必需汽蚀余量是由泵的汽蚀性能确定的，它是指液体从泵的吸入口至最低压力点的压力降，其值越小，则表示泵抗汽蚀性越好。给水泵一般给出允许吸上真空高度，它由吸入系统的装置条件确定，是指刚好发生汽蚀时，水泵的安装高度，实际允许值要有一定的安全余量。

3）水泵绘制。图 3-20 所示是某厂家提供的泵（150S-78 型）的样本，数据较为全面。根据

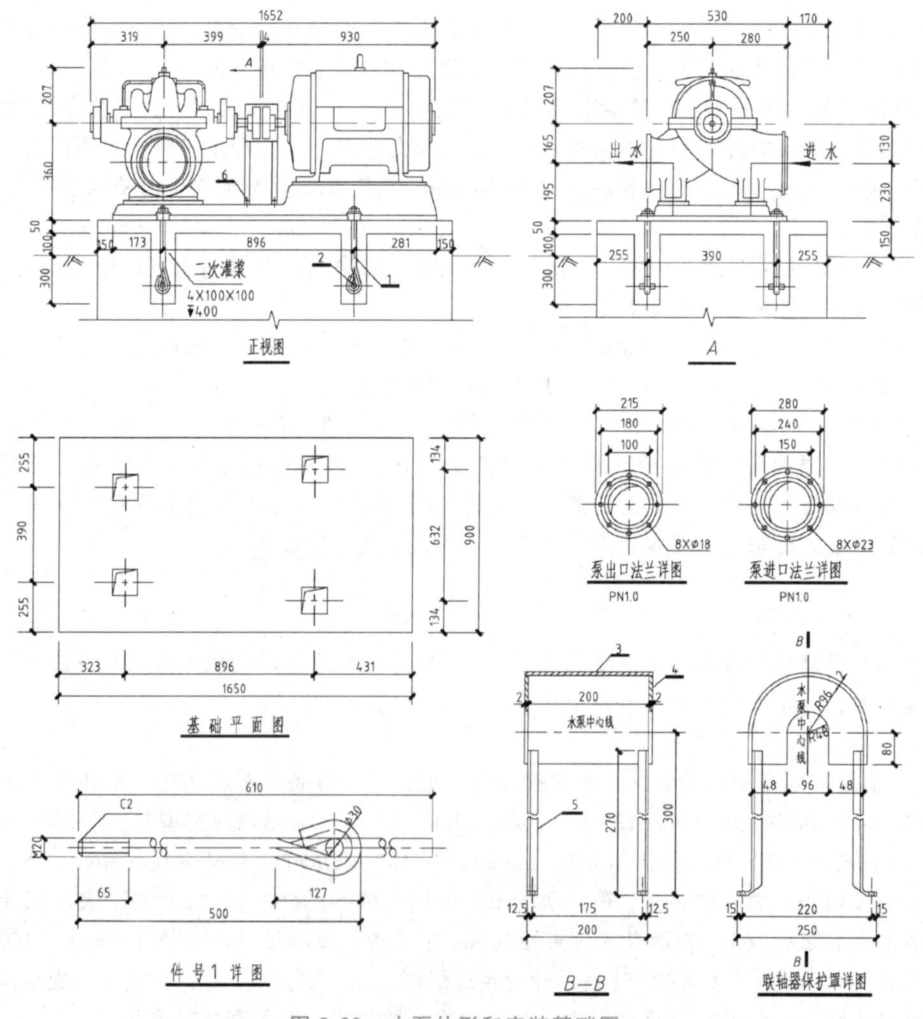

图 3-20 水泵外形和安装基础图

此设备立面图，可以自行绘制设备平面图。在原理图上，泵要使用专门的图形符号（参见 3.3 节）。在平面图或者立面图上，要根据水泵的外形绘制相应的视图，这些视图与厂家提供的样本上的外形基本接近，通常做一些简化，去掉无关紧要的细节，一般要包括设备基础的外框、进口、出口和电动机的位置等主要特征，图 3-21 所示就是根据厂家样本绘制的泵的立面图和平面图，可以看出，图形的线条有一些简化，但设计的关键信息都保留下来了。

4）水泵安装。为了使水泵正常工作和便于维修，实际水泵安装时需要增加许多附件。以离心式水泵装置为例，图 3-22 所示为某离心式水泵装置图。离心式泵与电动机用联轴器相连接，安装在同一个底座上，这些通常都是由制造厂配套供应的。泵的进口一般装有闸阀（或者蝶阀）、压力表，有时还要安装过滤器和避振喉（软接头），泵的出口一般安装避振喉（软接头）、压力表、止回阀、调节阀（或者截止阀、蝶阀），安装止回阀的目的是防止压出管段中的液体倒流。另外，应当注意使压出管段的重量支承在适当的支座上，而不是直接作用在泵体上。设备工程中的循环水泵一般是大流量小扬程的水泵，底层安装时直接安装在基础之上，楼板安装一般加设隔振器以减少振动。此外，还应装设排水管，以便将填料盖处漏出的水引向排水沟。

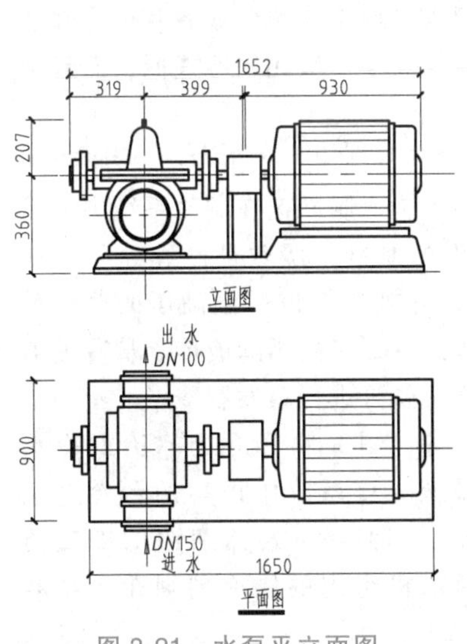

图 3-21　水泵平立面图

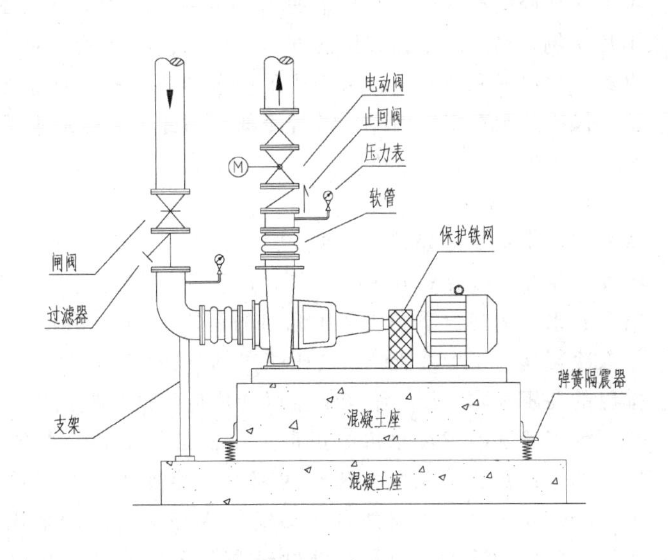

图 3-22　离心水泵装置图

（2）风机　通风机包括离心式、轴流式和贯流式。通风机的完全称呼包括：名称、型号、机号、传动方式、旋转方向、出风口位置。一般书写顺序如下：

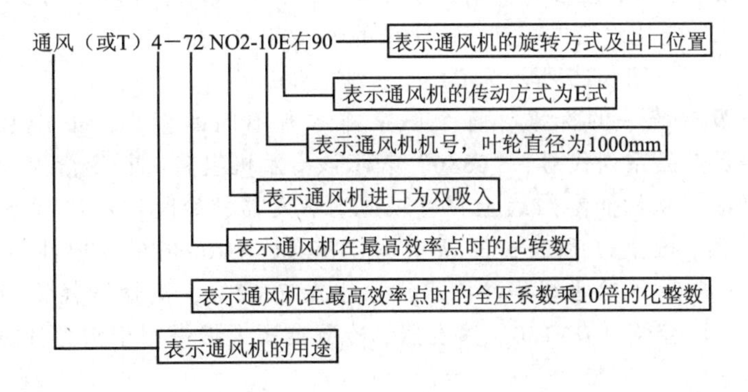

建筑设备专业的许多设备机组内都有风机，如风机盘管、空调机组、冷却塔等，另外还有专门用于通风排烟的风机。不论哪一种风机，首先应了解其用途以及是否有特殊要求。总体来说通风机的绘制比水泵简单，在设备平面布置图上以风机的外形尺寸为定位尺寸。离心式风机安装时主要考虑其出口形式。图3-23所示是风机G4-72NO4.5D左90°的安装图。

在原理图上，风机要使用专门的图形符号（参见3.3节）。在平面图或者立面图上，要根据风机的外形绘制相应的视图，这些视图与厂家提供的样本上的外形基本接近，通常做一些简化，去掉无关紧要的细节，一般要包括设备基础、进风口、出风口、电动机位置，电动机与风机的连接方式等主要特征。

3.4.3 冷水机组

冷水机组是中央空调系统的核心部件，是空调系统的冷源。目前常用的制冷设备主要有压缩式、吸收式、蒸汽喷射式三种，尤其以压缩式冷水机组（通常叫作电动冷水机组）应用最广。本节主要介绍压缩式冷水机组的识图和制图，对于吸收式冷水机组，可以参见本章后面章节的工程实例。热泵的制图和识图方法与冷水机组类似，本书就不再专门介绍。从冷却方式分，冷水机组有水冷式和风冷式，水冷式采用水冷却方式，通常要用冷却塔、地下换热器或者其他冷却装置。风冷式则直接采用空气进行冷却，因此不需冷却水系统，但其效率一般比水冷式低，而且冷水机组一般要布置在室外。

（1）了解压缩式冷水机组的工作原理　压缩式冷水机组由制冷压缩机、冷凝器、膨胀阀和蒸发器四个主要部分组成，并用管道连接，形成一个封闭的循环系统。制冷剂在制冷系统中经历蒸发、压缩、冷凝和节流四个热力过程。在蒸发器中，低压低温的制冷剂吸收被冷却介质（如空气、水）的热量蒸发成低压低温的制冷剂蒸汽被压缩机吸入，并被压缩成高温高压的蒸汽后排入冷凝器。在冷凝器中，高压高温的制冷剂蒸汽被冷却水冷却，冷凝成高压的液体。从冷凝器排出的高压液体，经膨胀阀节流后变成低压低温湿蒸汽，进入蒸发器再进行蒸发制冷。

为了使水冷式冷水机组正常工作，必须配置必要的辅助设备，图3-24所示是水冷式冷水机组的系统流程。系统主要有两部分：冷冻水系统、冷却水系统。该系统中设有两台冷水机组，冷却水子系统设有两台冷却塔，冷却水从冷却塔出来，经冷却泵进入冷水机组的冷凝器以后，吸收制冷剂的热量，温度升高，再回到冷却塔降温。冷水机组内的制冷剂则在冷凝器内放热凝结。

从用户回来的冷冻水在集水器处汇合到回水总管，经过冷冻泵后，进入冷水机组的蒸发器，温度降低，冷水机组内的制冷剂则进行吸热蒸发。冷冻水从蒸发器出来以后，通过分水器送往各用户，在用户那里吸收热量，温度升高后，返回集水器，完成一个循环。由于冷冻水系统为闭式系统，因此还有补水和定压水箱连接到冷冻水泵的吸入口。

（2）冷水机组识读　图3-25所示为CTSC系列冷水机组。

冷水机组型号没有统一的标准，每个厂家样本有不同的标识。如冷水机组型号CTSC-0886，“CTSC”表示产品系列代号，“0886”表示该冷水机组名义制冷量为886kW。每类冷水机组还有性能参数表，从性能参数表上，可以得到蒸发器、冷凝器的各项参数及冷水机组的外形尺寸，接口管径。表3-11和表3-12所示是CTSC-0646~0886的主要性能参数和尺寸参数，从表中可以看出CTSC-0866冷水机组冷冻水供回水温7/12℃，接管管径为*DN*150，冷却水供回水温30/35℃，接管管径为*DN*150。蒸发器、冷凝器压力损失用于水力计算，机组的运行重量提供给结构专业。

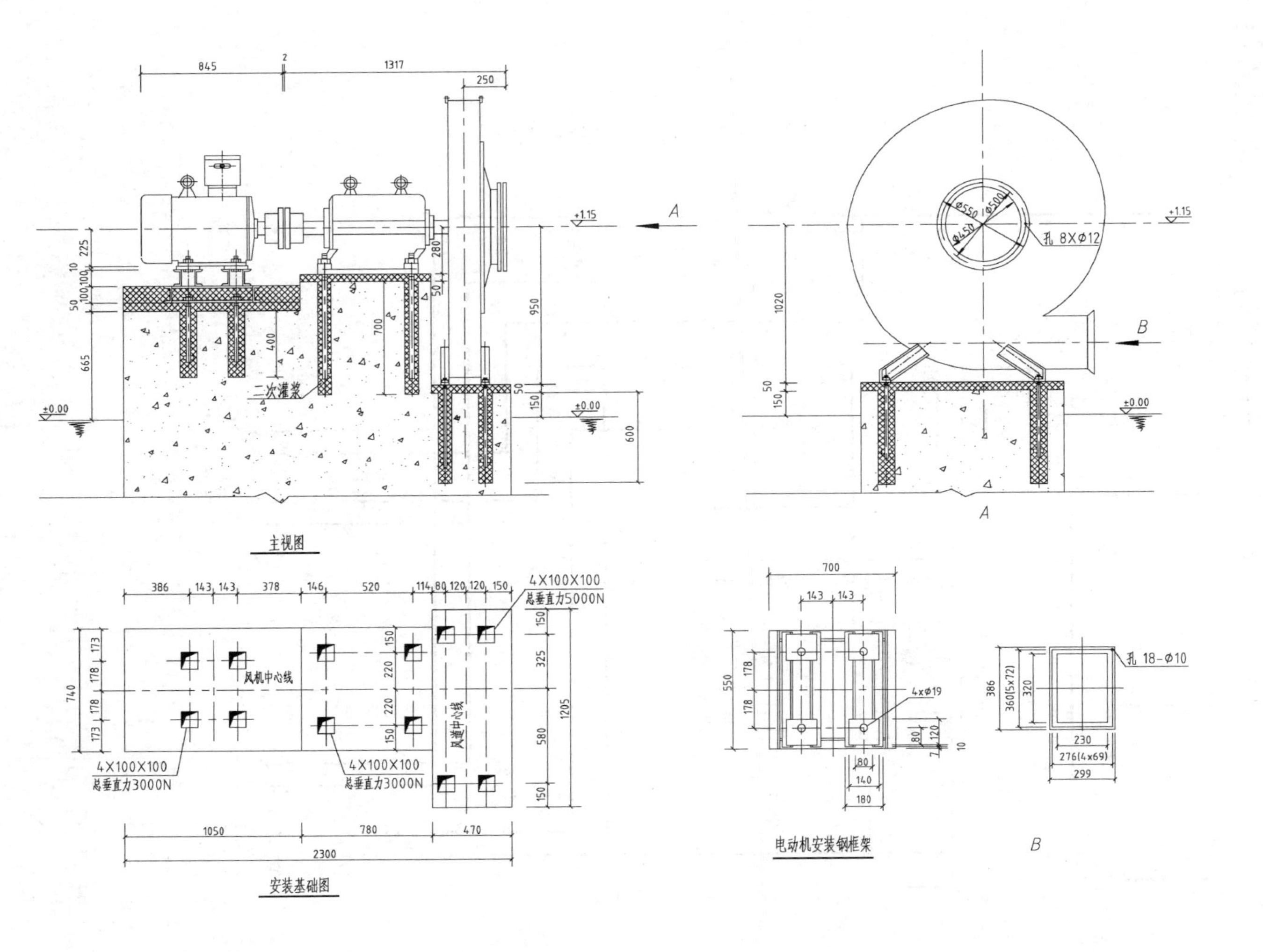

图 3-23　离心风机安装大样

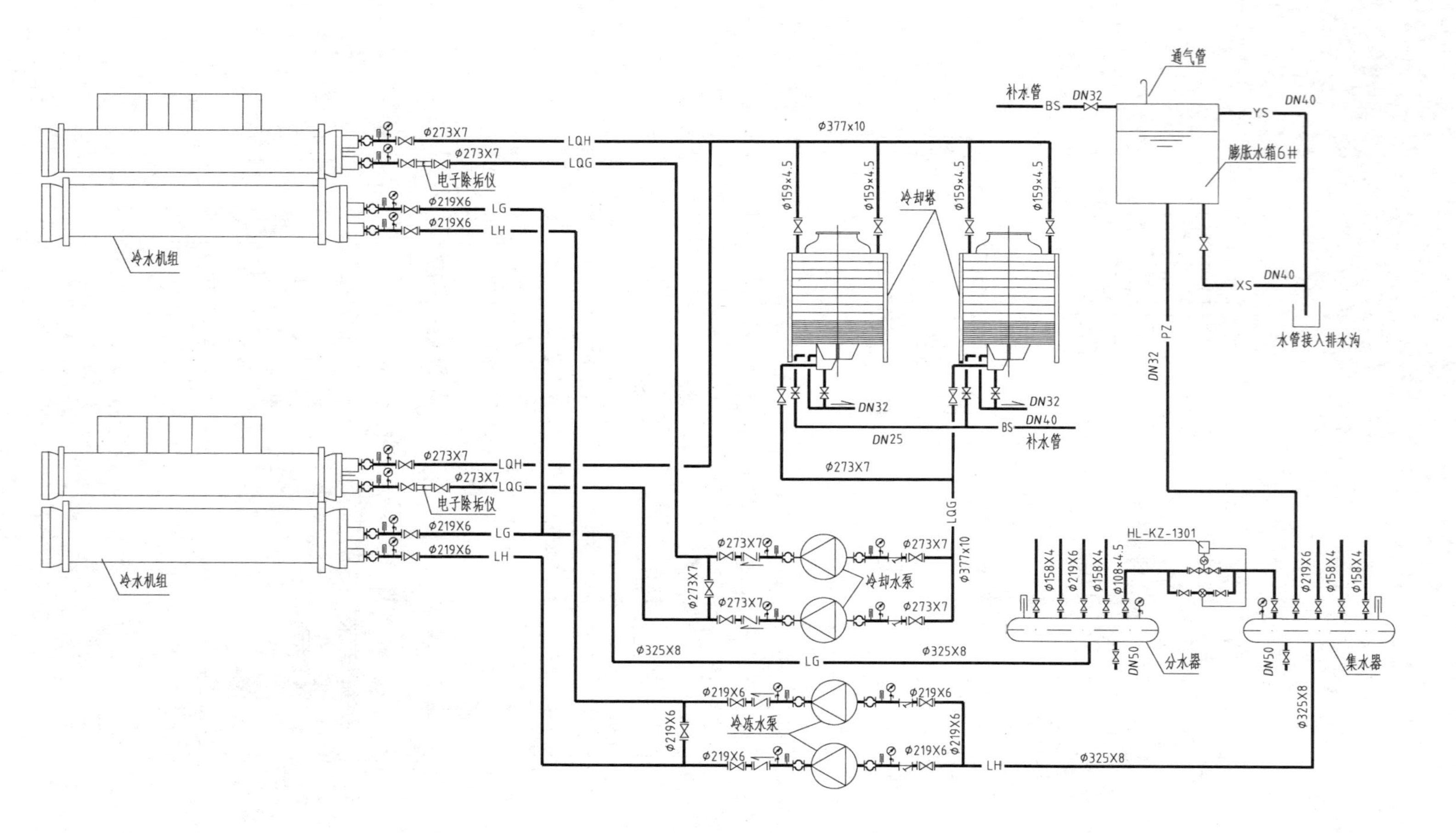

图 3-24 水冷式冷水机组的系统流程

图 3-25 CTSC 冷水机组

表 3-11 CTSC-0646～0886 性能参数

机组型号	名义制冷量/kW	蒸发器				冷凝器			
		进出口温度/℃	流量/(m^3/h)	压力损失/Pa	接口尺寸/mm	进出口温度/℃	流量/(m^3/h)	压力损失/Pa	接口尺寸/mm
CTSC-0646	646	12/7	112	72	150	30/35	133	65	125
CTSC-0796	796		137	67	150		164	65	150
CTSC-0886	886		153	71	150		182	70	150

表 3-12 CTSC-0646～0886 尺寸参数

机组型号	外形尺寸			机组重量/kg	
	长/mm	宽/mm	高/mm	运输重量	运行重量
CTSC-0646	3780	1285	1885	2800	3000
CTSC-0796	3785	1360	1935	3500	3850
CTSC-0886	3880	1455	1990	3900	4350

冷水机组识图时，先区分主要设备、附属设备、管路和阀门、仪器仪表等，然后分项看。先看主要设备，如压缩机、冷凝器、膨胀阀和蒸发器；其次看附属设备，如油分离器、过滤器、干燥器等；再看各设备之间连接的管路和阀门，如电磁阀、分配阀等；最后看仪器仪表。识读时，一定要细心和耐心。关键是确定冷冻水和冷却水接管的位置、接管管径、机组的基础尺寸。表 3-13 和表 3-14 所示为外形尺寸及基础尺寸。

表 3-13 CTSC-0646～0886 冷水机组外形尺寸 （单位：mm）

机组型号	*L*	*W*	*H*	*A*	*C*	*D*	*E*	*F*	*G*	*J*	*M*	*N*	*DN*1	*DN*2
CTSC-0646	3780	1285	1885	310	260	260	3370	293	830	1734	670	1140	150	125
CTSC-0796	3785	1360	1935	310	300	300	3370	258	830	1824	720	1220	150	150
CTSC-0886	3880	1455	1990	310	320	320	3370	258	830	1879	770	1340	150	150

表 3-14　CTSC-0646～0886 冷水机组基础尺寸　（单位：mm）

机组型号	L	W	A	B	E	H
CTSC-0646	3770	1540	3370	1140	400	500
CTSC-0796	3770	1620	3370	1220	400	500
CTSC-0886	3770	1740	3370	1340	400	500

（3）冷水机组的绘制　在平面图和立面图中，绘制冷水机组时一般绘制外形轮廓和重要组件，如蒸发器、冷凝器、压缩机、控制箱等，冷冻水、冷却水接管的位置要准确而且线条要突出，制冷剂管道可以不表示。一般来说，冷水机组的外形尺寸比其基础要大，所以标注定位尺寸时以机组外形尺寸为准。在原理图中，可以采用比较简单的图形符号（比如用一个矩形框）来表示冷水机组，也可以在冷水机组的主视图的基础上，概要绘制出冷水机组的外形和主要部件。CTSC-0646～0886 冷水机组外形如图 3-26 所示。

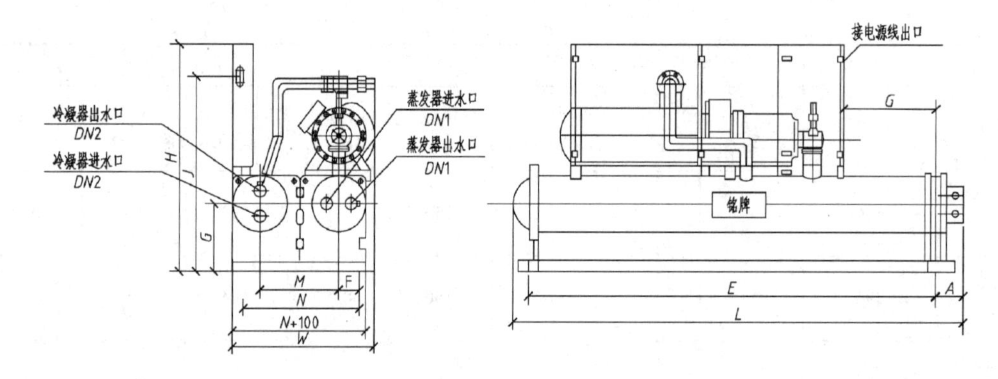

图 3-26　CTSC-0646～0886 冷水机组外形

在绘制冷水机组基础时，要设排水沟，如图 3-27 所示。为了保护蒸发器、冷凝器不受损伤，在连接管道时，冷水机组进口管前可加设过滤装置。

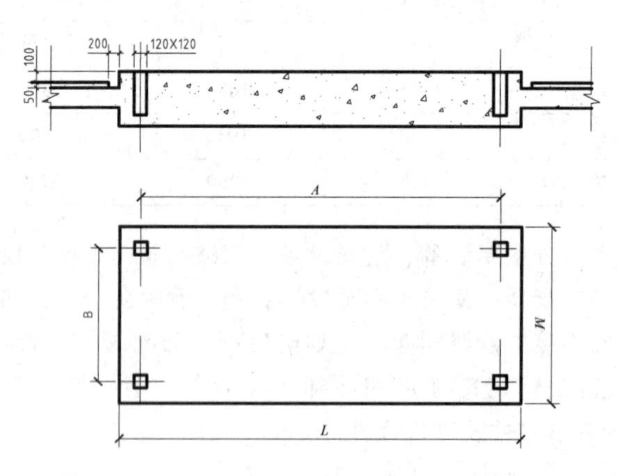

图 3-27　CTSC-0646～0886 冷水机组基础图

3.4.4　燃油燃气锅炉

锅炉作为供热空调系统的热源已经具有很长的历史，锅炉已经成为热源的代名词。从燃料来分，锅炉分为燃煤锅炉、燃油锅炉、燃气锅炉。随着人们对生活质量和生存环境要求的日益提高，近几年，燃油燃气锅炉的应用日渐普遍。从供热介质来分，锅炉分为蒸汽锅炉和热水锅炉，这两种锅炉在供热空调工程中均有广泛的应用。

相对于泵、风机等设备，锅炉是比较复杂的设备，为了保证锅炉的正常运行，必须配置相应的辅助设备，锅炉房设备基本上可以分成四个子系统：燃料供应系统（消化系统）、送引风系统（呼吸系统）、汽水系统（循环系统）、仪表控制系统（神经系统）。

作为供热与空调系统热源的燃油燃气锅炉大多自动化程度较高，送引风系统和燃料系统均比较简单，一般为成套机组，工程设计和制图的重点在汽水和燃料供应系统（一般统称为热力系统）。图 3-28 所示为锅炉房热力系统。该系统为燃油蒸汽锅炉供热系统，整个系统可以分成汽

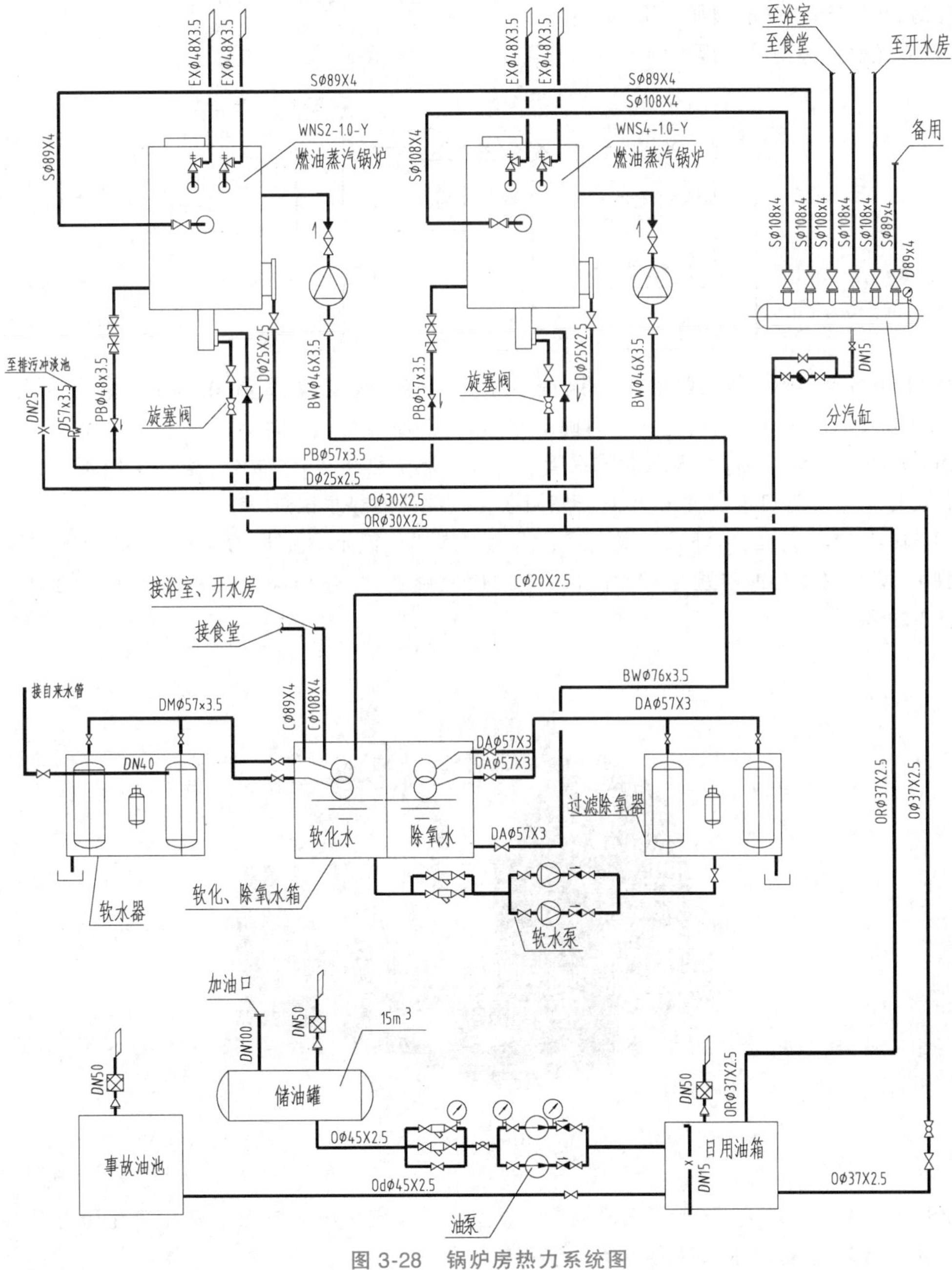

图 3-28　锅炉房热力系统图

水系统、燃油系统、排污系统。给水首先进入离子交换器进行软化后进入软化水箱，软化水经泵送入除氧器进行除氧，之后存储在除氧水箱中，除氧水经锅炉给水泵送入锅炉，在里面加热变成蒸汽，从锅炉出来后通过分汽缸送往各用户。同时，一部分水在锅炉内成为污水通过排污管道送入排污降温池。每台锅炉上均设有安全阀，安全阀的排放管接到室外大气中。燃油首先存放在储油罐中，通过油泵送到日用油箱中，然后进入锅炉的燃烧器，多余的油则通过回油管回到日用油箱中。同时系统设有事故油箱，在发生意外事故时，把日用油箱内的油排放到事故油箱中，降低火灾的危险或者危害。另外，锅炉烟箱设有冷凝水排放装置，通过排泄管道将烟箱中的凝结水排出。

看锅炉图样时，一般遵循以下原则：

1）弄懂锅炉的型号。锅炉的型号由三部分组成，表示如下：

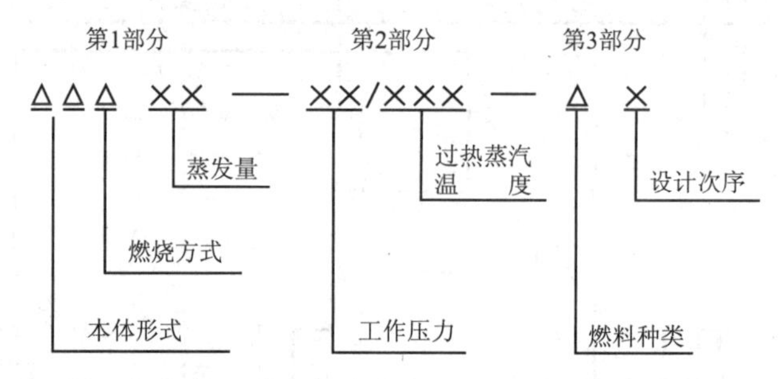

如 LHS0.5-0.7-YC：立式火管（锅壳式）、室燃、额定蒸发量 0.5t/h，额定工作压力 0.7MPa，蒸发温度 170℃（由饱和压力确定），燃用柴油的蒸汽锅炉。

LSS 0.7-0.7/95/70-QY：表示立式水管、室燃、额定热功率 0.7MW，额定工作压力 0.7MPa，出口水温度 95℃，进口水温度为 70℃，燃用液化石油气的热水锅炉。

WNS10-1.25-YQ：表示卧式、锅壳式、内燃、室燃、额定蒸发量为 10t/h，额定工作压力为 1.25MPa，蒸汽温度为饱和温度 194℃（由饱和压力确定），燃用油或气两用的蒸汽锅炉，其外形如图 3-29 所示。

图 3-29 WNS 燃油燃气锅炉

SZS7-1.0/115/70/QJ：表示双锅筒纵置式、室燃、额定热功率 7MW，额定工作压力 1.0MPa，出口水温度 115℃，进口水温度为 70℃，燃用焦炉煤气的热水锅炉。

CWNS1.4-95/70-Q：表示常压、卧式、内燃、室燃、额定热功率1.4MW，额定工作压力0.0MPa，出口水温度95℃，进口水温度为70℃，燃用气体的热水锅炉。

弄懂了锅炉的型号，就基本了解了锅炉的结构特性、参数和燃料。详细锅炉性能参数如表3-15所示。

表3-15 锅炉性能参数

项目 \ 型号			WNS1-1.0-YQ	WNS2-1.25-YQ	WNS4-1.25-YQ	WNS6-1.25-YQ
额定蒸发量/(t/h)			1	2	4	6
额定蒸汽压力/MPa			1.0	1.25	1.25	1.25
额定蒸汽温度/℃			183	194	194	194
进水温度/℃			20~105			
设计热效率(%)			88.5	89.0	89.8	90.0
传热面积/m^2			22.0	42.0	90.0	136.0
排烟温度/℃			250	245	240	240
正常水容量/L			1660	3200	7500	8200
锅炉净重/kg			4000	6300	10600	14300
用电量 220V/380V	轻油	kW	3.6	5.6	16.5	17.5
	燃气		5.5	6.3	17.0	18.5
最大燃料消耗量	轻油	kg/h	62.2	124.1	246.0	368.1
	重油		65.7	131.1	160.0	389.0
	液化气	m^3/h	29.0	57.8	114.6	171.5
	天然气		73.0	145.8	289.0	432.5
	城市煤气		192.8	384.8	762.8	1141.7

注：1. 燃料消耗量按进水温度100℃计算。
2. 耗电量=燃烧机风机电动机功率+给水泵功率。

2）看锅炉的平面图和立面图，了解锅炉主要部件。与锅炉连接的有给水系统、蒸汽系统、排污系统、送引风系统等，掌握每个系统与锅炉本体连接的主要部件和接管位置。

给水系统接管：小型锅炉WNS系列如图3-30所示，给水泵与锅炉本体安装在一起。给水系统接管位置如图3-30所示。

蒸汽系统：蒸汽系统包括主蒸汽管、副蒸汽管及设于其上的设备、阀门、附件等。从锅炉立面图可以看出有主汽阀和副汽阀。主汽管接至分汽缸，副汽管用于锅炉本身如吹灰、带动汽动泵或为注水器供汽的蒸汽管。

排污系统：每台锅炉上都有几处排污接管。图3-30所示锅炉有表面排污、侧排污和排污阀，具体到不同容量的锅炉的排污管的数量还要结合表3-15~表3-17才能确定。另外，燃油燃气锅炉烟箱设有冷凝水排放装置，如图3-30所示的烟箱排水口。

送引风系统：对照立面图，找出锅炉送引风口的位置及大小。小型锅炉没有专门的送风管路，一般通过燃烧器上的风机直接吸入周围空气并送入炉内。图3-30所示的WNS系列蒸汽锅炉有排烟口的位置。

供油气系统：每台燃油燃气锅炉都配有不同的燃烧器，大的锅炉装有几个燃烧器。每个燃烧器都有各自的供油气管路。

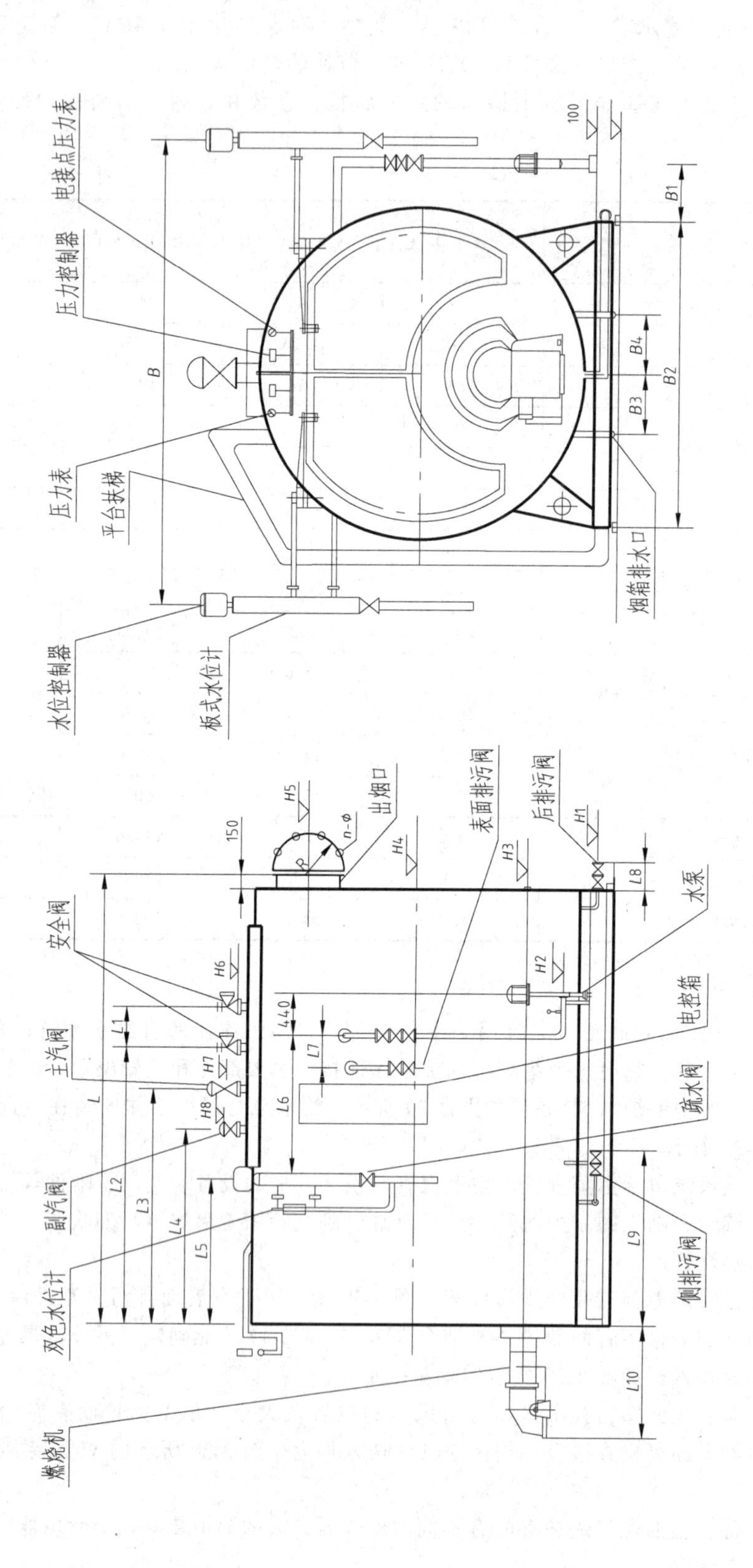
电接点压力表
压力控制器
压力表
平台扶梯
烟箱排水口
水位控制器
板式水位计
B
B1
B2
B3
B4
100
安全阀
主汽阀
副汽阀
双色水位计
燃烧机
出烟口
表面排污阀
后排污阀
水泵
电控箱
疏水阀
侧排污阀
150
n-φ
440
H1
H2
H3
H4
H5
H6
H7
H8
L
L1
L2
L3
L4
L5
L6
L7
L8
L9
L10

图 3-30 锅炉外形图

3）看清锅炉附件和仪表规格型号及其安装位置。锅炉的附件和仪表是确保锅炉安全和经济运行的关键部件，能准确地反映、监视和控制锅炉的运行状况。安全阀、压力表、水位计、温度测量仪表是锅炉房的主要附件。根据图样及设备材料表，看清锅炉附件及仪表的规格型号及安装位置。

安全阀是一种自动泄压报警装置。当锅炉压力超过允许的数值时，能自动开启，排汽泄压，同时能发出声响报警。从图 3-30 中可以看出，该锅炉具有两个安全阀，安全阀配有排放管的接口。

压力表是测量锅炉压力的仪表，每台蒸汽锅炉必须装有与锅筒蒸汽空间直接相连接的压力表。每台热水锅炉的进水阀出口、出水阀入口及循环水泵的进出水管上也应安装压力表。

水位计是检测锅炉水位的重要的安全装置，水位控制器可以有效地保证锅筒内水位处于安全位置。

温度是热力系统重要状态参数之一。在锅炉中，给水、蒸汽和烟气等介质的热力状态是否正常，风机和水泵等设备轴承的运行情况是否良好，都依靠温度进行监视。

4）弄清锅炉自动控制与保护装置。燃油燃气锅炉的水位、压力、温度应不超过允许值，这是锅炉安全运行必不可少的条件。用油和气体作燃料的锅炉，在点火、燃烧、熄火等过程中，还必须进行程序控制和熄火保护，以防止发生炉膛爆炸事故。对锅炉的控制和保护是通过对锅炉辅机的控制来实现的。因而，锅炉必须要有水位、压力、温度、火焰及辅机等多方面的电气控制保护装置。

图 3-30 所示锅炉立面图标出了所有仪表及配件的具体位置，表 3-16 所示为锅炉的接管管径尺寸，表 3-17 和表 3-18 所示为锅炉的外形尺寸。

5）锅炉本体的绘制。相对其他设备来说绘制锅炉图是比较复杂的，但是锅炉厂家提供的图样也是比较全面的，一般都有锅炉平面图、立面图及设备材料表、锅炉基础图等。绘制平面图或者立面图时，不仅要绘出锅炉的外形，还要包括主蒸汽阀、副蒸汽阀、给水阀、安全阀、压力表、温度表、排污阀、排烟口，其接口位置也要准确。在原理图中，可以采用比较简单的图形符号（比如用一个矩形框）来表示锅炉，也可以在锅炉的主视图的基础上，概要绘制出锅炉的外形和主要部件。

表 3-16 锅炉接口尺寸

型号＼接口	主汽阀	安全阀	副汽阀	排污阀	表面排污阀	疏水阀	进水口	烟箱排水口	出烟口		
									D/mm	R/mm	n-ϕ
WNS1-1.0-YQ	DN65	1-DN50	DN25	1-DN40	—	1-DN25	DN32	1-G1"	ϕ308×4	177	8-ϕ14
WNS2-1.25-YQ	DN80	1-DN50	DN25	1-DN40	—	1-DN25	DN32	1-G1"	ϕ368×4	210	8-ϕ14
WNS4-1.25-YQ	DN100	2-DN50	DN40	2-DN50	DN40	2-DN25	DN40	2-G1"	ϕ500×6	275	12-ϕ14
WNS6-1.25-YQ	DN125	2-DN65	DN40	2-DN50	DN40	2-DN25	DN40	2-G1"	ϕ642×6	345	12-ϕ14

注：表中法兰公称压力为 1.6MPa。

表 3-17 锅炉尺寸 1 （单位：mm）

型号＼尺寸代号	L	$L1$	$L2$	$L3$	$L4$	$L5$	$L6$	$L7$	$L8$	$L9$	$L10$	B
WNS1-1.0-YQ	3310	—	2520	1200	620	800	1500	—	470	—	686	1920
WNS2-1.25-YQ	3670	—	2990	2080	1630	810	1430	—	400	—	764	2170

（续）

型号 \ 尺寸代号	L	L1	L2	L3	L4	L5	L6	L7	L8	L9	L10	B
WNS4-1. 25-YQ	5050	300	3130	2420	1710	1000	2050	450	420	1355	945	2500
WNS6-1. 25-YQ	6500	500	3385	2685	1985	1170	2200	570	440	1440	949	2600

表 3-18 锅炉尺寸 2 （单位：mm）

型号 \ 尺寸代号	B1	B2	B3	B4	H	H1	H2	H3	H4	H5	H6	H7	H8
WNS1-1. 0-YQ	—	1160	—	140	2252	180	240	925	1100	1500	1962	2082	2122
WNS2-1. 25-YQ	—	1260	—	140	2594	260	290	940	1250	1820	2284	2404	2444
WNS4-1. 25-YQ	280	1800	650	650	3200	350	350	1220	1610	2290	2810	2930	3010
WNS6-1. 25-YQ	280	1840	700	700	3414	350	360	1364	1650	2400	2950	3070	3150

3.5 冷热源制图一般规定

下面通过一个×××热力站工程设计实例，介绍冷热源工程所需的图样及相关图样的绘制原则和方法。该工程是一个集中供热工程的换热站，通过换热器用一次管网的高温热水加热二次管网中的采暖热水，同时，将一次管网和二次管网的压力工况隔离开来。二次管网设有循环泵和补水设施。该实例根据供热工程制图标准绘制。

3.5.1 冷热源工程所需的图样

冷热源机房的施工图样，通常有以下几项：

1）图样目录。

2）设计施工说明与图例。

3）设备及主要材料表。

4）原理图。

5）设备平面图、剖面图。

6）设备和管道平面图、剖面图。

7）管路系统轴测图。

8）详图。

9）基础图。

说明：

1）对于空调工程中的冷热源，其图样目录和设计说明包含在整个空调工程的图样目录和设计说明中。如果为单独的工程设计项目，则需编写单独的图样目录和设计说明，图样的编排顺序如上所示。

2）设备材料表、设计施工说明可单独成图；当数量较少时，也可附于其他图样上。

3）当系统较简单、轴测图能表达清楚系统的流程或位置关系时，则可省略原理图、全部或部分剖面图。

4）在初步设计阶段，一般需要设计说明、原理图、机房平面图及设备表，交叉复杂部位表达所必需的剖面图；在施工图阶段，需要管道平面图、剖面图、轴测图及设备管道安装的详细节点图或大样图。

5）在工程实践中，许多设计单位只绘制设备和管道平面图、剖面图，而省略设备平面图、剖面图。

6）原理图，供热标准称作流程图，也有文献称之为系统图。原理图可根据工程规模和实际情况，分别绘制热力系统原理图、燃料供应系统原理图等。

3.5.2 图样目录

图样目录一般单独成图，可用A4/A3图幅，其格式及图样的顺序可参照表3-19。

表3-19 ×××热力站工程图样目录

××× 设计院	工程名称		×××热力站工程		设计号	B93-28
	项目		第14号热力站		共1页	第1页
序号	图别 图号	图名	采用标准图或重复使用图		图样尺寸	备注
			图集编号 或工程编号	图别图号		
1	热施-1	设计说明			A4	
2	热施-2	设备表			A4	
3	热施-3	热力系统原理图			A2	
4	热施-4	设备平面图			A2	
5	热施-5	设备和管道平面图			A2	
6	热施-6	管路系统轴测图			A2	
7	热施-7	分(集)水器大样图			A3	
8	热施-8	设备基础图			A3	

3.5.3 设备和材料表

设备、材料表可单独成图，也可书写于平面图的标题栏上方，如图3-31所示，这时项目名称写在下面，从下往上编号。设备表至少包括序号（或编号）、设备名称、技术要求、件数、备注栏；材料表至少应包括序号（或编号）、材料名称、规格或物理性能、数量、单位、备注栏。

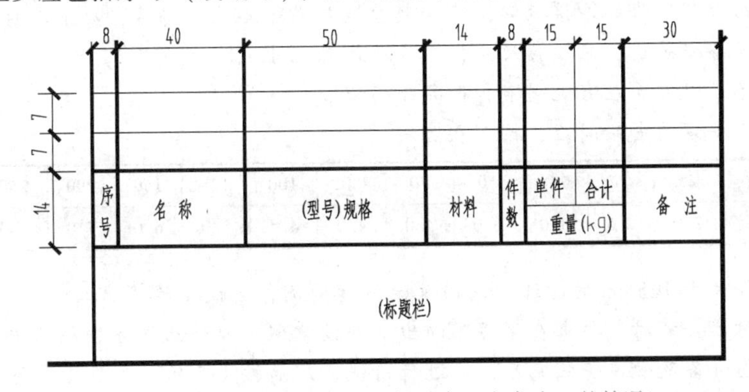

图3-31 明细栏示例（本示例适合于字高为5的情况）

表 3-20 所示是×××热力站工程的设备表。

表 3-20 ×××热力站工程的设备表

序号	名称	型号及规格	单位	数量	备注
1	补给水箱	$V=43m^3$(6000mm×3000mm×2400mm)	个	1	参考 GS27-3 11 号水箱制作
2	补给水泵	65MS×5-11 $Q=21m^3/h$ $H=60m$	台	3	
3	旋流除污器(二级)	XL-300	个	1	
4	循环水泵	KQL200-400(I)B $Q=450m^3/h$ $H=29.6m$	台	2	$N=130kW$
5	旋流除污器(一级)	XL-250	个	1	
6	集水器	$D630×9$ $L=2400mm$	个	1	
7	分水器	$D630×9$ $L=2400mm$	个	1	
8	换热器	WBH1200-1.6-290-22-2	台	3	
9	电磁除垢器	DSG-350W	台	1	$P=130W$

3.5.4 设计说明

设计说明是工程设计的重要组成部分，它包括对整个设计的总体描述（如设计条件，方案选择，安装和调试要求，执行的标准），以及对设计图样中没有表达或表达不清晰内容的补充说明等。冷热源工程的设计说明除了包括应遵循的设计、施工验收规范外，一般还应包括如下内容：

1）设计的冷热负荷要求。

2）冷热源设备的型号、台数及运行控制要求。

3）冷热水机组的安装和调试要求。

4）泵的安装要求。

5）管道系统的材料、连接形式和要求，防腐、隔热要求。

6）管路系统的泄水、排气、支吊架、跨距要求。

7）系统的工作压力和试压要求。

×××热力站工程设计说明：

1）本换热站设计供暖面积 20 万 m^2，设计热负荷 14.2MW，一级网设计水温 100℃/65℃，二级网设计水温 85℃/60℃，一级网设计流量 383.5t/h，二级网设计流量 537t/h。

2）换热站与外部管线的连接地沟，待外部管线和供热站施工完后，应予以封闭。

3）管道及设备安装前，应校验尺寸、型号及基础尺寸。

4）所用设备、附件等应有说明书和产品合格证。

5）管道水平安装的支架间距，按下表选用。

公称直径/mm	25	32	40	50	70	80	100	125	150	200	250	300	350
最大间距/m	2.0	2.5	3.0	3.0	4.0	4.0	4.5	5.0	6.0	7.0	8.0	8.5	9.0

6）公称直径大于 125mm 的管道上阀门及除污器两侧，应设支吊架。

7）旋流除污器安装时，要求在除污器的出口处设滤网，以防止固体颗粒物进入换热器内。

8）换热站内设备及管道安装完后，应进行清洗，然后按 1.5 倍工作压力进行试压。

9）管道清洗试压合格后，换热站内管道采用 $\delta=40mm$ 岩棉管壳保温，外包镀锌薄钢板。保温前应除净管道外表面的污垢，然后刷防锈漆2道。

10）供热管道清洗试压合格后，方可安装流量仪表。

11）本项目执行CJJ 28—2004《城镇供热管网工程施工及验收规范》，未尽事项按国家有关规定执行。

3.5.5 原理图

1）原理图是工程设计图中重要的图样，它表达系统的工艺流程，应表示出设备和管道间的相对关系以及过程进行的顺序，不按比例和投影规则绘制。一般而言，尺寸大的设备绘制得大一些，尺寸小的设备小一些，设备、管道在图面的布置主要考虑图面线条清晰、图面布局均衡，与实际物理空间的设备管道布置没有投影对应关系。

2）应表示出全部系统流程中有关的设备、构筑物，并标注设备编号或设备名称。设备、构筑物可用图形符号或简化外形表示，相同设备应相同，同类型设备应相似。图上应绘出管道和阀门等管路附件，标注管道代号及规格，并宜标注介质流向。

3）管线应采用水平方向或垂直方向的单线绘出，转折处应绘制成直角。管线不宜交叉，当有交叉时，应使主要管线连通，次要管线断开。管线不得穿越设备或部件的图形符号。管线应采用粗实线绘制，设备应采用中实线绘出，阀门等管道附件用细线。

4）宜在原理图上注释管道代号和图形符号，并列出设备明细表。

5）管道与设备的接口方位宜与实际情况相符。

对于采用电制冷机，电动热泵，电锅炉，或者蒸汽、热水型溴化锂制冷机的冷热源工程，其原理图一般只有热力系统原理图；对于采用燃油燃气锅炉、直燃型制冷机的冷热源工程，除热力系统原理图外，还有燃油燃气系统原理图，这些原理图视复杂程度可分别绘制，也可绘制在一张原理图上。

图3-32所示是×××热力站热力系统原理图，图中序号对应的设备名称参见表3-20。该原理图包括了换热站中所有的热力设备和管道，重点表达了设备、管道的连接关系以及水的流程。从该原理图可知，整个系统可以分成一次水、二次水和补水定压三个部分。一次水首先经过除污器，进入换热器，温度由100℃降到65℃，离开换热器。二次水从用户回来，首先进入集水器，汇集到回水总管，经过除污器，由循环水泵加压后，经过电子除垢器，进入换热器，温度升高后离开换热器，进入分水器，供到各用户。二次网的补水，由补水箱提供，经补水泵加压后，送到循环水泵的入口，该补水系统同时具有给二次管网定压的作用。原理图不是按比例和投影规则绘制的。图中设备都标注了标号，该标号与设备表（表3-20）中的标号对应。图中管道标注了代号和管径。

3.5.6 设备平面图、剖面图

1）设备平面图、剖面图主要反映设备的布置和定位情况，是施工安装的重要依据。应采用正投影法按比例绘制。

2）设备是突出表达的对象，设备轮廓用粗线，设备轮廓根据实际物体的尺寸和形状按比例绘制；建筑是设备定位的参考系，应用细线绘出建筑轮廓线和相关的门窗、梁柱、平台等建筑构配件，并标明相应定位轴线编号、房间名称、平面标高。设备平面图中不绘制管道。

3）设备平面图应按假想除去上层板后俯视规则绘制，其相应的垂直剖面图中标明剖切符号，否则应在相应垂直剖面图上表示平剖面的剖切符号。

4）平面图上应注出设备定位（中心、外轮廓、地脚螺栓孔中心等）线与建筑定位（墙边、柱边、柱中）线间的关系；通过尺寸标注（纵向和横向各一个），确定设备与建筑的位置关系，使设备位置在水平面上不再浮动。剖面图上应注出设备中心线或某表面的标高，使其在竖直方向位置确定，不再浮动；还应注出距该层楼（地）板面的距离。

5）对设备要标注其名称或编号。一般只绘制设备的可见轮廓。

6）在实际工程中，往往存在设备未订货前，出施工图的情况，因此设备的图样通常会在订货后补出。

图 3-33 所示是×××热力站设备平面图，图中序号对应的设备名称参见表 3-20。在该设备平面图中，绘出了换热站中所有的热力设备，清楚地表达了换热站的布局以及各设备的定位尺寸。

3.5.7 设备和管道平面图、剖面图

（1）平面图、剖面图 该图主要是表达管道的空间布置，即管道与设备、建筑的位置关系，管道是突出表达的对象。和设备平面图、剖面图相比，主要增加了管道、管道附件及相关的标注。在该图上，设备轮廓线改为中粗线绘制。

（2）管道

1）管道可以单线（粗线）或双线（中粗线）绘制。实践中，一般较粗的管道用双线，细管道用单线。绘双线管道的工作量较大，但更能反映管道的实际情况。

2）管道的遮挡、分支、交叉、重叠要根据《暖通空调制图标准》或《供热工程制图标准》的规定绘制。

3）要标注管道的定位尺寸，一般标注管道的中心线与建筑、设备或管道间的距离。

4）剖面图上要标注水平管道（一般为管道的中心线）的标高。

5）标注管道的规格和代号，并宜标注介质流向。

（3）阀门等管道附件 阀门等管道附件宜用细线绘制。阀门等附件宜按比例绘制，若按暖通空调标准可不绘制阀杆，并且当投影方向与阀体轴线平行时不绘制阀门；若采用供热制图标准则应按其对阀门的绘制要求（表 3-7）进行绘制。本节×××热力站工程实例采用供热工程制图标准绘制，而下节中的实例采用暖通空调制图标准绘制。工程实践中，大多采用《暖通空调制图标准》规定的方法，这样制图工作量小很多。

图 3-34 所示是×××热力站设备和管道平面图，图中序号对应的设备名称参见表 3-20。该平面图的重点表达对象是管道，图中对各主要管道的规格和定位尺寸进行了标注。

3.5.8 管路系统轴测图

为了将管路系统表达清楚，一般要绘制管路系统轴测图。轴测图宜采用正等轴测法或正面斜二测画法。在工程应用中，工业设计部门（冶金、化工、动力、机械）大多采用正等轴测法，而建筑设计部门大多采用正面斜等测法。

1）轴测图上应按比例绘制相应的设备和管道。

2）设备用中粗线绘制，应标注设备名称或代号，可见轮廓线用实线，被遮挡设备可不绘制，必要时用中粗虚线绘制。

3）管道一般采用单线，双线绘制工作量太大。管道应标注管道规格、代号，水平管道应标注标高、坡度和坡向。

4）当采用供热工程制图标准时，阀门应按其要求进行绘制，这时阀门宜按比例绘制阀体和阀杆（图 3-35）。当采用暖通空调制图标准时，可按其所示的阀门轴测画法绘制，这时需绘制阀杆的方向，阀体和阀杆的大小依据其实际尺寸近似按比例绘制，即大致反映其大小。在工程实践

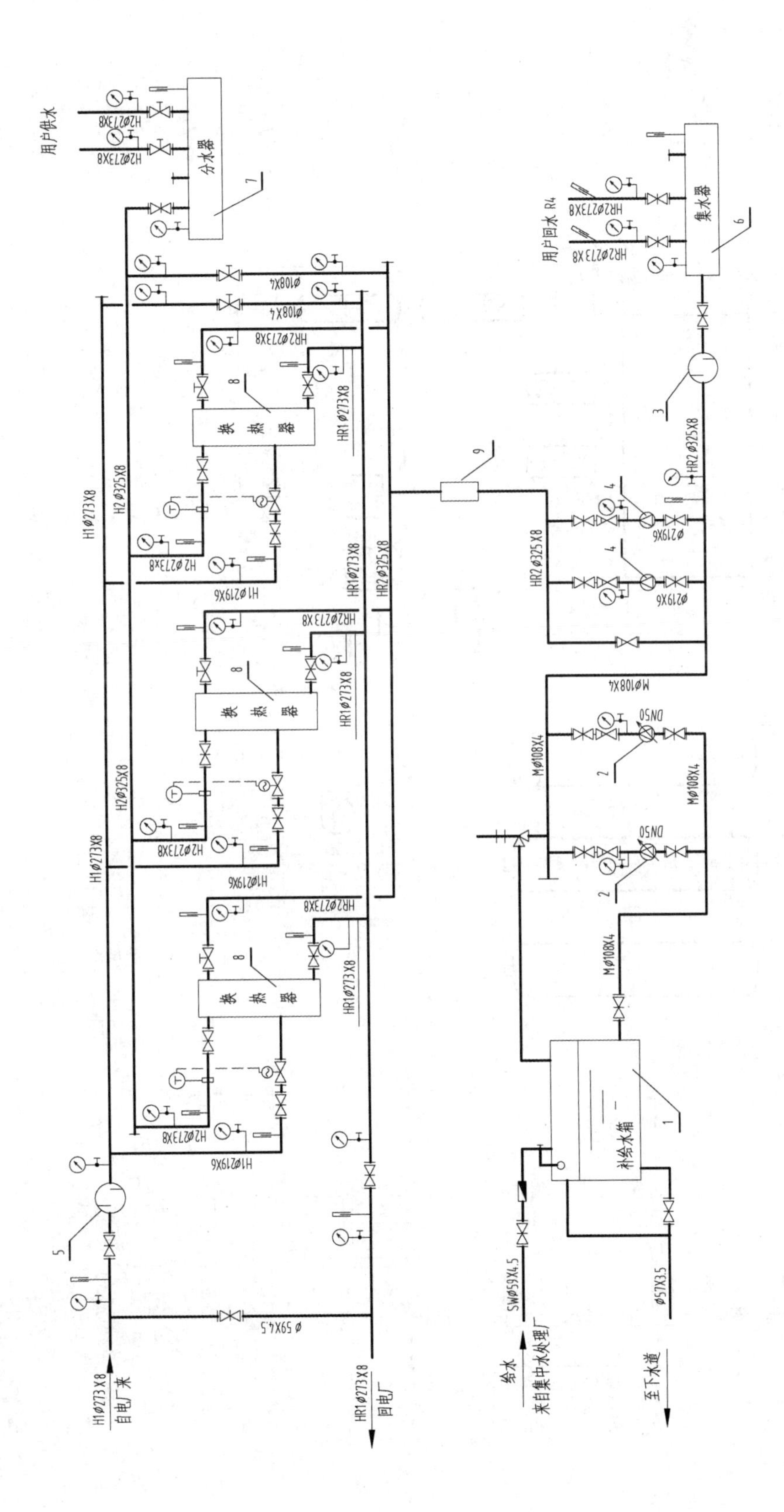

图 3-32　×××热力站热力系统原理图

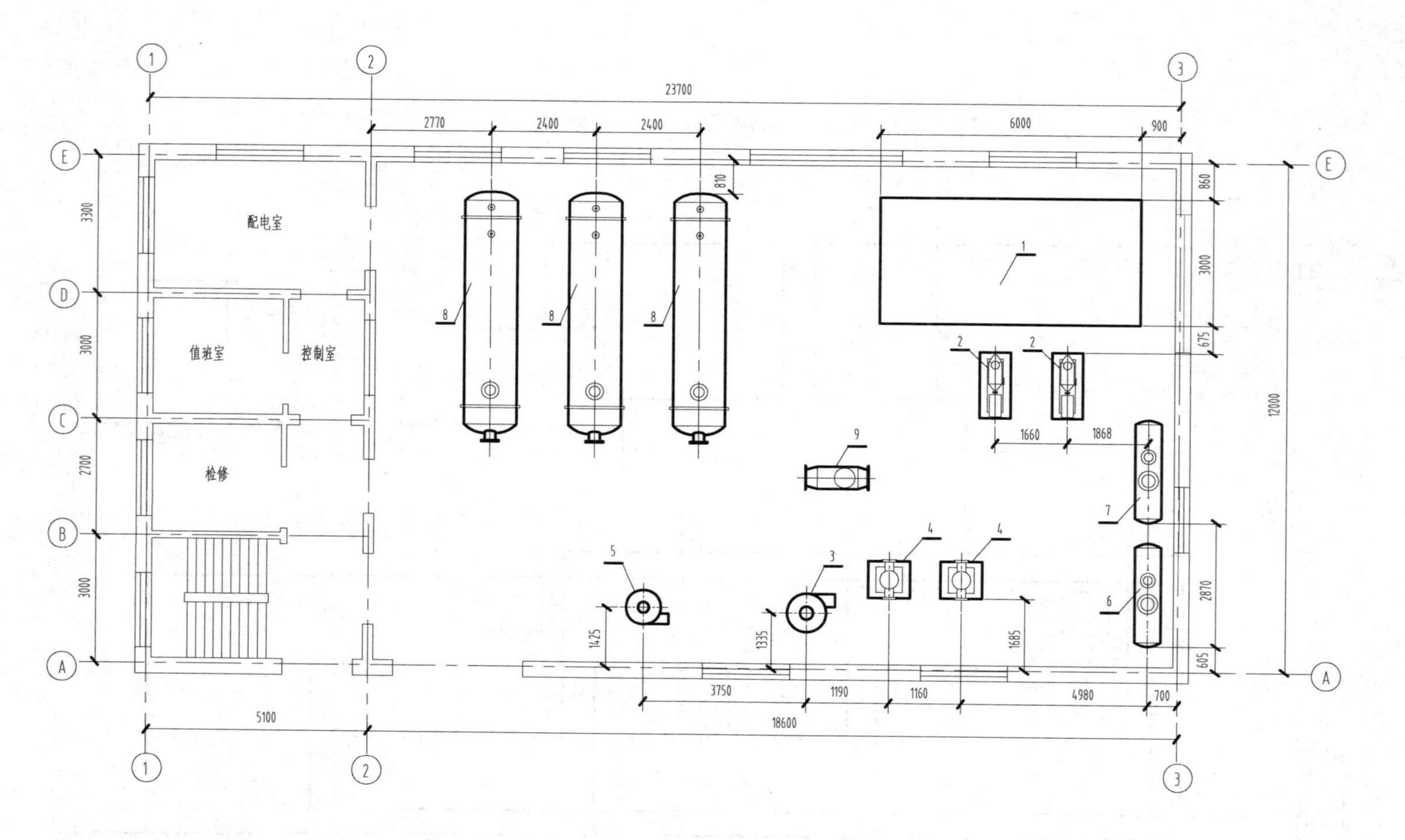

图 3-33 ×××热力站设备平面图

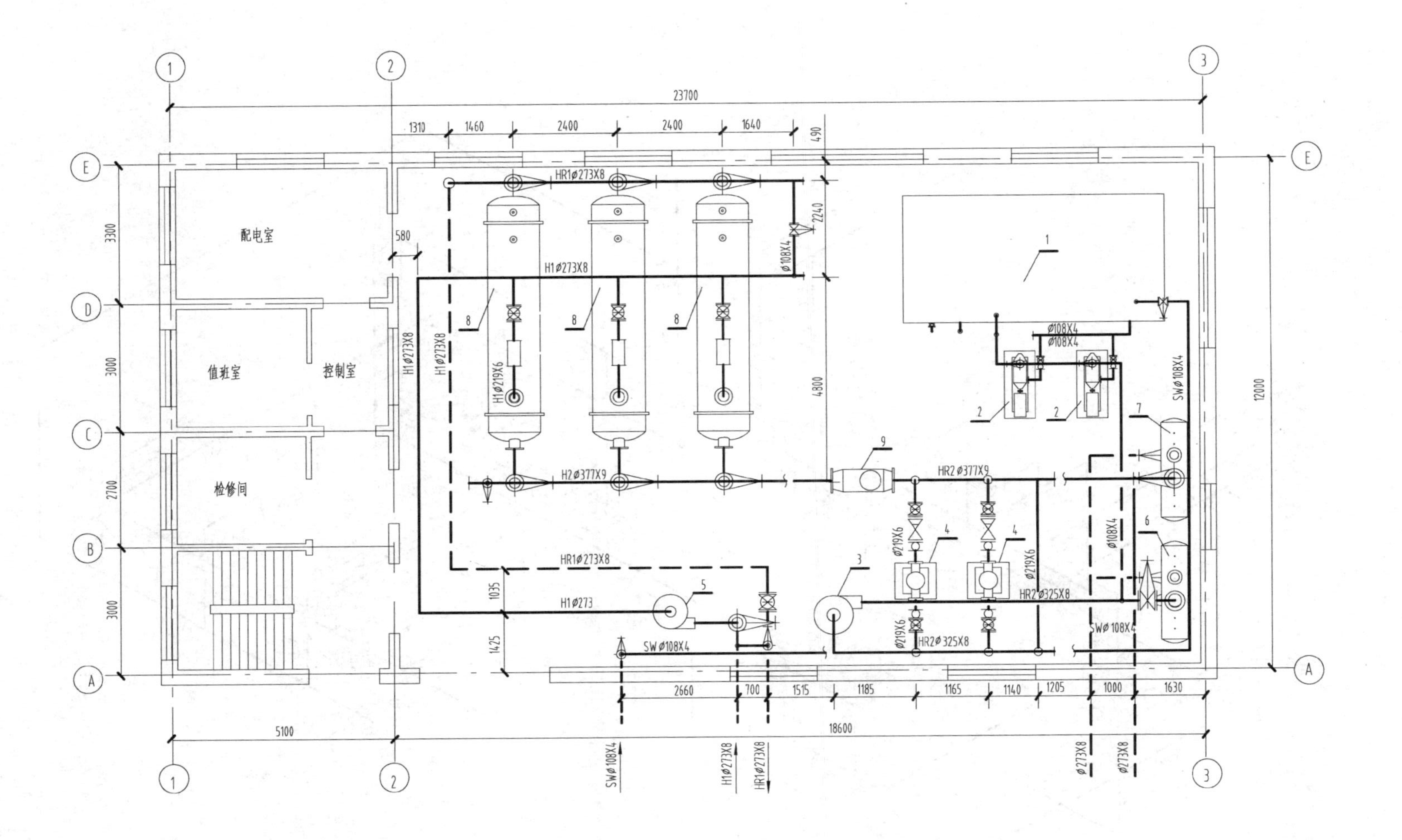

图 3-34　×××热力站设备和管道平面图

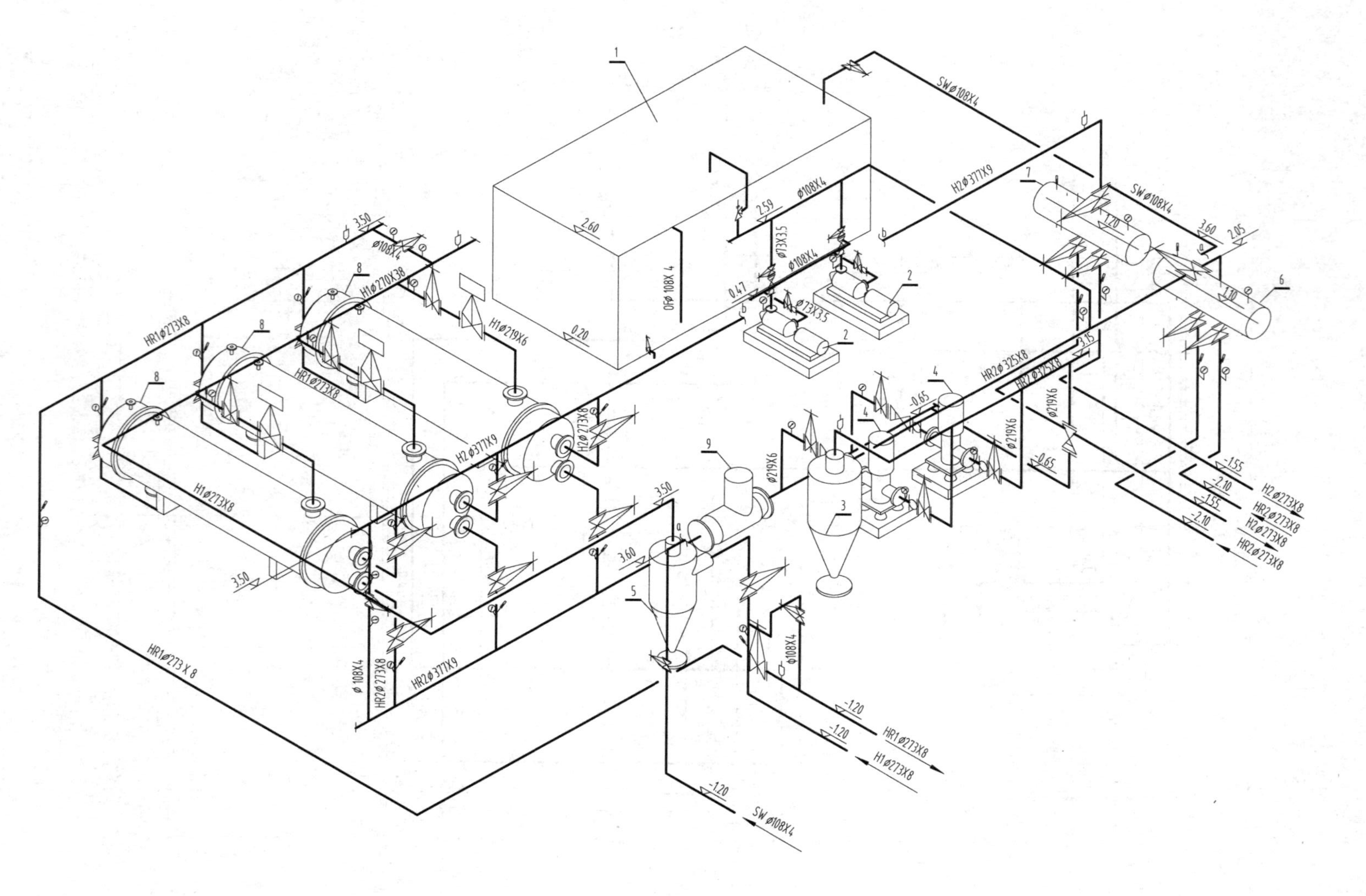

图 3-35 ×××热力站管道系统轴测图

中，许多时候可不绘制阀杆，阀门的大小也并不严格按比例绘制。

5）为使图面清晰，一个系统经常断开为几个子系统，分别绘制，断开处要标识相应的折断符号。也可将系统断开后平移，使前后管道不聚集在一起，断开处要绘出折断线或用细虚线相连。

图 3-35 所示是×××热力站管道系统轴测图，采用供热制图标准绘制。该轴测图重点表达了换热站中各设备、管道的连接关系与空间位置关系，图中对各设备、管道的规格和标高都进行了标注。对照该轴测图和前面的原理图，读者可以体会轴测图和原理图的异同。

3.5.9　大样详图

1）加工详图。当用户所用的设备由用户自行制造时，需绘制加工图。通常有水箱、分水器等。

2）基础图，如水泵的基础、换热器的基础等。

其绘制请参阅标准图集中相关设备的绘制方法。

3）安装节点详图。

3.6　冷热源机房识图

3.6.1　系统原理

1. 识读一般方法

对于一个工程，首先要明白其工作原理，看其方案是否正确。原理图表达系统的工艺流程，识图时必须先看原理图。

1）首先阅读设计说明，了解工程概况。再结合设备表，弄清楚流程中各设备的名称和用途。在冷热源机房中一般有冷水机组、锅炉、换热器、泵、水处理设备、水箱等。

2）根据介质的种类（结合图例）以及系统编号，将系统进行分类。例如，首先将系统分为供冷系统、供热系统、热水供应系统，再对各个系统进行细分。例如，供冷系统又可分为冷冻水系统、冷却水（风冷则无此项内容）系统、补水系统、燃料供应系统。

3）以冷热水主机为中心，查看各系统的流程。比如以制冷机组为中心，查看冷冻水系统的流程，一般为用户回水→集水器→除污器→冷冻水泵→冷水机组→分水器→用户；冷却水系统：从冷却塔来，经冷却水泵、制冷机的冷凝器，再去冷却塔。而补水系统流程一般为：原水箱→水处理系统（软化与除氧）→补水箱→补水泵，然后接到需补水的系统。

4）明白系统中所有介质的流程后，可以结合各管段的管径，了解各阀门的作用及运行操作情况。

2. 举例

对于冷热源原理图（图 3-37）而言，通过设备表（图 3-36），可以看出该系统的冷热水机组是直燃型溴化锂冷热水机组。该机组能够夏季提供冷水，冬季提供热水，全年供应生活热水。系统主要有三部分：空调冷热水系统、冷却水系统、生活热水系统。生活热水系统的回水从主机组附属加热器的后端进入，从附属加热器前端出来，回水和供水之间有一个连通管段，该管段上装有电动阀，通过安装在供水管上的温度传感器信号，调节电动阀的开度来调节供水和回水的混合比例，控制供水温度。

该主机组采用水冷却，系统设有三台冷却塔。冷却水从冷却塔出来，经过滤器、泵以后，从主机组的后端绕到前端，进入主机组，从主机组出来后温度升高，再回到冷却塔降温。同样，冷却水的供水和回水通过旁通管段上的电动阀控制供回水的混合比，以防止冷却水温太低而使溴化锂溶液结晶。

从用户回来的冷热水在集水器处汇合到回水总管，经过并联的泵组以后，仍汇合到回水总管。冷冻水和空调热水都从该回水总管上接出，冷冻水从主机组的后端进、后端出，空调热水从附属加热器后端进、前端出。冷冻水和空调热水从主机组出来后，又都接到供水总管上，然后经分水器分至各用户。

3.6.2 设备和管道布置

1. 识图一般方法

查看设备的平面和剖面，主要是了解设备的定位布置情况，阅读时结合设备表，了解各设备的名称，分布在什么地方，如何定位，必要时查看剖面图看设备的标高。

要了解管道的布置，需要查看管道平面图、剖面图、管路系统轴测图。如果有管路系统轴测图，首先应阅读它。阅读管路系统轴测图的方法与阅读原理图的方法相似，首先将其分为几个系统，然后弄清各个系统的来龙去脉，并注意管道在空间的布局和走向。之后，结合平面图和剖面图，了解管道的具体定位尺寸和标高。有了管路系统轴测图，图样阅读的难度一般不大。

如果没有管路系统轴测图，只能结合平面图和剖面图进行阅读，应以平面图为主，剖面图为辅，并结合原理图和设备表。根据管道的表达规则，尤其是弯头转向和管道分支的表达方法，这时要充分注意管道代号的作用，必要时根据管段的管径和标高，将平面图、剖面图上的各管段对应起来。阅读时，要首先弄清主要管道的走向，比如制冷系统中的冷冻水的大致流程，一些设备就近的配管（比如泄水管、放气管）先不要管它。由于在管道平面图中设备的配管难以表达清楚，设计人员往往提供某些设备的配管平面图、剖面图或轴测图，待主要管道的走向弄清之后，可以根据管道表达规则对这些设备配管仔细阅读。

对于较复杂的管路系统，建议绘制管路系统轴测图，以减小阅读的难度。同时，可省去许多剖面图。当管路系统十分复杂时，有时要借助于物理模型或计算机三维模型才能弄清楚。

2. 举例

首先看平面图（图3-38），从该图得知，有剖面图1—1、2—2（见图3-39）和3—3（从3—3剖面图上得知还有4—4剖面，见图3-40）。

（1）冷却水系统　冷却水系统从冷却塔到主机组之间管段代号为LQ1，从平面图的上部可以看出，有三支冷却水管路汇合到总管，然后从总管上接出两个支路，分别沿主机组向前到达主机组的前端，竖直向下，然后向左，借助3—3剖面图，可以印证这一点。查看1—1剖面图可知，管道向左而后向上，接到主机组前端朝下的管口。

结合1—1和3—3剖面图可知，冷却水从主机组出来，上行接至一水平布置的总管，然后分3支上行，分别返回冷却塔。再看平面图，可以印证。在平面图上，LQH被折断（*c*—*c*），从而露出下面的管道LQG，而对于右边一台主机组前面的LQH管道没有打断，集中表现LQH。这是一种常用的表达方法。这和第2章所讲的简化画法中，对于对称的构件，一半绘制其外形图而另一半绘制其剖面图的方法道理是相通的。

（2）生活热水系统　生活热水系统在平面图上看不清楚，因此查看剖面图3—3，生活热水回水W2下行，转而向前，从附属加热器后端的右边一个管口进入；从附属加热器前端的右边管口出来，经加热变为生活热水供水W1，向上、向后两次转弯，再折而向上。在生活热水的供回水间有旁通管段，其上安装电动阀控制混合比。查看1—1剖面，可以印证。

设计说明

本设计包括冷冻机房、水泵房及冷却塔管路系统设计。本设计是在原机房及泵房的现有建筑条件下进行的，屋顶负荷增加后，需由土建进行复核计算，主机房安装两台BZ300VE溴化锂直燃冷温水机组，一期工程为一台使用，一台备用。所有附属设备及管线仍利用原装置，仅在主机房做局部变动，以后根据负荷情况需要两台同时使用时，再进行泵房及管路的彻底改造，这样可以避免一次投资过大以及尽量提高旧设备的利用率。

1. 夏季总供冷量$Q=2\times300$万kcal/h=600万kcal/h（1cal=4.187J），冬季总供热量$Q=2\times400$万kcal/h=800万kcal/h，冷冻水温度为7℃/12℃，热水温度为65℃/57℃。

2. 选用3台冷却水泵（其中1台备用）、3台冷温水泵（其中1台备用）。

3. 冬季供暖热水流量为夏季冷冻水量的一半，故可利用其中1台冷温水泵做为热水循环泵，如还需低流量时，再配1台热水泵，各水泵并联连接。

4. 冷却塔选用低噪声两台，为防止冷却水温降至23℃以下，采用电动二通阀，改变冷却水的混合比，以防止主机结晶。

5. 水处理：本工程冷温水及冷却水需经水处理，仍可利用原有水处理设备或经技术经济比较后改用电子水处理器。

6. 管材：无缝钢管，焊接连接。

7. 保温：冷温水管及热水管均用岩棉保温，厚度为50mm，外包薄钢板，保护壳，做法参见国家建筑标准设计图集95R418、95R419。

8. 其他：图注标高以米计，间距以毫米计，管道标高以管中心计，未尽事宜，均按有关施工及验收规范执行。

9. 一期工程电气部分仍采用原设备及线路图。

10. 制冷设备安装时，按产品说明进行。

图 例

图 例	名 称
—— LRG ——	空调冷/热水供水管
—— LRH ——	空调冷/热水回水管
—— LG ——	7℃冷冻水供水管
—— LH ——	12℃冷冻水回水管
—— RG ——	采暖热水供水管
—— RH ——	采暖热水回水管
—— W1 ——	生活热水供水管
—— W2 ——	生活热水回水管
—— LQG ——	32℃冷却水管
—— LQH ——	37℃冷却水管
—— PZ ——	膨胀管
—— YS ——	溢水排水管
—— BS ——	自来水管或补水管
	橡胶软接头
	过滤器
	蝶阀
	截止阀
	闸阀
	电动阀
	止回阀
	压力式指示温度计
	自动跑风
	水泵
	安全阀

图 3-36 设计说明与设备表

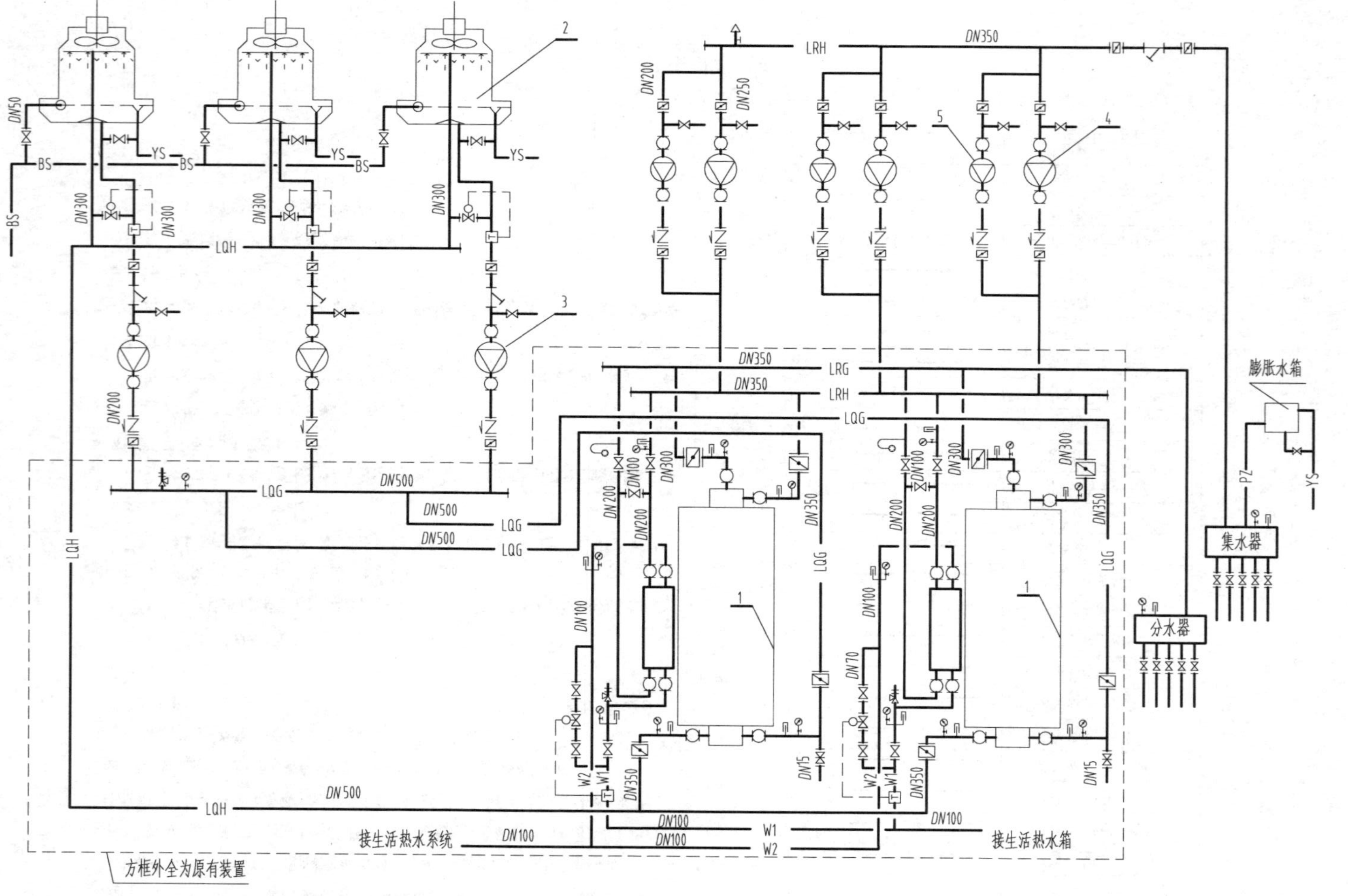

图 3-37 热力系统原理图

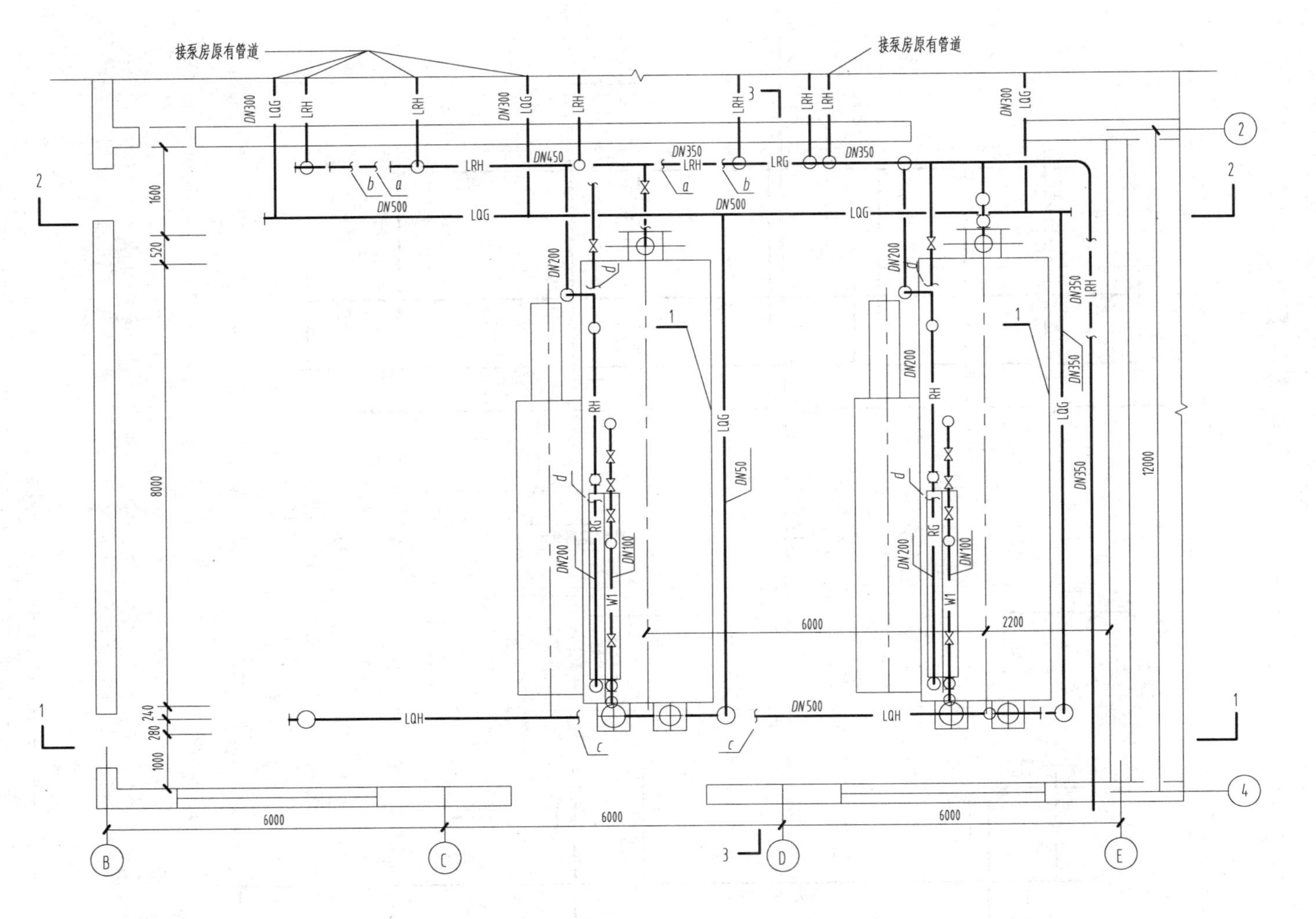

图 3-38 冷热源机房平面图

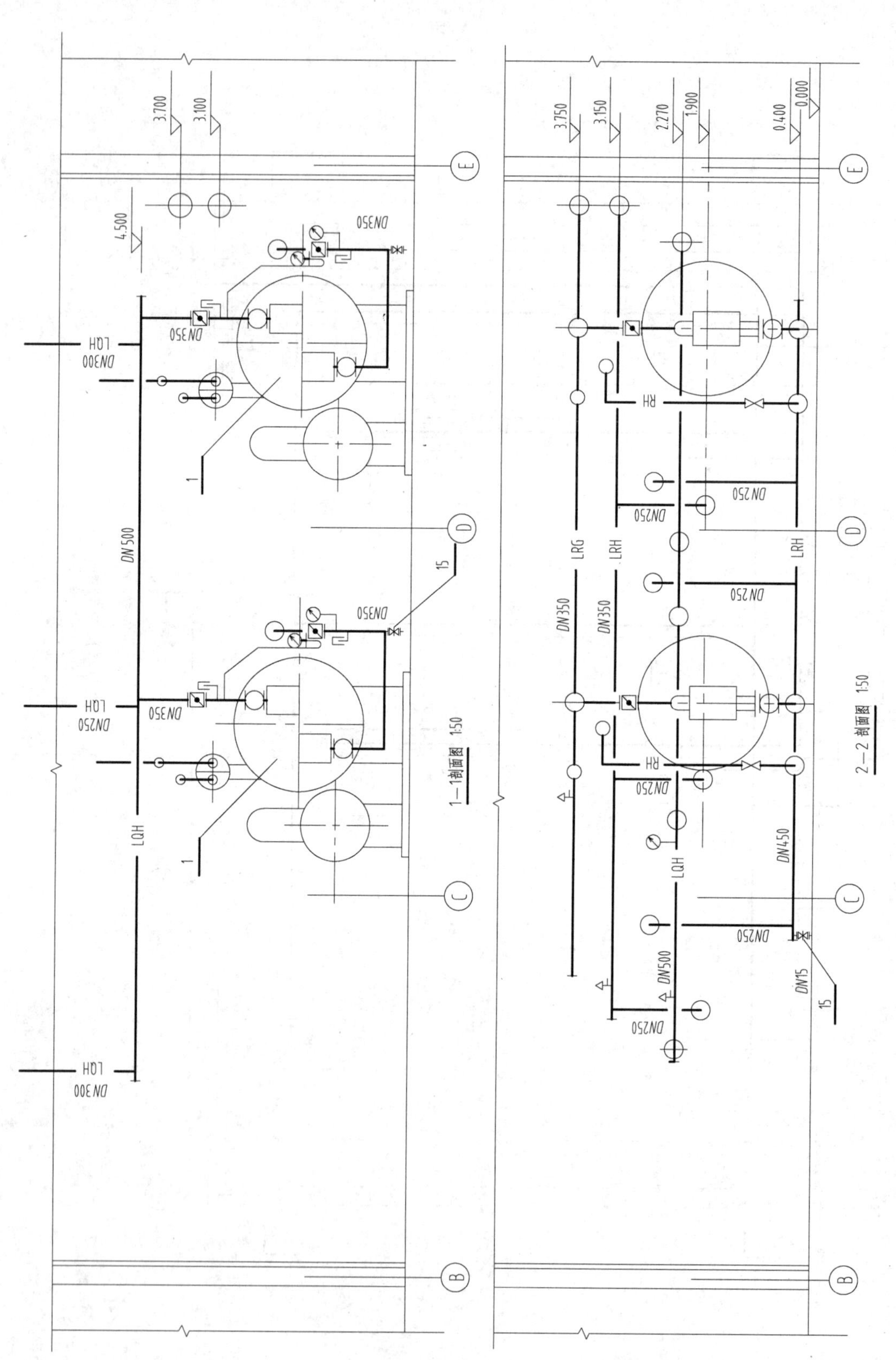

图 3-39 1—1 与 2—2 剖面图

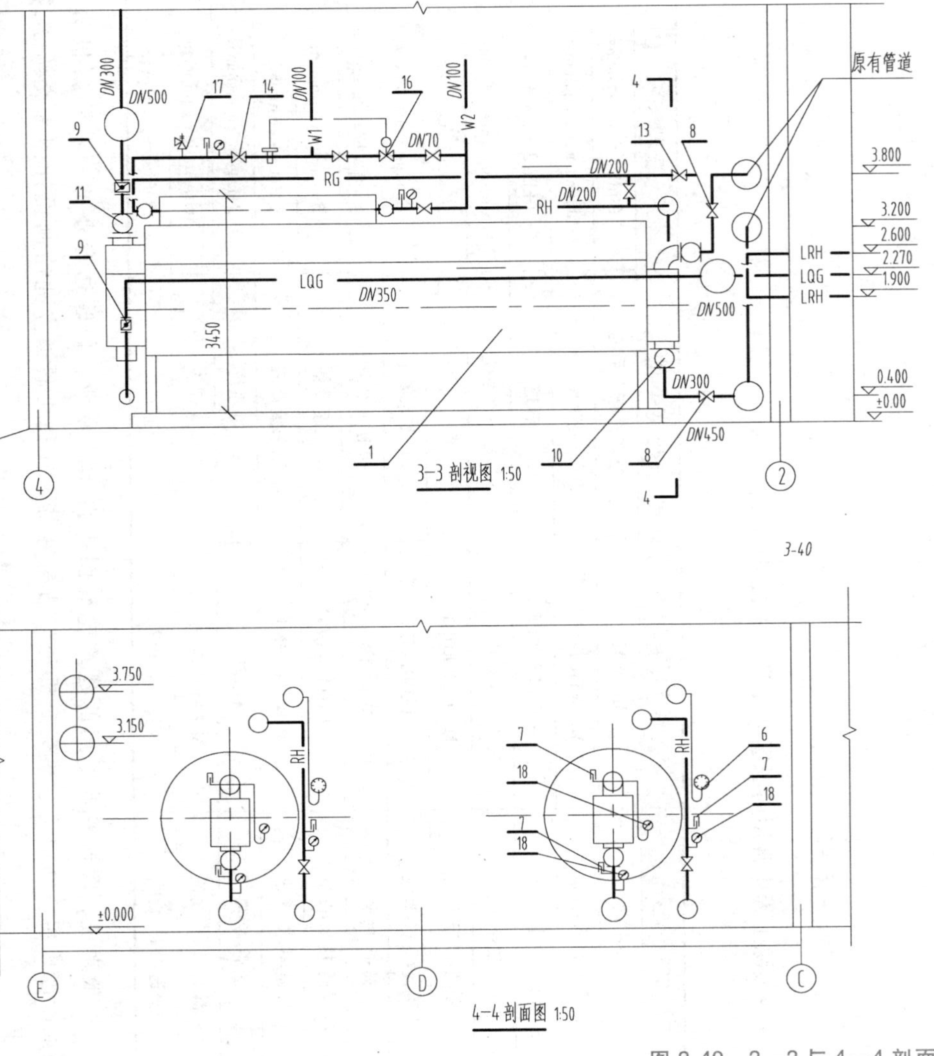

编号	设备名称	规　　格	单位	数量	备　　注
18	压力表	0~6kg/m²			
17	安全阀（弹簧式）	A27W-10　D=20	个	2	
16	电动二通阀	DN50	个	2	
15	闸阀	DN15	个	3	
14	截止阀	DN100	个	6	
13	截止阀	DN200	个	4	
12	橡胶软接头	DN200	个	8	
11	橡胶软接头	DN350	个	4	
10	橡胶软接头	DN300	个	4	
9	蝶　阀	DN350	个	4	
8	蝶　阀	DN300	个	4	
7	温度计	0~100℃			
6	压力式指示温度计	0~100℃			尾部软管根据需要
5	热水泵（原有）	6BA-8A　G=170m³/h　H=25.8m　N=22kW	台	3	
4	冷冻水泵（原有）	200S-42A(8SH-13)　G=486m³/h　H=36m　N=40kW	台	3	
3	冷却水泵（原有）	250S-24A(10SH-13)　G=486m³/h　H=23.5m　N=55kW		3	
2	冷却塔（原有）	NBL-500m³/h　N=22kW		3	
1	BZ300VE 溴化锂直燃机	供冷量 Q=300万kcal/h 供热量 Q=240万kcal/h	台	2	冷水　G=600m³/h 温水　G=300m³/h 冷却水　G=1000m³/h

主要设备及材料表

图 3-40　3—3 与 4—4 剖面图

（3）空调冷热水系统 在平面图上，可以看出有三根管道（从 3-3 和 4-4 剖面图上可知，标高分别为 3.750m、3.150m、0.400m，由于管道有坡度，因此，不同的剖面图上标高略有不同）重叠在一起，同样设计者在左边将上面两管段断开，表达下面管段；而在右边，没有将管段折断，主要表达最上面的管段。根据平面图和 3-3 剖面可以看出，空调热水从位于最下方的 LRH 管（标高 0.400m）上接出后，向前折而向上、向右，再向前，接入附属加热器后端左边的管口。从附属加热器前端左边管口出来 LRG，依次向前、向上两次转弯，进而沿主机组纵向向后接到位于最上方的空调冷热水总管（标高 3.750m）。冷冻水管也是从 LRH 总管（标高 0.400m）上接出，向前、向上接入主机组后端下方的管口，从后端上方的管口接出，向后、向上、向后经过一个 Z 形弯，接入最上方的 LRG（标高 3.750m）。参照剖面 2-2 可以印证。

在平面图上，可以看出，轴线Ⓔ的左边沿墙有两根管道，上下重叠，上方的一根是 LRG（标高 3.750m），下方一根是 LRH（标高 3.150m）。通过 3-3 剖面、平面图及 2-2 剖面，可知该 LRH 总管（标高 3.150m）只有三根管道接出，先向下然后向后水平进入另一个房间（泵房），该 LRH 上没有支管和主机组相连，它应该是从集水器来，分三个支路与相应的空调冷热水泵相连，经水泵加压后，再汇合到位于最下方的 LRG 总管（标高为 0.400m）。

需要说明的是：由于本书中的插图比实际图样小很多，为使图面清晰，图中略去了管道的定位尺寸、建筑和设备的部分尺寸。实际制图时，应根据制图标准的要求进行绘制。

3.7 冷热源 CAD 制图方法

3.7.1 图层设置

冷热源工程中常用的图层可参照表 3-21 进行设置。

表 3-21 图层设置

中文图层名	英文图层名	中文说明	英文说明
暖通-冷水	M-CWTR	空调冷冻水系统	Chilled water systems
暖通-冷水-设备	M-CWTR-EQPM	设备	Chilled water equipment
暖通-冷水-管线	M-CWTR-PIPE	管道	Chilled water piping
暖通-冷却	M-COOL	冷却水系统	Cooling water systems
暖通-冷却-设备	M-COOL-EQPM	冷却设备	Cooling equipment
暖通-冷却-管线	M-COOL-PIPE	冷却水管道	Cooling water piping
暖通-热水	M-HOTW	采暖热水系统	Hot water heating systems
暖通-热水-设备	M-HOTW-EQPM	采暖设备	Hot water equipment
暖通-热水-管线	M-HOTW-PIPE	采暖管道	Hot water piping
暖通-冷冻	M-REFG	冷冻系统	Refrigeration systems
暖通-冷冻-设备	M-REFG-EQPM	冷冻设备	Refrigeration equipment
暖通-冷冻-管线	M-REFG-PIPE	冷冻管线	Refrigeration piping

一般来说，暖通专业所用的建筑轮廓图来自建筑专业，但暖通专业的一些主要机房，例如冷冻机房、锅炉房、热交换机房、洁净室等，往往由暖通专业绘制设计图提交给建筑专业。

3.7.2　图形符号库的建立

在建筑设备的制图中，要涉及大量的图形符号，例如各种设备、阀门、仪表的图形符号，一个有效的方法是建立自己的图形符号库。建立符号库的基本方法是将每个图形符号做成块，然后建立相应的管理界面，进行图块的增加、修改、删除和调用。一个简单的方法是将这些块直接存到相应的文件夹下，不同的文件夹存放不同类型的图形符号，直接通过 AutoCAD 的“块插入”命令调用。另外一个方法是同一类的图块放在同一个文件中，各图形符号在该文件中做成内部块，然后将这些包括多个块的文件添加到“AutoCAD 设计中心”中的 Symbol libraries 中去。通过 AutoCAD 设计中心就可以将文件内的块取出。这样图形文件的数目可以减少，使用时更方便一些。

在 AutoCAD 中，块的使用尽管简单，但如果设置不当，有时也会出现许多意想不到的情况。比如，在块中某线条本来是红色的，插入后变成了蓝色；或者，块插入后某线条是蓝色的，块炸开后突然变成黑色；又比如，某块实体位于 A 层上，但当 A 层关闭（OFF）时，块仍然显示出来等。因此，在大规模制作自己的符号库时，必须弄清块及块中实体的属性与层的关系，否则在使用这些符号块时可能造成许多麻烦。下面重点就块与图层的关系及块的属性设置进行介绍。

1. 当块插入后，块中实体所处的层

1）0 层是一个特殊的层，块插入后，原来位于 0 层上的块内实体被绘制于块所在的层。

2）对于块内不位于 0 层上的实体，块插入后，若有同名的层，则绘制在图中同名的层上，并且层的属性（颜色、线型、线宽）以当前图形中的定义为准；如果没有同名的层，则依据块中实体的层定义在当前图形中新建这些层。

2. 块中实体的颜色、线型、线宽等属性（Properties）

1）如果块中实体这些属性为具体值（比如，颜色为红色），则插入后，这些块中实体显示其本来的值（比如，红色）。

2）如果块中实体这些属性为随层（Bylayer），则在图块插入后，这些实体的属性取决于这些实体所在层（和图块所在的层可能不同）的定义。

3）如块中实体属性值为随块（Byblock），则依据块的属性而定。

① 如块的属性值为具体值，则实体属性为该值。

② 如块属性为随层，则为块所在层的属性值。

③ 如块属性为随块，则没有具体值，暂时为系统默认值（如颜色默认值为白色，线型为 Continuous）。

对于嵌套的块内实体的颜色，可以从内到外遵循上述原则逐次分析。

3. 块中实体的可见性

1）如果插入的块由多个不同层上的实体组成，则当进行图形的开关（ON/OFF）时，块内各实体的显示与否，只取决于块中实体所在的层，与块所在层的开关无关。

2）如果进行冻结（Freeze）操作，当块所在的层冻结，块中的所有实体均不可见；当块所在的层解冻，则块中实体的可见性取决于其所在的层状态，即块内实体所在的层冻结则不可见，解冻且打开则可见。

4. 图块的分解

当图块分解以后，所有的块中实体均返回到做块时各自的图层，原来是 0 层的也返回到 0 层，其颜色、线型等属性依实体自身的属性和它所在的当前图形的图层定义而定。若插入块时图层重名，以当前图层的定义为准。

因此，在建立设备、阀门等图形符号的图库时，应先规划好层的名称和所存放的内容，使符号库块的层使用方案与自己的制图模板中层使用方案统一。制作一般的图块时，尽量将块中实体绘制在 0 层上，使其各属性值为随块（Byblock），这样在设置块内实体的显示属性时，具有较大的灵活性。

3.7.3 双线管道（或墙体）的绘制

双线管道（管道轮廓与中心线）以及墙体，可以使用多重平行线 Mline 命令绘制。使用时要先定义多重平行线的样式。

（1）定义样式 单击 Format→Multiline style 后弹出对话框，图 3-41，在 Name 编辑框中输入样式名，单击 Add 按钮后，再单击“Element properties”，弹出子对话框（图 3-42），修改它的属性。默认设置是两条线，再添加一条颜色为白色的中心线（点画线）。

1）单击 Add 按钮，列表中添加一条线，偏移量为 0，线型和颜色均为 bylayer。

2）单击 Linetype 按钮，选择 ACAD_ISO04W100，如果该线型没有出现在列表框中，则要单击“Load”按钮加载该线型。

3）单击 Color 按钮，选择 white。

单击 OK，退出子对话框，单击主对话框（图 3-41）中的 Save，将此样式保存起来，以备将来使用，否则下次启动 AutoCAD 时要重新设置。单击 OK，退出。

（2）使用 在命令行输入 ML 后，可以像 Line 命令一样绘制多重平行线，系统提供三个选项：①Justification，管道、墙体绘制时选择 Zero，也就是以拾取的点坐标确定中心线或定位轴线；②Scale，为实际绘制时的比例，定义的上下偏移量分别为 0.5、-0.5，因此若要绘制管径为 100mm 的管道，Scale 应为 100mm；③Style，此选项用于改变样式。

（3）修改 AutoCAD 提供了专门的工具进行 Mline 相交或打断等的处理，单击菜单 Modify→Multiline，弹出对话框可以根据需要进行处理。需要提示的是：

1）当要将交线处理成“T”形时，要先拾取“|”所在管线的相应一侧，然后拾取“—”所对应的管线。

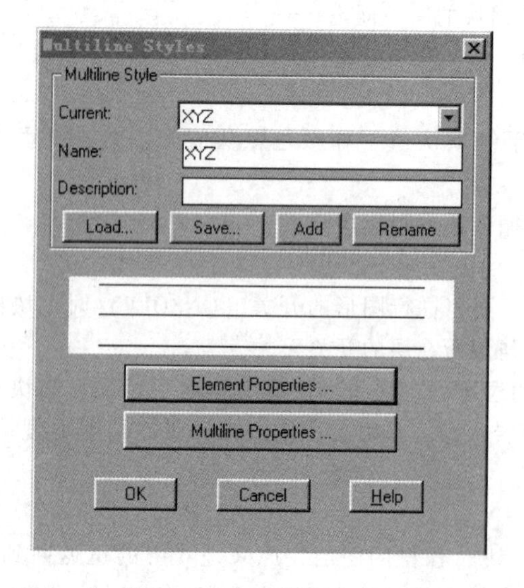

图 3-41 多线样式命名

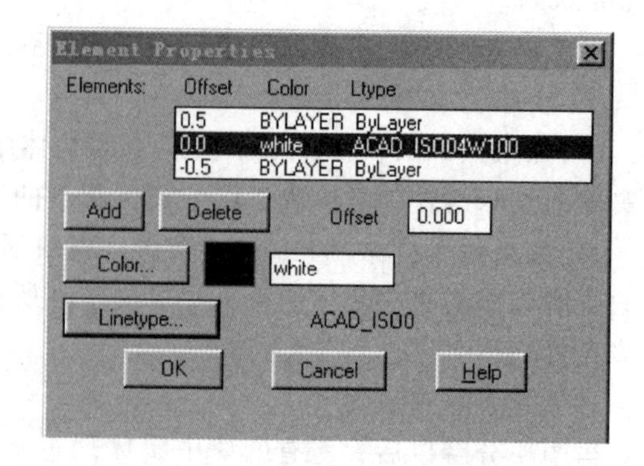

图 3-42 多线样式的属性设置

2）当把主要的交角处理完毕，个别交角通过该工具难以达到预期效果时，可以用 Explode 命令将其打开，则 Mline 中的线段变成 Line，可以方便地进行修改。

3）为修改方便，Mline 的转折不要太多，否则在进行交角处理时，有时会出现意想不到的结果，只有炸开逐一修剪才能达到预期的效果，因此一般绘制 2~3 个转折后就结束，再开始下一段 Mline。

3.7.4 正等轴测图的绘制方法

在冷热源机房的绘制过程中，轴测图通常使用正等测或正面斜等测的方法绘制。这两种方法的优点是各轴的长度均不发生变化，易于绘制和测量。正面斜等测的方法参见 4.3.4 节，这里讲述正等测。在 AutoCAD 中可以将 Snap type 设为 Isometric snap 状态（单击菜单 Tools→Draft settings，弹出对话框，切换到 Snap&Grid 页，在 Snap Type 栏中选中 Isometric snap 即可），按功能键 <F5>可以在正等测的三个投影平面之间切换。另外，还可以使用极轴跟踪功能绘制正等测图。

如果跟踪角度的变化增量设为 30°，则跟踪的射线太多，并且容易弄错，因此不是很好。这里作者提供一种方法：将跟踪角度的变化增量设为 60°，则跟踪的角度为 0°、60°、120°、180°、240°、300°方向，与正等测的方向不符合，这时需要将系统的起始方向设为 30°，则这时跟踪的角度为 30°、90°、150°、210°、270°、330°共六个方向，恰为正等测所需的六个方向，当然美中不足的是屏幕上提示的角度和普通状态下相差 30°，但一般不会影响判断，因此，作者推荐这种方法。具体设置如下：

1）单击菜单 Tools→Drafting settings，弹出对话框，切换到 Polar tracking 页。

2）在 Polar angle settings 栏中的 Increment angle 中输入 60。

3）在 Object snap tracking settings 栏中选中 Track using all polar angle settings。

4）在 Polar angle measurement 栏中选中 Relative to last segment；单击 OK 退出。

5）单击菜单 Format→Units 后弹出单位设置对话框，单击其下部的“Direction”按钮，弹出方向控制对话框，单击 Other 选项，然后在 Angle 输入条中输入 30。单击 OK，退出对话框。设置完毕。

这时，可单击图形屏幕右下方的状态条上的 Polar 区开/闭极轴跟踪功能。绘制轴测图时，确定起点后，用户只要给出所绘直线的大致方向，系统就能计算出最接近的一个轴测轴，用户可以通过输入该线段的长度或直接用鼠标拾取点，绘出所需的与轴测轴平行的线段。几乎和平面直角坐标下绘制二维图一样，十分方便。

4

第4章 供暖工程

供暖工程是暖通空调行业的一个基本方面，供暖系统在我国“三北”地区（东北、西北、华北）有着广泛的应用，其应用目前在夏热冬冷地区也逐渐增多。本章重点讲述供暖系统（包括室内输配管路和末端装置，不包括热源和室外热网）制图表达的基本方法和相关的CAD制图技术。

供暖系统属于典型的全水系统，其输配管路和末端装置的许多绘制原则和表达方法可以应用到空调水系统的绘制中，尤其是风机盘管水系统的绘制与采暖系统更为相近。

4.1 供暖制图基本方法

由于近几年，供暖设备和系统呈多样化的趋势，并且供暖和空调系统越来越融合在一起，因此在GB/T 50114—2010《暖通空调制图标准》中，没有单独对供暖系统的画法进行规定，具体针对供暖系统画法的规定也很少，但是由于旧标准GBJ 114—1988执行已经多年，供暖行业也约定俗成形成了许多习惯画法。本章根据现行制图标准和行业习惯画法，并结合一个供暖工程实例（×××办公楼供暖工程）介绍其制图方法。

4.1.1 一般规定

1）系统代号。供暖系统的代号为N。

2）基准线宽。b可在1.0mm、0.7mm、0.5mm、0.35mm、0.18mm中选取。

3）比例。供暖系统的比例宜与工程设计项目的主导专业（一般为建筑）一致。

4）线型。供暖系统中一般用粗实线表示供水管、粗虚线表示回水管。散热设备、水箱等用中粗线表示，建筑轮廓、尺寸、标高、角度等标注线及引出线均用中线表示，建筑布置的家具、绿化、非本专业设备轮廓用细线绘制。

5）一些通用设备阀门仪表（泵、除污器、闸阀等）的图例，见第3章。表4-1所示为散热器的图例以及排气装置的图例。

表4-1 供暖设备图例

序号	名称	图例	附注
1	散热器及手动放气阀（Radiator with manual vent）	15　15　15	左为平面图画法，中为剖面图画法，右为系统图（Y轴测）画法
2	散热器及控制阀（Radiator with thermostat）	15　15	

（续）

序号	名称	图　例	附　注
3	集气罐 排气装置		旧标准的画法 左图为平面图

6）供暖系统中管道一般采用单线绘制，管道表达和标注方法同第 3 章，由于目前室内供暖管道大多采用焊接钢管，因此标注用 *DN*，也有一些室内供暖系统采用塑料管，应用 *de*。

7）对于垂直式系统，要对立管进行编号，用一个直径为 6～8mm 的中粗实线圆，其内书写编号，编号为 N 后跟阿拉伯数字。入口号应为系统代号。以前编号采用Ⓛⁿ表示立管编号，Ⓡⁿ表示供暖入口编号。

8）供暖工程包括的图样。

① 图样目录，其格式同第 3 章，其中图样类别应为暖施，而不是热施。

② 设计说明。

③ 供暖系统轴测图。

④ 供暖平面图、剖面图。

⑤ 热力入口、立管竖井详图，非标设备的加工和安装详图。

4.1.2　设计施工说明

设计施工说明通常包括以下内容：供暖室内外计算温度，供暖建筑面积，供暖热负荷，热媒来源、种类和参数；采用何种散热器，管道材质、连接形式；防腐和保温做法；散热器试压和系统试压，应遵守的标准和规范等。具体内容应根据设计需要，参照下面实例的格式书写。

×××办公楼供暖工程设计说明：

1）本设计为×××室内供暖设计。供暖建筑面积为 1371m^2，供暖热负荷 69080W，供暖热源为锅炉房，供回水温度为 95℃/70℃热水。

2）供暖室外设计温度 t_w=-6℃，供暖室内设计温度为 18℃。

3）供暖管道采用焊接钢管，管径 *DN*≤32mm，采用螺纹连接；管径 *DN*>32mm，采用焊接或法兰连接。供暖系统中的关闭用阀门，除特殊要求外，管径 *DN*<50mm 的采用球阀，管径 *DN*≥50mm 的采用金属硬密封蝶阀。供暖系统中阀门工作压力均为 1.0MPa，系统排气均采用自动排气阀。

4）管道穿过墙壁或楼板处应设置钢制套管；安装在楼板内的套管其顶部应高出地面 50mm，底部与楼板底面相平；安装在墙壁内的套管，其两端应与饰面相平。穿过卫生间、厕所、厨房的管道，套管与管道的间隙用不燃绝热材料填充紧密。

5）管道水平安装的滑动支架间距，按下表选用。

公称直径/mm		15	20	25	32	40	50	70	80	100	125	150
最大间距/m	保温	1.5	1.5	2.0	2.0	2.5	2.5	3.0	3.0	4.0	5.0	5.0
	不保温	2.0	2.5	3.0	3.5	4.0	4.5	5.5	5.5	6.0	7.0	7.5

6）供暖系统管道坡度除已注出的外，均为 0.002，坡向见系统轴测图。

7）供暖系统散热器采用 M132 型普压铸铁散热器。散热器工作压力均为 0.5MPa。散热器均采用无足片挂式安装，各层散热器底距该层地面高 100mm。散热器安装形式主要为明装。

8）管道、管件、散热器和支架等在涂刷底漆前必须清除表面的灰尘、污垢、锈斑、焊渣等物；明装的管道、管件及支架和铸铁散热器，涂一道防锈底漆，两道银粉，如安装在潮湿房间（如卫生间等），防锈底漆应为二道。暗装管道及支架刷防锈底漆二道。

9）地沟内的供暖管道采用50mm厚的玻璃棉管壳保温，外包玻璃丝布一遍，涂调和漆两遍。保温前先清除管道表面锈污，涂防锈漆两道。

10）供暖系统安装完毕后，应做水压试验，且室内供暖系统应与室外热网彻底断开进行，试验压力为0.6MPa，试验点在系统入口处供回水干管上。水压试验按规范规定进行。试压合格后，应对系统反复注水排水，直至排出水中不含泥沙、铁屑等杂质，且水色不浑浊方为合格。供暖系统各环路的供回水干管上均应预留温度计压力表接口。系统经试压和冲洗合格后，进行系统调试。

11）其他未尽事项按GB/T 50242—2002《建筑给水排水及供暖工程施工质量验收规范》中有关规定执行。

4.1.3 平面图

1. 内容

室内供暖平面图主要表示供暖管道及设备布置，主要内容有：

1）供暖系统的干管、立管、支管的平面位置、走向，立管编号和管道安装方式。

2）散热器平面位置、规格、数量和安装方式。

3）供暖干管上的阀门、固定支架以及与供暖系统有关的设备（如膨胀水箱、集气罐、疏水器等）平面位置和规格。

4）热媒入口及入口地沟的情况，热媒来源、流向及与室外热网的连接。

2. 画法

1）平面图中管道宜用单线绘制。供水用粗实线，回水用粗虚线，散热器用中实线。平面图上本专业所需的建筑物轮廓应与建筑图一致。建筑物用细线。

2）散热器及其支管宜按图4-1所示的画法绘制。图4-1所示为垂直单管系统的画法，对于双管系统应表达出两个立管（即绘制两个圆圈）。具体画法可参见本节所附工程实例。

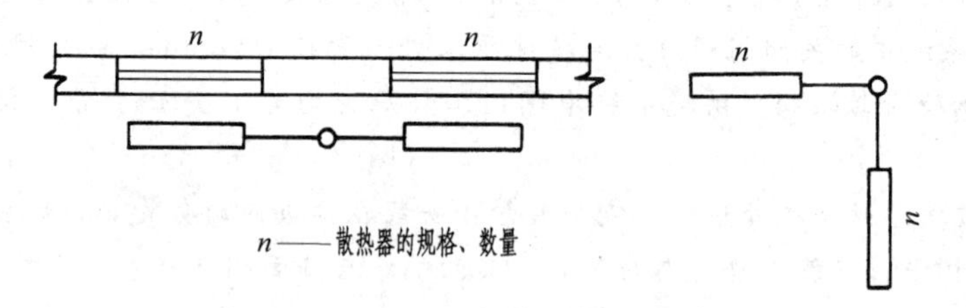

图4-1 平面图中散热器规格和数量的标注

3）各种形式散热器的规格及数量，宜按下列规定标注：

① 柱式散热器应只注数量。

② 圆翼形散热器应注根数、排数。例如：

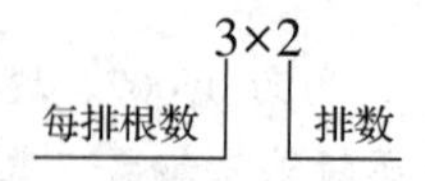

③ 光管散热器应注管径、管长、排数。例如：

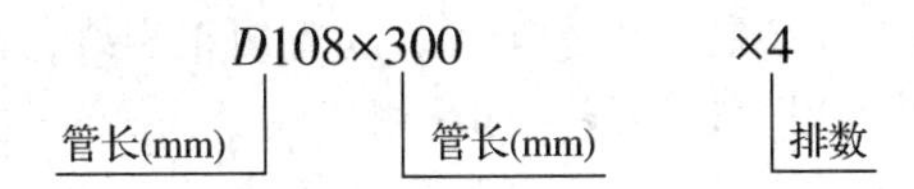

④ 串片式散热器应注长度、排数。例如：

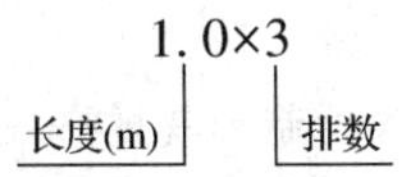

4）平面图中双管系统和单管系统的散热器的供水（供汽）管道、回水（凝结水）管道，宜按图 4-2a、b 所示绘制。该画法具有较强的示意表达性质，并不完全符合投影规则。图 4-2a 所示是该楼层既有供水干管也有回水干管的情形；如果只有其一，则应只绘制相应的干管、支管与干管的连接管段，参见图 4-6 与图 4-8；如果没有供回水干管，则不绘制干管，当然也不绘制干管与散热器支管的连接管段，参见图 4-7。图 4-2b 所示为只有供水干管的单管系统画法，同样也应根据干管的存在与否，决定是否绘制干管。

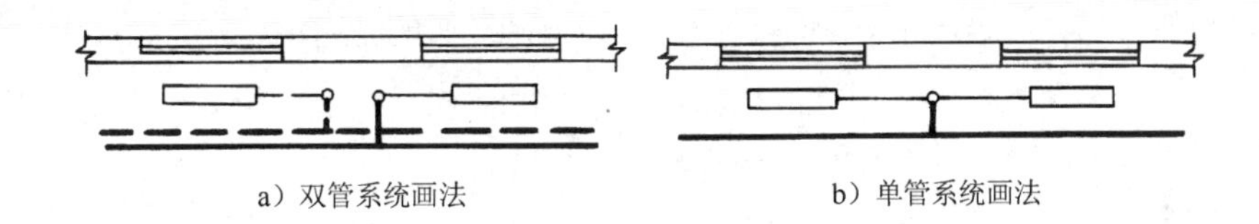

a）双管系统画法　　b）单管系统画法

图 4-2 平面图中双管系统和单管系统的画法

5）对于广泛采用的上供下回式单管或双管系统，通常绘制首层平面（其中有回水管的布置）、顶层平面（其中有供水干管的布置）、标准层（其无供回水干管，而中间各层散热器的片数按从上到下的顺序标注在标准层上）。

图 4-6~图 4-8 所示分别是×××办公楼供暖系统一层平面图、二层平面图、三层平面图。这恰好代表了多层建筑中的典型平面图：底层平面图（有回水干管）、标准层平面图（没有供回水干管）和顶层平面图（有供水干管）。该组平面图中表达了散热器、支管、立管、供回水干管的位置、规格和数量。

4.1.4 供暖系统轴测图

1. 供暖系统轴测图要表达的内容

供暖系统轴测图，有的文献称为供暖系统图，主要表达供暖系统中的管道、设备的连接关系、规格与数量。不表达建筑内容。

1）供暖系统中的所有管道、管道附件、设备都要绘制出来。

2）标明管道规格、水平管道标高、坡向与坡度。

3）散热设备的规格、数量、标高，散热设备与管道的连接方式。

4）系统中的膨胀水箱、集气罐等与系统的连接方式。

2. 画法

1）供暖系统轴测图应以轴测投影法绘制，并宜采用正等轴测或正面斜二轴测投影法。目前，在供暖工程设计中，也常采用正面斜等测法绘制，Y 轴与水平线的夹角为 45°，三个轴的轴线伸缩系数均为 1，如图 2-32 所示。

2）供暖系统轴测图宜用单线绘制。供水干管、立管用粗实线，回水干管用粗虚线，散热器支管、散热器、膨胀水箱等设备用中粗实线，标注用细线。

3）系统轴测图宜采用与相对应的平面图相同的比例绘制。

4）需要限定高度的管道，应标注相对标高。管道应标注管中心标高，并应标在管段的始端或末端。散热器宜标注底标高，对于垂直式系统，同一层、同标高的散热器只标右端的一组。

5）散热器宜按图 4-3a、b 所示的画法绘制，其规格、数量应按下列规定标注：

① 柱式、圆翼形式散热器的数量，应注在散热器内（图 4-3a）。

② 光管式、串片式散热器的规格、数量，应注在散热器的上方（图 4-3b）。

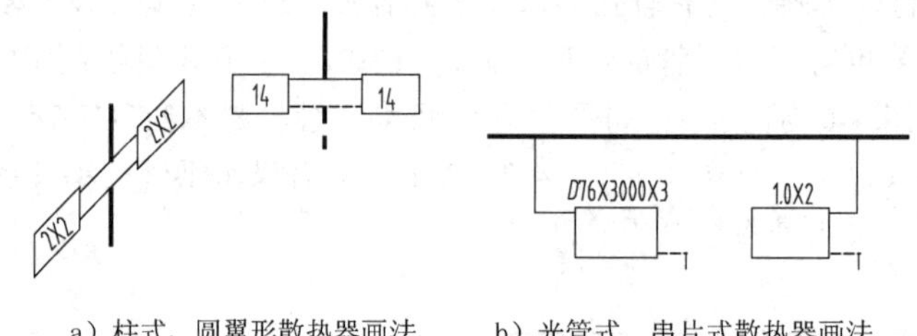

a）柱式、圆翼形散热器画法　　b）光管式、串片式散热器画法

图 4-3　系统图中散热器的规格数量画法

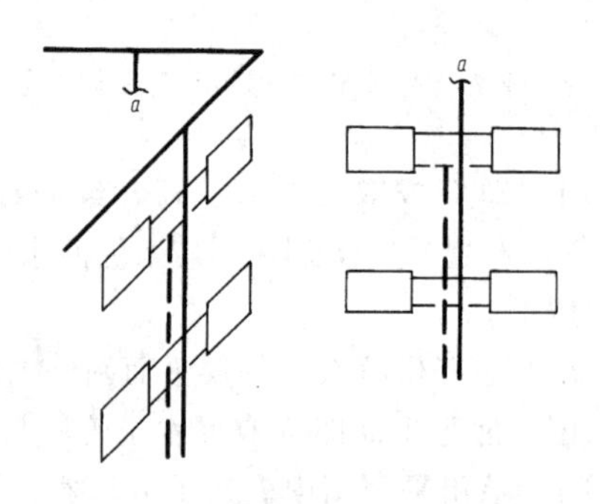

图 4-4　轴测图中重叠管道的表达

6）系统轴测图中的重叠、密集处可断开引出绘制。相应的断开处宜用相同的小写拉丁字母注明（图 4-4）。对于较大的垂直式系统，经常将系统断开为南北两支，将南北两支移开一定距离，以使前后不重叠在一起，断开处用折断符号标识，或用细虚线将断开管道连在一起，参见图 4-5。

7）一般而言，立管与供回水干管都通过乙字弯相连，散热器的供回水支管上也有乙字弯，但目前的习惯画法是不绘制该乙字弯，初学者必须注意。

图 4-5 所示是×××办公楼供暖系统轴测图，该图采用正面斜等测法绘制。从该图可以清晰地看出，该系统为双管上供下回式。图中包含了所有的供暖设备、管道、阀门等部件，清楚表达了它们之间的连接关系和空间位置关系。图中标注了散热器的底标高和片数、管道的直径和坡度。

图 4-6~图 4-8 所示分别是一层、二层、三层供暖平面图。

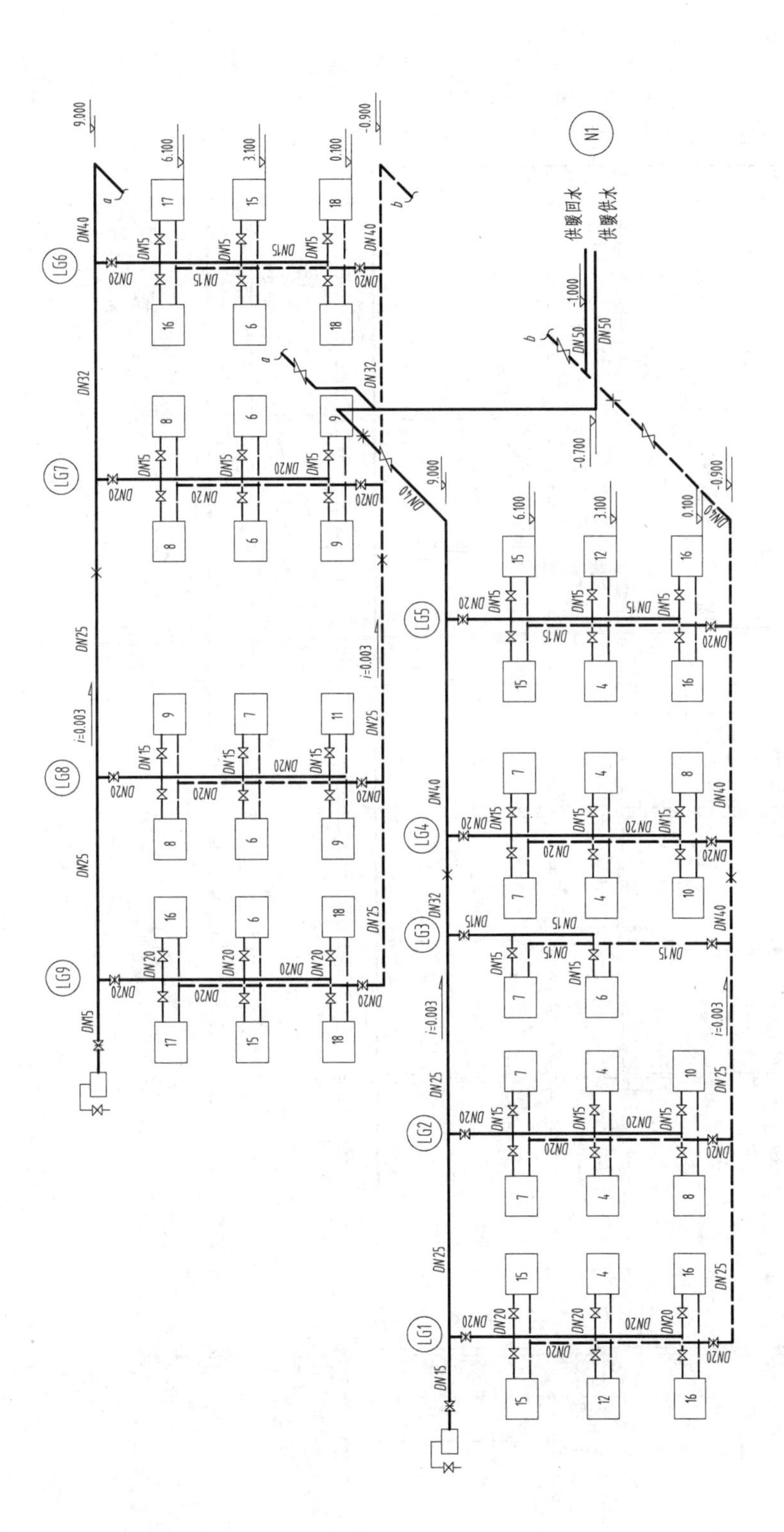

图 4-5　×××办公楼供暖系统轴测图

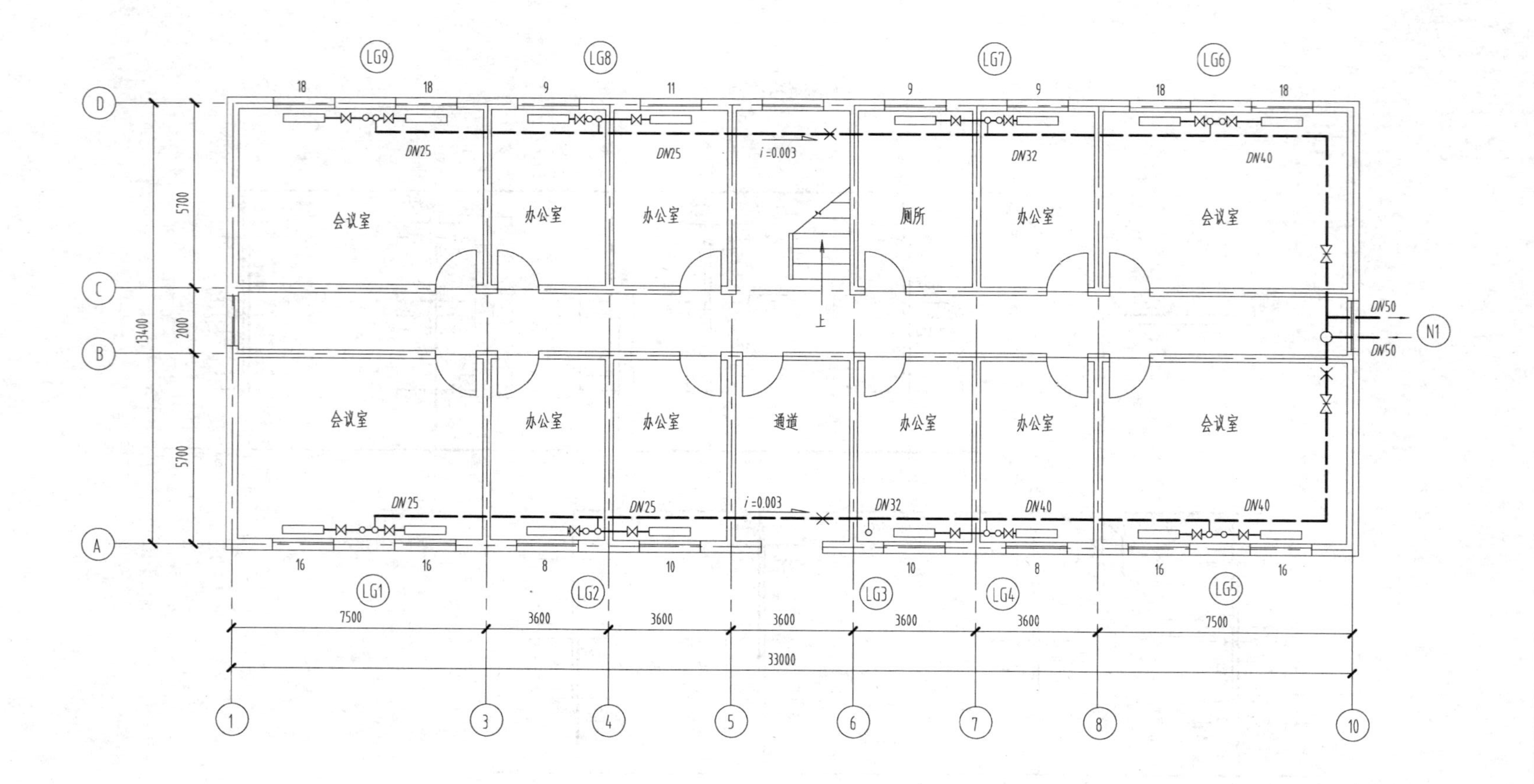

LG9
LG8
LG7
LG6
18
18
9
11
9
9
18
18
DN25
DN25
i=0.003
DN32
DN40
会议室
办公室
办公室
厕所
办公室
会议室
上
DN50
N1
DN50
会议室
办公室
办公室
通道
办公室
办公室
会议室
DN25
DN25
i=0.003
DN32
DN40
DN40
16
16
8
10
10
8
16
16
LG1
LG2
LG3
LG4
LG5
5700
2000
5700
13400
7500
3600
3600
3600
3600
3600
7500
33000
D
C
B
A
1
3
4
5
6
7
8
10

图 4-6 一层供暖平面图

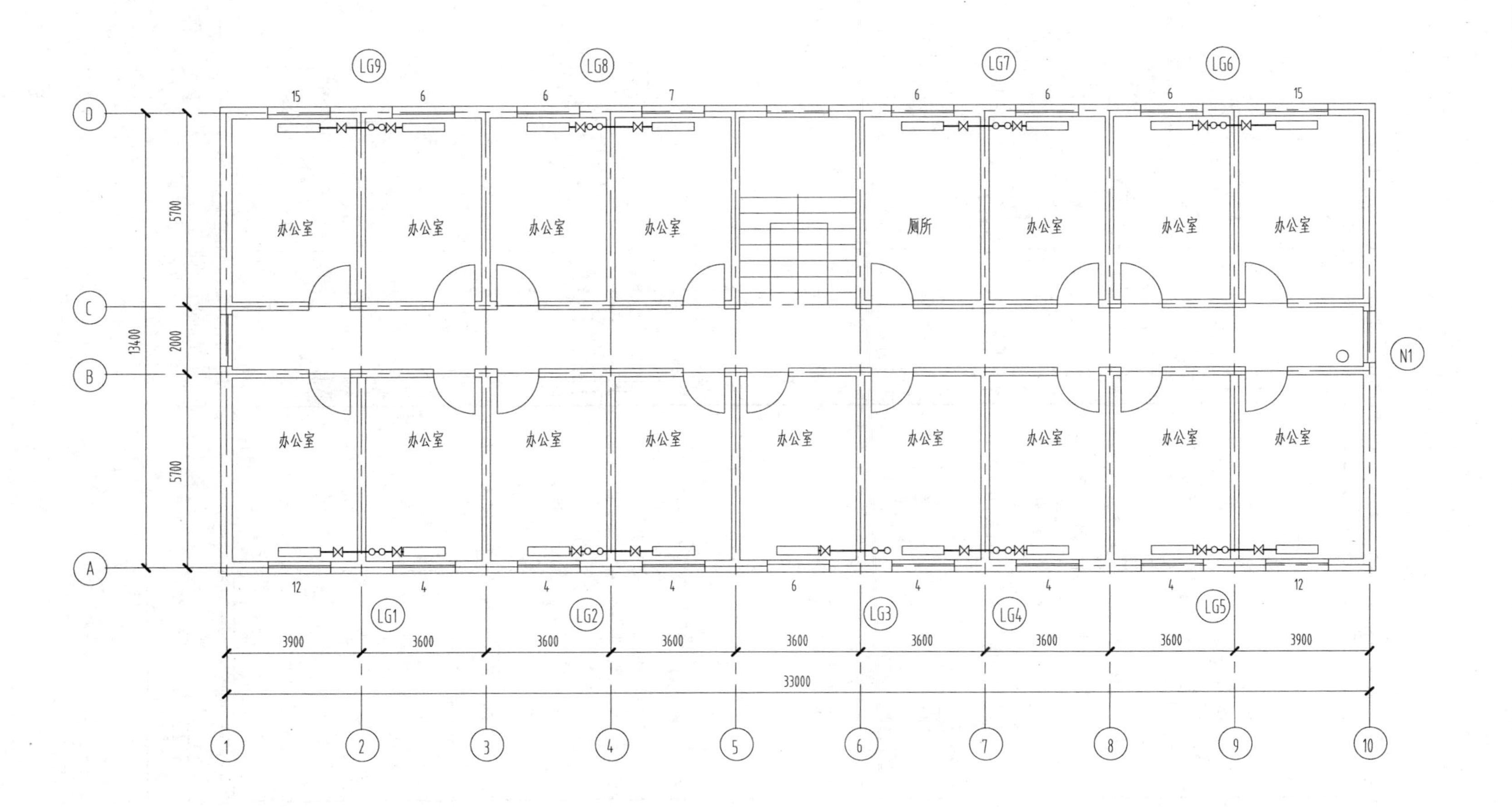
LG9
LG8
LG7
LG6
15
6
6
7
6
6
6
15
办公室
厕所
N1
12
4
4
4
6
4
4
4
12
LG1
LG2
LG3
LG4
LG5
3900
3600
3600
3600
3600
3600
3600
3600
3900
33000
5700
2000
5700
13400
1
2
3
4
5
6
7
8
9
10
A
B
C
D

图 4-7　二层供暖平面图

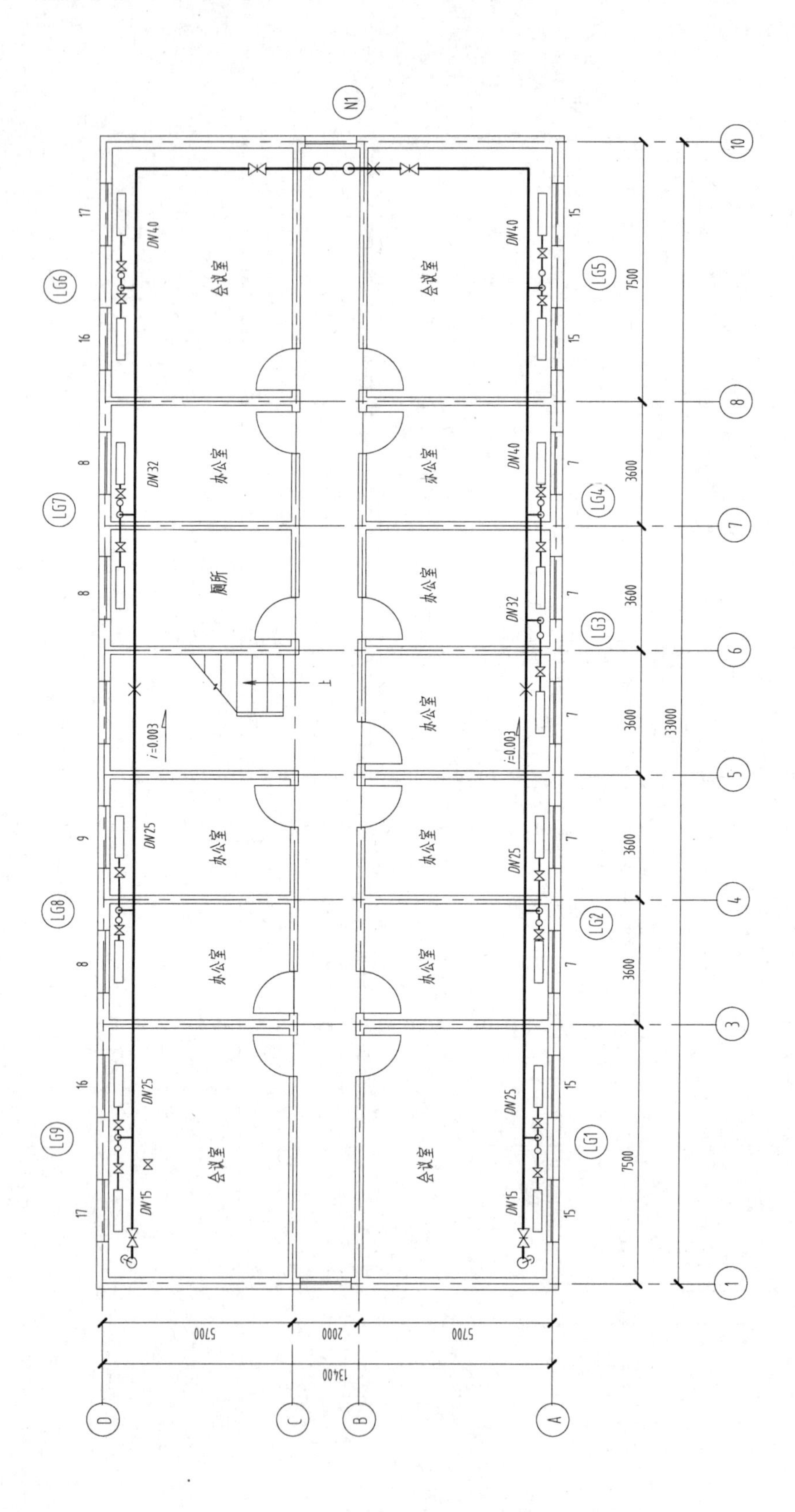
N1
LG1
LG2
LG3
LG4
LG5
LG6
LG7
LG8
LG9
会议室
办公室
厕所
DN15
DN25
DN32
DN40
i=0.003
7500
3600
33000
5700
2000
13400
1
3
4
5
6
7
8
10
A
B
C
D

图 4-8 三层供暖平面图

4.2 单户水平式供暖系统的制图表达

随着用热收费制度的推行和建筑节能工作的深入开展，越来越多的住宅建筑采用单户水平式供暖系统（Household horizontal heating system）。单户水平式供暖系统是典型的竖向分层水平式系统。另外，写字楼、宾馆和住宅楼中，其空调水系统也大多采用竖向分层的水平式系统。现在越来越多的高层建筑采用这种形式。在制图表达方面，竖向分层的水平式系统有以下特点：

1）一般有一组立管，立管大多布置在管道井中，各楼层的分系统从立管上接出。

2）各楼层的水平式系统往往布置形式相似，甚至完全相同。

下面介绍单户水平式供暖系统的制图表达。这里所述的制图方法和原则也适用于空调水系统（参见5.4.6节），尤其是竖向分层式风机盘管水系统。

4.2.1 平面图

平面图的绘制和普通系统大体相同，一般仍绘制首层平面、中间层平面和顶层平面。对于比较大的建筑，可以使用分区绘制的方法，这时要绘制各分区的组合示意图。供暖系统的分区应和建筑图中的分区一致。由于单户水平式系统，不同楼层的住户的供暖系统形式一般完全相同，顶层和首层也没有供水干管或回水干管，并且许多系统中间层的散热器片数也完全相同，因此，有时可以将三张平面合而为一，在上面标注散热器片数时，注明其是首层、中间层和顶层。对于高层建筑，由于热压和风压的变化，中间层的片数可能随楼层变化，这时要表明其具体的楼层或楼层范围，例如20层，16片；2~10层，13片；1层，15片；参见图4-9。

4.2.2 管路系统的表达

单户水平式供暖系统的管路系统制图表达和原来的垂直式单管/双管系统有很大的不同。因为按原来系统轴测图的绘制方法，不同楼层住户的供暖系统会重叠在一起，图面十分杂乱。并且由于不同楼层住户的供暖系统完全相同（散热器位置、片数、各管段管径），也没有逐一绘制的必要，因此通常采用下面某一方法。

1. 常规系统轴测图

以立管为中心，绘制系统轴测图，在上面标注各楼层的标高、立管管径，并绘制各户与立管的连接管道及附件。只绘制某几个（如首层、标准层、顶层）楼层的户内供暖系统，其他楼层的管段从立管接出后，马上打断，并注明相同楼层号。这种系统对于多层建筑是可以的，参见附录A中空调水系统的轴测图。对于高层建筑，由于户内系统的尺寸相对于立管太小，因此该方法不太适用。

2. 立管轴测图+单层系统轴测图

在立管轴测图上标注标高、立管管径，与户内系统的连接管道等；在典型单户系统轴测图（如首层、中间层、顶层）上绘制户内供暖系统，在这些系统上要标注散热器片数。

3. 原理图+立管大样+单层系统的轴测图

原理图相当于将供暖系统在某一平面上展开，绘制时不按比例和投影规则，参见图4-10，在图中可以清楚地看出立管以及各支管的管径、户内系统与立管的连接方式、散热器支管与散热器的连接方式、各楼层的散热器片数等。

单层系统的轴测图可以选择某一特定楼层（这时要标注散热器片数），或不特定楼层（这时不标注散热器片数），来表达户内的供暖系统，见图4-11。

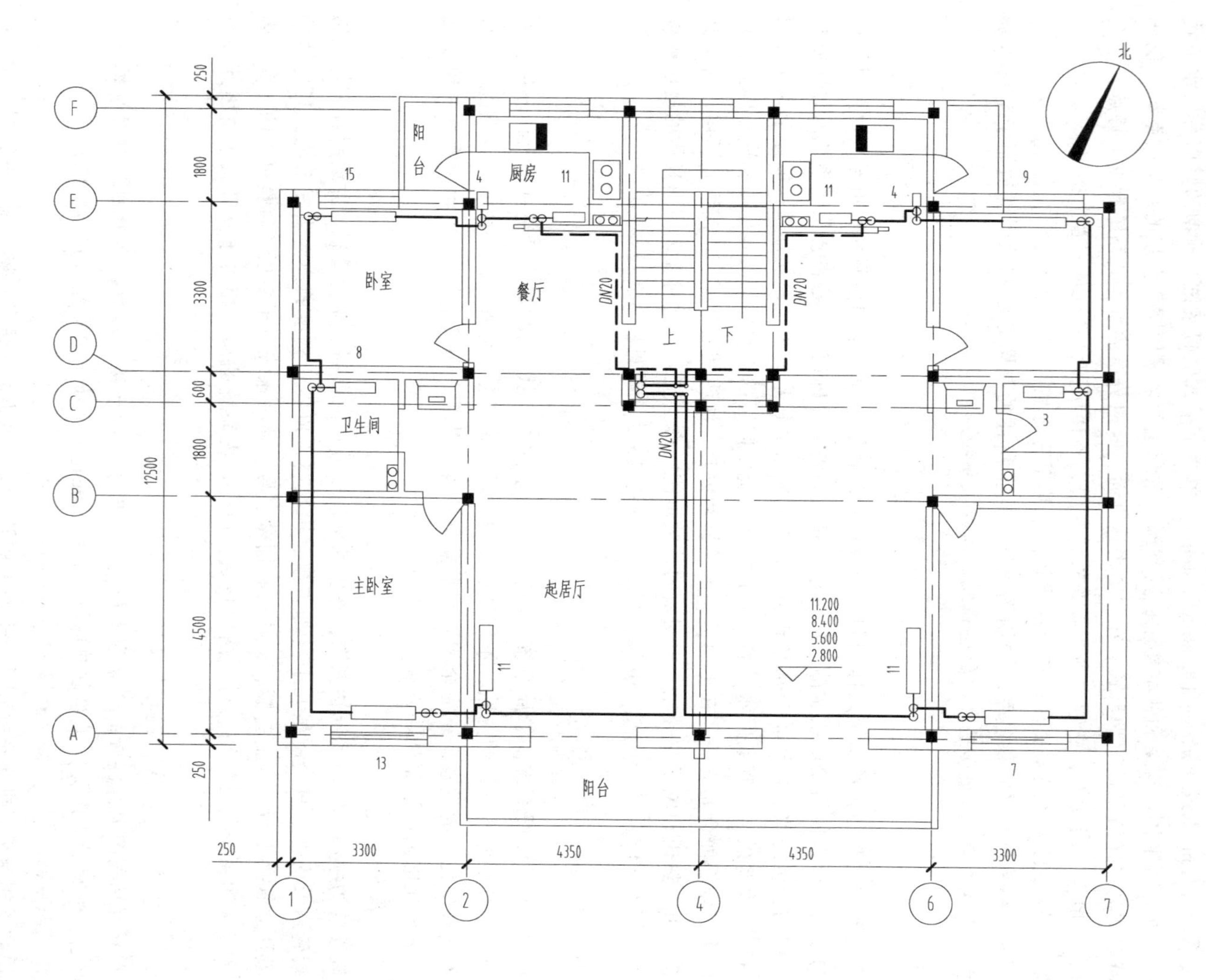

图 4-9 2~5层供暖平面图

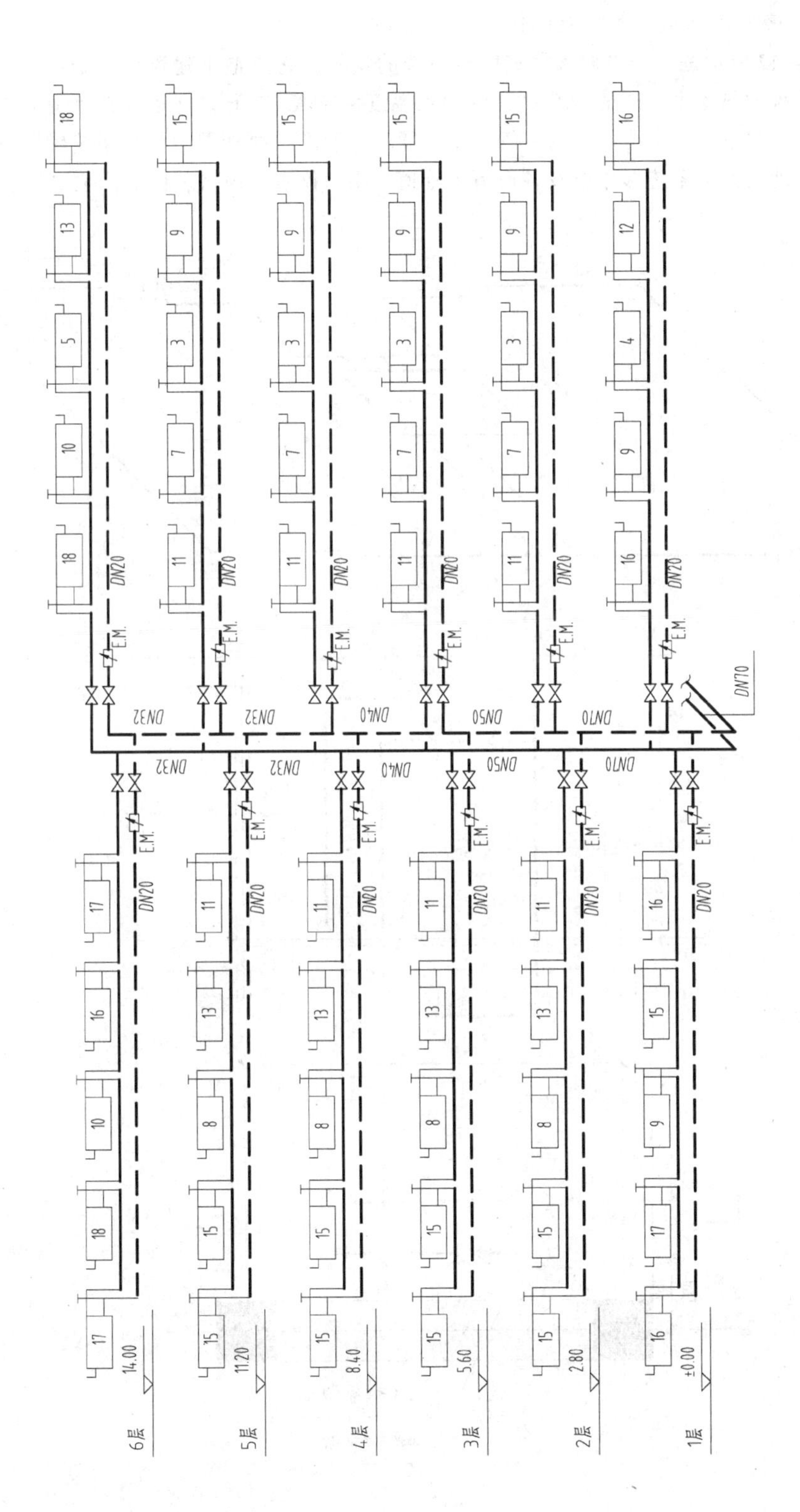

图 4-10　供暖系统原理图

立管大样图则选择一楼层处，通过绘制平面图和剖面图，来表达立管在管道井中位置、立管与户内系统的连接方式（包括各种阀门仪表），见图 4-12。

图 4-9~图 4-12 所示是一个单户水平式供暖系统的实例，它是整个建筑的一个单元，每层有两个住户。供暖系统的热源为小区的换热站，供回水温度为 95℃/70℃。立管设在管道井中，管道井位于楼梯间内。供暖系统为带跨越管的单管系统。通过平面图、原理图、单户系统轴测图和管道井的剖面图，清晰地表达了系统形式以及各设备、管道、阀门仪表的规格、数量、位置和连接关系。

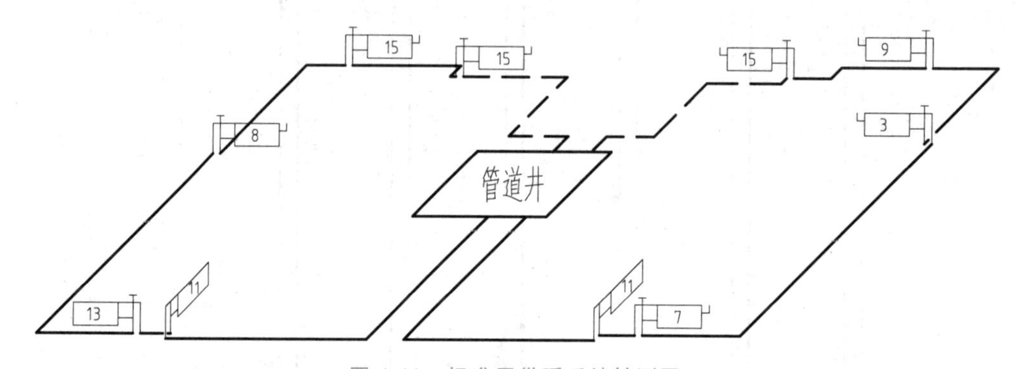

图 4-11 标准层供暖系统轴测图

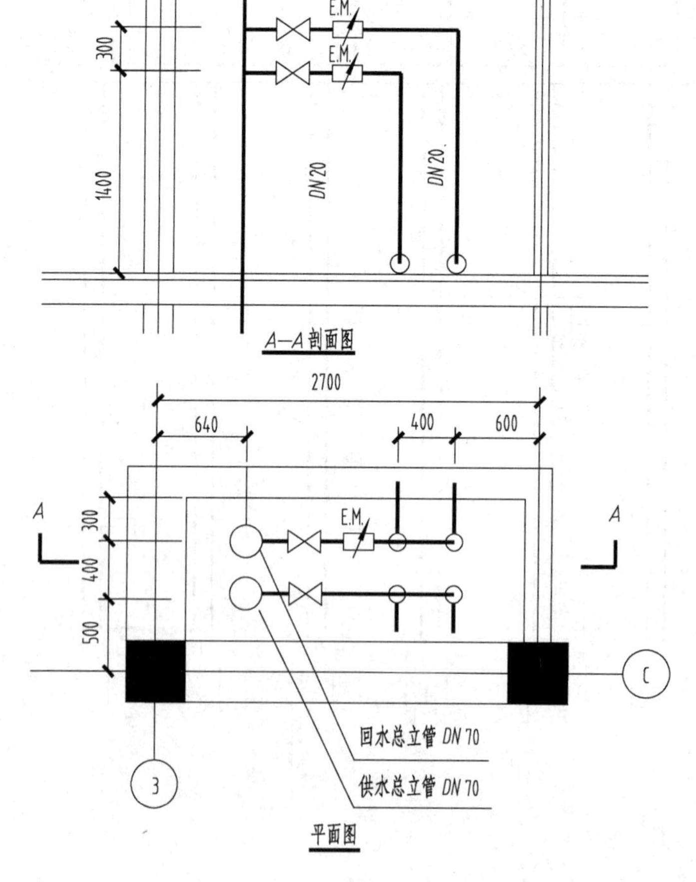

图 4-12 供暖管井大样图

4.3　供暖系统 CAD 制图

4.3.1　图层设置

根据房屋建筑制图统一标准的要求，热水供暖系统的图层设置，可以参见表 4-2。

表 4-2　热水供暖系统图层的命名

中文名称	英文名称	图　层
暖通-供暖	M-HOTW	供暖系统
暖通-供暖-供水	M-HOTW-SUPP	供水管
暖通-供暖-回水	M-HOTW-RETN	回水管
暖通-供暖-散热器	M-HOTW-RDTR	散热器
暖通-注释	M-ANNO	注释

在上述图层设置的基础上，还可以细分，比如供水管可以分为供水立管、供水支管、供水设备、供水标注等。供水立管的中英文图层名分别为“暖通-供暖-供水-立管”“M-HOTW-SUPP-VPIP”。

4.3.2　相同内容的绘制

在工程设计制图中，往往有大量完全相同或基本相同的内容，例如建筑中甲单元和乙单元相同，供暖立管 1 和立管 2 相同，同一设计中所有散热器与支管的连接方式均相同等。AutoCAD 中主要有三种方法来简化这些相同内容的绘制：外部引用（Reference）、复制（Copy）或阵列（Array）、块（Block）。

（1）外部引用　主要用于不同专业之间的数据共享，例如暖通专业的建筑图来自建筑专业，因此暖通专业可以把建筑图作为外部引用插入到文件中，当建筑图改变时，暖通图样中的建筑图自动改变。这是一种很有前途的方法，但由于不同的专业表达习惯不同，突出表达的内容不同，暖通专业一般需要对建筑图做一番整理才能使用，因此，目前在工程设计实践中应用不多。

（2）复制或阵列　在供暖系统中，许多立管完全相同或大致相同，不同楼层的供暖系统也大致相同，这时多重复制（Copy 命令中选择实体后，应用选项 M）或阵列（Array）是很方便的。但是设计过程中经常要修改，例如支管与散热器的连接方式要改变，这时就会很令人恼火，要么在复制后的图上逐一修改，要么删除复制的内容，修改好以后重新复制。因此，建议使用下面的块方式。

（3）块　将阀门、仪表等部件做成块是 CAD 应用的基本技术，块相对于复制的优势是修改方便。例如，把散热器及其支管或整个立管中的管道及设备做成块，当需要修改时，在图面上的空白处，插入该块，将其炸开，进行修改，然后做块，名字和插入基点与原来完全相同，则图中所有使用该块的图形全部自动更新。

4.3.3　过滤器的使用

过滤器实际上就是条件选择。用户在制图过程中，经常要对符合某些特定条件的实体进行操作。例如，用户可能想把所有的红线变成绿线，或想把一些 5 号字改为 7 号字等，这就是条件选择，这时就可以使用过滤器构造选择集，用户选取的不符合条件的实体会自动被系统滤出。正确地使用过滤器可以使批量修改操作的效率大大提高。过滤器是一个透明命令，它可以在其他命令的执行过程中执行，但此时命令输入须在命令前加一个“'”号，在 AutoCAD 中类似的命令还有 Pan、Zoom 等。

下面以删除“50”层上的半径大于 50.00mm 的圆为例，介绍过滤器对话框的使用。

1）在 Command：命令提示下，输入 Erase 后回车，出现“Select Objects:”，在输入' Filter 后回车，弹出选择集过滤器对话框（图 4-13）。对话框的最上面一栏是已构造的选择条件的内容列表框，它下面的左边一栏主要用于构造列表框，右边一栏是对列表框内的内容进行修改、删除和清除，以及保存已有的列表框等内容。

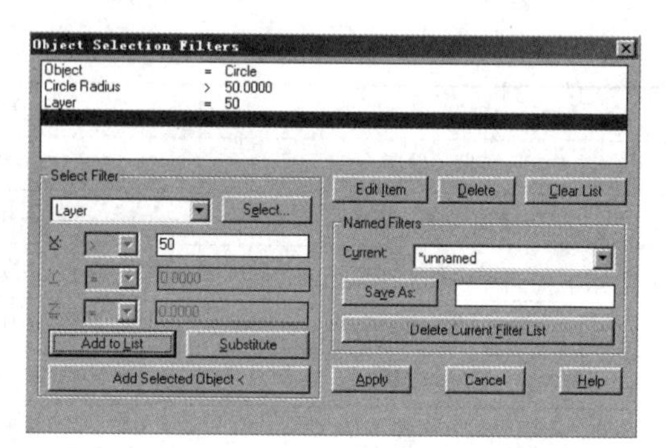

图 4-13 选择集过滤器对话框

2）单击 Select Filter 栏左上角的实体类型，下拉列表框，选择 Circle（默认值是 ARC），然后单击 Add to List 按钮，则把选择条件加到上面的列表框中。

3）单击 Select Filter 栏左上角的实体类型，下拉列表框，选择 Layer，然后单击下拉列表框右边的 Select 按钮，弹出对话框，选择层名为 50 层后返回主对话框，再单击 Add to List 按钮。

4）单击 Select Filter 栏左上角的实体类型下拉列表框，选择 Circle Radius，此时下拉列表框下边的 X：行的下拉列表框和编辑框变黑，表示此时可用，单击下拉列表框，将 = 改为 >，再在编辑框内输入 50，然后单击 Add to List 按钮。

5）单击 Apply 按钮，退出对话框，要求用户选择目标，这时用户可以综合使用点选、Window 方式和 Crossing 方式进行选择，不符合条件的实体将会被系统自动过滤掉。用户如果用空回车响应 Select objects，系统仍提示 Select objects，但这时已退出过滤选择方式，用户可以用常规方法选择目标，若要再次使用过滤器，需重新输入' Filter。

另外，用户可以对选择条件进行逻辑操作（与、或、非、默认条件下列表框内的各个条件是“与”的关系），从而构造复杂的条件选项，但由于其应用不是很多，这里就不介绍了，需要的用户可以参阅 AutoCAD 用户指南。

4.3.4 正面斜等测图的绘制

供暖系统制图中重要的一项内容是轴测图的绘制，供暖系统轴测图常采用正面斜等测的绘制方法。在 AutoCAD 中，使用极轴跟踪功能可以方便地绘制轴测图。具体设置如下：

1）单击 Tools→Drafting settings，弹出对话框，切换到 Polar tracking 页。

2）在 Polar angle settings 栏中的 Increment angle 中输入 45。

3）在 Object snap tracking settings 栏中选中 Track using all polar angle settings。

4）在 Polar angle measurement 栏中选中 Relative to last segment。

单击 OK，退出对话框。之后可以单击状态条（图形屏幕右下方）上的 Polar 项打开或关闭极轴跟踪功能。打开 Polar 后，用户可以在 0°、45°、90°、135°、180°、225°、270°、315°共八个方向轴上进行定位操作，十分方便。

第 5 章 空调通风工程

空调通风工程是指采用人工手段改善室内热湿环境、空气环境的工程方法。

根据对热湿环境和空气环境要求项目不同有空调工程和通风工程之分。空调工程和通风工程的主要区别是，前者一般对空气进行热湿、过滤等处理后送入房间，后者往往仅对空气进行过滤处理，两者过滤要求有时也不尽相同，前者要求房间具有比大气环境更高的空气品质，例如净化空调工程，后者则要求房间在有污染的情况下，能实现与大气环境相接近的空气环境，例如通风除尘工程。对于有些有特殊要求的建筑，兼有空调与通风工程。空调与通风工程根据房间功能不同又有民用和工业用之分。

图 5-1 所示为一常规的空气处理系统构成图，它是空调系统的必要组成部分，一般由①风管网络（送风管、回风管等）；②空气处理与动力设备（空调箱、送风机、回风机等）；③风道附件与末端送回风装置（风阀、送风口、回风口等）；④空气调控设备（温湿度传感器等）等组成。本章根据 GB/T 500114—2010《暖通空调制图标准》，以空调工程为例，讲授上述四个部分的制图基本规则和原理，以及这四个部分在原理图、平面图、立面图、轴测图等图中的具体绘制方法。本章重点放在空调输配系统和末端设备的制图上，冷热源部分的制图参见第 3 章。

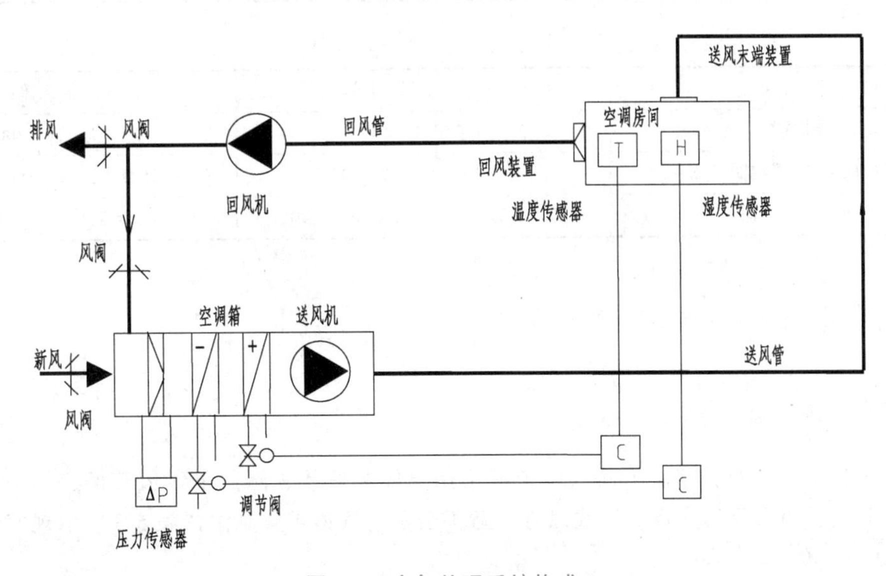

图 5-1 空气处理系统构成

5.1 线型与比例

为区分不同风管和设备轮廓，空调通风工程图中常采用表 2-3 所列线宽组合，表 5-1 列出了空调通风工程中常用的线型及其线宽的一般用途，表中未列线型及其线宽可参阅 2.2 节。

空调通风工程总平面图、平面图等的比例，尽可能与工程项目设计的主导专业一致，其余按表 5-2 所示选用。

表 5-1 空调通风工程图常用线型

名称		线型	线宽	一般用途
实线	粗	━━━━	b	单线表示的供水管线
	中粗	━━━━	$0.7b$	本专业设备轮廓、双线表示管道轮廓等
	中	━━━━	$0.5b$	尺寸、标高、角度等标注线及引出线；建筑物轮廓
	细	────	$0.25b$	建筑布置的家具、绿化等；非本专业设备轮廓
虚线	粗	━ ━ ━ ━	b	回水管线及单根表示的管道被遮挡的部分
	中粗	━ ━ ━ ━	$0.7b$	本专业设备及双线表示的管道被遮挡的部分
	中	━ ━ ━ ━	$0.5b$	地下管沟、改造前风管的轮廓线；示意性连线
	细	─ ─ ─ ─	$0.25b$	非本专业虚线表示的设备轮廓等
波浪线	中	∿∿∿	$0.5b$	单线表示的软管
	细	∿∿∿	$0.25b$	断开界线
单点长画线		── - ── - ──	$0.25b$	轴线、中心线
双点长画线		── -- ── -- ──	$0.25b$	假想或工艺设备轮廓线
折断线		──╲╱──	$0.25b$	断开界线

表 5-2 空调通风工程图常用比例

图名	常用比例	可用比例
剖面图	1∶50、1∶100	1∶150、1∶200
局部放大图、管沟断面图	1∶20、1∶50、1∶100	1∶25、1∶30、1∶150、1∶200
索引图、详图	1∶1、1∶2、1∶5、1∶10、1∶20	1∶3、1∶4、1∶15

5.2 风管系统的表达方法

5.2.1 风管画法

根据工程图性质及其用途不同，风管可采用单线和双线表示。单线风管的表达方法与单线水管基本相同，可参见第 3 章。双线风管、弯头表示、管道重叠画法按表 5-3 所示规定绘制。

表 5-3 双线风管

类别	序号	名称	图例	附注或英文名称
风管	1	矩形风管	***×***	宽×高(mm)

（续）

类别	序号	名称	图　　例	附注或英文名称
风管	2	圆形风管	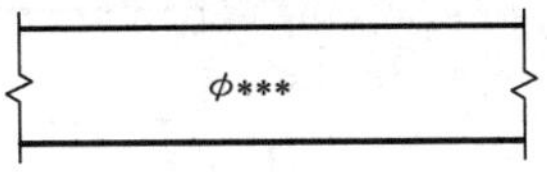 φ***	Φ 直径（mm）
	3	软风管		 Flexible pipe，hose
风管转向画法	4	送风管转向	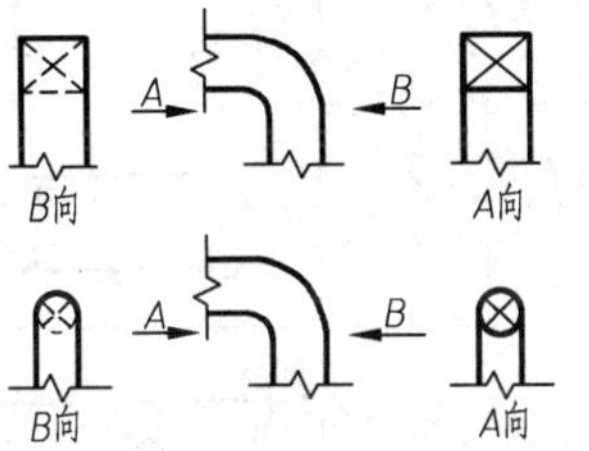 A　B　B向　A向	Air supply duct bend
	5	回风管转向	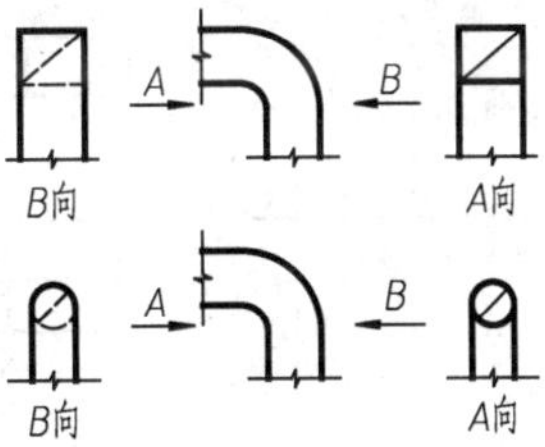 A　B　B向　A向	Air return duct bend
	6	风管向上	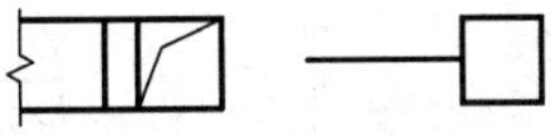	Air duct running upward
	7	风管向下	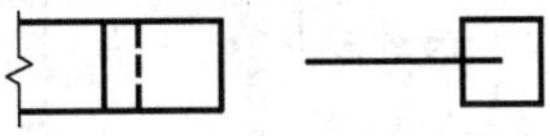	Air duct running downward
管道重叠画法	8	平、剖面图单线风管断开	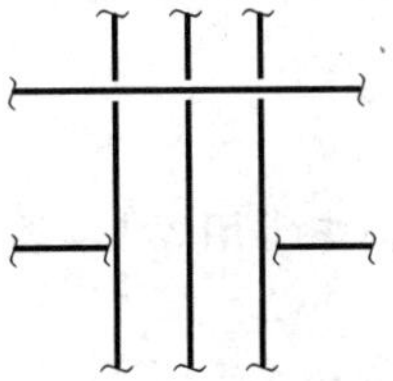	Crossing ducts，not counected（single line）
	9	平、剖面图双线风管断开	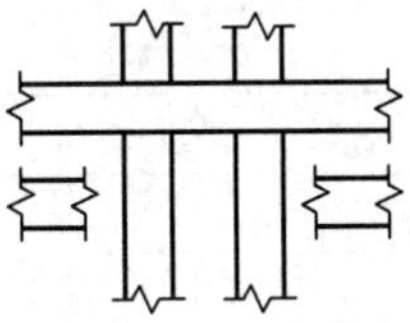	Crossing ducts，not connected（double lines）

（续）

类别	序号	名称	图 例	附注或英文名称
管道重叠画法	10	风管上升摇手弯	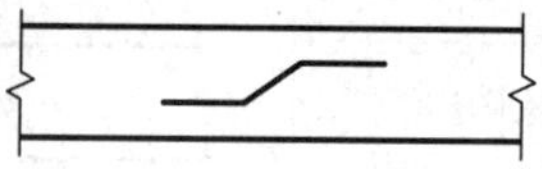	
	11	风管下降摇手弯	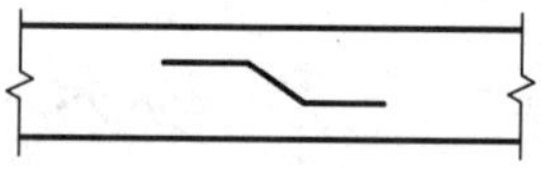	
风管连接	12	异径风管	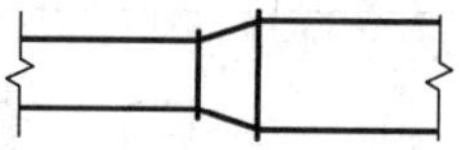	
	13	天圆地方	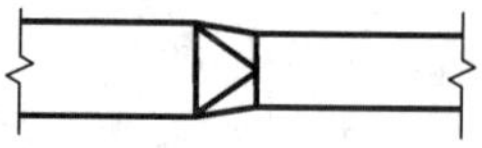	左接矩形风管，右接圆形风管
	14	风管软接头	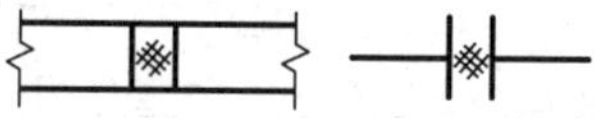	
三通	15	矩形三通	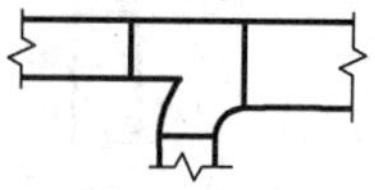	Rectangular tee
	16	圆形三通	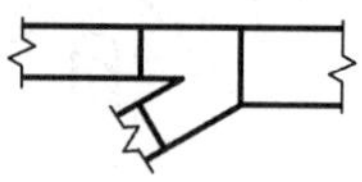	Circular tee
弯头	17	普通弯头		Bend, general 给出最低曲率半径
	18	带导流片的矩形弯头		Bend with internal vanes

5.2.2 风管代号及系统代号

风管因用途不同，空调工程图中常用表 5-4 所列代号区分标注。目前许多设计单位的风管代号取自英文名称的首个字母。

表 5-4 风管代号

代号	风管名称	代号	风管名称
SF	送风管	HF	回风管(一、二次回风可附加 1、2 区别)
XF	新风管	PF	排风管
ZF	加压送风管	PY	消防排烟风管
XB	消防补风风管	P\(Y)	排风排烟兼用风管
S(B)	送风兼消防补风风管		

对于一个建筑设备工程中同时有供暖、通风、空调等两个以上的不同系统时，应进行系统编号，编号宜标注在系统的总管处，如图5-2a所示；当一个系统出现分支时，可采用图5-2b所示的画法。不同系统采用表5-5所列代号表示。表中未涉及的系统代号，可取系统汉语名称的拼音首个字母，如与表内已有代号重复，应继续选取第2、3个字母，最多不超过3个字母，采用非汉语名称标注系统代号时，须标明对应的汉语名称。

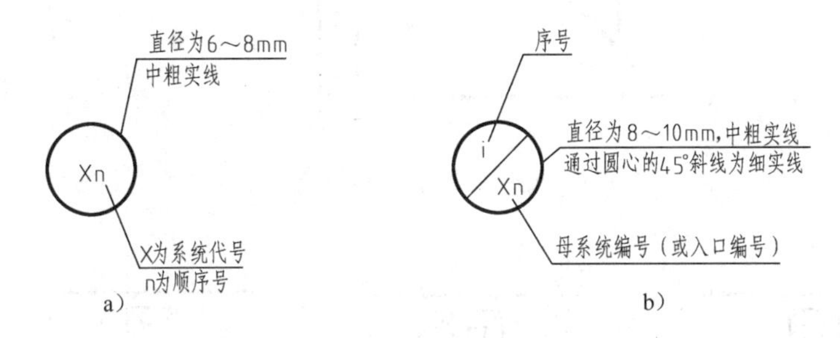

图5-2　系统的编号

表5-5　系统代号

代号	系统名称	代号	系统名称	代号	系统名称	代号	系统名称
N	供暖系统	XP	新风换气系统	X	新风系统	PY	排烟系统
L	制冷系统	J	净化系统	H	回风系统	P(PY)	排风兼排烟系统
R	热力系统	C	除尘系统	P	排风系统	RS	人防送风系统
K	空调系统	S	送风系统	JY	加压送风系统	RP	人防排风系统

5.2.3　风管尺寸与标高的标注

圆形风管的截面定型尺寸应以直径符号“ϕ”后跟以毫米为单位的数值表示，以板材制作的圆形风管均指内径。

矩形风管（风道）的截面定型尺寸应以“$A\times B$”表示。A为该视图投影面的一条边长尺寸，B为另一边长尺寸。在空调通风工程平面图中，常以B表示风管高度。A、B单位均为毫米。风管尺寸应标注在被注风管附近，一般水平风管宜标注在风管上方；竖向风管宜标注在左方，双线风管可视具体情况标注于风管轮廓线内或轮廓线外。

风管标高画法可参见2.6.6节。圆形风管所注标高未予说明时，表示管中心标高；矩形风管未予说明时，表示管底标高。

单线风管标高其尖端可直接指向被注风管线，对于轴测图单线风管的标高还可采用标高尖端指向单线风管的延长引出线。当平面图中要求标注风管标高时，标高可标注在风管截面尺寸标注后的括号内，如“ϕ500（+4.00）”“800×400（+4.00）”。

无特殊说明时，常以建筑底层表示标高基准。标准层较多时可只标注以本层楼（地）板为基准的相对标高，比如B+2.00，表示相对于本层楼（地）板标高为2.00m。当建筑群各建筑底层、室外地坪标高不同时，则以FL表示本建筑底层标高，以GL表示室外地坪标高，标注尺寸前的F和G则分别表示以本层建筑底层和室外地坪为基准的标高。

风管尺寸及标高标注可详见图5-3中的示例。

风口、散流器的表示方法，参见图5-4。

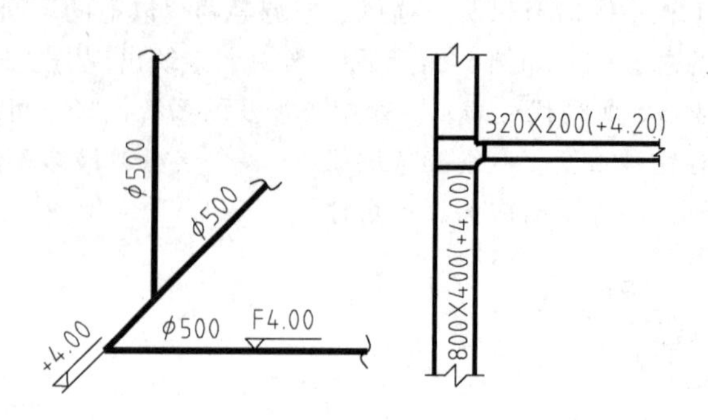

图 5-3 风管尺寸与标高标注的画法

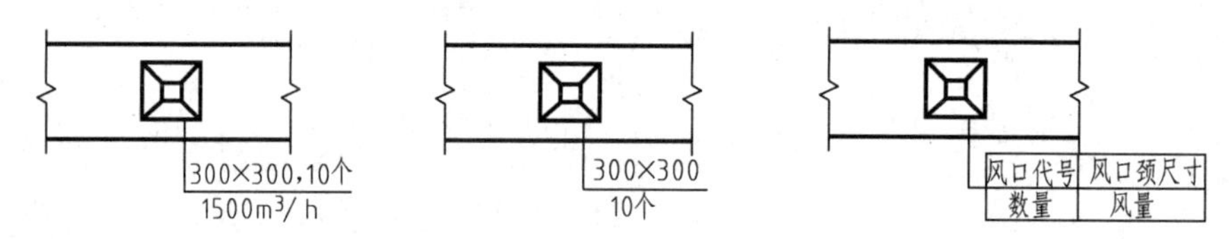

图 5-4 风口、散流器的表示方法

5.3 常用图例

目前，许多设计单位除了绘制图形符号外，还在符号旁边标注暖通空调设备、风阀等附件的英文代号。

5.3.1 各种风阀及附件

各种风阀及附件宜按表 5-6 绘制，风口和散流器的文字代号见表 5-7。

表 5-6 各种风阀及附件图例

序号	名称	图 例	附注或英文名称
1	消声器		Silencer; Attenuator 也可表示为
2	消声弯头		
3	消声静压箱		
4	对开多叶调节阀		Multileaf, opposed blade damper

（续）

序号	名称	图　　例	附注或英文名称
5	蝶阀	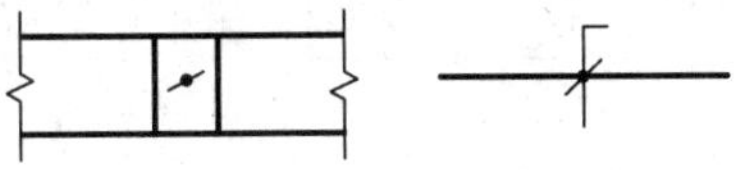	Butterfly damper
6	插板阀	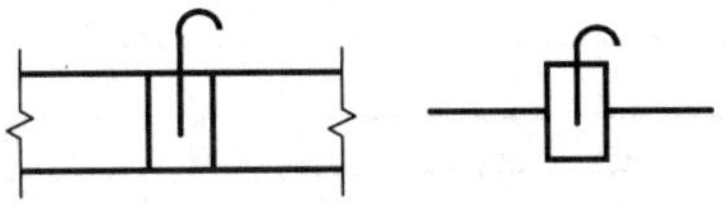	Sliding damper
7	风管止回阀	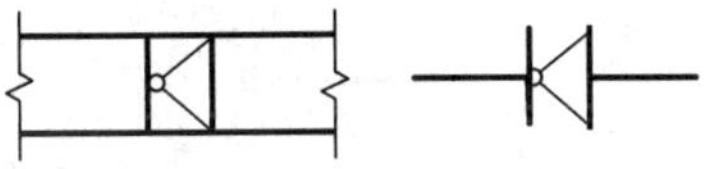	Nonreturn damper
8	余压阀	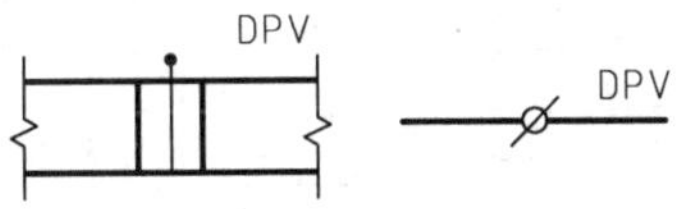 DPV　DPV	
9	三通调节阀	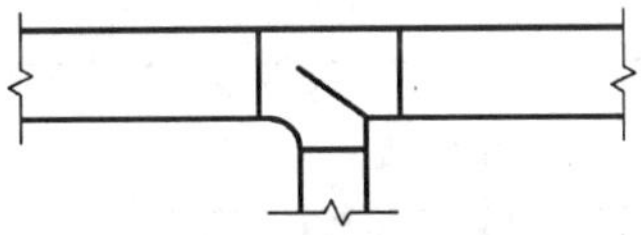	Deflecting damper
10	防烟、防火阀	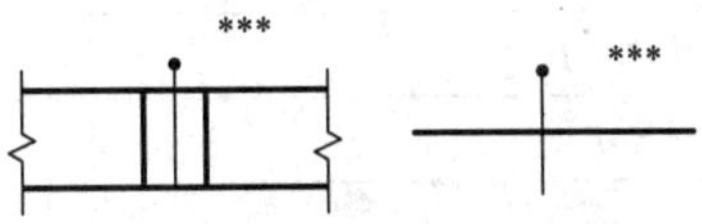 *** 　***	＊＊＊表示防烟、防火阀名称代号，参见 8.1.2 节 Fire/smoke damper
		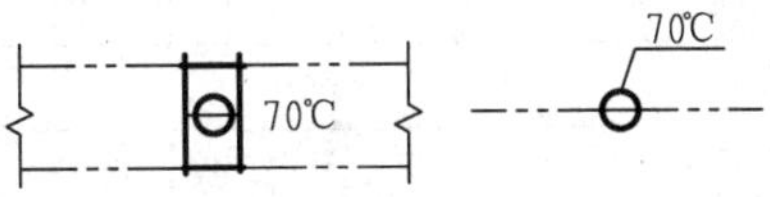 70℃　70℃	旧标准的画法 表示 70℃ 动作的常开阀。若因图面小，可表示为 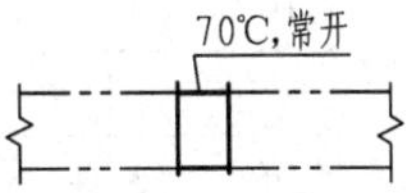 70℃，常开
		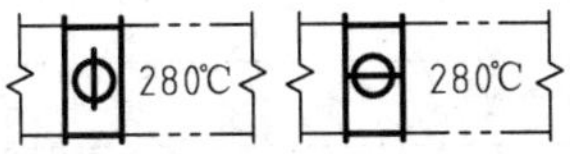 280℃　280℃	旧标准的画法 左为 280℃ 动作的常闭阀，右为常开阀。若因图面小，表示方法同上
11	方形风口	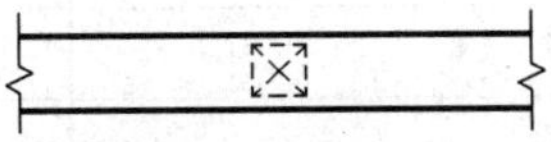	
12	条缝形风口	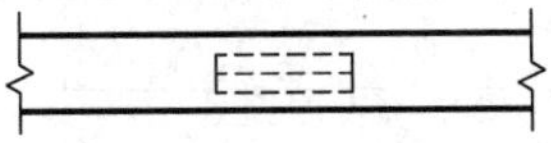	
13	矩形风口	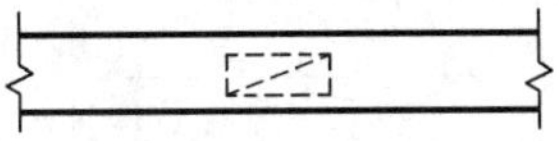	

（续）

序号	名称	图例	附注或英文名称
14	圆形风口		
15	侧面风口		
16	防雨百叶		
17	检修门	J J	
18	气流方向		左图为通用表示法，中图表示送风，右图表示回风
19	远程手控盒	B	
20	防雨罩		

表 5-7 风口和散流器的文字代号

序号	代号	图例	备注
1	AV	单层格栅风口，叶片垂直	
2	AH	单层格栅风口，叶片水平	
3	BV	双层格栅风口，叶片垂直	
4	BH	双层格栅风口，叶片水平	
5	C*	矩形散流器，*为出风面数量	
6	DF	圆形平面散流器	
7	DS	圆形凸面散流器	
8	DP	圆盘形散流器	
9	DX*	圆形斜片散流器，*为出风面数量	
10	DH	圆环形散流器	
11	E*	条缝型风口，*为条缝数	
12	F*	细叶形斜出风散流器，*为出风面数量	
13	FH	门铰形细叶回风口	
14	G	扁叶形直出风散流器	
15	H	百叶回风口	
16	HH	门铰形百叶回风口	
17	J	喷口	
18	SD	旋流风口	

（续）

序号	代号	图例	备注
19	K	蛋格形风口	
20	KH	门铰形蛋格式回风口	
21	L	花板回风口	
22	CB	垂百叶口	
23	N	防结露送风口	冠于所用类型风口代号前
24	T	低温送风口	冠于所用类型风口代号前
25	W	防雨百叶	
26	B	带风口风箱	
27	D	带风阀	
28	F	带过滤网	

5.3.2 风系统常用设备

空调通风工程风系统常用设备图例，宜按表5-8所示绘制。

表5-8 空调通风工程风系统常用设备图例

序号	名称	图例	附注英文名称
1	轴流风机	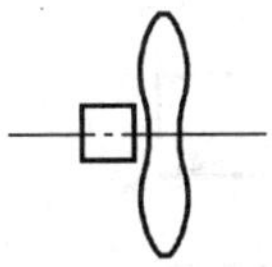	Axial fan
2	轴（混）流式管道风机	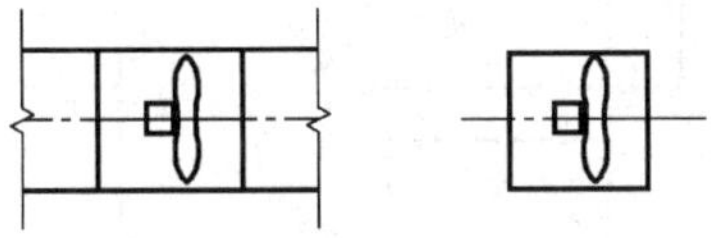	
3	离心式管道风机	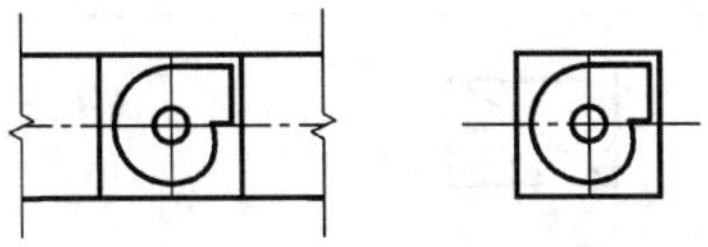	
4	吊顶式排气扇	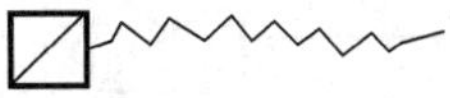	
5	变风量末端	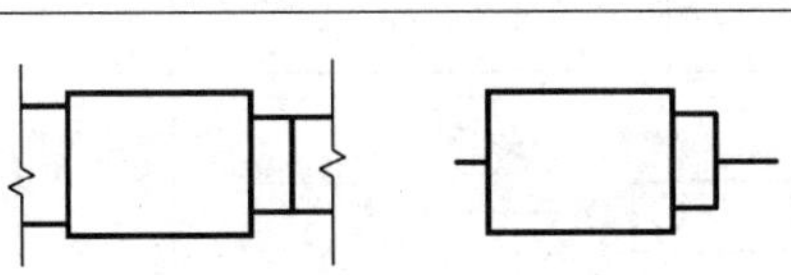	
6	空调机组加热、冷却盘管		Air heater/cooler 左、中、右图分别为加热、冷却及双功能盘管

（续）

序号	名称	图　例	附注英文名称
7	空气过滤器		Air filter 从左至右分别为粗效、中效及高效
8	电加热器		
9	加湿器		
10	挡水板		
11	立式明装风机盘管		
12	立式暗装风机盘管		
13	卧式明装风机盘管		
14	卧式暗装风机盘管		
15	窗式空调器		Window air conditioner
16	分体空调器	室内机　室外机	Split air conditioning system
17	射流诱导风机		
18	减振器		Shock absorber 左为平面图画法，右为剖面图画法

5.4 空调通风制图基本方法

5.4.1 空调通风工程图的特点

空调通风系统，无论是风管系统还是水管系统，一般都以环路形式出现。对于一定来源的管路，一般可按一定方向，通过干管、支管，以及相连的具体设备，多数情况下又将回到来处。读图时可按照一定方向识图（顺/逆流）。

空调通风系统中的主要设备，如冷热源、空调箱、冷却塔等，其安装位置由本专业根据机房布置要求，提供设备布置图。土建专业则根据本专业提供的设备定位布置尺寸以及设备的重量，设计设备布置基础。一般空调系统特别是机房，风、水管系统在空间走向上纵横交错，为了表达清楚，空调通风施工图中除了大量平面图、立面图之外，还包括剖面图、轴测图、原理图等。

空调通风系统中的设备、风管、水管及许多配件的安装，都需要土建的建筑结构配合支持。因此，在绘制或阅读施工图样时，应配合土建图样理解，如设计中与土建有冲突，应及时与土建协商对策，如果设备安装有要求时，应及时对土建施工提出要求。

空调通风工程中，设备、风管、水管的配件常需配置一定的强电或弱电供应，即需要与建筑电气密切配合。水系统的补水、排水等也需要与建筑给水排水协调。一个完整的空调通风工程必须与建筑、土建、电气、给水排水、自控等专业和谐配合，才能充分发挥设计者的创意。

5.4.2 一般规定

1）各工程、各阶段的设计图样应满足相应的设计深度要求。

2）本专业设计图样编号应独立。

3）在同一套工程设计图样中，图样线宽组、图例、符号等应一致。

4）在工程设计中，宜依次表示图样目录、选用图集（样）目录、设计施工说明、图例、设备及主要材料表、总图、工艺图、系统图、平面图、剖面图、详图等，如单独成图时，其图样编号应按所述顺序排列。

5）图样需用的文字说明，宜以“注:”“附注:”或“说明:”的形式在图纸右下方、标题栏的上方书写，并应用“1、2、3…”进行编号。

6）一张图幅内绘制平面、剖面等多种图样时，宜按平面图、剖面图、安装详图，从上至下、从左至右的顺序排列；当一张图幅绘有多层平面图时，宜按建筑层次由低至高，由下至上顺序排列。

7）图样中的设备或部件不便用文字标注时，可进行编号。图样中仅标注编号时，其名称宜以“注:”“附注:”或“说明:”表示。如还需表明其型号（规格）、性能等内容时，宜用“明细栏”表示，参见3.5.3节。

8）初步设计和施工图设计的设备表至少应包括序号（或编号）、设备名称、技术要求、数量、备注栏；材料表至少应包括序号（或编号）、材料名称、规格或物理性能、数量、单位、备注栏，参见3.5.3节。

5.4.3 图样目录

为了便于图样管理和对整个工程概貌的了解，空调通风工程图样与其他工程相同，必须提供所有图样的目录清单。目录的形式可以有多种，无论什么形式，目录所提供的图样清单应能充分反映这一阶段整个工程的全貌。各图样应有相应的序号、图号区分，以便查阅，同时还应包含这一工程所处的阶段、专业、工程名称、项目名称、设计单位、设计日期等内容。后者也是所有后续图样中应包含的内容。

对于通风工程，常采用“风施”；对于供暖工程，常采用“暖施”；对于冬夏季全年空调的工程，“风施” “暖施”兼有。对于扩初设计阶段的工程图，相应的图经常表示为“风初”“暖初”。

为便于审批、施工、验收、监理等方面技术人员理解设计思想和阅图，一般空调通风工程图宜按下列顺序排列：设计与施工说明、设备与主要材料表、冷热源机房热力系统原理图、空调系统原理图、空调系统风管水管平面图、风管水管剖面图、风管水管轴测图、冷热源机房平面与剖面图、冷热源机房水系统轴测图、详图。每个项目的图样可能有所增减，但仍按上述顺序排列。当设计较简单而图样内容较少时，可将上述某些图合并绘制。

图样目录的范例参见附录 A 空调工程实例中的图样目录。

5.4.4 设备与主要材料表

设备与主要材料表是工程各系统设备与主要材料的汇总。它是业主投资的主要依据，也是设计方实施设计思想的重要保证，施工方订货、采购的重要依据，为此，各项目的描述不当、遗漏或多余均会带来投资的错误估计，可能造成工期延误，甚至造成设计方、业主方、施工方之间的法律纠纷。因此，正确无误地描述设备与主要材料表中的各项目非常重要。

设备与主要材料表内的设备应包含整个空调通风工程所涉及的所有设备，除了风系统所涉及的空调机组、风机盘管等设备外，还应包括冷热源设备、换热器、水系统所需的水泵、水过滤器、自控设备等，材料表应包含各种送回风口、风阀、水阀、风和水系统的各种附件等。风管与水管通常不列入材料表，其规格与数量根据后续图和施工说明由施工方确定。设备与主要材料表的格式要求参见第 3 章，可参照附录 A 中的设备表编写。

5.4.5 设计施工说明

扩初设计，一般提供设计说明；而施工图、竣工图中要提供设计施工说明。设计说明或设计施工说明一般作为整套设计图样的首页，简单项目可不做首页，其内容可与平面图等合并。

1. 设计说明

空调通风工程设计说明是为了帮助工程设计、审图、项目审批等技术人员了解该项目的设计依据、引用规范与标准、设计目的、设计思想、设计主要数据与技术指标等主要内容。作为设计成果，设计说明作为图样首页仅对整个工程项目的主要内容加以陈述，其设计结果与图表的计算过程应在设计计算说明书中做详细论述。设计说明一般应包含下列内容：

1）设计依据：整个设计引用的各种标准规范、设计任务书、主管单位的审查意见等。

2）建筑概况：需要进行的空调通风工程范围简述（含建筑与房间）。

3）室外计算参数：说明空调通风工程项目的气象条件（如室外冬夏季空气调节、通风的计算湿度及温度，室外风速等）。

4）室内设计参数：说明空调通风工程实施对象需要实现的室内环境参数（如室内冬夏季空调通风温湿度及控制精度范围，新风量、换气次数，室内风速、含尘浓度或洁净度要求、噪声级别等）。

5）空调设计说明：说明空调房间名称、性质及其产生热、湿、有害物的情况；空调系统的划分与数量；各系统的送、回、排、新风量，系统总热量、总冷量、总耗电量等系统综合技术参数；室内气流组织方式（送回风方式）；空气处理设备（空调机房主要设备）；空调系统所需的冷热源设备（冷冻机房主要设备、锅炉房主要设备等）容量、规格、型号，如果冷热源设备比较庞大，则需另列小节叙述；系统全年运行调节方式；系统消声、减振等措施，管道保温处理措施以及自控方案等与外专业相关部分的阐述。

6）通风设计说明：通风系统的数量、系统的性质及用途等；通风净化除尘与排气净化的方案等；各系统送排风量，主要通风设备容量、规格型号等；其他如防火、防爆、防振、消声等的特殊措施；与外专业相关部分如自控等方案的阐述等。

2. 施工说明

施工说明所述内容是指施工中应当注意、用施工图表达不清楚的内容。施工说明各条款是工程施工中必须执行的措施依据，它有一定的法律依据。凡施工说明中未提及，施工中未执行，且其结果又引起施工质量等不良后果的，或者按施工说明执行且无其他因素引起的不良后果，设计方需承担一定责任，为此施工说明各条款的内容非常重要。一般含以下内容：

1）需遵循的施工验收规范。

2）各风管材料和规格要求，风管、弯头、三通等制作要求。

3）各风管连接方式，支吊架、附件等安装要求。

4）各风管、水管、设备、支吊架等的除锈、涂装等的要求和做法。

5）各风管、水管、设备等保温材料与规格、保温施工方法。

6）机房各设备安装注意事项、设备减振做法等。

7）系统试压、漏风量测定、系统调试、试运行注意事项。

8）对于安装于室外的设备，需说明防雨、防冻保温等措施及其做法。

对于经验丰富的施工单位，上述条款也可简化，但相应的施工要求与做法应指出需要遵循的国家标准或规范条款第几项。

由于施工需注意的事项有许多，说明中很容易遗留有关内容，施工说明末尾经常采用“本说明未尽事宜，参照国家有关规范执行”，以避免遗漏相关条款。

下面给出了某工业厂房净化和舒适性空调系统设计施工说明范例。由该说明可知，这是修改后的设计与施工说明。该说明描述了设计主要依据、设计范围、室内外参数等设计对象的背景资料和设计要求，描述了设计者的设计方案（空调形式、系统划分、处理手段），并列出了系统所需的主要设备，使读者不仅了解系统设计全貌，也了解了系统所需的大致成本。施工说明则对规范中未提及或与规范中做法不同的部分进行了详细的说明，对于必须按照规范施工的部分则给出了需参照的规范名称，如第5.2条“风管采用镀锌钢板制作。……其他系统的风管厚度及加工方法，按GB 50243—2016《通风与空调工程施工质量验收规范》的规定确定”。施工说明末尾则采用了惯用的说法。

空调系统设计施工说明

修改说明：根据业主提出的回风墙的变动和顶板、壁板订货规格的变化进行本次图样修改。原版本1图样作废，以版本2图样为准。

1 设计依据

1.1 设计总说明中所列有关文件

1.2 工艺专业提供的工艺平面图及有关工艺资料

1.3 建筑专业提供的建筑平面图

1.4 GB 50019—2015《工业建筑供暖通风与空气调节设计规范》

1.5 GB 50016—2014《建筑设计防火规范》

1.6 GBZ 1—2010《工业企业设计卫生标准》

1.7 GB 16297—1996《大气污染物综合排放标准》

1.8 GB 50073—2013《洁净厂房设计规范》

1.9 其他相关现行国家标准及规范

2 设计范围及简述

2.1 综合厂房内洁净室系统

2.2 综合厂房内需空调的其他生产区域的舒适性空调系统

2.3 综合厂房内办公辅助区域的舒适性空调系统

2.4 工艺废气处理及排放系统

2.5 更衣室、盥洗室、厕所的排气系统

2.6 其他辅助单体建筑的通风系统

3 设计计算参数

室外空气计算参数：

夏季空调计算干球温度 34℃

冬季空调计算干球温度-4℃

夏季空调计算湿球温度 28.2℃

夏季空调计算日平均温度 30.4℃

冬季空调计算相对湿度 75%

夏季通风计算温度 32℃

冬季通风计算温度 3℃

夏季大气压力 746mmHg

冬季大气压力 760mmHg

(1mmHg=133.322Pa)

4 空调系统设计说明

4.1 空调室内设计参数

4.1.1 洁净室设计参数

序号	房间名称	室内温度/℃	相对湿度(%)	净化级别/0.5μm	正压/Pa
1	进液	23±1	50±5	10000	10
2	电测	23±1	50±5	10000	10
3	前室	23±1	50±5	10000	10
4	精割	23±1	50±5	10000	10
5	准备室	23±1	50±5	10000	10
6	摩擦	23±1	50±5	10000	10
7	印贴	23±1	50±5	1000	15
8	粘合干燥	23±1	50±5	10000	10
9	配方	23±1	50±5	1000	15
10	TOP. PI	23±1	50±5	10000	10
11	定向膜	23±1	50±5	1000	15
12	绝缘膜	23±1	50±5	1000	15
13	印膜	23±1	50±5	10000	10

（续）

序号	房间名称	室内温度/℃	相对湿度(%)	净化级别/0.5μm	正压/Pa
14	曝光	23±1	50±5	1000	15
15	显彩	23±1	50±5	10000	10
16	刻蚀	23±1	50±5	10000	-10
17	清洗	23±1	50±5	10000	10
18	投入室	23±1	50±5	10000	10
19	控制室	50±5	23±1	10000	10
20	内走廊	23±2	50~65	10000	10
21	贴片	23±2	50~65	10000	10
22	检验室	23±2	50~65	10000	10
23	成品包装	23±2	50~65	10000	10
24	模块	23±2	50~65	10000	10
25	制版室	23±2	50~65	10000	10
26	实验室	23±2	50~65	10000	10
27	信赖性实验室	23±2	50~65	10000	10

4.1.2 生产辅助区及办公区设计参数

夏季：(23±2)℃ 冬季：(20±2)℃

4.2 空调形式简述及系统划分

4.2.1 净化空调系统

本车间的洁净室面积大，洁净度较高，对温湿度的要求较为严格。根据工艺的布置，整个洁净室可以划分为液晶生产和模块生产两大区域，液晶生产区的湿度要求比模块生产区要严格。液晶生产区域内的印贴、定向膜、绝缘膜、配方及曝光的洁净度为1000级（≥0.5μm）；其余区域为10000级（≥0.5μm）。

液晶生产的前道工序包括准备室、摩擦、印贴、粘合干燥、配方、TOP.PI、定向膜、绝缘膜、印膜、曝光、显影、刻蚀、清洗、投入室和控制室。

前道工序根据净化级别的不同分为两个系统：印贴、定向膜、绝缘膜、曝光为JS-2系统；其余区域为JS-3系统。

液晶生产的后道工序为JS-1系统。

模块生产区为JS-4系统。

JS-1由空调机组AHU-11-01、相应的送回风管及高效过滤器末端风口组成。

JS-2由空调机组AHU-11-02、相应的送回风管及高效过滤器末端风口组成。

JS-3由空调机组AHU-11-03、相应的送回风管及高效过滤器末端风口组成。

三个系统共用一台新风机组AHU-11-04。因系统要求的相对湿度较低，控制精度要求较高，为保证对室内湿度的相对精确控制，设置了一台转轮除湿机DDH-11-01。系统的工作形式为：

夏季：新风经新风机组预冷除湿后进入转轮除湿机组，进一步去除空气中的含湿量，之后再分别进入三个系统的空调机组，与回风混合后再进一步处理送风。转轮除湿机使用电加热进行再生。

冬季：转轮除湿机不工作，新风经新风机组预热、加湿后进入三个系统的空调机组，与回风混合再进一步处理以后送风。

JS-4由空调机组AHU-11-05、AHU-11-07和相应的送回风管及高效过滤器末端风口组成。系统使用一台新风机组AHU-11-06。因对湿度的要求不太高，故不需使用转轮除湿机。

净化空调系统采用集中送风的三级过滤形式。在空调箱内分段设置初效及中效过滤器。其中初效过滤器效率规格为F5，中效过滤器效率规格为F7。在系统末端设置高效过滤器风口，高效过滤器的效率级别为H14，MPPS效率大于或等于99.995%，对0.3μmDOP粒子的效率大于或等于99.999%。

4.2.2 一般空调系统

成品堆放、物料周转（一）、（二）、（三），物料净化（一）、（二）为舒适性空调系统。成品堆放、物料周转（一）为KS-1系统，由吊顶式空调机组AHU-11-10及相应的送回风管和风口组成；物料周转（二）、（三），物料净化（一）、（二）为KS-2系统，由吊顶式空调机组AHU-11-11及相应的送回风管和风口组成。

一层餐厅为KS-3系统，由吊顶式空调机组AHU-11-08、AHU-11-09及相应的送回风管和风口组成。一层办公区为KS-4系统，夹层办公区为KS-5系统。分别由AHU-12-01、AHU-12-04和AHU-12-02、AHU-12-03及相应的送回风管、风口组成。

4.3 气流组织

洁净室的气流组织为上送侧回。送风从洁净室顶部的高效过滤器风口送出，回风通过回风夹墙下部回风或通过墙上的百叶风口及余压阀排至走廊，再从走廊顶部的回风口回风。

生产辅助区及办公区的一般空调系统采用上送上回的形式。因层高限制，办公区空调系统采用吊顶回风。

4.4 正压控制

洁净室对大气维持5~15Pa的正压，依靠送入新风形成正压，通过墙壁上的余压阀进行调节控制。

4.5 冷热源

洁净区计算冷负荷为1378318kcal/h（1kcal/h=1.163W），热负荷计算为440617kcal/h。所需冷源为7℃冷冻水，回水温度为12℃；所需热源为95℃热水，回水温度为70℃。

生产辅助区域夏季计算冷负荷为：124500kcal/h；冬季计算热负荷为：83000kcal/h。所需冷源为7℃冷冻水，回水温度为12℃；所需热源为95℃热水，回水温度为70℃。办公区域夏季计算冷负荷为489430kcal/h，冬季计算热负荷为390448kcal/h。所需冷源为7℃冷冻水，回水温度为12℃；所需热源为95℃热水，回水温度为70℃。

4.6 自控

JS-1、JS-2、JS-3在新风机组的出风段内设置温度及湿度传感器，在新风机组的回水管上设置电动二通阀。温度湿度传感器测量经新风机组处理后的新风的温湿度，控制电动二通阀的开启度（冬季控制蒸汽加湿器的启闭），调节供水量以保证新风的状态点的波动在允许的范围内；在系统的回风管内设置温度及湿度传感器，在空调机组的表冷器及加热器回水管上设置电动二通阀。温度传感器测量回风温度，控制电动二通阀的开启度，调节供水量以保证回风的温度波动在允许的范围内；湿度传感器测量回风的湿度，控制转轮除湿机的再热量（冬季控制加湿器的启闭）以达到调节湿度的目的。

JS-4在新风机组的出风段内设置温度及湿度传感器，在新风机组的回水管上设置电动二通阀。温度、湿度传感器测量经新风机组处理后的新风的温湿度，控制电动二通阀的开启度（冬季控制蒸汽加湿器的启闭），调节供水量以保证新风的状态点的波动在允许的范围内；在系统的回风管内设置温度及湿度传感器，在空调机组的表冷器及加热器回水管上设置电动二通阀。温度传感器测量回风温度，控制电动二通阀的开启度，调节供水量以保证回风的温度波动在允许的范围内；湿度传感器测量回风的湿度，控制空调箱内加湿器的启闭以保证室内相对湿度的稳定。回风湿度传感器只在冬季使用。

新风机组的新风阀与空调机组的风机连锁，风机起动新风阀开启，反之亦然。在各系统的送风总管上设置动压传感器，空调机组送风机变频调节。动压传感器测量送风量，通过变频器调节风机转速，以维持设计的换气次数，避免因过滤器阻力增加引起的风量下降。

空调机组内的粗、中效过滤器设压差报警。

KS-4、KS-5系统在空调箱表冷器及加热器回水管上设置电动二通阀。温度传感器测量回风温度，控制电动二通阀的开启度，调节供水量以保证回风的温度波动在允许的范围内。

4.7　排风

洁净室内各工艺设备均有多种形式、多种性质的排风。排风形式有一般排风、工艺排风和酸排风。

净化空调系统因新风量比较大，设置了一般排风系统。

盥洗室、厕所、会议室、高低压配电间设一般排风系统。

排风系统划分如下：

液晶生产前道工序的工艺排风为PE-1系统，由排风机PEF-11-02、PEF-11-03及相应的排风管和风口组成。

液晶生产后道工序的工艺排风为PE-2系统，由排风机PEF-11-01及相应的排风管和风口组成。

刻蚀间因有酸性气体产生，回风全部排除室外，经酸雾塔处理后排放。其排风系统为PE-3。

模块生产的工艺排风为PE-4系统。

液晶生产的空调系统的一般排风系统为DE-1；模块生产的空调系统的一般排风系统为DE-2。

4.8　保温措施

风管使用酚醛泡沫保温，厚度30mm，热导率0.0257W/(m·K)；洁净室采用金属壁板构造，金属壁板内填防火保温材料。

4.9　隔振、消声

空调箱选用低转速风机；空调箱内设置微穿孔板消声段；空调箱与进出风管的连接使用软接头。

5　施工说明

（1）图样所注风管标高为风管底标高。水管标高为管中心标高。未定位的支风管，依照风口位置定位。

（2）风管采用镀锌钢板制作。对洁净空调系统，长边尺寸为500~1120mm的风管厚度为1.0mm；长边尺寸为1250~2000mm的风管厚度为1.2~1.5mm。其他系统的风管厚度及加工方法，按GB 50243—2016《通风与空调工程施工质量验收规范》的规定确定。工艺排风系统PE-1、PE-2、PE-3、PE-4使用玻璃钢风管。

（3）洁净空调系统的风管不允许有横向接缝，纵向接缝也要尽量减少；所有咬口缝翻边处、铆钉处都必须涂密封胶。风管的加强筋不允许设在风管内；风管在制作完后用中性清洗液冲洗，干燥后用塑料膜封口待安装。只允许在安装时拆开风管端口封膜，安装中间停顿时应再封好端口。

(4) 风阀、消声器等各种风管零部件，安装时必须清除内表面的油污和尘土，应用不易掉纤维的材料多次擦拭系统内表面。

(5) 空调箱进出口连接处、风管与排风机连接处，应设 200mm 软接头。

(6) 所有风管都须设置必要的吊支架，其构造形式由安装单位在保证牢固、可靠的原则下根据现场情况选定，详见国家建筑标准设计图集 08K132。

(7) 防火阀必须单独设置吊支架。

(8) 系统安装之后，在保温以前应进行漏风检查，参见 GB 50591—2010《洁净室施工及验收规范》。

(9) 在安装高效过滤器以前，系统应空吹清洁，同时全面清扫洁净室及吊顶，然后试运转系统达 12h 后再次清扫洁净室，方可安装高效过滤器。洁净室的清扫不得用普通吸尘器，必须用配有超净滤袋的吸尘器。

(10) 风口与风管的连接如果有困难，可以使用保温金属软管。

(11) 一般空调系统安装完毕后须全面清扫吊顶。

(12) 洁净室施工完毕后须进行调试、验收和评定，遵照 GB 50591—2010《洁净室施工及验收规范》执行。

(13) 本说明未尽事宜，参照国家有关规范执行。

5.4.6 原理图

原理图又常称为流程图，它应该能充分反映系统的工作原理以及工作介质的流程，表达设计者的设计思想和设计方案。原理图不按投影规则绘制，也不按比例绘制。原理图中的风管和水管一般按粗实线单线绘制，设备轮廓采用中粗线。原理图可以不受物体实际空间位置的约束，根据系统流程表达的需要，来规划图面的布局，使图面线条简洁，系统的流程清晰。如果可能，应尽量与物体的实际空间位置的大体方位相一致。对于垂直式系统，一般按楼层或实际物体的标高从上到下的顺序来组织图面的布局。

空调系统原理图一般包括下列内容：

1) 系统中所有设备及相连的管道，注明各设备名称（可用符号表示）或编号，各空气状态参数（温湿度等）视具体要求标注。

2) 绘出并标注各空调房间的编号，设计参数（冬夏季温湿度、房间静压、洁净度等），可以在相应的风管附近标注系统和各房间的送风、回风、新风与排风量等参数。

3) 绘出并标注系统中各空气处理设备，有时需要绘出空调机组内各处理过程所需的功能段，各技术参数视具体要求标注。

4) 绘出冷热源机房冷冻水、冷却水、蒸汽、热水等各循环系统的流程（包括全部设备和管道、系统配件、仪表等），并宜根据相应的设备标注各主要技术参数，如水温、冷量等。

5) 测量元件（压力、温度、湿度、流量等测试元件）与调节元件之间的关系、相对位置。

图 5-5 所示是一个海关大楼空调系统的原理图。该原理图还有一个附注（原先位于图样的右下角），如表 5-9 所示。

该原理图包括了冷热源、冷热水的输配流程、空气的流程。该图清楚地表达了换热器、冷水机组、水泵、空调箱、风机盘管、膨胀水箱等所处的楼层。通过附注，又说明了各空调房间参数，冷热水的供回水温度，以及冬季、夏季的运行方式。图中管道代号 LRG 表示空调供水管，LRH 表示空调回水管。

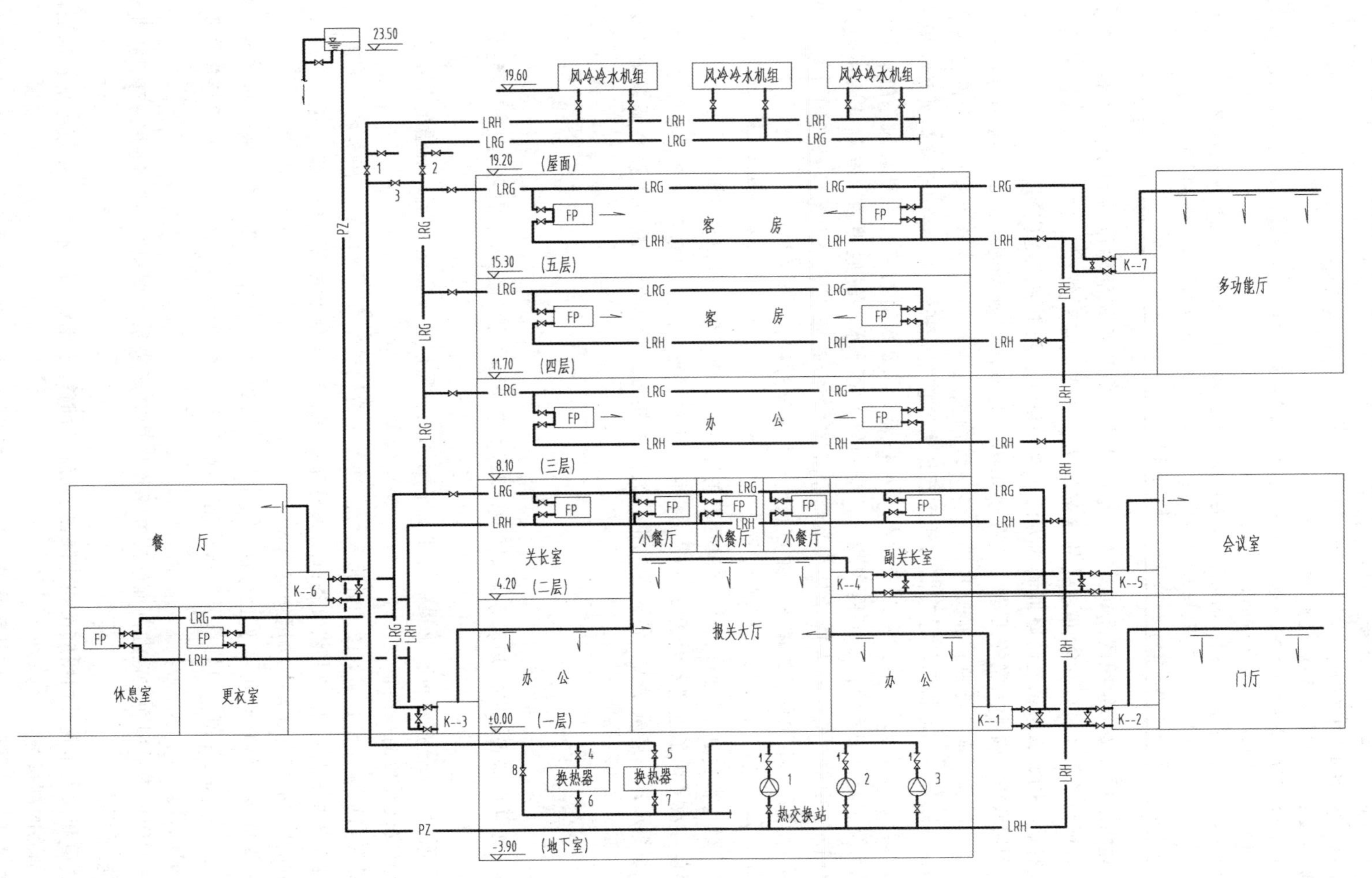

图5-5　某海关大楼空调系统原理图

表 5-9 某海关大楼空调系统原理图的附注

1. 一层报关大厅、办公室、门厅、会议室、四层多功能厅设 K1~7 全空气系统。二层关长室、小餐厅、三层办公室、四五层客房为风机盘管，新风靠门窗开启渗入

2. 空调参数夏季 22~26℃，冬季 18~22℃

3. 空调水系统为双管闭式定流量系统，夏季冷冻水由屋顶 3 台风冷冷水机组供给，供水温度 t=7℃，回水温度 12℃；冬季热水由地下室换热站供给，供水温度 t=65℃，回水温度 55℃

4. 夏季水泵 2 台运行，1 台备用；冬季 1 台运行，2 台备用，水泵和冷水机组连锁，先开水泵后开冷水机组

5. 冷热水季节转换：夏季开 1、2、8 阀门，关 3、4、5、6、7 阀门；冬季开 3、4、5、6、7 阀门，关 1、2、8 阀门

6. 膨胀水箱设水位控制器与水泵连锁，系统补水由补水泵完成

该原理图采用分楼层组织图面布局的方法，使水、空气系统的输配流程十分清晰。通过该图，可以直观地了解各设备和管道承受的水静压力，对于确定系统定压方案和分析系统的压力分布十分有益。因此，这种绘制原理图的方法在空调设计实践中被广泛应用。

在工程实践中，对于大型的工程，要在一张图上完整详细地表达全部的系统和过程几乎是不可能的。这时就可能要绘制多张原理图，各原理图重点表达通风空调工程的一个部分或者子项。例如，可以将冷热源机房的原理图与输配系统的原理图分开绘制；将水系统与风系统原理图分开绘制。水系统有时又细分为热水系统和冷水系统，风系统有时又分为循环风系统、新风系统、排风系统、防排烟系统；在工程实践中，应用较多的是水系统原理图（包括或者不包括冷热源，将图 5-5 中的空气流程去掉就是水系统原理图）、冷热源机房热力系统原理图（参见第 3 章）、不含冷热源的空调系统原理图（重点表达空气处理过程）。

图 5-6 所示是某厂房办公辅助区的空调系统原理图，图中表达了一个空调系统，该空调系统包括空调机组、水管道、送回风管、排风管道与设备、空调对象，不包括冷热源。各房间均标有室内温湿度参数，为了达到室内设计参数，图中通过空气处理设备的布置顺序、空气处理方式、室内气流组织形式、排风方式、各风管风量、温度控制方式等内容，说明了该空调系统的工作原理。

5.4.7 平面图

平面图必须反映各设备、风管、风口、水管等安装平面位置与建筑平面之间的相互关系。一般规定如下：

1）平面图一般是在建筑专业提供的建筑平面图上，采用正投影法绘制，所绘的系统平面图应包括所有安装需要的平面定位尺寸。

2）绘制时应保留原有建筑图的外形尺寸、建筑定位轴线编号、房间和工段等各区域名称。

3）绘制平面图时，有关工艺设备画出其外轮廓线，非本专业的图（门、窗、梁、柱、平台等建筑构配件、工艺设备等）均用细实线表示。

4）若车间仅一部分或几层平面与本专业有关，可以仅绘制有关部分与层数，并画出切断线。对于比较复杂的建筑，应局部分区域绘制，如车间，应在所绘部分的图面上标出该部分在车间总体中的位置。

5）平面图中表示剖面位置的剖面线应在平面图中有所表示，剖视线应尽量少拐弯。指北针应画在首层平面上。

6）管道和设备布置平面图应按假想除去上层板后俯视规则绘制，否则应在相应垂直剖面图中表示平剖面的剖切符号。

7）空调通风工程平面图按其系统特点一般有风管系统平面图（根据系统的复杂程度有时又可分风口布置平面图、风管布置平面图）、水管布置平面图、空调机房平面图、冷冻机房平面图

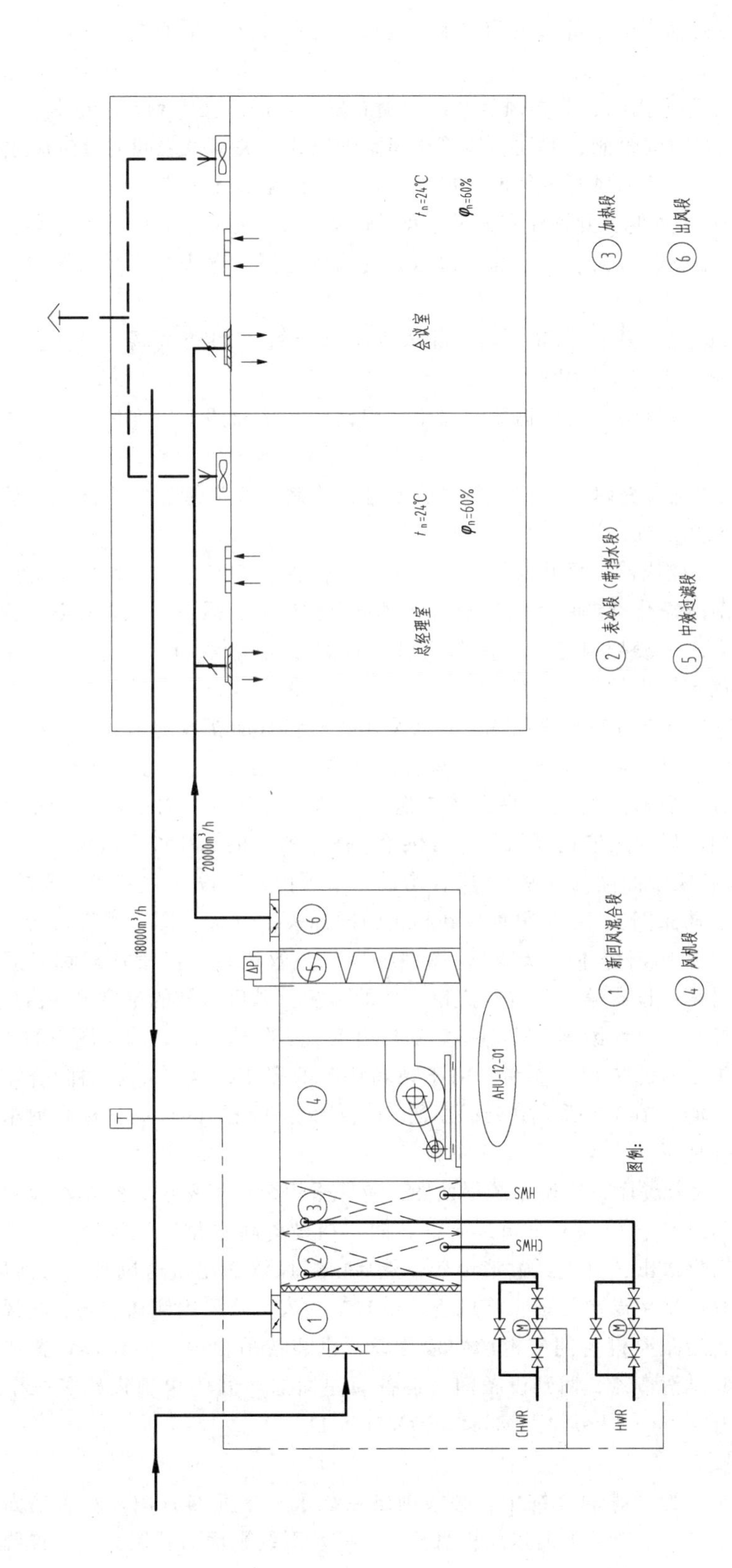

图 5-6　某办公辅助区空调系统原理图

(冷冻机房的绘制方法参见第3章)等。风管与水管也可以绘制在一个平面图上。

1. 风管布置平面图

空调通风工程风管布置平面图，是指风管系统管道布置。一般应按下列要求绘制：

1）风管按比例用中粗双线绘制，并注明风管与建筑轴线或有关部位之间的定位尺寸。

2）标注风管尺寸时，只注两风管变径前后尺寸，标注方法见5.2.3节。

3）风管立管穿楼板或屋面时，除标注布置尺寸及风管尺寸外，还应标有所属系统编号及走向。

4）风管系统中的变径管、弯头、三通均应适当地按比例绘制，弯头的半径与角度有特殊要求时应标出。

5）风管系统上安装的除尘器、平面上可见的风管构件位置（如调节阀、检修孔、清扫孔等）均应一一画出，并标注其定位尺寸。

6）诸如屋面上的自然排风帽等需根据要求加工的附件，在平面图上以实线绘制，并注明风帽型号及标准图号。

7）多根风管在平面图上重叠时，应将上面风管断开，绘制下面风管，并标注各风管的系统编号，风管重叠画法见5.2.1节。

8）送、回、排风口（散流器、百叶回风口、排风罩）位置、类型、尺寸及数量应能明确反映，并标注定位尺寸。对于净化空调由于房间送、回风口个数较多，风口、风管在各平面图上难以清晰地表示各安装位置，一般把风口布置图与风管布置图分别绘制，此时风口平面布置图还可作为净化空调验收时确定风口的测定方案。

图5-7所示为某公司食堂空调系统平面图，系统采用风机盘管加新风的形式。风机盘管处理循环风，回风从风机盘管下方的回风口进入，经盘管进行热湿处理后，由三个送风口送到大厅。新风由独立的新风系统处理后通过房间中央送风口送入房间，为保持室内一定的风量平衡，室内右侧布置了六台排风扇，以满足室内新风的正常供给。图中所标的标高说明新风管道、排风管道标高为3.8m，风机盘管风管标高为3.9m，风管均设在吊顶内。对设计时有特殊要求的部件，如轴流风机（带防雨罩、防虫网），由于很难找到相应的国标表示方式，图中采用自行设计的图形，通过图例加以说明（图例部分本书从略）。图中各风机盘管风口、风管均对称有规则地布置，一般情况下，可仅对第一排或第一列进行定位尺寸的标注，风机盘管的定位尺寸由风口定位尺寸决定，一般可以不标注，以便给施工安装一定的自由度。实际施工时，施工图中的风口定位尺寸将作为施工准备及施工时的依据或参考，由于现场情况的多变以及各专业的配合需要等因素，定位尺寸有调整的可能。图5-7所示中央标注的FL表示食堂底层的标高，标高前未加任何符号，表示其基准为室外地坪。

图5-8所示是某办公大楼餐厅的空调系统平面图。餐厅采用全空气系统。空调箱设置在餐厅北面的设备间内。窗外新风经过新风过滤箱进入设备间，在设备间中与回风混合后，进入空调箱，经过处理后，由送风机送出，首先经过消声器，然后由送风管送出。送风管在房间的东面、南面和西面沿墙敷设。餐厅采用局部吊顶，将风管隐蔽起来。该系统采用侧送方式，送风口安装在送风管的侧面。回风管沿距离设备间较近的北墙敷设，也装在吊顶内，回风口设置在风管下面。回风进入回风管，经过消声器，回到设备间。设备间左面的房间中单独设置了一个风机盘管。为表达清楚，这里有*A—A*、*B—B*两个剖面，参见图5-11。

2. 水管布置平面图

空调工程中以冷冻水作为冷媒的系统中，必须画出系统水管平面布置图。水管平面布置图绘制规则可参见3.1.2等有关小节。下面以风机盘管系统的水系统平面布置图为例，说明空调系统中的水系统平面布置图绘制规则：

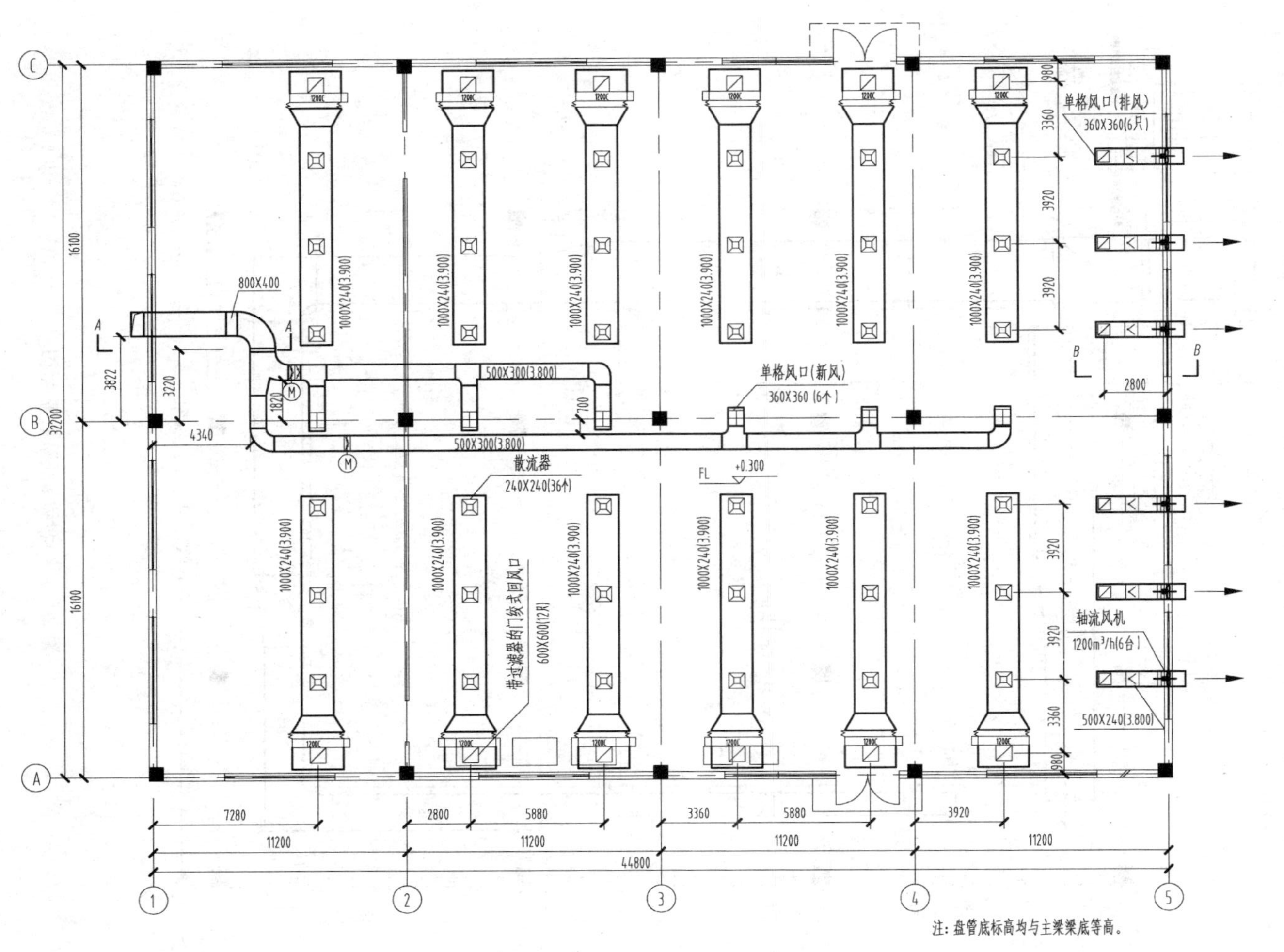

图 5-7　某空调系统风管布置平面图

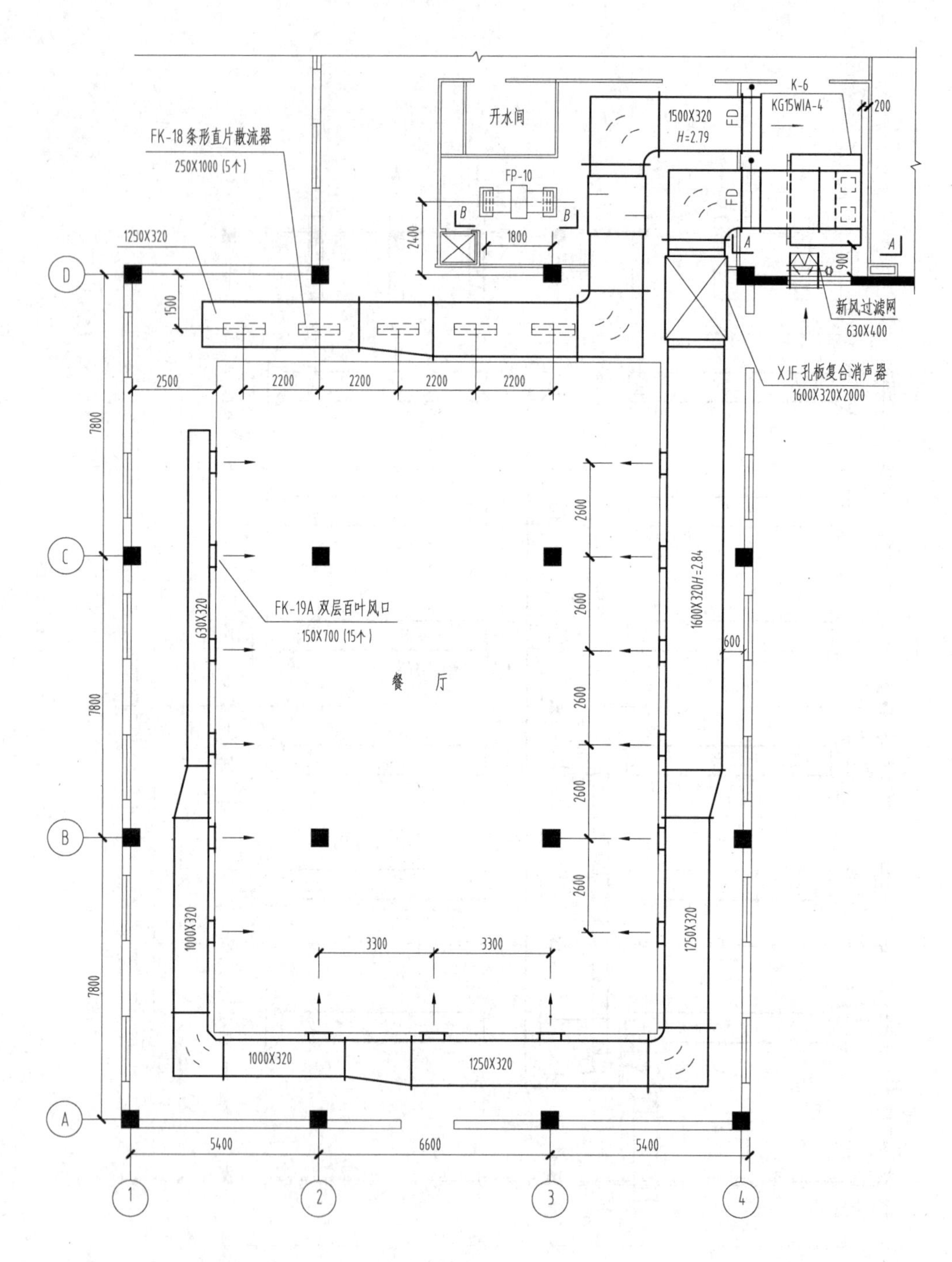

图 5-8 某餐厅空调系统平面图

1）水管一般采用单线方式绘制，以粗实线表示供水管、粗虚线表示回水管，并注明水管直径与规格以及管径中心离建筑墙、柱或有关部位的尺寸。

2）凝水管等应标注其坡度与坡向。

3）风机盘管、管道系统相应的附件采用中粗实线按比例和规定符号画出，如遇特殊附件则按自行设计的图例画出。

4）系统总水管供多个系统时，必须注明系统代号与编号。

5）其他规定与第 3 章及第 4 章有关章节要求相同。

图 5-9 是图 5-7 中风机盘管的水系统平面图。识图时一般将风管、水管布置图对照看，以帮助理解图中的设计思想。图中仅对供回水管进行了定位标注，未对凝水管进行定位标注，但图中的设计思想已表明，希望凝水管尽可能靠墙。风机盘管接管上阀门比较多，且各风机盘管阀门安装方式相同，为此采用单独画出风机盘管接管示意图表示（本书从略），以避免总平面图上的复杂化，使平面图突出反映管道的走向及安装位置。可参照图 5-13（图 5-9 的轴测图），更为直观地了解该水系统。

3. 空调机房平面图

空调机房平面图必须反映空气处理设备与风管、水管连接的相互关系及安装位置，同时应尽可能说明空气处理与调节原理。一般含下列内容：

1）空气处理设备：应注明机房内所有空气处理设备的型号、规格、数量，并按比例画出其轮廓和安装的定位尺寸。空调机组宜注明各功能段（风机段、表冷段、加热段、加湿段、混合段等功能段）名称、容量。

2）风管系统：各送风管、回风管、新风管、排风管等采用双线风管画法，注明与空气处理设备连接的安装位置，对风管上的设备（如管道加热器、消声设备等）必须按比例根据实际位置画出，对于各调节阀、防火阀、软接头等可根据实际安装位置示意画出。

3）水（汽）管系统：采用单粗线绘制，如机房水汽管并存，则采用代号标注区分。所画系统应充分反映各水（汽）管与空气热湿处理设备之间的连接关系和安装位置，对于管道上的附件（如水过滤器、各种调节阀等）可按比例画出其安装位置，各水（汽）管画法参见 3.1 节。

4）其他：设备机组等基础轮廓、地漏等（平面图中可见部分）采用细实线画出；所有风管、水管等穿越机房时应采用系统规定的代号标明管道来去目的地；平面图中还应标明设备前各操作面纵横尺寸，以及设备、管道靠墙时与墙的间距。室外机组必须注明防雨、防鸟等措施的附件。

图 5-10 所示是某工厂的空调机房平面图。回风从车间流回，一部分穿过机房排出室外，一部分与从屋面接入空调箱的新风混合，经处理后从空调箱顶端送至车间。水泵和分、集水器以及膨胀水箱都放置在机房。空调冷冻水分两个系统，从分水器一路接至车间用户，一路供空调箱及附近控制室中的风机盘管。集水器、分水器之间采用压差旁通调节水流量。为了清楚地表示空调箱的接管位置，该图在 *A—A* 面剖切。剖面图参见图 5-12。图中各设备标号所示的设备见表 5-10。

表 5-10　图中各设备代号

1	组合式空调机组	5	集水器
2	管道泵	6	分水器
3	膨胀水箱	7	送风消声静压箱
4	风机盘管	8	回风消声静压箱

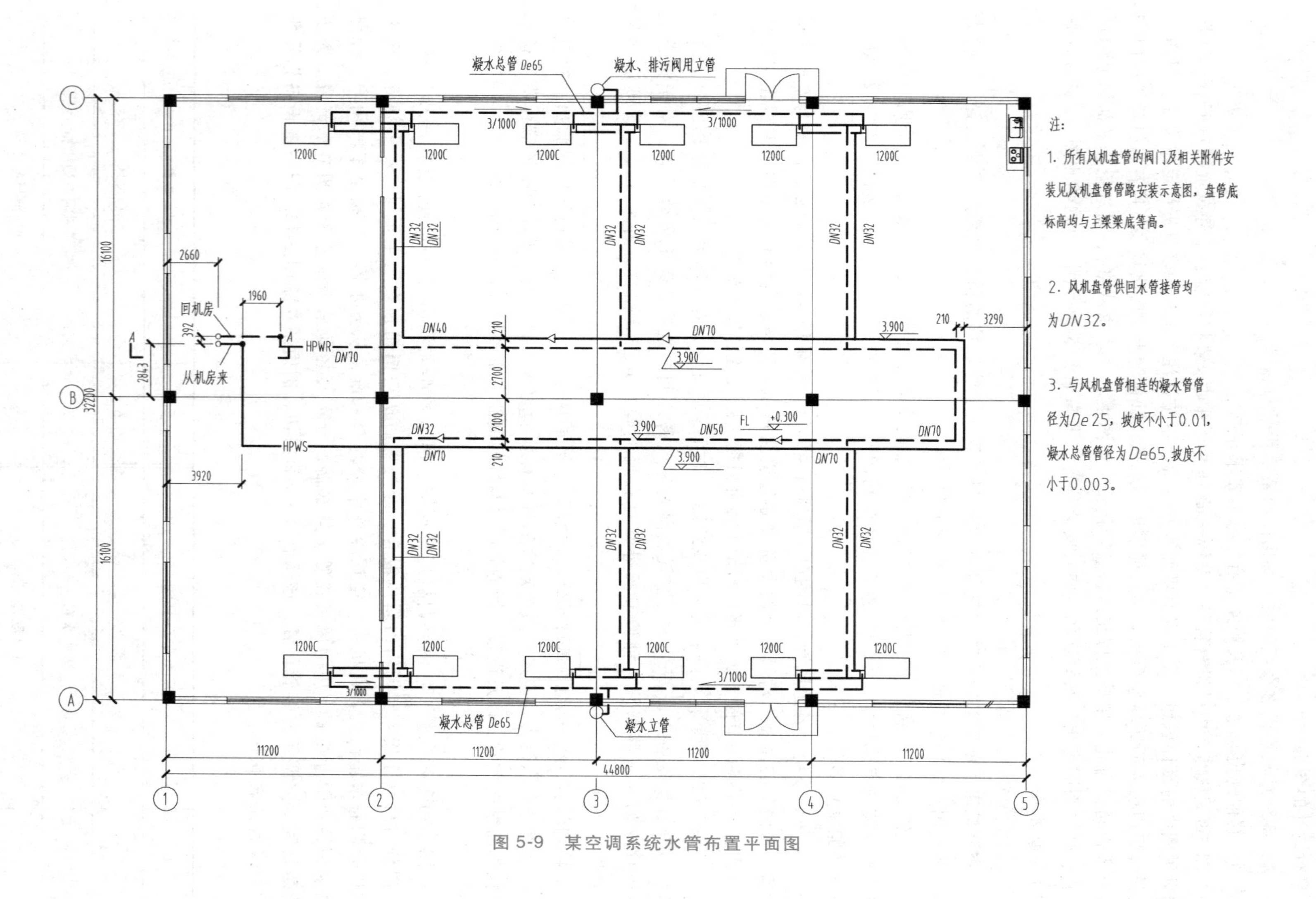

图 5-9 某空调系统水管布置平面图

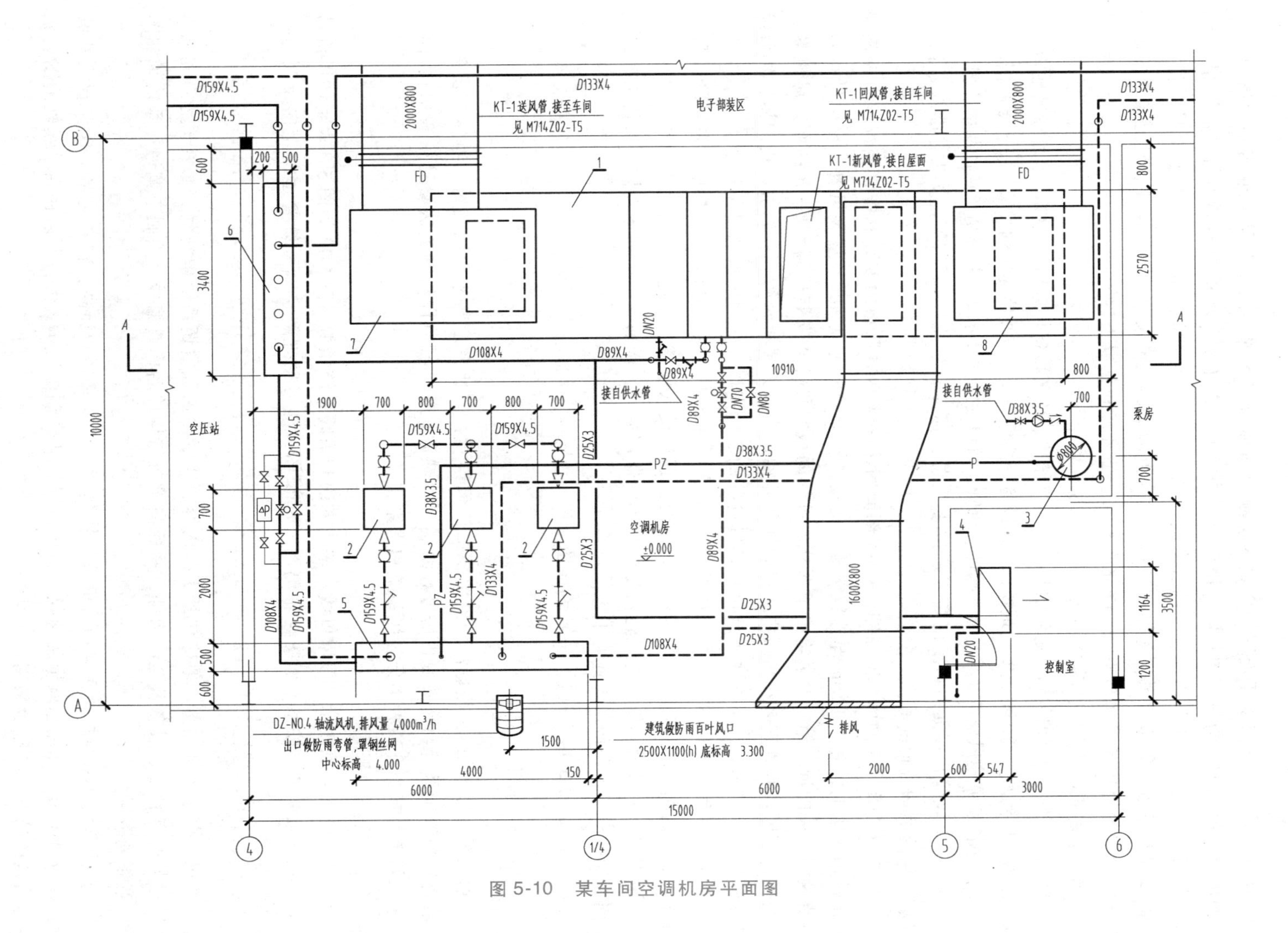

图 5-10　某车间空调机房平面图

5.4.8 剖面图

从某一视点，通过对平面图剖切观察绘制的图称为剖面图。剖面图是为说明平面图难以表达的内容而绘制的，与平面图相同采用正投影法绘制。图中所说明的内容必须与平面图相一致。常见的有空调通风系统剖面图、空调机房剖面图、冷冻机房剖面图等，经常用于说明立管复杂，部件多以及设备、管道、风口等纵横交错时垂直方向上的定位尺寸。图中设备、管道与建筑之间的线型设置等规则与平面图相同，除此之外，一般还应包括以下内容：

1）剖视和剖切符号，其绘制方法参见 2.5.3 节。

2）凡在平面图上被剖到或见到的有关建筑、结构、工艺设备均应用细实线画出。标出地板、楼板、门窗、顶棚及与通风有关的建筑物、工艺设备等的标高，并应注明建筑轴线编号、土壤图例。

3）标注空调通风设备及其基础、构件、风管、风口的定位尺寸及有关标高、管径及系统编号。

4）标出风管出屋面的排出口高度及拉索位置，标注自然排风帽下的滴水盘与排水管位置、凝水管用的地沟或地漏等。

图 5-11 是图 5-8 的两个剖面图。*A—A* 剖面图用来表达空调箱的安装和配管情况，空调箱安装在槽钢底座上，并用 10mm 厚橡胶垫减小振动。空调箱的进风口没有安装风管，整个设备间作为新风和回风的混合箱。这里给出了部分送风管的截面尺寸和安装标高。*B—B* 剖面是风机盘管的剖面，该风机盘管安装在吊顶内，房间回风经回风口进入风机盘管，首先由风机加压，然后经过盘管，送入房间。这里标注了风口和风机盘管的底标高以及送回风口的安装位置。

为表达平面图上风管垂直方向结构，并以最简便方式提供更多信息，还可以采用阶梯形剖切方式。剖面图中不仅应该反映管道布置情况，还应反映设备、管道布置的定位尺寸。

平面图、系统轴测图上能表达清楚的可不绘制剖面图，剖面图与平面图在同一张图上时，应将剖面图位于平面图的上方或右上方。

图 5-12 是图 5-10 对应的 *A—A* 剖面图。

5.4.9 轴测图

轴测图一般采用 45°投影法，以单线按比例绘制，其比例应与平面图相符，特殊情况除外。一般将室内输配系统与冷热源机房分开绘制（冷热源机房的轴测图绘制方法参见第 3 章）；而室内输配系统又根据介质种类分为风系统和水系统。

1. 水系统轴测图

水管系统的轴测表示一般用单线，基本方法和采暖系统相似。图 5-13 为图 5-9 表示的风机盘管的水系统轴测图。联系平面图与轴测图一起识图，能帮助理解空调系统管道的走向及其与设备的关联。

2. 风系统轴测图

通风空调系统轴测图一般应包括下列内容：表示出通风空调系统中空气（或冷热水等介质）所经过的所有管道、设备及全部构件，并标注设备与构件名称或编号。绘制空调通风系统轴测图应注意下列事项：

1）用单线或双线按比例绘制管道系统轴测图，标注管径、标高，在各支路上标注管径及风量，在风机出口段标注总风量及管径。由于双线轴测图制图工作量大，所以在用单线轴测图能够表达清楚的情况下，很少采用。

2）按比例（或示意）绘出局部排风罩及送排风口、回风口，并标注定位尺寸、风口形式。

3）管道有坡度要求时，应标注坡度、坡向，如要排水，应在风机或风管上表示出排水管及阀门。

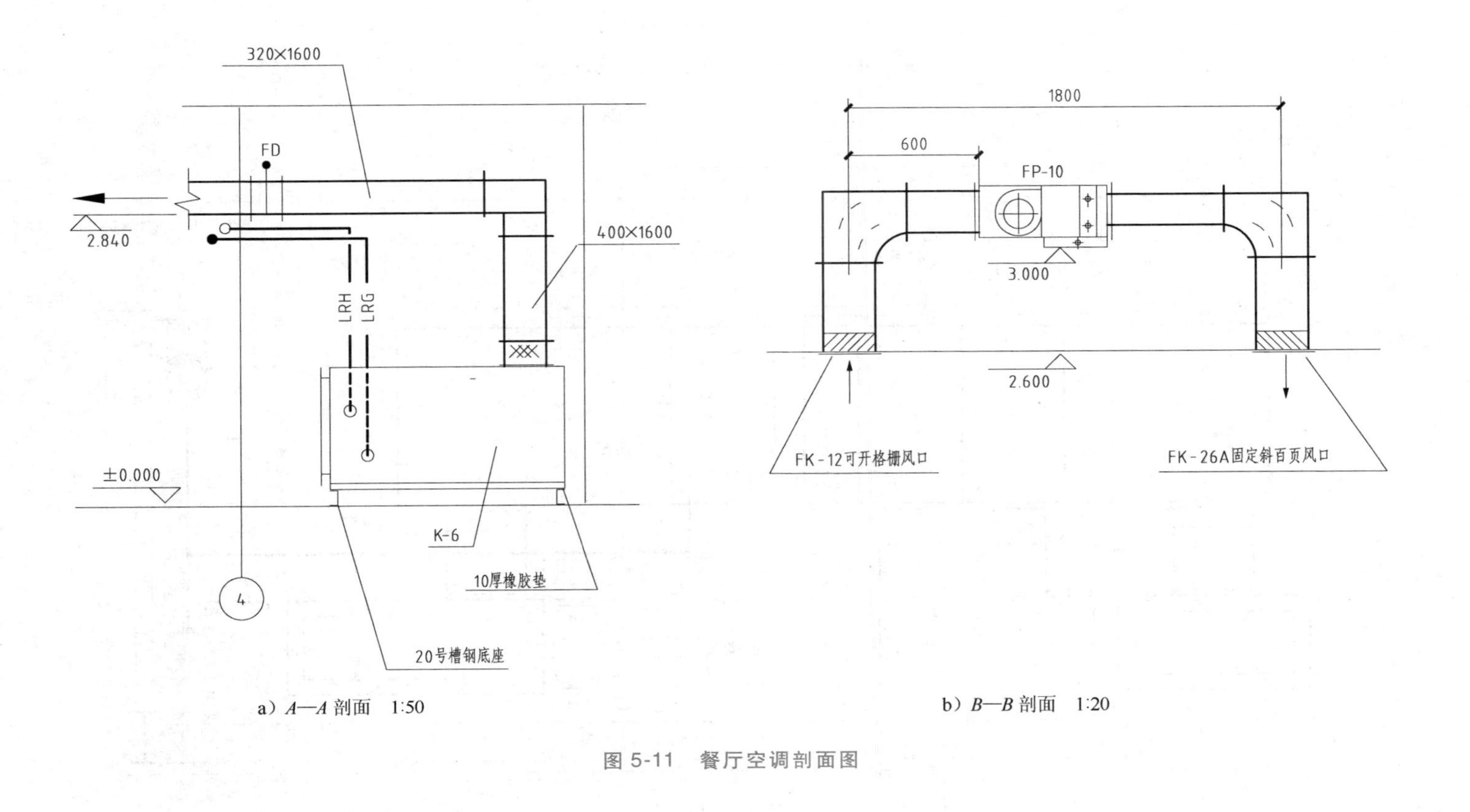

图 5-11　餐厅空调剖面图

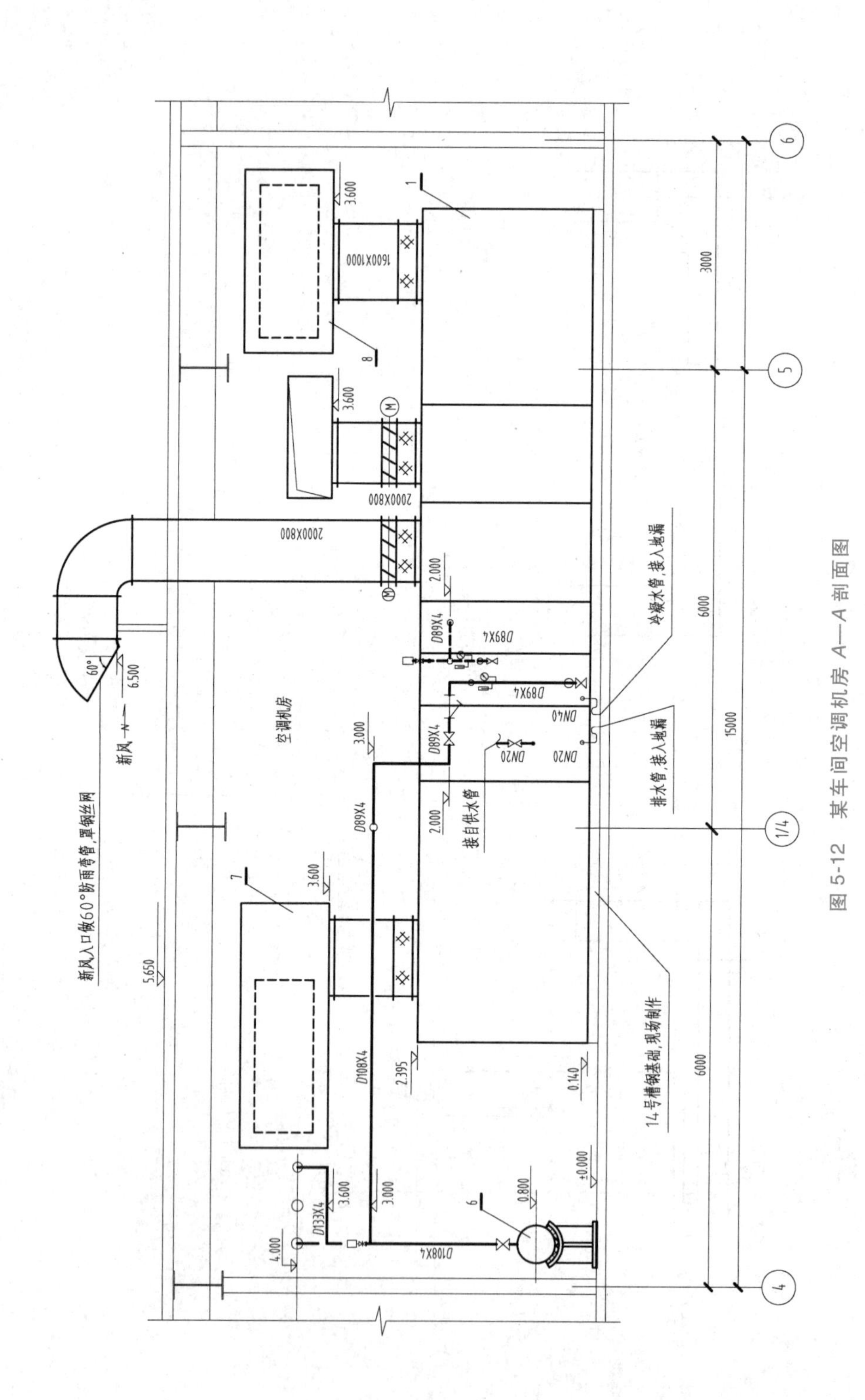

图 5-12 某车间空调机房 A—A 剖面图

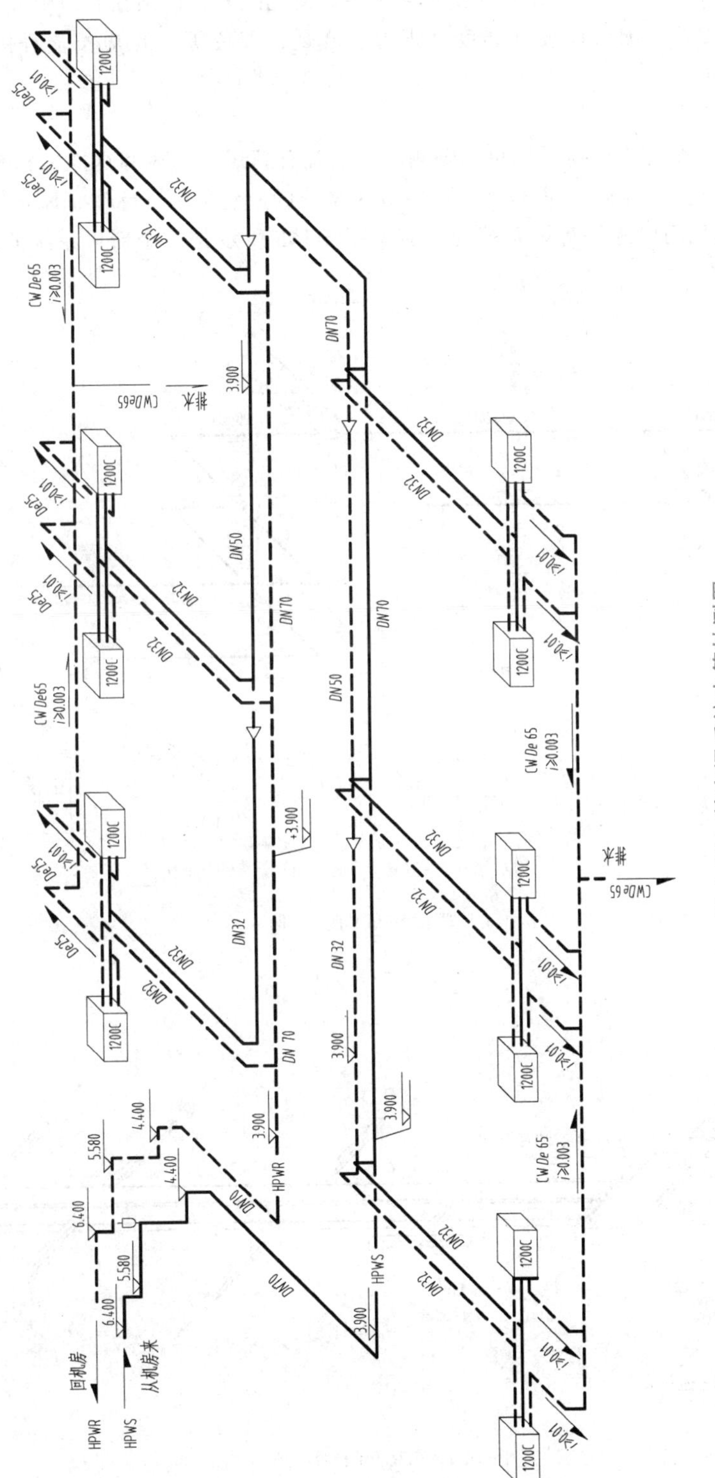

图 5-13　某空调系统水管轴测图

4）凡水平管道、设备及构件，均须标注标高，但除尘系统管道可以只标最高点的控制标高，圆形风管标中心标高，风机入口标中心标高（特殊情况除外，但须在附注中说明）。

5）各管道上主要热工测量仪表（温度、压力、流量、液位等）也应按流程图画在相应位置上。

6）应标明各种管道的来向与去向。

图 5-14a 所示是一个完整的风系统单线轴测图，系统有新风、回风和送风，轴测图包括了风管、送回风口、调节阀、空调器、混合箱、变径等风系统的所有部件，标注了风管的截面尺寸和标高。通过该图，可以清晰地了解风系统的概貌。图 5-14b 所示是一个新风系统的双线轴测图。

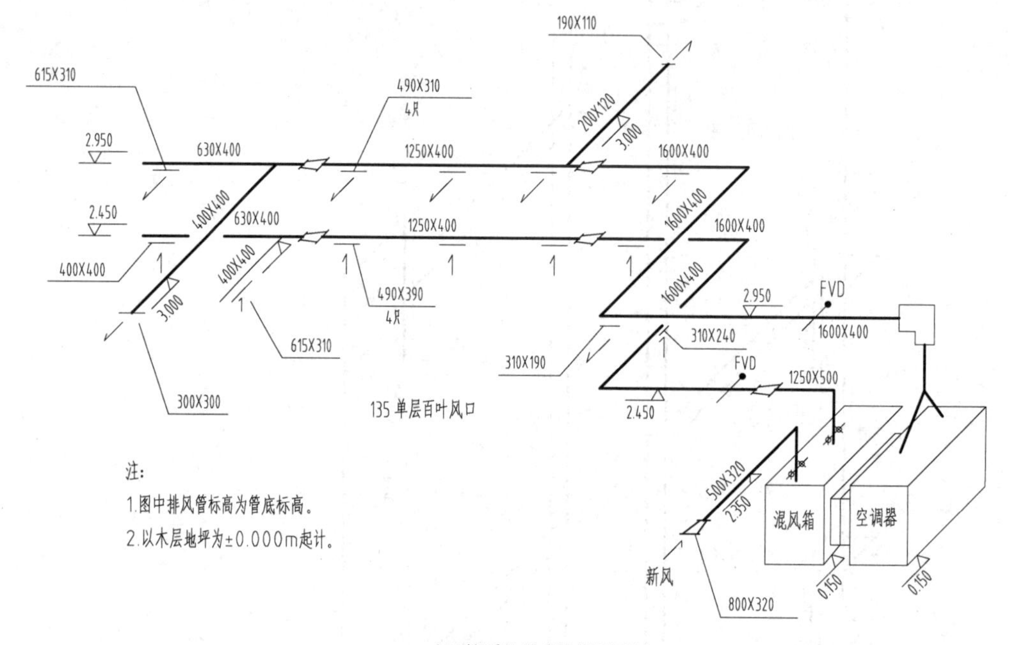

a) 风管系统单线轴测图示例

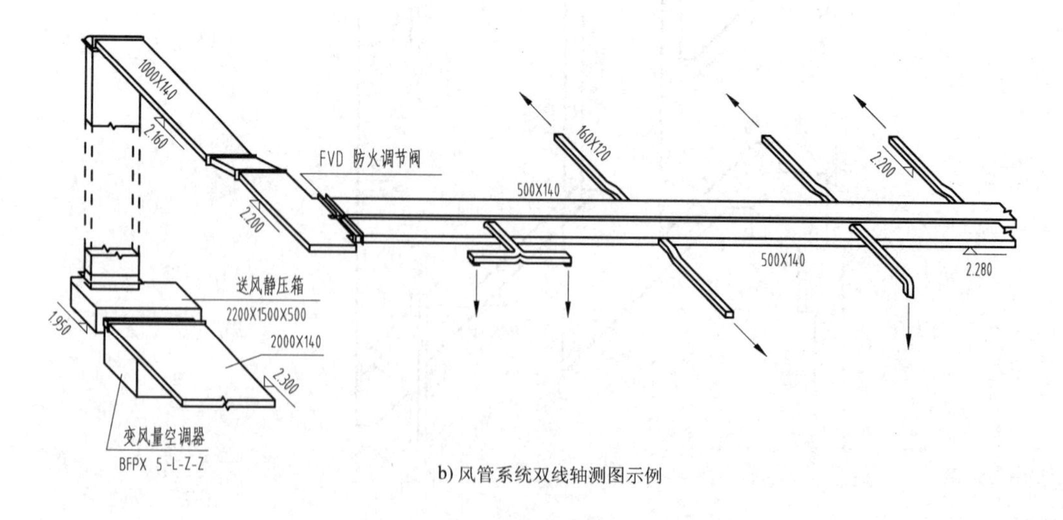

b) 风管系统双线轴测图示例

图 5-14 风系统轴测图示例（单线与双线）

它是一个变风量的新风系统。空调箱型号中的 BFP 表示变风量空调箱，X5 表示新风量为 $5000m^3/h$，L 表示立式（出风口在上方），Z 表示进出水管在箱体左面进出，Z 表示过滤网框可以从左面取出。

7）空调机组配置图还应给出机组制作的技术要求，如材料、密封形式等。

5.4.10　空调机组配置图

空调工程施工图中，还应包括设计者根据设计要求确定的且又无现成产品的空调机组配置图，空调系统选用标准形式产品的空调机组不需配置图，绘制配置图的目的是让施工单位根据配置图所确定的机组各功能段要求采购空调机组，并作为生产厂家生产非标机组的技术条件，根据这一目的，空调机组配置图中应包括下列内容：

1）应明确机组内各功能段名称、容量、长度等特征参数。

2）应明确表明机组外壳尺寸，以便机房布置。

3）如果机组有自控要求，配置图中应反映被控参数传感信号及执行机构等控制原理。

4）如果机组立面图无法说明空气出入口位置，配置图应包括相应的剖面图或平面图。

5）空调机组配置图还应给出机组制作的技术要求，如材料、密封形式等。

图 5-15 所示为某室外空调机组配置图，它由立、平、侧三视图构成，充分说明了风管与其连接的相互关系。该空调机组侧面回风，经回风机部分排至室外，部分空气与新风混合，经过滤、表冷段冷却、挡水板除去水滴，由送风机顶端送出。图中所附的技术参数与技术要求作为空调机组生产商的制作依据。

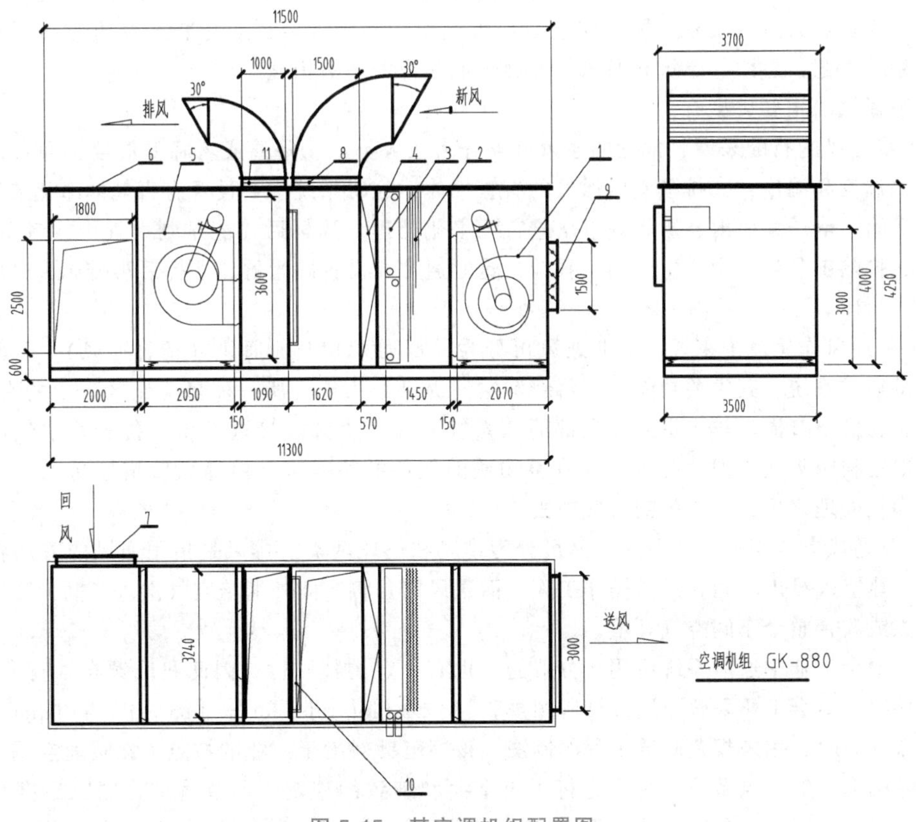

图 5-15　某空调机组配置图

技术要求:

1.此空调箱系户外型左式机组。

2.空调箱顶部必须采用SUS304/1.2t制作。

3.顶部必须采用结构防渗漏构造,不得用填密封胶形式。

4.立面密封采用填密封胶形式。

5.此空调箱的风机段均采用电动机外置。

6.空调箱壁板为双层彩钢聚氨脂夹心板。

7.回风段必须有消声功能。

8.新风口的防虫网必须便于拆卸。

9.各功能段必须配置检修门。

技术参数:

序号	名称	备注	
1	送风机箱	Q=76000m³/h P=300Pa N=37kW	
2	挡水板	AL	
3	表冷器	冷量: 450kW	
4	袋式初效过滤器		
5	回风机箱	Q=76000m³/h P=400Pa N=15kW	
6	防渗漏顶盖	SUS304	
7	电动回风阀		开关型
8	电动新风阀	带防雨百叶及防虫网	
9	电动送风阀		
10	电动切换阀		
11	电动排风阀	带自垂百叶	

图5-15 某空调机组配置图(续)

5.5 工业通风工程制图与识图

与民用建筑不同，工业建筑中的很多工艺流程都散发出对人体和设备有害的粉尘和气体，为了防止大量热、蒸汽或有害物质向生活地带或作业地带放散，防止有害物质对周围环境的污染，必须从工艺、总图、建筑和通风等方面采取相应的防治措施。

工业通风的主要类型有：

1）从通风的目的来说，常见的通风可以分为三大类：①降温或者降低湿度，通过通风来降低室内的温度和湿度；②排除室内散发的有害气体，这时系统中要设置有害气体净化装置，通过吸收、吸附、电子束照射、燃烧等方法进行无害化处理，达标后才能排到大气中或者重新利用；③除尘，排除工艺生产中产生的粉尘颗粒，这时通常要设置除尘器，达标后再排到大气中或者重新利用。

2）从通风作用范围来说，工业通风可分为局部通风和全面通风（稀释通风）。全面通风是最基本的通风系统，其主要功能在于将新鲜空气提供给工作场所，稀释工作区产生的有害物质，并将有害物借空气流动排出室外。局部通风系统是在发生源或接近发生源位置将空气污染物排除，一般是利用吸气罩把含有粉尘或有害物质的气体捕集起来，由通风管道输送到净化处理设备。经净化处理之后，再排放到大气中去。

3）从通风方式来说，工业通风又可分为排风和送风两类。排风是指用通风的方法将有害物质或湿、热空气排出车间，远离操作工人；而送风则是将车间外清洁空气送入车间，直接作用于操作工人或改善整个车间空气环境。

由于冶金工业中通风系统应用十分普遍，也有一定的特殊性，因此我国颁布了行业标准YB 9076—1997《冶金工业采暖通风设计制图规程》(Drafting rules for heating and ventilation of metallurgical industry)，用来规范暖通工程的制图。该规范针对冶金工业的特点，在暖通空调制图国家标准的基础上，对通风系统的制图进行了更全面和细致的规定，本节将结合国家标准和冶金行业标准，对工业通风工程图中的平面图、剖面图、系统轴测图等的制图方法进行介绍。

5.5.1　工业通风工程常用图形符号

工业通风工程中风管（圆形或者矩形的送风管、回风管）的绘制方法与普通通风空调工程相同，大多数附件（三通、弯头、变径、风阀、送风口、回风口、散流器、风帽等）以及控制和调节机构的图形符号的表示方法也与普通通风空调工程相同，可参见本章第 3 节的内容，表 5-11 列举了一些工业通风工程专门附件的图形符号。

表 5-11　工业通风常用专门附件的图形符号

序号	名称	图　例	备　注
1	离心式通风机	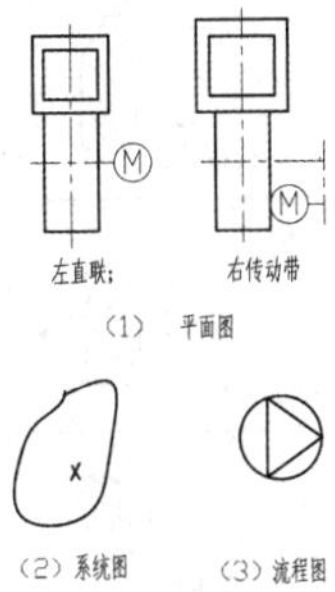	Centrifugal ventilator
2	轴流式通风机	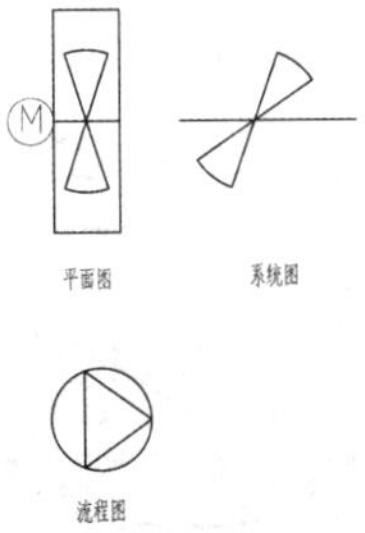	Axial ventilator
3	离心式水泵	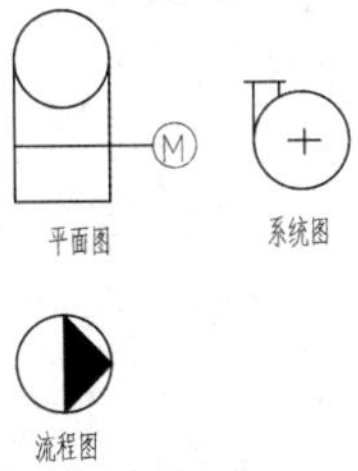	Centrifugal pump
4	移动式吹风机组	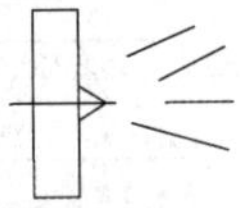	Mobile blowing unit
5	台扇		Table fan
6	吊扇	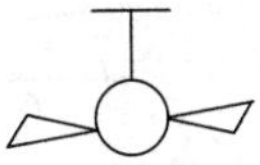	Ceiling fan

（续）

序号	名称	图 例	备 注
7	卷绕式空气过滤器		Coiling type air filter
8	喷雾排管		Atomization nozzle
9	圆形空气分布器		Circular air distributor
10	矩形空气分布器		Square air distributior
11	双面吸(送)风管		Dual-side suction (supply) air duct
12	单面吸(送)风管		Single-side suction (supply) air duct
13	旋转送风口		Revolving outlet
14	柔性连接管		Flexible connecting duct
15	测风量 风压孔		Hole for flow and pressure measurement
16	测温孔		Hole for temperature measurement
17	三层扩散器		Three layer diffusers
18	搬板式送风口		Plate type air outlet
19	等量送风口		Equal-flow air outlet

（续）

序号	名称	图　例	备　注
20	调节式送风口		Air outlet with adjustment
21	吸气罩		Hood
22	集尘箱		Dust collecting chamber
23	墙内风管及风口		Air duct and outlet in wall
24	调节套		Adjusting sleeve
25	调节瓣		Regulating flap
26	空气加热器旁通阀		Air heater with side by-pass damper
27	空气加热器上通阀		Air heater with top by-passes damper
28	固定式电动喷雾机		Stationary electrically operated sprayer
29	旋转式电动喷雾机		Rotary electrical operated sprayer
30	自动混风阀		Automatic mixing damper
31	手动混风阀		Manual mixing damper
32	圆锥闪动阀		
33	锁气器		Flapper,clapper
34	星形卸料阀		Star-shaped dump valve

（续）

序号	名称	图　例	备　注
35	有压扇		Pressurized fan
36	天井扇		
37	排风罩		Exhaust hood
38	除尘器		Dust catcher

5.5.2 工业通风工程制图的基本原则

工业通风工程图一般包括平面图、剖面图、系统轴测图、详图以及文字说明等。其中详图包括设备和构件的制作与安装图等，文字说明包括图样目录、设计和施工说明、设备和配件明细栏等。

1. 施工说明

通风部分在施工说明中应交代施工中的如下事项：

1）有关通风、除尘、有害气体净化安装要求及注意事项。

2）风管刷油及保温要求书。

3）风管支架、风管的连接方法及敷设要求。

4）风管厚度的要求。

5）有关防爆、防腐、防震、防水的要求。

6）地下管道敷设的特殊要求。

2. 工业通风平、剖（断）面图

工业通风系统的平面图用来表达设备以及管道的布置和定位情况，制图时一般要遵守下列原则：

1）根据工程大小、系统多少，可以将几个系统合并绘制在一张图上，也可以将各个系统单独绘制。

2）与通风有关的土建、工艺部分用细实线及细双点画线绘制，并按土建资料标注有关定位轴线尺寸。

3）工业通风平、剖面图应绘出通风系统布置情况及设备安装详细尺寸，标出主要通风设备（风机、除尘器、有害气体净化装置等）与定位轴线的相关尺寸，并用引出线标明各系统代号。对送排风设备、空气分布器及吸气罩等应用箭头表示气流方向。

4）当管路系统有中断处时，必须注明接自或接至某系统，以及参见有关系统的图号。

5）屋面安装的排风帽，在平面图上用中实线将排风帽画出，并标明与建筑的相关位置。

6）断面图应根据平面图上所标注的剖切处，用细实线及细双点画线绘制出该部分的土建、工艺部分，用粗实线绘制出通风系统所能见到的设备、机组及管路部分。

7）断面图上应标注出厂房建筑相对标高（地坪、平台、厂房下弦线等）行列线、柱号、柱距及跨距等有关尺寸。

8）应标出管道的各段管径、长度、标高（圆形风管标管中心、矩形风管标底边）及与柱列线的相关尺寸。

9）对地下管道或埋设在基础内的管道，应标明进出口的详细位置，各段管径中心标高以及露出地坪或基础面的高度，并画出加固套管及该处地下设备基础及地下构筑物的轮廓线。

10）编制设备、材料表及有关说明，如果该系统有单独的系统轴测图时，则设备、材料表可以列在系统轴测图的图样上。

工业通风工程平面图、剖面图实例参见图5-16、图5-17和图5-18。设备表实例参见图5-19。

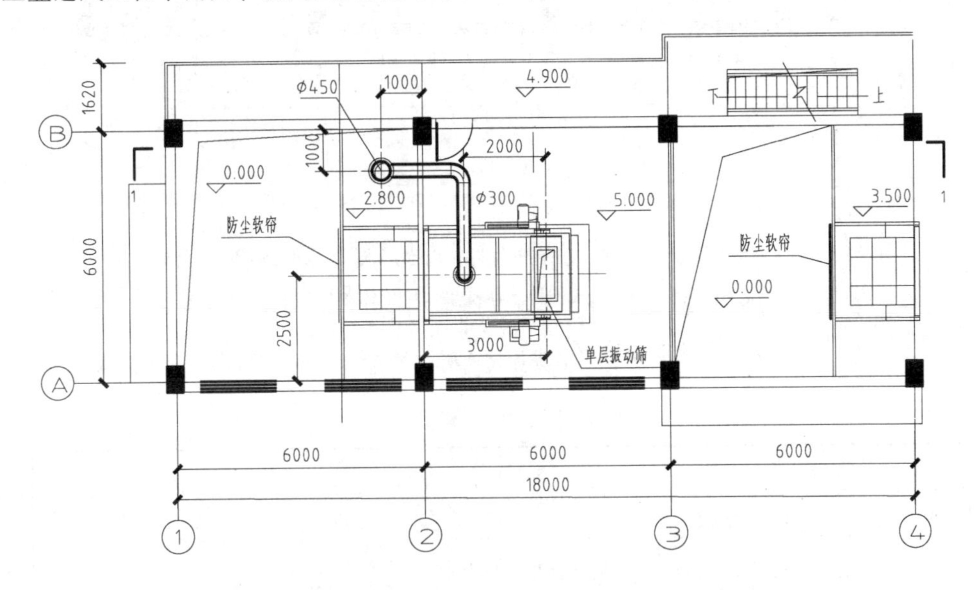

图5-16　某厂破碎机除尘工艺布置标高5.000m平面图

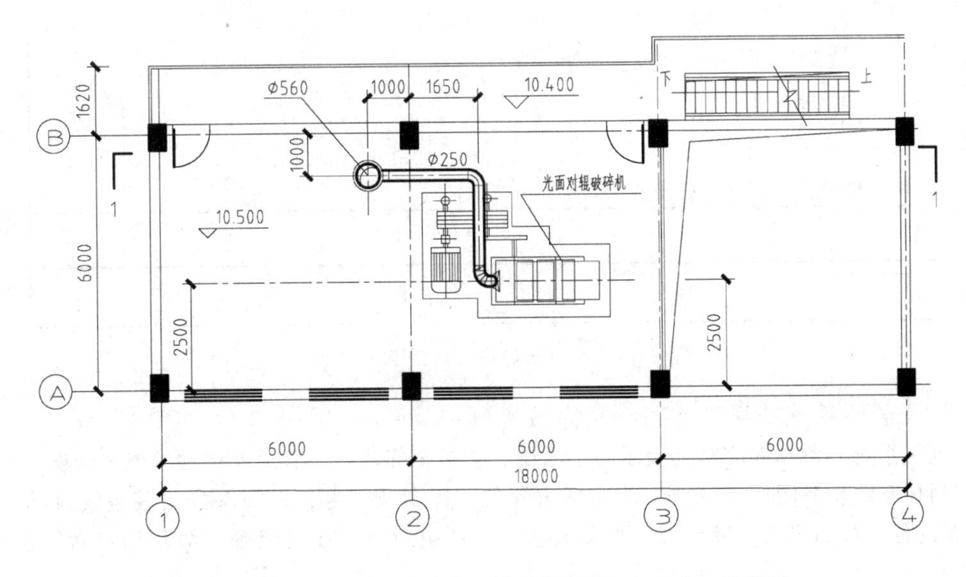

图5-17　某厂破碎机除尘工艺布置标高10.500m平面图

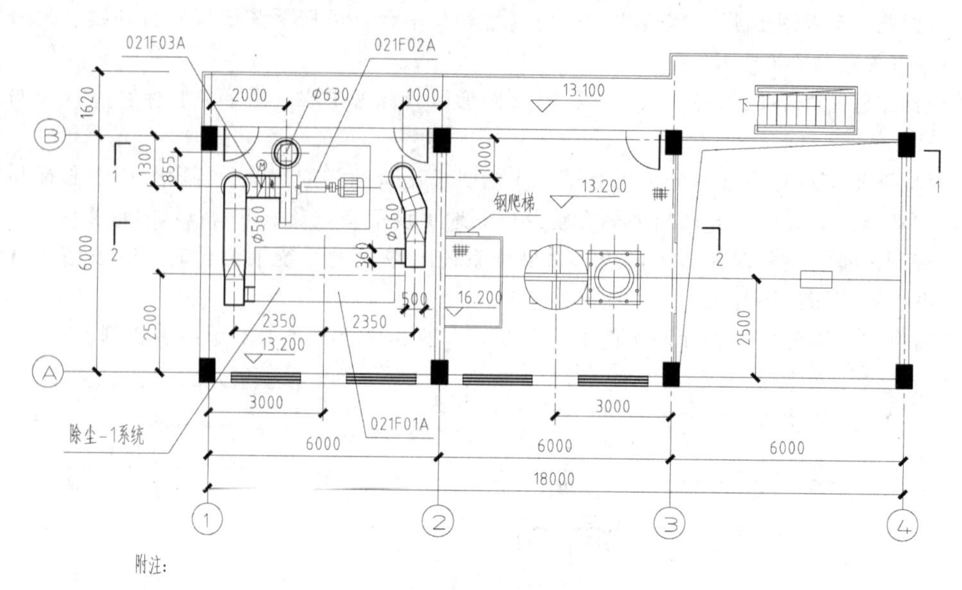

附注:

1. 021F01A除尘器和021F02A风机与工艺设备光面对辊破碎机联锁先开除尘器、风机，再开破碎机，停机反之。

2. 021F02A风机与021F03A电动阀联锁，先开风机，待其运行平稳后，再打开电动阀，停机反之。

图 5-18 某厂破碎机除尘工艺布置标高 13.200m 平面图

标号	名称	技术性能	数量	个重	总重	备注
	配电动机	N=0.37kW 380V				安装于风机入口
021F03A	D941W-1C型电动通风蝶阀	DN560	1台			
	风机带整体底座及减振器	左、右90°各一台				
	配Y200L2-6型电动机	N=22kW 380V				
021F02A	9-19 No12.5D型高压离心风机	L=14156m^3/h H=3907Pa	1台			
	配除尘器支架、电气控制箱、脉冲阀等					
	配螺旋输送机一台	N=1.1kW 380V				
		F=90 m^2 压缩空气 P=0.2~0.3MPa				
021F01A	LDMS90型离线清灰脉冲袋式除尘器	L=13500m^3/h H=1500~2000Pa	1台			
标号	名称	技术性能	数量	个重 质量(千克)	总重	备注
设备表						

图 5-19 某厂破碎机除尘工艺设备表

3. 工业通风系统轴测图（通常简称系统图）

1）通风系统轴测图应完整地表示整个系统，包括全部设备、管道及构件的配置情况。

2）通风系统轴测图所示管路，均应标出管径、标高及件号，以箭头指出其空气流动方向，并在主要设备（如通风机、除尘器、净化装置、空调机组、制冷机组等）处用引出线写出系统代号。

3）通风系统轴测图按45°向右方向倾斜绘制；必要时，也可按30°或者60°向右方向倾斜绘制。

4）凡在其他安装图中已列设备、材料表的设备和部件，在通风系统轴测图上可用细双点画线表示，并不再编件号。

5）在通风系统轴测图中应列出有关的施工图号及对施工安装调试、刷油等要求的有关说明。

6）设备、材料表中应详细列出设备规格、型号和主要技术参数，以及各类材料规格、材质、数量、质量等。设备较多的系统，应将设备和材料分别列表，当合在一张设备、材料表内时，其设备、材料表的填写顺序应先设备后材料。

工业通风系统轴测图实例参见图5-22，材料表实例参见图5-23。

一般而言，工业通风的制图比民用空调通风工程制图更加细致和严格，通常普通民用空调通风工程的系统轴测图上，只对主要的设备（空调箱、制冷机组、风机等）进行编号，以及绘制相应的设备表，不对管道上的弯头、三通、风阀等进行编号；而工业通风工程图除了对主要设备进行编号外，还要求对这些管道以及附件（三通、阀门、变径等）进行编号，并且提供详细的材料表（图5-23），并与图中的编号对应。

另外，在工业通风工程图中，三通、变径等的连接法兰线等要绘制出来（图5-22），而在民用通风空调的系统轴测图中常常省略掉（图5-14）。

5.5.3　工业通风工程实例

图5-16~图5-23给出了一个通风除尘系统的工程实例，包括了平面图、剖面图、系统轴测图、设备表和材料明细表。从平面图中可以看出，标高5.000m、10.500m、13.200m的平面上分别布置有单层振动筛、对辊破碎机、脉中除灰袋式除尘器和风机。物料在粉碎过程中，产生大量的粉尘，因此设置了通风除尘系统。从1—1剖面图上可以看出，在1-2轴线间设有竖直的除尘风管，除尘风管上接有三个吸入口，分别为破碎机、振动筛和排料处（风管最下端）。

结合平面图和剖面图可以了解该系统的工作流程。在3-4轴线间有一个竖井，物料在底层装入装卸斗，装卸斗在竖井中由提升机提升到顶部，并水平移动到破碎机的正上方，然后下落，把物料卸到破碎机中，物料在破碎过程中，产生的粉尘进入除尘风管。物料破碎后进入下方的振动筛，这里也会产生粉尘，粉尘通过除尘管的分支进入主除尘管。物料中细小的颗粒进入振动筛下方的设备中，而较大的颗粒进入右下方的余料斗中，卸到另外一个装卸斗中运走。

粉尘进入除尘管中，由气流携带着上行进入除尘器，灰尘被袋式除尘器捕集下来，经由卸灰管落到单层振动筛上，并与由破碎机破碎的物料粉尘一起被带走。除尘后的空气进入风机，通过排风管排到室外。

脉冲除灰袋式除尘器的工作原理为：含尘气流首先碰到进出风口中间的斜板及挡板，气流便转向流入灰斗，同时气流速度放慢，由于惯性作用，使气体中粗颗粒粉尘直接流入灰斗，起预收尘的作用。进入灰斗的气流随后折而向上通过内部装有金属骨架的滤袋，粉尘被捕集在滤袋的外表面，净化后的气体进入滤袋室上部的清洁室，汇集到出风口排出，含尘气体通过滤袋净化的过程中，随着时间的增加而积附在滤袋上的粉尘越来越多，滤袋阻力增加，致使处理风量逐渐减少，为正常工作，必须对滤袋进行清灰，清灰时由脉冲控制仪顺序触发各控制阀开启脉冲阀，气包内的压缩空气由喷吹管各孔经文氏管喷射到各相应的滤袋内，滤袋瞬间急剧膨胀，使积附在滤袋表面的粉尘脱落，滤袋得到再生。

在系统轴测图（图5-22）上可以清晰地看出除尘风管的走向。为了减少管道的重叠和遮挡，该图以除尘器为界，整个系统分成了两部分进行绘制和表达，右边的风管内为含尘空气，左边部分为除尘后的空气。

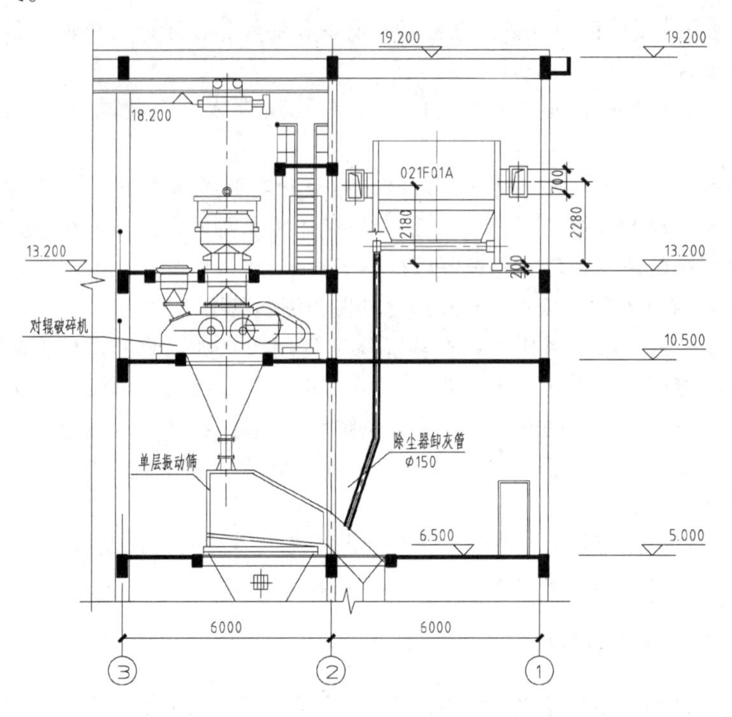

图 5-20 某厂破碎机除尘工艺布置 2—2 剖面图

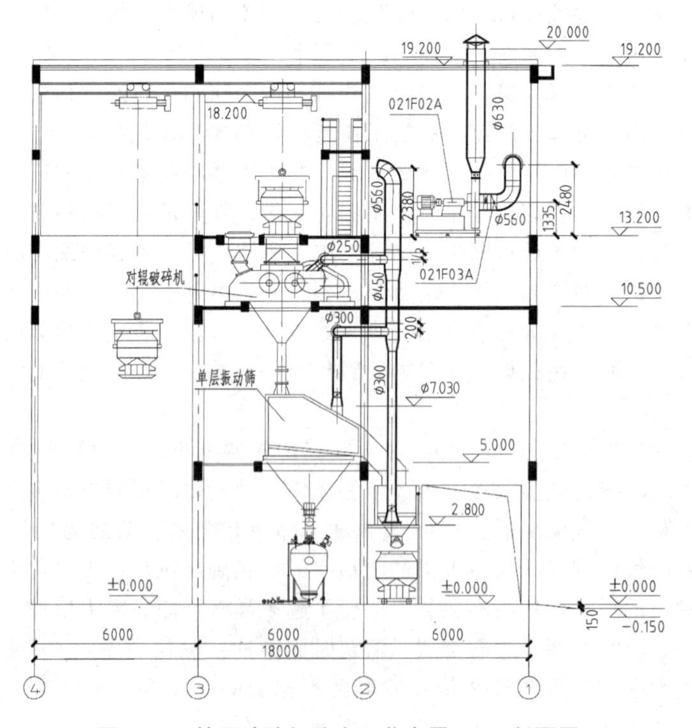

图 5-21 某厂破碎机除尘工艺布置 1—1 剖面图

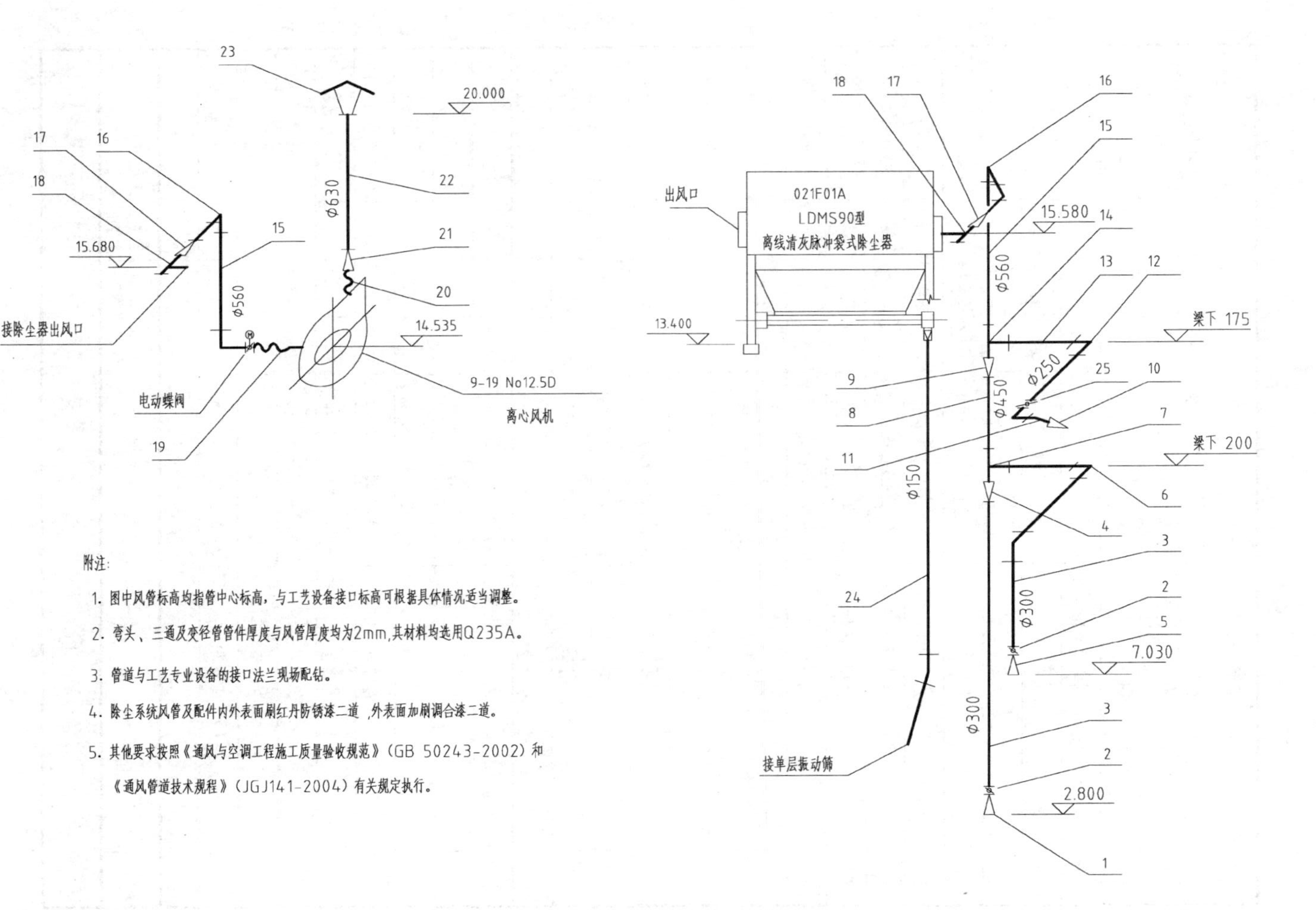

附注:

1. 图中风管标高均指管中心标高，与工艺设备接口标高可根据具体情况适当调整。
2. 弯头、三通及变径管管件厚度与风管厚度均为2mm,其材料均选用Q235A。
3. 管道与工艺专业设备的接口法兰现场配钻。
4. 除尘系统风管及配件内外表面刷红丹防锈漆二道 ,外表面加刷调合漆二道。
5. 其他要求按照《通风与空调工程施工质量验收规范》(GB 50243-2002) 和《通风管道技术规程》(JGJ141-2004) 有关规定执行。

图 5-22　某厂破碎机除尘工艺布置轴测图

标号	标准或图号	名称	规格	数量	材料	个重	总重	备注
						质量(公斤)		
27	国标 03K132	风管支吊架	现场确定					
26		防尘软帘	现场制作或外购(类式大型商场入口处)					用于烟尘罐进出处
25	D341W-1C型	手动通风蝶阀	Φ250	1 个				
24		卸灰管	Φ150 d=2	5 m^2				
23	国标96K150-2	圆伞形风帽	D=630	1 个				
22		风管	Φ630 d=2	10 m^2	Q235A			
21		方圆变径管	Φ630/290X409 L=400	1 个	Q235A			d=2
20		风机出口软管	290X409 L=150	1 个	涂胶帆布			
19		风机入口软管	Φ560 L=150	1 个	涂胶帆布			
18		堵头三通	500X700/500X700 / 360X700 90°	2 个	Q235A			d=2
17		方圆变径管	Φ560/500X700 L=500	1 个	Q235A			d=2
16		弯管	Φ560 90° R=560 d=2	3 个	Q235A			
15		风管	Φ560 d=2	40 m^2	Q235A			
14		三通	Φ560/Φ560 / Φ250 90° d=2	1 个	Q235A			
13		风管	Φ250 d=2	5 m^2	Q235A			
12		弯管	Φ250 90° R=250 d=2	2 个	Q235A			
11		弯管	Φ250 20° R=250 d=2	1 个	Q235A			
10		变径管	Φ165/Φ250 L=300	1 个	Q235A			d=2
9		变径管	Φ450/Φ560 L=400	1 个	Q235A			d=2
8		风管	Φ450 d=2	4 m^2	Q235A			
7		三通	Φ450/Φ450 / Φ300 90° d=2	1 个	Q235A			d=2
6		弯管	Φ300 90° R=300 d=2	2 个	Q235A			d=2
5		变径管	Φ300/Φ400 L=400	1 个	Q235A			d=2
4		变径管	Φ450/Φ300 L=400	1 个	Q235A			d=2
3		风管	Φ300 d=2	13 m^2	Q235A			
2	D341W-1C型	手动通风蝶阀	Φ300	2 个				
1		变径管	Φ300/Φ500 L=400	1 个	Q235A			d=2
除尘-1系统								
明细表								

图5-23 某厂破碎机除尘工艺材料明细表

5.6 空调通风系统 CAD 制图

5.6.1 图层设置

暖通空调专业的常用图层设置参见《房屋建筑制图统一标准》附录 B 的表 B-6，这里只列举其中的几例，见表 5-12。

表 5-12　空调工程相关图层设置

中文名称	英文名称	图层
暖通—空调	M—HVAC	空调系统
暖通—空调—冷水	M—HVAC—CPIP	空调冷水管
暖通—空调—热水	M—HVAC—HPIP	空调热水管
暖通—空调—冷凝	M—HVAC—CNDW	空调冷凝水管
暖通—空调—冷却	M—HVAC—CWTR	冷却水管
暖通—空调—设备	M—HVAC—EQPM	空调水系统阀门及其他配件
暖通—通风	M—DUCT	通风系统
暖通—通风—送风	M—DUCT—SUPP	送风管
暖通—通风—回风	M—DUCT—RETN	回风管
暖通—通风—新风	M—DUCT—MKUP	新风管
暖通—通风—除尘	M—DUCT—PVAC	除尘风管
暖通—通风—排风	M—DUCT—EXHS	排风风管

在上述图层设置的基础上，还可以细分，比如送风管可以分为送风风口、送风立管、送风设备、送风标注等。送风风口的中英文图层名分别为“暖通—通风—送风—风口”“M—DUCT—SUPP—VENT”。

5.6.2 简化命令的自定义

许多人绘图时，只用右手（或只用左手）操作，另一只手闲着，这样绘图速度一般不会很高。理想的方法是，左手操作键盘，主要是输入简化命令字符，右手鼠标定点。简化命令的定义存储在 ACAD. PGP 中，此文件一般在 ACAD 的 Support 目录下，用户可以根据习惯，自行修改或添加定义。例如把 Stretch 命令定义为 ss，则在相应的位置添加一行：

```
ss,        *STRETCH
```

6

第 6 章 建筑给水排水工程

建筑给水排水工程图是表达室内外管道及其附属设备、水处理构筑物、储存设备的结构形状、大小、位置、材料以及有关技术要求等的图样，是给水排水工程施工的技术依据。按其内容和作用的不同，大致可分为室外给水排水工程图、室内给水排水工程图、水处理设备构筑物工艺图。

建筑给水排水工程图应符合 GB/T 50001—2017《房屋建筑制图统一标准》和 GB/T 50106—2010《建筑给水排水制图标准》以及其他相关标准的规定。

本章主要介绍室内给水排水工程图的绘制，它是建立在相应的房屋建筑工程图、结构工程图基础上的给水排水设备工程图，是用来表示房屋内部给水排水管网的布置、用水设备以及附属配件设置的图样，主要包括室内给水排水平面图及室内给水排水系统轴测图。下面将对室内给水排水平面图及系统轴测图所包含的内容、表达特点、阅读方法及 CAD 绘制方法一一做介绍。

6.1 制图一般规定

（1）图线　图线宽度 b 按 2.2.1 节的规定选取，一般为 0.7mm 或 1.0mm，各图线的用途见表 6-1。

表 6-1　给水排水工程图常用线型

名称	线型	线宽	用途
粗实线	——	b	新设计的各种排水和其他重力流管线
中粗实线	——	$0.7b$	新设计的给水和其他压力流管线 原有的各种排水和其他重力流管线
中实线	——	$0.5b$	给水排水设备、零(附)件的可见轮廓线 总图中新建的建筑物和构筑物的可见轮廓线 原有的各种给水和其他压力流管线
细实线	——	$0.25b$	建筑的可见轮廓线；总图中原有建筑物和构筑物的可见轮廓线；制图中的各种标注线

粗虚线、中粗虚线、中虚线、细虚线分别为相应宽度实线所描述物体的不可见轮廓线。

（2）比例　给水排水工程常用比例见表 6-2。

（3）标高标注　见第 3 章管道的标高标注。

（4）管径标注

表 6-2　给水排水工程常用比例

名　　称	比　　例	备　　注
水处理构筑物，设备间，卫生间，泵房平、剖面图	1 : 100、1 : 50、1 : 40、1 : 30	
建筑给水排水平面图	1 : 200、1 : 150、1 : 100	宜与建筑专业一致
建筑给水排水轴测图	1 : 150、1 : 100、1 : 50	宜与相应图样一致
详图	1 : 50、1 : 30、1 : 20、1 : 10、1 : 5、1 : 2、1 : 1、2 : 1	

1）对于水煤气输送钢管（镀锌或非镀锌）、铸铁管等，用公称直径 *DN* 表示，这与暖通相同。当设计均用公称直径 *DN* 表示管径时，应有公称直径 *DN* 与相应产品规格对照表，暖通标准中没有此要求。

2）对于无缝钢管、焊接钢管（直缝或螺旋缝）等，宜用外径 *D* ×壁厚表示，如 *D*108×4，这与暖通相同。

3）铜管、薄壁不锈钢管等管材，用公称外径 *Dw* 表示。

4）建筑给水排水塑料管材，用公称外径 *dn* 表示。

5）钢筋混凝土（或混凝土）管、陶土管、耐酸陶瓷管、缸瓦管等，采用管道内径 *d* 表示，如 *d*230。

6）复合管、结构壁塑料管等管材，管径应按产品标注的方法表示。

管径的标注位置和暖通相同，参见第 3 章。

（5）编号　当室内给水引入管或排水排出管的数量超过一根时，宜用阿拉伯数字进行编号，以便查找和绘制系统轴测图，编号宜按图 6-1 所示方法表示。

室内给水排水立管是指穿过一层或多层的竖向供水管道和排水管道，表示方法如图 6-2 所示。用指引线注明管道的类别代号，如“JL”表示给水立管、“PL”表示排水立管。当建筑物穿越楼层的立管数量超过一根时，宜进行编号。

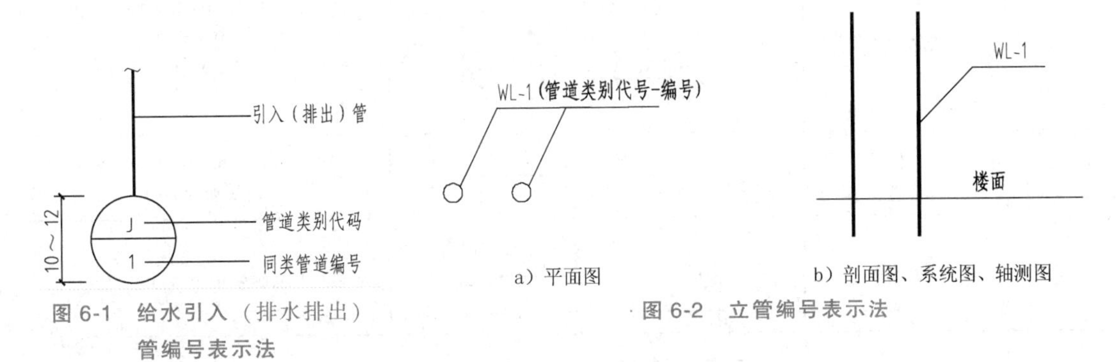

图 6-1　给水引入（排水排出）管编号表示法

图 6-2　立管编号表示法

6.2　常用图例

1）常用管道类别及代号见表 6-3。

表 6-3 管道类别及代号

序号	名 称	图 例	备 注
1	生活给水管	—— J ——	Domestic water supply
2	热水给水管	—— RJ ——	Hot water supply
3	热水回水管	—— RH ——	Hot water return
4	中水给水管	—— ZJ ——	Reclaimed water supply
5	循环冷却给水管	—— XJ ——	Circulating water supply
6	循环冷却回水管	—— XH ——	Circulating water return
7	热媒给水管	—— RM ——	Heating water supply
8	热媒回水管	—— RMH ——	Heating water return
9	废水管	—— F ——	Wastewater 可与中水源水管合用
10	压力废水管	—— YF ——	Pressure wastewater
11	通气管	—— T ——	Vent
12	污水管	—— W ——	Sewage
13	压力污水管	—— YW ——	Pressure sewage
14	雨水管	—— Y ——	Rain water
15	压力雨水管	—— YY ——	Pressure rain
16	膨胀管	—— PZ ——	Expansion pipe
17	多孔管		
18	地沟管		Pipe in ditch
19	管道立管	XL-1 平面 XL-1 系统	Vertical pipe; riser X：管道类别 L：立管 1：编号
20	空调凝结水管	—— KN ——	Air conditioning condensate pipe （暖通为 n）
21	排水明沟	坡向	Exposed drainage trench
22	排水暗沟	坡向	Concealed drainage trench

注：1. 分区管道用加注下标方式表示：如 J_1、J_2、RJ_1、RJ_2、…。

2. 蒸汽管的代号为 Z、凝结水管的代号为 N。

3. 保温管、防护套管、伴热管的图例与暖通标准相同，参见第 3 章。

2）常用管道附件图例见表 6-4。

表 6-4　管道附件图例

序号	名　称	图　例	备注和英文名称
1	方形伸缩器	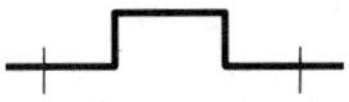	与暖通略有差异
2	刚性防水套管	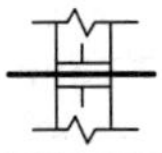	Rigid waterproof casing
3	柔性防水套管	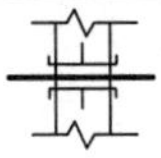	Flexible waterproof casing
4	波纹管		与暖通不同
5	可曲挠 橡胶接头	单球　双球	与暖通略有差异
6	管道固定支架		Fixed support
7	立管检查口		Checkhole in riser
8	清扫口	 平面　系统	Cleanout in riser
9	通气帽	成品　蘑菇形	Vent cap
10	雨水斗	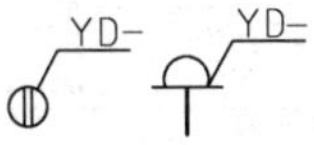 YD-　YD- 平面　系统	Rain strainer
11	排水漏斗	 平面　系统	Drainage tundish
12	圆形地漏	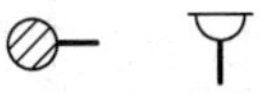 平面　系统	Round floor drain 通用。如为无水封，地漏应加存水弯
13	方形地漏	平面　系统	Square floor drain
14	自动冲洗水箱	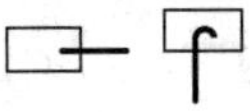	Automatic flush tank
15	挡墩		Buttress；anchorage

（续）

序号	名　称	图　例	备注和英文名称
16	毛发聚集器	平面　系统	Hair catcher
17	倒流防止器		Nonreturn valve against backflow pollution
18	吸气阀		Sniffle valve

注：减压孔板、套管伸缩器、Y 形除污器的图例与暖通标准相同，参见第 3 章。

3）管道连接图例见表 6-5。

表 6-5　管道连接图例

序号	名　称	图　例	备　注
1	承插连接		Spigot and socket connection
2	活接头		与暖通略有差异
3	管堵		与暖通不同

注：活接头、管道转弯、分支、交叉、重叠的表示与暖通相同，参见第 3 章。

4）管件图例见表 6-6。

表 6-6　管件图例

序号	名　称	图　例	备　注
1	偏心异径管		与暖通不同
2	异径管		与暖通不同
3	乙字管		与暖通不同
4	喇叭口		Bell mouth
5	转动接头		Swivel joint
6	S 形存水弯		
7	P 形存水弯		Trap; Water-sealed joint
8	90°弯头		
9	正三通		

（续）

序号	名　称	图　例	备　注
10	TY 三通	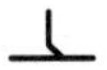	
11	斜三通		
12	正四通		
13	斜四通		
14	浴盆排水件		

注：这里管件的表示与暖通有较大的区别，需引起注意。

5）阀门图例见表 6-7。

表 6-7　阀门图例

序号	名　称	图　例	备　注
1	液动闸阀	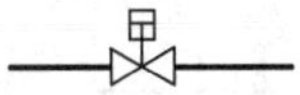	Hydraulic control valve
2	气动闸阀		Pneumatic valve Air-operated valve
3	电动闸阀		
4	电磁阀	 M	
5	蝶阀	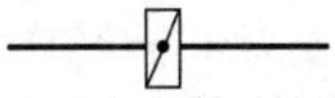	与暖通略有差异
6	旋塞阀	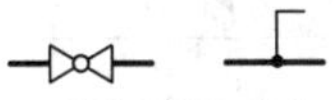 平面　系统	与暖通不同
7	底阀	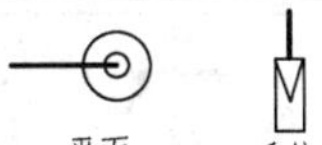 平面　系统	Foot valve
8	隔膜阀		与暖通不同
9	气开隔膜阀		Air opening diaphragm valve
10	气闭隔膜阀		Air closing diaphragm valve
11	温度调节阀		Temperature adjusting valve
12	压力调节阀	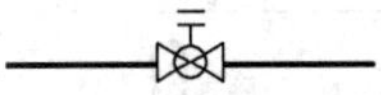	Pressure adjusting valve
13	消声止回阀	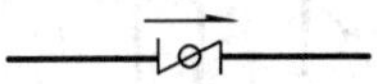	Silent nonreturn valve

（续）

序号	名　称	图　例	备　注
14	平衡锤安全阀		与暖通不同
15	弹簧安全阀		左侧为通用
16	浮球阀	平面　系统	与暖通不同
17	延时自闭冲洗阀		Time delayed self-closing flush valve
18	吸水喇叭口	平面　系统	Suction bell mouth
19	减压阀		左侧为高压端（与暖通相反）
20	持压阀		
21	泄压阀		

注：闸阀、角阀、三通阀、四通阀、截止阀、球阀、自动排气阀、疏水器与暖通基本相同，参见第 3 章。

6）给水配件图例见表 6-8。

表 6-8　给水配件图例

序号	名　称	图　例	备　注
1	放水水嘴	平面　系统	Faucet; water tap
2	皮带水嘴	平面　系统	
3	洒水（栓）水嘴		Watering tap; Sill cock
4	化验水嘴		Laboratory tap
5	肘式水嘴		
6	脚踏开关水嘴		Foot-operating tap
7	混合水嘴		Mixing faucet

（续）

序号	名　称	图　例	备　注
8	旋转水嘴	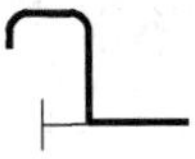	
9	浴盆带喷头混合水水嘴		Mixing faucet with shower head

7）卫生设备与水池图例见表 6-9。

表 6-9　卫生设备与水池图例

序号	名　称	图　例	备　注
1	立式洗脸盆		Wash basin Wash bowl
2	台式洗脸盆		In-counter wash basin
3	挂式洗脸盆	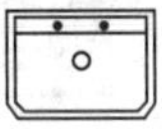	Wall hung wash basin
4	浴盆	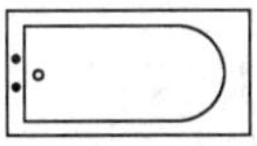	Bath tub
5	化验盆、洗涤盆		Wash sink
6	带沥水板洗涤盆	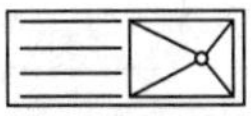	Sink with drainboard 不锈钢制品
7	盥洗槽	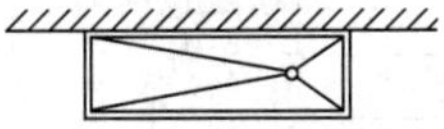	Lavatory tray
8	污水池		Slop sink
9	妇女净身盆		Bidet
10	立式小便器		Full height urinal; Pedestal
11	壁挂式小便器		Wall hung urinal
12	蹲式大便器	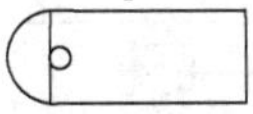	Squatting pan
13	坐式大便器	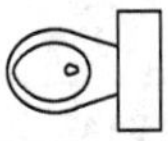	Closet bowl

（续）

序号	名　　称	图　　例	备　　注
14	小便槽		Trough urinal
15	淋浴喷头		Shower head

8）给水排水设备图例见表 6-10。

表 6-10　给水排水设备图例

序号	名　　称	图　　例	备注与英文名称
1	卧式水泵	或 平面　系统	暖通也常用此符号
2	立式水泵	平面　系统	
3	定量泵		Metering pump
4	管道泵		Inline pump
5	卧式容积换热器		与供热标准略有差异
6	板式换热器		与供热标准略有差异
7	开水器		Drinking water heater
8	喷射器		小三角为进水端
9	除垢器		Scaler
10	水锤消除器		Hydraulic hammer eliminater

注：快速管式换热器图例与供热制图标准相同，参见第 3 章。

9）仪表图例见表 6-11。

表 6-11　仪表图例

序号	名　称	图　例	备注与英文名称
1	自动记录压力表		Pressure gauge with automatic recording
2	压力控制器		Pressure controller
3	水表		Water meter
4	自动记录流量计		Flow meter with automatic recording
5	转子流量计	平面　系统	Ratometer

注：温度计、压力表、温度传感器、压力传感器与暖通标准相同，参见第 3 章 3.2 节。

6.3　制图的基本内容和方法

给水排水工程所需的图样有图样目录、设计说明、平面图、轴测图和系统原理图。

6.3.1　图样目录

（1）图样编号应遵守的规定

1）初步设计采用水初—××。

2）施工图采用水施—××。

（2）图样图号应按下列规定进行编排

1）系统原理图在前，平面图、剖面图、大样图、轴测图、详图依次在后。

2）平面图中应按地下各层依次在前，地上各层由低到高依次在后。

图样目录的具体格式可参见附录 A 中空调系统的图样目录示例。

6.3.2　设计说明

设计说明是图样的重要组成部分，按照先文字、后图形的识图原则，在阅读其他图样前，首先应仔细阅读说明所交代的有关技术内容。对说明所提及的有关施工验收规范、操作规程，引用的标准图集等内容，也需查阅掌握。设计说明一般由以下内容构成：

1）所遵循的规范、标准。

2）设计任务书。

3）所设计的各系统的描述（包括热水系统及热源）。

4）管材及管材连接方式。

5）消火栓安装。

6）管道的安装坡度。

7）检查口及伸缩节安装要求。

8）立管与排水管的连接。

9）卫生器具的安装要求。

10）管线图中代号的含义。

11）管道支架及吊架做法。

12）试压。

13）管道防腐。

14）管道保温。

设计说明的具体内容可参见附录 B 建筑给水排水工程实例。

6.3.3 平面图

1. 表达内容

室内给水排水平面图是将同一建筑相应的给水平面图与排水平面图画在同一图上，用来表示用水设备、管道及其附件等相对于该建筑物的平面布置情况的图样，一般要包含以下内容：

1）给水排水设施在房屋平面中所处的位置。

2）卫生设备、立管等平面布置位置及尺寸关系。

3）给水排水管道的平面走向，管材的名称、规格、型号、尺寸，管道支架的平面位置。

4）给水与排水立管的编号。管道立管应按不同管道代号在图面上自左至右分别进行编号，且不同楼层同一立管编号应一致。

5）管道的敷设方式、连接方式、坡度及坡向。

6）管道剖面图的剖切符号、投影方向。

7）与室内给水相关的室外引入管、水表节点、加压设备等平面位置。

8）与室内排水相关的室外检查井、化粪池、排出管等平面位置。

9）屋面雨水排水管道的平面位置、雨水排水口的平面布置、水流的组织、管道安装敷设方式。

10）如有屋顶水箱，还需在屋顶给水排水平面图中反映出水箱容量、平面位置、进出水箱的各种管道的平面位置、管道支架、保温等内容。

2. 表达方法

图 6-3 所示为底层建筑平面图。

根据室内给水排水平面图所包含的主要内容，结合图 6-4 所示某室内底层给水排水平面图与图 6-5 所示标准层给水排水平面图，介绍给水排水平面图的制图。

（1）建筑平面图的整理　室内给水排水平面图是在建筑平面图上，根据给水排水管道及其设备的布置情况绘制的，要求建筑轮廓线与建筑平面图一致。将建筑专业的 CAD 图样进行整理，将墙身、柱、门窗洞、楼梯及台阶等主要构配件保留下来，并改为细实线；房屋的细部、门窗代号等均可省略，但需画出相应轴线，楼层平面图可只画出相应首尾边界轴线。底层平面图一般要画指北针。

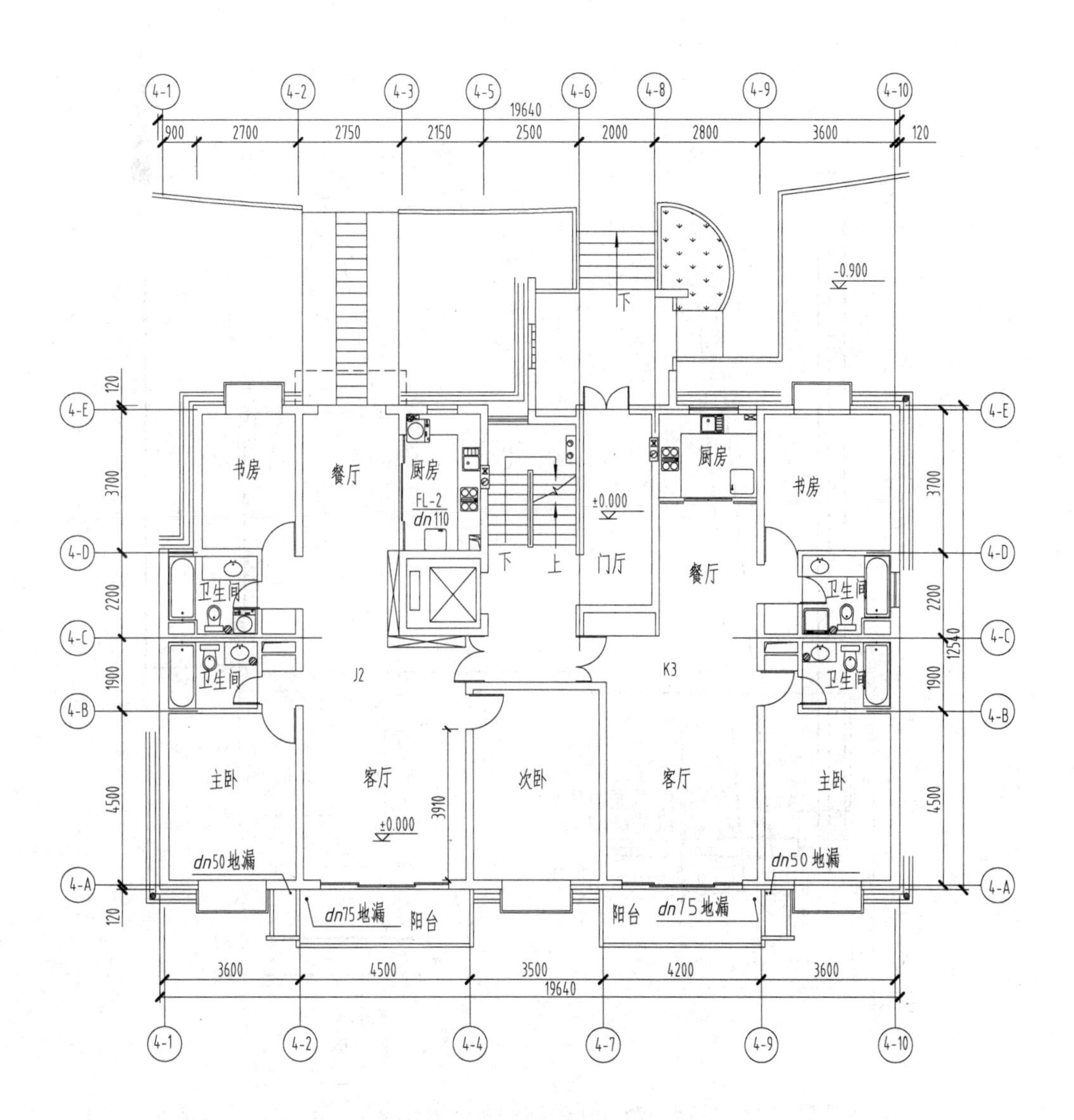

图 6-3　底层建筑平面图 1∶100

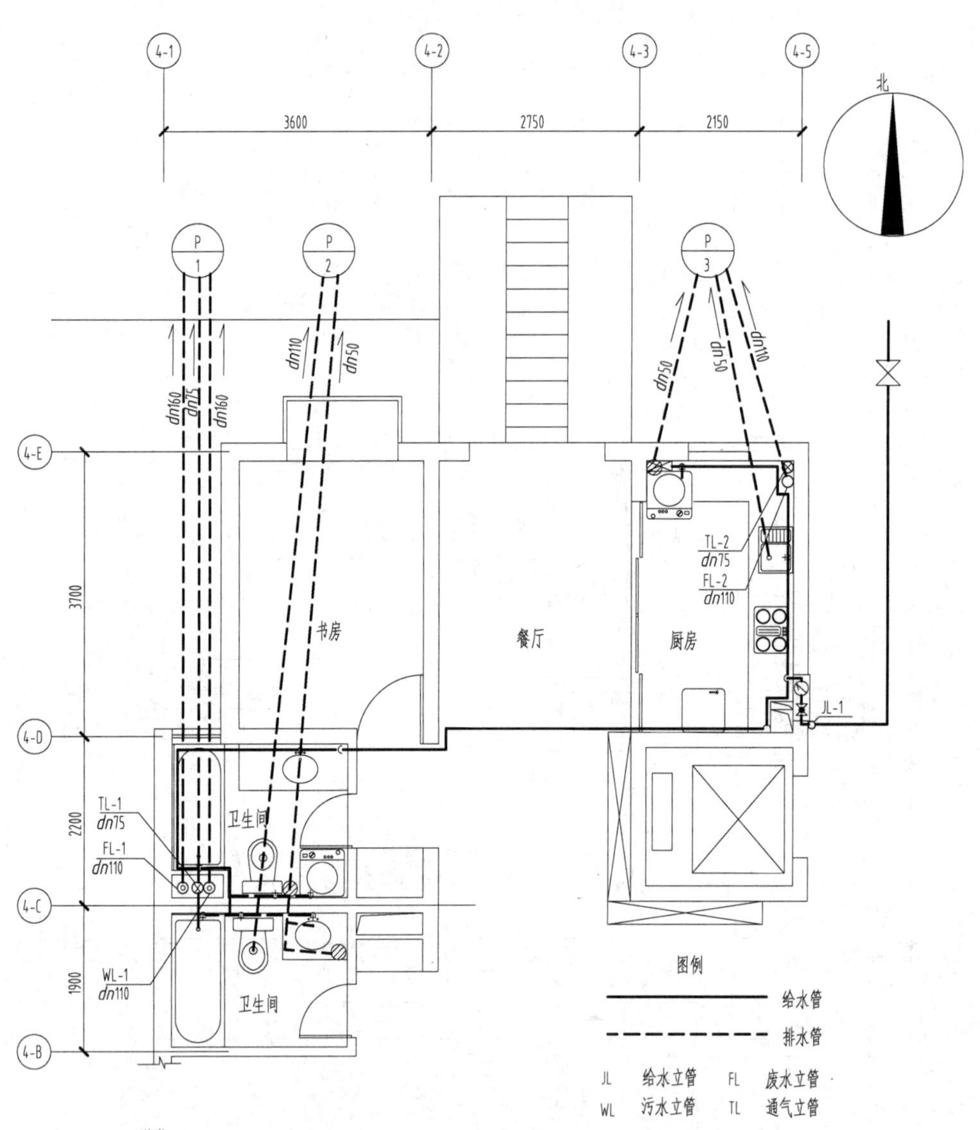

说明:

1. 本图中标高以米计，其余尺寸以毫米计，以一楼室内地坪为±0.000m。
2. "H"为本层室内地坪（或厨、卫地面）标高。
3. 每户冷热水支管穿过梁及混凝土墙处配合土建预埋比管径大一档的钢套管。

图 6-4 底层给水排水平面图

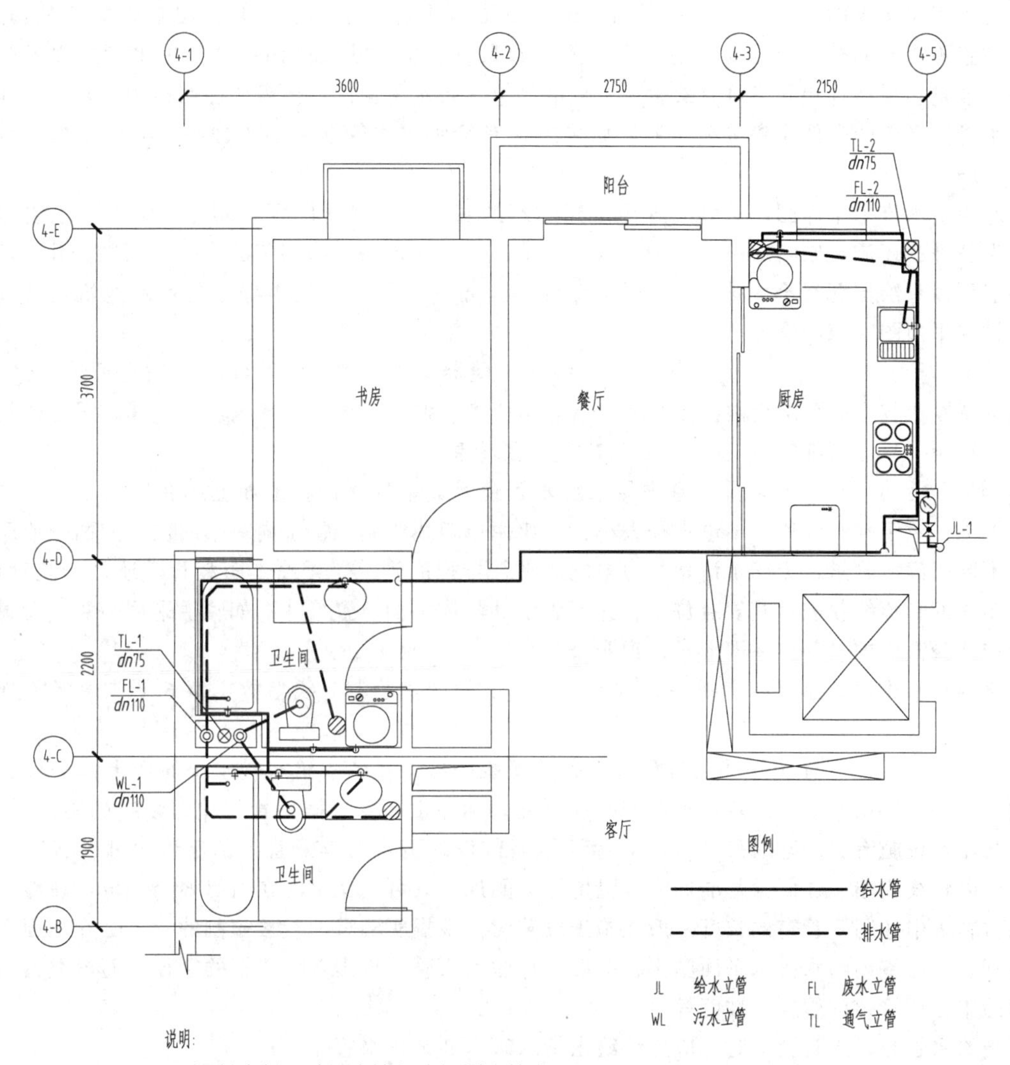

图 6-5 标准层给水排水平面图

给水排水平面图的比例一般采用与建筑平面图相同的比例，常用1∶100、1∶50。图6-4和图6-5所示的室内给水排水平面图采用1∶100绘制。室内给水排水平面图在图样上的布图方向也应与相应的建筑平面图一致。

（2）平面图的数量 各类管道、用水器具和设备、消火栓、喷洒水头、雨水斗、立管、管道、上弯或下弯以及主要阀门、附件等，均应按规定的图例，以正投影法绘制在平面图上。管道种类较多，在一张平面图内表达不清楚时，可将给水排水、消防或直饮水管分开绘制相应的平面图。

敷设在该层的各种管道和为该层服务的压力流管道均应绘制在该层的平面图上；敷设在下一层而为本层器具和设备排水服务的污水管、废水管和雨水管应绘制在本层平面图上。如有地下层时，各种排出管、引入管可绘制在地下层平面图上。

对于多层建筑的室内给水排水平面图的绘制原则上应分层绘制，并在图下方标注其图名。管道布置不相同的楼层应分别绘制其平面图；如果各楼层的建筑平面布置、用水设备以及管道布置、数量、规格均相同，可只绘制一个标准层给水排水平面图，但需要注明适用的楼层，而底层给水排水平面图仍然需要单独绘制。如果屋顶有给水排水管道，必要时也需绘出顶层给水排水平面图。

底层给水排水平面图，一般应画出整幢建筑的底层平面图，除了绘制底层给水排水管道及用水设备外，还需绘制给水引入管和排水排出管，必要时也需绘出相关的阀门井和检查井。而其他各层可以只绘出配有给水排水管道及其设备的局部平面图，以便更好地与整幢建筑及其室外给水排水平面图对照阅读。

(3) 用水设备平面图 室内用水设备中的大便器、小便器、洗脸盆等都是定型工业产品，需按本章6.2节中的图例绘制；而对大便槽、小便槽、盥洗台等现场砌筑设施，其详图由建筑设计人员绘制，只需用细实线（0.25b）绘出其主要轮廓。

(4) 给水排水管道平面图 室内给水排水管道及其附件无论在地面上或在地面以下，均可视为可见。对于水平管道，不论直径大小，一律用单粗线绘制。位于同一平面位置的两根或两根以上不同高度的管道，为图示清楚，习惯画成平行排列的管道。无论是明装管道还是暗装管道，平面图中的管道线仅表示其安装位置，并不表示其具体平面位置尺寸。如管道采用暗装，管道线应绘在墙身截面内，并应在图上予以说明。

室内给水排水管道上所有附件均按本章6.2节的图例绘制。线型按本章6.1节中相关规定绘制。

(5) 标注 为了使土建施工与管道设备的安装一致，在各层给水排水平面图上都需标注定位轴线，并在底层平面图的定位轴线间标注尺寸。标注引入管、排出管与相邻轴线的距离尺寸。标注与用水设施有关的建筑尺寸。不必标注沿墙敷设的卫生器具及管道的定位尺寸，若需标注时，应以轴线或墙、柱面为基准标注。卫生器具的规格既可用文字注在引出线上，也可在施工说明或材料表中注写。管道的长度一般在施工安装时，根据实测尺寸直接截割的，不必在平面图上标注管长。在室内给水排水平面图中，一般只标注引入管、排出管、立管的管径，而习惯在系统轴测图中标注管道的管径、坡度等。

当给水管与排水管交叉时，应连续绘出给水管，断开排水管。

需在底层给水排水平面图中标注室内地面标高和室外地面整平标高。楼层给水排水平面图应标注该楼层的标高，有必要时还应标注水房间附近的楼面标高。所有标注的标高均为相对标高。

需注写必要的文字说明及相应平面功能的文字说明。

6.3.4 轴测图

1. 内容

室内给水排水轴测图是采用轴测投影法绘制的，能够反映管道系统三维空间关系的图样。由于以前轴测图通常以整个管路系统为表达对象，因此，通常称为系统图或者轴测系统图。轴测图也可以以管路系统的某一部分为表达对象，如卫生间的给水等。系统轴测图主要包括以下内容：

1）系统编号。在轴测图中，给水排水系统的编号应与平面图中的编号一致。

2）管径。由于水平管道的水平投影不具有积聚性，所以在给水排水平面图中可以反映出管径的变化，而对于立管的投影具有积聚性，管径的变化在平面图中无法表示，所以要求在系统轴测图中标注各管段管径。

3）标高。包括建筑标高、给水排水管道标高、卫生设备标高、管件标高、管径变化处的标高、管道的埋深等，对于管道埋深可用负标高标注。

4）管道及其设备与建筑的关系。

5）管道的坡向及与建筑的关系。

6）主要管件的位置。比如阀门、检查口等重要管件应在系统轴测图中标注。

7）与管道相关的有关给水排水设施的空间位置。与给水有关的设施，如屋顶水箱、室外储水池、水泵、加压设备、室外阀门井等；与排水有关的设施有室外排水检查井、管道等。

多层建筑宜绘制管道轴测系统图，轴测系统图在绘制时应遵循如下原则：

1）轴测系统图应以 45°正面斜轴测的投影规则绘制（参见图 2-28、图 2-29）。

2）轴测系统图应采用与相对应的平面图相同的比例绘制。当局部管道密集或重叠处不容易表达清楚时，应采用断开绘制画法，也可采用细虚线连接画法绘制。

3）轴测系统图应绘出楼层地面线，并应标注出楼层地面标高。

4）轴测系统图应绘出横管水平转弯方向、标高变化、接入管或接出管以及末端装置等。

5）轴测系统图应将平面图中对应的管道上的各类阀门、附件、仪表等给水排水要素按数量、位置、比例一一绘出。

6）轴测系统图应标注管径、控制点标高或距楼层面垂直尺寸、立管和系统编号，并应与平面图一致。

7）引入管和排出管均应标出所穿建筑外墙的轴线号、引入管和排出管编号、建筑室内地面线与室外地面线，并应标出相应标高。

8）卫生间放大图应绘制管道轴测图。

2. 表达方法

室内给水排水系统轴测图通常将给水系统轴测图（图 6-6）和排水系统轴测图（图 6-7、图 6-8）分开绘制，与室外给水排水平面图一起表达室内给水排水工程空间布置情况。具有下述表达特点：

（1）投影规则和比例　绘制给水排水系统轴测图常用的比例有 1∶200、1∶100、1∶50，通常采用与给水排水平面图相同的比例，图 6-6、图 6-7 和图 6-8 均采用 1∶100 绘制。当管道或管道附件被遮挡，或是转弯管道变成直线等局部管道按比例不易表示清楚时，该处也可不按比例绘制。

给水排水系统轴测图的布图方向一般与其平面图一致。一般采用正面斜等测方法绘制，并且倾斜角一般为 45°，也可取 30°、60°。

（2）给水排水管道　通常按给水排水平面图中进出口的编号所分的系统，分别画出各个系统轴测图，每个管道系统轴测图的编号应与底层给水排水平面图中管道进出口的编号一致。图 6-5~图 6-7 中所绘制的给水排水系统轴测图与图 6-4 所示的底层平面图中的给水、废水、污水管道进出口编号是一致的。

各种管道的图线线型按本章 6.1 节的规定绘制。如果中间各楼层的管道系统相同，习惯上将底层和顶层完整地画出，其余各层只需在立管分支处用折断线表示。系统轴测图中不必画出管件的接头形式。

排水系统轴测图中的卫生设备及配水附件在给水排水平面图中已表达清楚，在系统轴测图中不必画出，但卫生设备上的存水弯、地漏及检查口等需用规定的图例画出。排水横管由于较小，虽有坡度，但仍按水平管绘制。

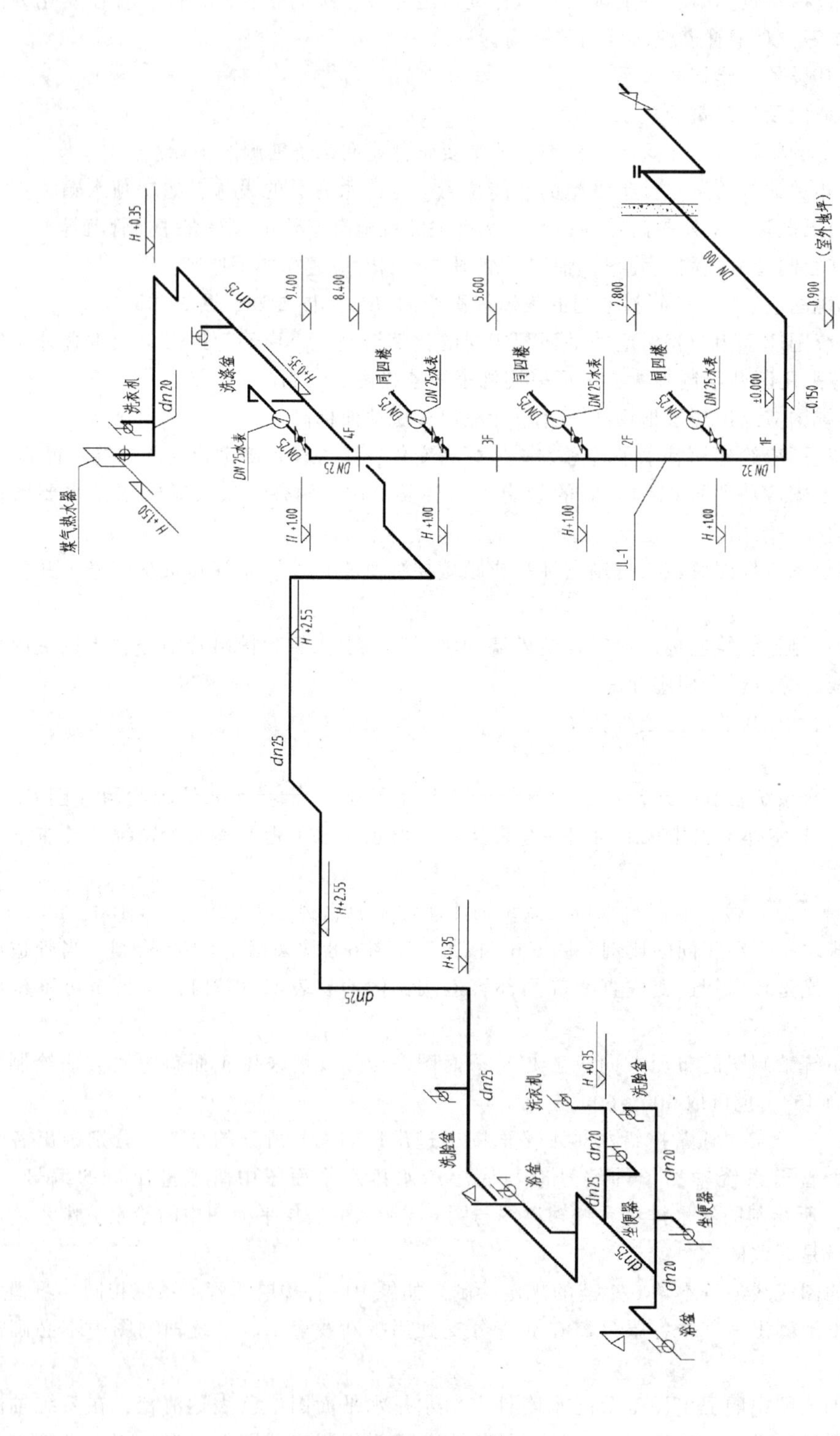
煤气热水器
H+1.50
洗衣机
dn20
H+0.35
dn25
洗涤盆
DN25水表
DN25
4F
3F
2F
1F
同四楼
9.400
8.400
5.600
2.800
±0.000
-0.150
-0.900
（室外地坪）
DN100
DN32
JL-1
H+1.00
H+2.55
洗脸盆
浴盆
坐便器
洗衣机
洗脸盆
坐便器
浴盆
dn20
dn25

图 6-6 给水系统轴测图

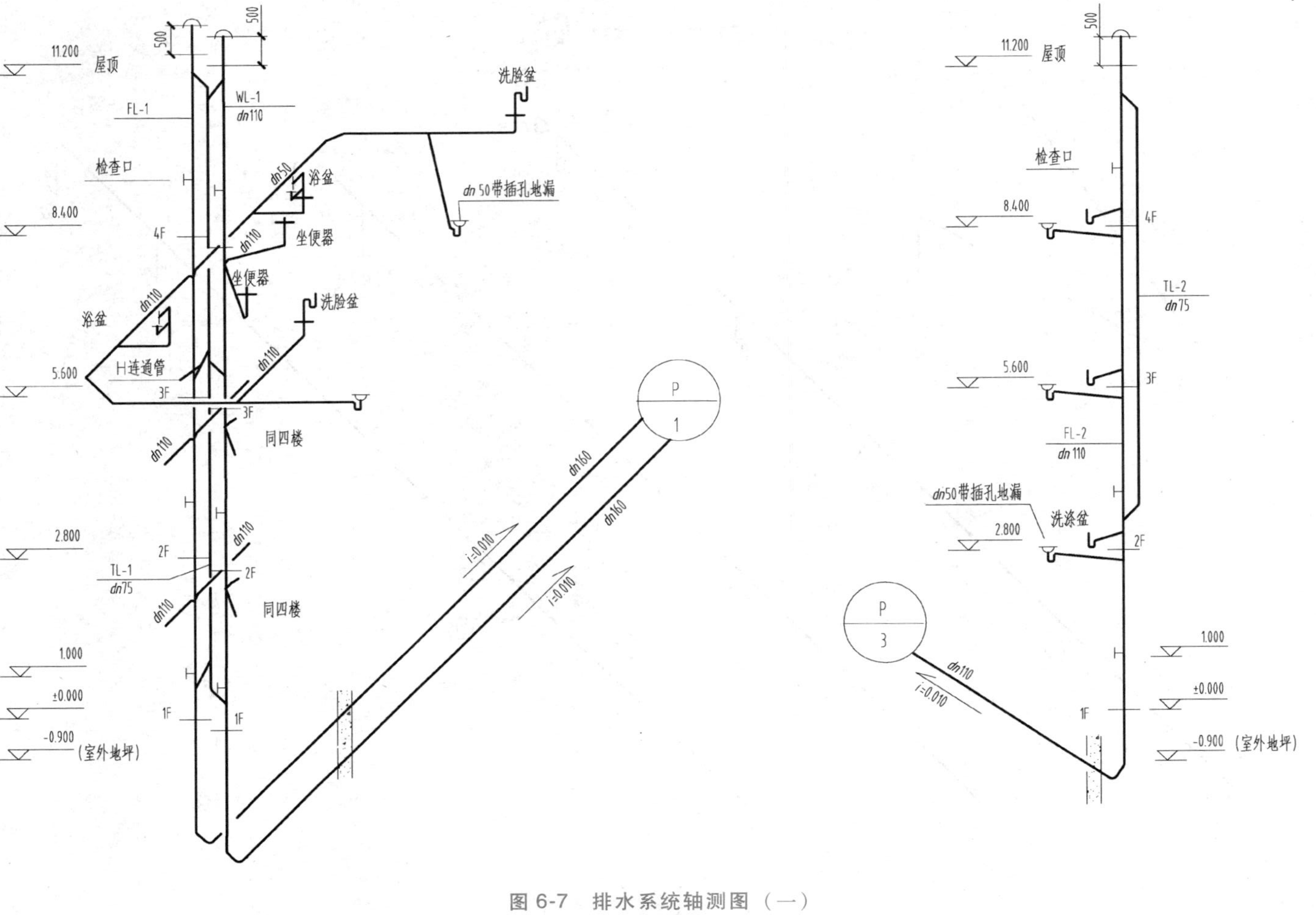

图 6-7　排水系统轴测图（一）

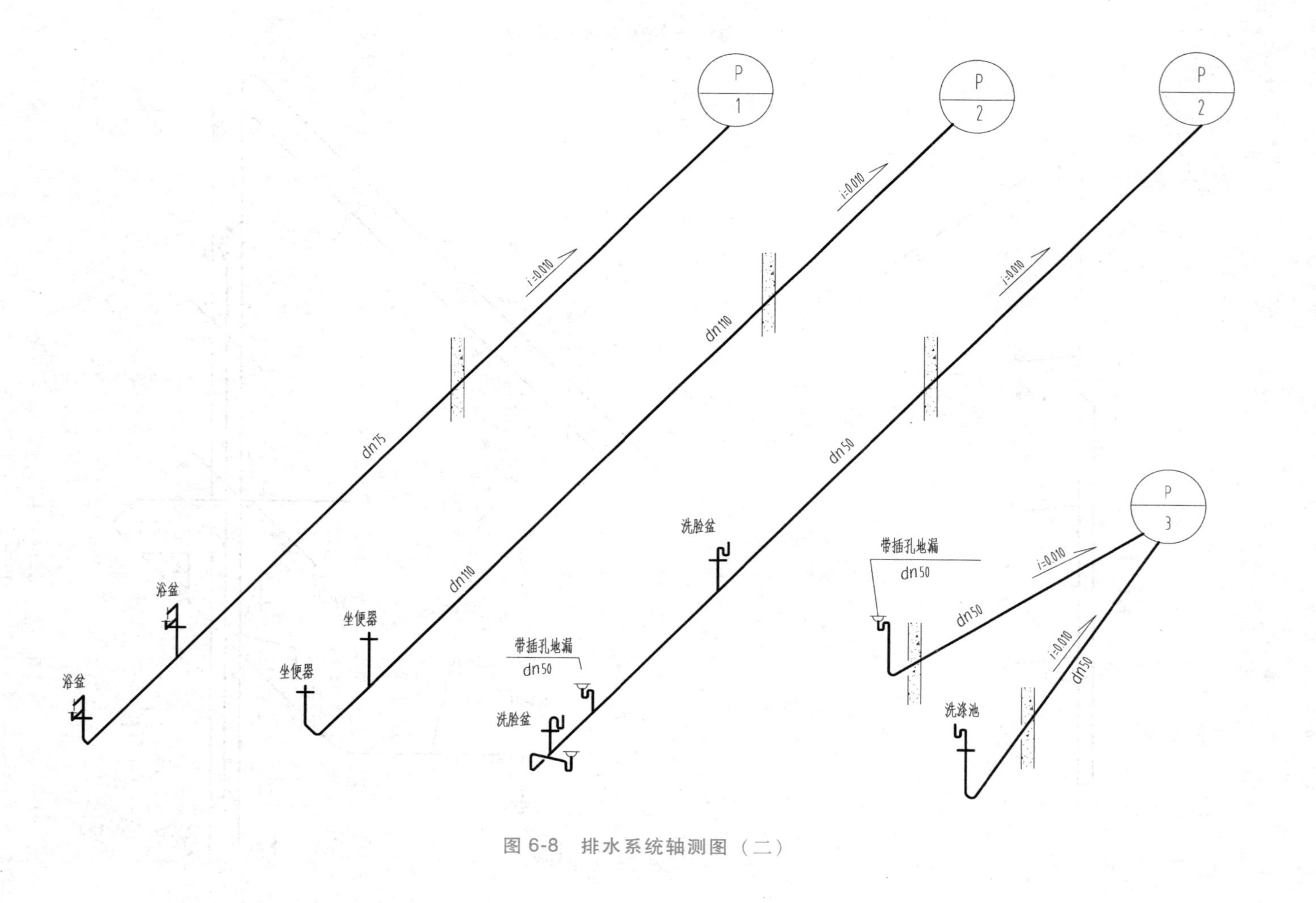

图 6-8 排水系统轴测图（二）

当给水排水管道在系统轴测图中交叉时，应在鉴别其可见性后，将可见管道在交叉处连续画出，而将不可见的管道断开绘制。

当同一系统轴测图中的管道因相互重叠或交叉而影响该系统轴测图的清晰时，可用移置法将一部分管道平移到空白位置，从断开处开始绘制，断开处都应画上断开符号，并用相同的大写拉丁字母表示，注明相应的连接编号。

(3) 标注　管径标注的要求见本章6.1节。管道的管径一般标注在该管段旁边，如标注位置不够时，也可用指引线引出标注。当连续几段的管径都相同时，可以仅标注其始段和末段，中间段可省略不标。

给水排水系统轴测图中标高仍以相对标高标注，并应与建筑图一致。在给水系统轴测图中，标高以管中心为准，一般要注出引入管、横管、阀门及放水龙头、卫生器具的连接支管、各楼层地面及层面等的标高。在排水系统轴测图中，室外排水横管的标高以管内底为准，一般应标注立管上的检查口、排出管的起点等标高，其他排水横管的标高可由施工人员，根据卫生器具的安装高度和管件的尺寸决定。另外，各楼层的地面及屋面标高也需标注。

6.3.5 管道展开系统图

由于高层建筑越来越多，按轴测投影法绘制的管道系统轴测图已经很难表达清楚，而且制图工作量大。所以增加了管道展开系统图（旧称系统原理图）的画法，代替以往的系统轴测图。

管道展开系统图要表达的内容与系统轴测图大体一致，由于可以不受投影关系的限制，绘制起来比较方便。一般高层建筑和大型公共建筑宜绘制管道展开系统图。管道展开系统图应按下列规定绘制：

1）管道展开系统图可不受比例和投影法则限制，可根据展开图绘制方法按不同管道种类分别用中粗实线进行绘制，并应按系统编号。

2）管道展开系统图应与平面图中的引入管、排出管、立管、横干管、给水设备、附件、仪器仪表及用水和排水器具等要素相对应。

3）应绘出楼层（含夹层、跃层、同层升高或下降等）地面线。层高相同时楼层地面线应等距离绘制，并应在楼层地面线左端标注楼层层次和相对应楼层地面标高。

4）立管排列应以建筑平面图左端立管为起点，顺时针方向自左向右按立管位置及编号依次顺序排列。

5）横管应与楼层线平行绘制，并应与相应立管连接，为环状管道时两端应封闭，封闭线处宜绘制轴线号。

6）立管上的引出管和接入管应按所在楼层用水平线绘出，可不标注标高（标高应在平面图中标注），其方向、数量应与平面图一致，为污水管、废水管和雨水管时，应按平面图接管顺序对应排列。

7）管道上的阀门、附件，给水设备、给水排水设施和给水构筑物等，均应按图例示意绘出。

8）立管偏置（不含乙字管和2个45°弯头偏置）时，应在所在楼层用短横管表示。

9）立管、横管及末端装置等应标注管径。

10）不同类别管道的引入管或排出管，应绘出所穿建筑外墙的轴线号，并应标注出引入管或排出管的编号。

管道展开系统图的绘制和单户水平式供暖系统原理图的道理相通，绘制方法也大体相似，参见4.2节。

卫生间采用管道展开系统图时应按下列规定绘制：

1）给水管、热水管应以立管或入户管为基点，按平面图的分支、用水器具的顺序依次绘制。

2）排水管道应按用水器具和排水支管接入排水横管的先后顺序依次绘制。

3）卫生器具、用水器具给水和排水接管，应以其外形或文字形式予以标注，其顺序、数量应与平面图相同。

4）展开系统图可不按比例绘图。

6.4 给水排水工程图的阅读

室内给水排水工程图样由图样目录、设计说明、给水排水平面图、给水排水系统轴测图、详图等几部分组成。

6.4.1 给水排水平面图的阅读

1. 室内给水平面图的阅读

图 6-3 所示为一住宅楼的底层平面图，从该建筑图上可以看出，该栋建筑共有两个户型，在制图时，设计人员针对不同的户型绘制各自的给水排水图，这样图面比较清晰，目前高层建筑越来越多，这种方法使用较多。这里以左边一个户型的给水排水系统为例进行介绍。图 6-4 所示是该户型的底层给水排水平面图，室内供水从室外管网接入，引入管管径为 *DN*100，从住户厨房墙外与立管 JL-1 连接，每一住户均从立管上接出一水平支管，水平支管上依次安装了阀门、水表，并放置在东墙外侧（楼梯间）专用水表箱内，水平支管在此穿墙进入厨房，分成两路，一路水平支管依次给厨房中的洗涤盆、洗衣机以及煤气热水器供水，另一路穿过客厅进入卫生间，供水顺序为洗脸盆、浴盆、坐便器、洗衣机，再从该水平支管上分出一路支管穿墙进入另一个卫生间，依次给各卫生器具供水。

图 6-5 所示为该户型标准层给水排水平面图，给水立管 JL-1 从底层引上后，直通顶层，除去给水户线引入管等水平干管外，给水平面图与底层的内容相同。

2. 室内排水平面图的阅读

从图 6-4 可以看到：底层排水系统有 P/1、P/2、P/3，皆从北面进入，将各层住户厨房和卫生间的浴盆、洗脸盆、地漏、洗涤池的废水及坐便器中的污水排出。

P/1 排水系统接有三根户线排出管，其中两根管径均为 *dn*160，从北面的卫生间分别与管径为 *dn*110 的废水立管 FL-1、管径为 *dn*110 的污水立管 WL-1 连接，其中废水立管 FL-1 在底层没有分支，从标准层给水排水平面图（图 6-5）中可以看到二至四层都有分支接到废水立管 FL-1 上，两个卫生间中卫生器具（除坐便器）及地漏所排出的废水都经由分支排入到废水立管 FL-1 中。污水立管 WL-1 在底层也没有分支，它汇总二至四层各坐便器的污水。从轴测图可以看出，通气立管 TL-1 管径为 *dn*75，它与废水立管 FL-1 以及污水立管 WL-1 并行。三根立管之间每隔一层设有一个连通管。通气立管的作用是使排水管内补充的空气不经过水舌，减小了水舌阻力系数，此外，还有排除各层臭气的作用。第三根户线排出管管径为 *dn*75，它只负责收集底层卫生间的两个浴盆的废水。

P/2 排水系统接有两根户线，其中一根管径为 *dn*110，仅排除底层卫生间中两个坐便器中的污水；另一根管径为 *dn*50，排除底层卫生间中两个洗脸盆和地漏的废水。

P/3 排水系统接有三根户线，其中两根户线都仅排除底层厨房间废水（一根汇集地漏中废水，一根汇集洗涤盆中废水），管径为 *dn*50；另一根与立管 FL-2 连接，FL-2 立管在底层没有分支。通气立管 TL-2 管径为 *dn*75，与 FL-2 连通，起通气和排除二至四层臭气的作用，废水立管 FL-2 管径为 *dn*110，汇总二至四层厨房洗涤池和地漏的废水。该户线排出管管径为 *dn*110。

6.4.2　给水排水系统轴测图的阅读

1. 室内给水系统轴测图的阅读

阅读室内给水系统轴测图首先应与底层给水平面图配合，从房屋引入管开始，沿水流方向经干管、支管到用水设备。

从给水系统轴测图（图 6-6）可以看出：给水水平干管从室外相对标高-0.900m 处由北面引入，垂直向上走 0.750m 后向南走一段距离进入室内，水平穿越楼梯间在厨房东侧外墙处立起。穿过各层楼板直到 9.400m 标高处拐弯水平敷设，在该水平支管上依次安装有阀门、*DN*25 水表，再由厨房东侧外墙进入各户内，垂直向下走 0.65m，在距离四层室内地坪 0.35m 处接三通，三通的一端水平敷设，沿厨房北面延伸接洗脸盆后，向西再向北拐，然后再向西延伸依次接洗衣机龙头和煤气热水器。三通的另一端水平向南走一段后拐弯，在厨房中立起到距室内地坪 2.55m 靠近屋顶处沿墙面穿越客厅到达其中一个卫生间后，再垂直向下走到距室内地坪 0.35m 处，水平向北走一小段再向西拐接洗脸盆，水平拐两个弯后接浴盆龙头，再次拐弯后又接一三通，三通的一端分别与坐便器、洗衣机龙头连接，另一端水平延伸后再接一个三通，该三通一端接浴盆，另一端分别接坐便器冲洗水箱与洗脸盆。为了图面清晰简洁，绘图时采用了省略手法，用文字说明了省略部分与四层相同。

从图中还可以看出：楼层高度均为 2.8m，从给水立管引出的水平支管管径均为 *DN*25，立管的管径为 *DN*32、*DN*25 两种。各立管的编号分别与图 6-4 和图 6-5 中立管的编号相对应。

2. 室内排水系统轴测图的阅读

阅读室内排水系统轴测图时，可由上而下，自排水设备开始沿污水流向，经支管、立管、干管到排出管。图 6-7 和图 6-8 所示的室内排水系统轴测图表明，污水分八路通过排出管排出室外 P/1、P/2、P/3 中。每一系统均要分别绘制系统轴测图。

从图 6-7、图 6-8 所示中可以看出，排水栓、地漏、卫生器具排出管等配件均接入楼板下的排水横支管再接入废水与污水立管，各废水与污水立管的一、二、四层均设有检查口，其中心距楼板面 1.000m，各废水与污水立管顶端均伸出屋面 500mm，上部接风帽。

排水系统中通气立管与废水及污水立管间在一、三层及屋顶均设有 H 连通管，各立管下端与户线排出管连接，各户线排出管均以 $i=0.010$ 的坡度从-0.900m 的相对标高处由室内引到室外。

地漏的管径为 *dn*50，带插孔，洗衣机排水软管可以由此将水排入地漏。另外，在各器具排水管端部，均用文字标出与哪种卫生器具连接，排水横支管和户线排出管的坡度可在设计说明中查到，坡向如图中箭头所示，各立管的编号分别与平面图中立管的编号一致。

6.5　给水排水工程图的 CAD 绘制

6.5.1　图层设置

《房屋建筑制图统一标准》给出了常用给水排水推荐图层名，表 6-12 摘录了部分图层名称。

表 6-12 给水排水管道及附件图层中西文的命名

中文图层名	英文图层名	图层内容	备注
给排水-给水	P-DOMW	生活给水	
给排水-饮用	P-PTBW	直接饮用水	
给排水-热水	P-HPIP	热水	
给排水-回水	P-RPIP	热水回水	
给排水-排水	P-PDRN	生活污水排水	
给排水-雨水	P-STRM	雨水	
给排水-消防	P-FIRE	消防	
给排水-喷淋	P-SPRN	自动喷淋	
给排水-中水	P-RECW	中水	
给排水-冷却水	P-CWTR	冷却水	
给排水-废水	P-WSTW	废水	
给排水-通气	P-PGAS	通气	
给排水-蒸汽	P-STEM	蒸汽	
给排水-注释	P-ANNO	注释	

在上述图层设置的基础上，还可以细分（增加次代码），比如给水可以分为给水平面、给水立管、给水设备、给水管道井、给水标高、给水管径、给水标注、给水尺寸等。例如，给水平面的中英文图层名分别为“给排水-给水-平面”“P-DOMW-PLAN”。

6.5.2 单行文字与多行文字

1）单行文本（Text 或 Dtext）是书写文字的基本方法，它的特点是一次命令可以在多处写字，书写完一行后，通过鼠标确定另一基点而书写另一行文字，而不必在第一行的下面。工程制图中大量的标注内容（如管道标号、定位轴线编号、标高）字很少，用 Dtext 比较合适，CAD 也提供了大量的方法用于修改文字的内容、高度、位置等，使用比较方便。

2）多行文本（Mtext）是 AutoCAD R14 中增加的内容，以后版本中有所改进，其主要用于弥补书写大量文本 Text 功能的不足。因此，用于书写设计说明十分方便，用于标注管径、轴线编号则“大材小用”，有时反而不方便。

6.5.3 Purge 命令的使用

Purge 用于清除没有使用的线型样式、文字样式、块定义、层定义等，使用该命令以后，往往可以大大减小文件的字节数。

用户可以只清除特定的样式，例如线型定义、图层等，也可以清除所有的未使用的样式。Purge 只删除一级参照。重复执行 Purge 直至没有未参照的命名对象。绘图期间的任何时候都可以使用 Purge 或-Purge。一般在执行 Purge 命令前先行保存（Save）文件。

7

第 7 章 建筑电气工程

建筑电气工程是建筑设备工程的重要组成部分，为建筑物提供能源、动力、照明、监控、防雷接地和信息传输。可以这样讲：没有建筑电气，就没有现代建筑。

建筑电气工程图是建筑电气工程施工、预决算的基本依据，也是学习、掌握建筑电气的必备知识。因此，阅读和绘制建筑电气工程图是建筑设备工程技术人员的重要技能之一。本书根据建筑环境与能源应用工程专业的需要，主要介绍建筑电气方面的相关制图规定和图形符号，设备电路图的识读，电气照明工程和动力设备配电等的制图方法，以及一些 CAD 制图技巧。

7.1 综述

7.1.1 适用标准

1. 建筑电气工程图主要适用标准

1）GB/T 50786—2012《建筑电气制图标准》（Standard for building electricity drawings） 于 2012 年 5 月 28 日发布，2012 年 10 月 1 日开始实施，规定了建筑电气制图的图线、比例、标注、图形符号和图样画法等。本书将主要依据该标准介绍建筑电气制图的方法。由于建筑电气属于电气工程的一种，因此建筑电气制图的方法和图形符号大多取自相关的电气制图标准。

2）GB/T 6988《电气技术用文件的编制》规定了电气制图的术语，同时根据表达形式和用途的不同，将电气简图进行了分类，并规定了相应类别工程图的绘制要求。表 7-1 列出了现行电气技术文件编制的相关标准，并列出了 IEC（国际电工委员会）与之相对应的标准。

表 7-1　电气技术用文件的编制

序号	标 准 号	标 准 名 称
1	GB/T 6988. 1—2008	电气技术用文件的编制　第 1 部分：规则
	IEC61082-1 : 2006	Preparation of documents used in electrotechnology—Part 1:Rules
2	GB/T 21654—2008	顺序功能表图用 GRAFCET 规范语言
	IEC60848:2002	GRAFCET specification language for sequential function chart
3	GB/T 6988. 5—2006	电气技术用文件的编制　第 5 部分：索引
	IEC61082-6:1997	IEC Preparation of documents used in electrotechnology—Part 5:Index(已废止)

3）GB/T 4728《电气简图用图形符号》规定了电气简图常用的图形符号，这些符号的具体内容参见本章 7. 3 节。表 7-2 列出了 GB/T 4728 各部分的内容。GB/T 4728 与 IEC60617 是对应和一致的。因此，表 7-2 列出了相对应的 IEC 标准代号和名称。各器件的图形符号也与 IEC 相同。

表7-2 电气简图用图形符号

序号	标 准 号	标 准 名 称
1	GB/T 4728.1—2018	电气简图用图形符号 第1部分:一般要求
	IEC 60617 database	Graphical symbols for diagrams—Part 1:General information
2	GB/T 4728.2—2018	电气简图用图形符号 第2部分:符号要素、限定符号和其他常用符号
	IEC 60617 database	Graphical symbols for diagrams—Part 2:Symbol elements,qualifying symbols and other symbols having general application
3	GB/T 4728.3—2018	电气简图用图形符号 第3部分:导体和连接件
	IEC 60617 database	Graphical symbols for diagrams—Part 3:Conductors and connecting device
4	GB/T 4728.4—2018	电气简图用图形符号 第4部分:基本无源件
	IEC 60617 database	Graphical symbols for diagrams—Part 4:Basic Passive component
5	GB/T 4728.5—2018	电气简图用图形符号 第5部分:半导体管和电子管
	IEC 60617 database	Graphical symbols for diagrams—Part 5:Semiconductors and electron tubes
6	GB/T 4728.6—2008	电气简图用图形符号 第6部分:电能的发生与转换
	IEC 60617 database	Graphical symbols for diagrams—Part 6:Production and conversion of electrical energy
7	GB/T 4728.7—2008	电气简图用图形符号 第7部分:开关、控制和保护器件
	IEC 60617 database	Graphical symbols for diagrams—Part 7:Switchgear,controlgear and protective device
8	GB/T 4728.8—2008	电气简图用图形符号 第8部分:测量仪表、灯和信号器件
	IEC 60617 database	Graphical symbols for diagrams—Part 8:Measuring instruments. lamps,and signaling devices
9	GB/T 4728.9—2008	电气简图用图形符号 第9部分:电信:交换和外围设备
	IEC 60617 database	Graphical symbols for diagrams—Part 9: Telecommunications: switching and peripheral equipment
10	GB/T 4728.10—2008	电气简图用图形符号 第10部分:电信:传输
	IEC 60617 database	Graphical symbols for diagrams—Part 10:Telecommunications:Transmission
11	GB/T 4728.11—2008	电气简图用图形符号 第11部分:建筑安装平面布置图
	IEC 60617 database	Graphical symbols for diagrams—Part 11:Architectural and topographical installation plans and diagrams
12	GB/T 4728.12—2008	电气简图用图形符号 第12部分:二进制逻辑件
	IEC 60617 database	Graphical symbols for diagrams—Part 12:Binary logic elements
13	GB/T 4728.13—2008	电气简图用图形符号 第13部分:模拟件
	IEC 60617 database	Graphical symbols for diagrams—Part 13:Analogue elements

2. 辅助标准

1）GB/T 4884—1985《绝缘导线的标记》（修改采用 IEC 60391—1972 Marking of insulated conductors）。

2）GB/T 4026—2010《人机界面标志标识的基本和安全规则 设备端子和导体终端的标识》（IEC 60445-2006 Basic and safety principles for man-machine interface, marking and identification of equipment terminals and conductor terminations. Edition 4.0，目前已经更新为 IEC 60445-2010）。

3）GB/T 4327—2008《消防技术文件用消防设备图形符号》（修改采用 ISO 6790-1986 Equipment for fire protection and fire fighting graphical symbols for fire protection plans-specification）以及

GA/T 229—1999《火灾报警设备图形符号》(Figure symbols for fire alarm equipments)。

4) GB/T 5094《工业系统、装置与设备以及工业产品 结构原则与参照代号》(IEC 61346 Industrial systems, installations and equipment and industrial products— Structuring principles and reference designations.)。

5) GB/T 16679—2009《工业系统、装置与设备以及工业产品 信号代号》(IEC 61175-2005 Industrial systems, installations and equipment and industrial product Designation of signals)。建筑设备监控系统常用图形符号摘自该标准。

6) GA/T 74—2016《安全防范系统通用图形符号》(Symbols for use in diagrams of security and alarm system)。

7) GB/T 7159—1987《电气技术中的文字符号制订通则》规定了电气文字符号的制定原则和常用的文字符号，该标准现已作废，规定的电气文字符号仅供参考。

我国电气制图标准与 IEC 电气制图标准基本相同，日本、英国、美国、新加坡（SS）、韩国（KS）等许多国家也全部或部分采用了 IEC 的标准，因此，电气制图标准颇有些“世界一统”的趋势。

7.1.2 电气图分类

根据 GB/T 50786—2012《建筑电气制图标准》，常用的建筑电气工程图有以下几类：

(1) 系统图　又称概略图（overview diagram），概略地表达一个项目的全面特性的简图。所谓简图，主要是通过以图形符号表示项目及它们之间关系的图示形式来表达信息。电气系统图用来表示电气系统各组成分系统或组成部分的主要特征和相互关系，参见 7.5 节。弱电系统如果用框图形式表达其全面特性时，宜称为概略图。

(2) 电路图（circuit diagram）　表达项目电路组成和物理连接信息的简图。在电路图中，用符号表示线路、电气控制设备、电气保护设备和用电设备的连接关系，而不涉及其实际位置关系。供理解电气系统原理、安装接线和系统调试时用，参见 7.4 节。

(3) 接线图或接线表（connection diagram/table）　表达项目组件或单元之间物理连接信息的简图（表）。用来表示电气系统中各控制设备、保护设备和用电设备的连接关系，用于接线和检查。其中接线表可以补充、代替接线图。根据涉及的范围，可以进一步分为单元接线图、互连接线图、端子接线图和电缆图。单元接线图（表）一般由厂商提供或非标设备设计时绘制。单元接线图（表）应提供单元或组件内部的元器件之间的物理连接信息；互连接线图（表）应提供系统内不同单元外部之间的物理连接信息；端子接线图（表）应提供到一个单元外部物理连接的信息；电缆图（表）应提供装置或设备单元之间敷设连接电缆的信息。

(4) 电气平面图　采用图形和文字符号将电气设备及电气设备之间电气通路的连接线缆、路由、敷设方式等信息绘制在一个以建筑专业平面图为基础的图内，并表达其相对或绝对位置信息的图样。用来表示用电设备位置、电气设备安装位置以及线路布置等信息。常见的有强电平面图和弱电平面图。它全面反映了电力、照明等各种设备的布置位置、线路的敷设部位和方式、导线的规格、数量，是建筑电气工程图中的主要图种，施工的主要依据，参见 7.5 节。

(5) 电气详图　一般指用 1∶20 至 1∶50 比例绘制的详细电气平面图或局部电气平面图。

(6) 电气大样图　一般指用 1∶20 至 10∶1 比例绘制的电气设备或电气设备及其连接线缆等与周边建筑构、配件联系的详细图样，清楚地表达细部形状、尺寸、材料和做法。

(7) 电气总平面图　采用图形和文字符号将电气设备及电气设备之间电气通路的连接线缆、路由、敷设方式、电力电缆井、人（手）孔等信息绘制在一个以总平面图为基础的图内，并表达其相对或绝对位置信息的图样。

电气工程通常包括强电——电力和照明工程，弱电——各种信号和信息的传递和交换工程。强电系统包括变配电系统、动力系统、照明系统、防雷系统等，弱电系统包括通信系统、电视系统、建筑物自动化系统、火灾自动报警与灭火系统、安全防范系统等。电气工程图通常分为强电图样和弱电图样。电气工程涉及面很广，本书重点介绍建筑设备控制电路图和照明、动力配电工程图的绘制和识读。

7.2 建筑电气制图基本规定

7.2.1 图线

建筑电气专业的图线宽度 b 应根据图样的类型、比例和复杂程度按 2.2.1 节的规定选用，并宜为 0.5mm、0.7mm、1.0mm。各图线的用途见表 7-3。

表 7-3 制图图线、线型及线宽

<table>
<tr><th colspan="2">图形名称</th><th>线型</th><th>线宽</th><th>一般用途</th></tr>
<tr><td rowspan="6">实线</td><td>粗</td><td></td><td>b</td><td rowspan="2">本专业设备之间电气通路连接线、本专业设备可见轮廓线、图形符号轮廓线</td></tr>
<tr><td rowspan="2">中粗</td><td rowspan="2"></td><td>0.7b</td></tr>
<tr><td>0.7b</td><td rowspan="2">本专业设备可见轮廓线、图形符号轮廓线、方框线、建筑物可见轮廓</td></tr>
<tr><td>中</td><td></td><td>0.5b</td></tr>
<tr><td>细</td><td></td><td>0.25b</td><td>非本专业设备可见轮廓线、建筑物可见轮廓线；尺寸、标高、角度等标注线及引出线</td></tr>
<tr><td colspan="4" style="display:none"></td></tr>
<tr><td rowspan="5">虚线</td><td>粗</td><td></td><td>b</td><td rowspan="2">本专业设备之间电气通路不可见连接线；线路改造中原有线路</td></tr>
<tr><td rowspan="2">中粗</td><td rowspan="2"></td><td>0.7b</td></tr>
<tr><td>0.7b</td><td rowspan="2">本专业设备不可见轮廓线、地下电缆沟、排管区、隧道、屏蔽线、连锁线</td></tr>
<tr><td>中</td><td></td><td>0.5b</td></tr>
<tr><td>细</td><td></td><td>0.25b</td><td>非本专业设备不可见轮廓线及地下管沟、建筑物不可见轮廓线等</td></tr>
<tr><td rowspan="2">波浪线</td><td>粗</td><td></td><td>b</td><td rowspan="2">本专业软管、软护套保护的电气通路连接线、蛇形敷设线缆</td></tr>
<tr><td>中粗</td><td></td><td>0.7b</td></tr>
<tr><td colspan="2">单点长画线</td><td></td><td>0.25b</td><td>定位轴线、中心线、对称线；结构、功能、单元相同围框线</td></tr>
<tr><td colspan="2">双点长画线</td><td></td><td>0.25b</td><td>辅助围框线、假想或工艺设备轮廓线</td></tr>
<tr><td colspan="2">折断线</td><td></td><td>0.25b</td><td>断开界线</td></tr>
</table>

7.2.2 比例

系统图、电路图一般不按比例绘制；电气总平面图、电气平面图的制图比例，宜与工程项目设计的主导专业一致，采用的比例宜符合表 7-4 所示的规定，并应优先采用常用比例。

表7-4　电气总平面图、电气平面图的制图比例

序号	图名	常用比例	可用比例
1	电气总平面图、规划图	1：500、1：1000、1：2000	1：300、1：5000
2	电气平面图	1：50、1：100、1：150	1：200
3	电气竖井、设备间、电信间、变配电室等平、剖面图	1：20、1：50、1：100	1：25、1：150
4	电气详图、电气大样图	10：1、5：1、2：1、1：1、1：2、1：5、1：10、1：20	4：1、1：25、1：50

7.2.3　图样画法一般规定与图样编排

1. 一般规定

1）同一个工程项目所用的图纸幅面规格宜一致。

2）同一个工程项目所用的图形符号、文字符号、参照代号、术语、线型、字体、制图方式等应一致。

3）图样中本专业的汉字标注字高不宜小于3.5mm，主导专业工艺、功能用房的汉字标注字高不宜小于3.0mm，字母或数字标注字高不应小于2.5mm。

4）图样宜以图的形式表示，当设计依据、施工要求等在图样中无法以图表示时，应进行文字说明：对于工程项目的共性问题，宜在设计说明里集中说明；对于图样中的局部问题，宜在本图样内说明。

5）主要设备表宜注明序号、名称、型号、规格、单位、数量。

6）图形符号表宜注明序号、名称、图形符号、参照代号、备注等。建筑电气专业的主要设备表和图形符号表宜合并。

7）电气设备及连接线缆、敷设路由等位置信息应以电气平面图为准，其安装高度统一标注不会引起混淆时，安装高度可在系统图、电气平面图、主要设备表或图形符号表的任一处标注。

2. 图号和图样编排

设计图样应有图号标识，并应编写图样目录。图号标识宜表示出设计阶段、设计信息、图纸编号。设计图样宜按下列规定进行编排：

1）图样目录、主要设备表、图形符号、使用标准图目录、设计说明宜在前，设计图样宜在后。

2）设计图样宜按下列规定进行编排：

① 建筑电气系统图宜编排在前，电路图、接线图（表）、电气平面图、剖面图、电气详图、电气大样图、通用图宜编排在后。

② 建筑电气系统图宜按强电系统、弱电系统、防雷、接地等依次编排。

③ 电气平面图应按地面下各层依次编排在前，地面上各层由低向高依次编排在后。

7.2.4　编号与参照代号

当同一类型或同一系统的电气设备、线路（回路）、元器件等的数量大于或等于2时，应进行编号。编号宜选用1、2、3……数字顺序排列。

当电气设备的图形符号在图样中不能清晰地表达其信息时，应在其图形符号附近标注参照代号。所谓参照代号（reference designation），是作为系统组成部分的特定项目按该系统的一方面或多方面相对于系统的标识符。参照代号采用字母代码标注时，参照代号宜由前缀符号、字母代

码和数字组成。当采用参照代号标注不会引起混淆时，参照代号的前缀符号可省略。

表 7-5 列举了常用的电气设备参照代号的字母代码，表中所谓的新标准是指 GB/T 50786—2012《建筑电气制图标准》；所谓旧标准是指 GB/T 7159—1987《电气技术中的文字符号制订通则》，目前该标准已经作废，但其规定的电气设备的字母代码目前仍被广泛应用。

表 7-5 电气设备常用参照代号的字母代码

<table>
<tr><th rowspan="3">设备、装置和元器件种类</th><th colspan="2" rowspan="2">举 例</th><th colspan="4">参照代号的字母代码</th></tr>
<tr><th colspan="2">旧标准</th><th colspan="2">新标准</th></tr>
<tr><th>旧标准中文名称</th><th>新标准中文名称</th><th>主类代码</th><th>含子类代码</th><th>主类代码</th><th>含子类代码</th></tr>
<tr><td rowspan="9">组成部件</td><td>控制屏(台)</td><td>控制、操作箱(柜、屏)</td><td rowspan="9">A</td><td>AC</td><td>A</td><td>AC</td></tr>
<tr><td>高压开关柜</td><td>35kV 开关柜</td><td>AH</td><td>A</td><td>AH</td></tr>
<tr><td>刀开关箱</td><td>10kV 开关柜</td><td>AK</td><td>A</td><td>AK</td></tr>
<tr><td>低压配电屏</td><td>低压配电柜</td><td>AL</td><td>A</td><td>AN</td></tr>
<tr><td>照明配电箱</td><td>照明配电箱(柜、屏)</td><td>AL</td><td>A</td><td>AL</td></tr>
<tr><td>动力配电箱</td><td>动力配电箱(柜、屏)</td><td>AP</td><td>A</td><td>AP</td></tr>
<tr><td>信号箱</td><td>信号箱(柜、屏)</td><td>AS</td><td>A</td><td>AS</td></tr>
<tr><td>接线箱</td><td>过路接线盒、接线端子箱</td><td>AW</td><td>X</td><td>XD</td></tr>
<tr><td>插座箱</td><td>插座、插座箱</td><td>AX</td><td>X</td><td>XD</td></tr>
<tr><td rowspan="7">非电量到电量或电量到非电量变换器</td><td></td><td>流量传感器</td><td rowspan="7">S</td><td></td><td>B</td><td>BF</td></tr>
<tr><td>液体标高传感器</td><td>液位测量传感器</td><td>SL</td><td>B</td><td>BL</td></tr>
<tr><td></td><td>湿度计、湿度传感器</td><td></td><td>B</td><td>BM</td></tr>
<tr><td>压力传感器</td><td>压力传感器</td><td>SP</td><td>B</td><td>BP</td></tr>
<tr><td>温度传感器</td><td>温度传感器、温度计</td><td>ST</td><td>B</td><td>BT</td></tr>
<tr><td>烟感探测器</td><td>烟雾(感烟)探测器</td><td>SS</td><td>B</td><td>BR</td></tr>
<tr><td>温感探测器</td><td>火焰(感光)探测器</td><td>ST</td><td>B</td><td>BR</td></tr>
<tr><td>电容器</td><td>电容器</td><td>电容器</td><td>C</td><td>CA</td><td>C</td><td>CA</td></tr>
<tr><td rowspan="2">其他元器件</td><td>发热器件</td><td>电热、电热丝</td><td rowspan="2">E</td><td>EH</td><td>E</td><td>EB</td></tr>
<tr><td>照明灯</td><td>白炽灯、荧光灯</td><td>EL</td><td>E</td><td>EA</td></tr>
<tr><td rowspan="5">保护器件</td><td>具有瞬时动作的限流保护器件</td><td rowspan="3">热过载释放器</td><td rowspan="5">F</td><td>FA</td><td rowspan="3">F</td><td rowspan="3">FD</td></tr>
<tr><td>具有延时动作的限流保护器件</td><td>FR</td></tr>
<tr><td>具有延时和瞬时动作的限流保护器件</td><td>FS</td></tr>
<tr><td>熔断器</td><td>熔断器</td><td>FU</td><td>F</td><td>FA</td></tr>
<tr><td>限压保护器件</td><td></td><td>FV</td><td></td><td></td></tr>
<tr><td rowspan="4">信号器件</td><td>声响指示器</td><td>铃、钟</td><td rowspan="4">H</td><td>HA</td><td>P</td><td>PB</td></tr>
<tr><td>光指示器</td><td>LED 发光二极管</td><td>HL</td><td>P</td><td>PG</td></tr>
<tr><td>指示灯</td><td>告警灯、信号灯</td><td>HL</td><td>P</td><td>PG</td></tr>
<tr><td>红色指示灯</td><td>红色信号灯</td><td>HR</td><td>P</td><td>PGR</td></tr>
</table>

（续）

设备、装置和元器件种类	举例		参照代号的字母代码			
			旧标准		新标准	
	旧标准中文名称	新标准中文名称	主类代码	含子类代码	主类代码	含子类代码
信号器件	绿色指示灯	绿色信号灯		HG	P	PGG
	黄色指示灯	黄色信号灯		HY	P	PGY
继电器接触器	瞬时接触继电器	瞬时接触继电器	K	KA	K	KA
	交流继电器			KA		
	差动继电器			KD		
	热继电器	热过载继电器		KH	B	BB
	接触器	接触器		KM	Q	QAC
	延时有或无继电器	时间继电器		KT	K	KF
	温度继电器			KT		
测量设备试验设备	电流表	电流表	P	PA	P	PA
	电度表	电度表		PJ	P	PJ
	功率表	有功功率表		PW	P	PW
	温度计	温度计		PH	B	BT
	电压表	电压表		PV	P	PV
电力电路的开关器件	低压断路器		Q	QA		
	断路器	断路器		QF	Q	QA
	刀开关			QK		
	负荷开关			QL		
	隔离开关	隔离器、隔离开关		QS	Q	QB
	起动器	软起动器		QT	Q	QAS
		星—三角起动器			Q	QSD
		自耦降压起动器			Q	QTS
	漏电保护器	剩余电流保护断路器		QR	Q	QR
把手动操作转化为进一步处理的特定信号	控制开关	控制开关	S	SA	S	SF
	选择开关	多位开关（选择开关）		SA	S	SAC
	按钮	按钮		SB	S	SF
	急停按钮			SE		
	停止按钮	停止按钮		SS	S	SS
		起动按钮			S	SF
		复位按钮			S	SR
		试验按钮			S	ST
变压器	电流互感器	电流互感器	T	TA	B	BE
	控制电路电源用变压器	控制变压器		TC	T	TC
	电力变压器	电力变压器		TM	T	TA

（续）

设备、装置和元器件种类	举例		参照代号的字母代码			
			旧标准		新标准	
	旧标准中文名称	新标准中文名称	主类代码	含子类代码	主类代码	含子类代码
变压器	电压互感器	电压互感器	T	TV	B	BE
	局部照明用变压器	照明变压器		TL	T	TL
从一地到另一地导引或输送能量、信号、材料或产品		高压配电线缆	W		W	WA
		低压配电线缆				WD
		数据总线				WF
	控制线路	控制电缆、测量电缆		WC		WG
		光缆、光纤				WH
		信号线路				WS
	直流线路			WD		
	应急照明线路	应急照明线路		WE		WLE
	照明线路	照明线路		WL		WL
	电话线路			WF		
	电力线路	电力(动力)线路		WP		WP
		应急电力(动力)线路				WPE
	声道(广播)线路			WS		
	电视线路			WV		
	插座线路			WX		
电气操作的机械器件	电动阀	执行器	Y	YM	M	ML
	电磁阀			YV		

参照代号可表示项目的数量、安装位置、方案等信息。参照代号的编制规则宜在设计文件里说明。参照代号的应用应根据实际工程的规模确定，同一个项目其参照代号可有不同的表示方式。以照明配电箱为例，如果一个建筑工程楼层超过 10 层，一个楼层的照明配电箱数量超过 10 个，每个照明配电箱参照代号的编制规则可有四种形式，见表 7-6。

表 7-6 参照代号的表示方法举例

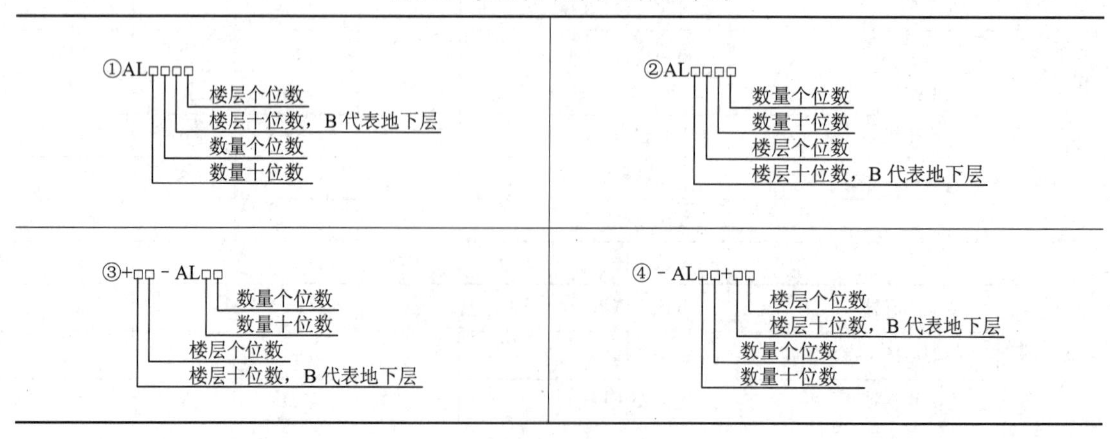

参照代号 AL11B2、ALB211、+B2-AL11、-AL11 +B2 均可表示安装在地下二层的第 11 个照明配电箱（AL 为照明配电箱的字母代码）。采用①、②参照代号标注，因不会引起混淆，所以取消了前缀符号“-”。①、②表示方式占用字符少，但参照代号的编制规则需在设计文件里说明。采用③、④参照代号标注，对位置、数量信息表示更加清晰、直观、易懂，且前缀符号国家标准有定义，参照代号的编制规则不用再在设计文件里说明。这 4 种参照代号的表示方式，可由设计人员根据实际情况选用，但同一项工程使用的参照代号的表示方式应一致。

7.2.5 电气线路的标注

1. 电气线路标注的一般规定

1）电气线路应标注电气线路的回路编号或参照代号、线缆型号及规格、根数、敷设方式、敷设部位等信息。电气线路的信息，可标注在线路上，也可标注在线路引出线上。简单的弱电系统可不标注回路编号或参照代号。当电气线路的标注不会引起混淆时，电气线路的信息可在系统图或电气平面图任一处标注完整，另一处可只标注回路编号或参照代号。

2）对于弱电线路，宜在线路上标注本系统的线型符号，线型符号应按表 7-7 标注。当多个弱电系统或一个弱电系统的信号、电源、控制线缆绘制在一张电气平面图内时，为表示清楚宜在本系统的信号线缆上标注线型符号。当图样中的电气线路采用实线绘制不会引起混淆时，电气线路可不采用表 7-7 所列的线型符号。例如当综合布线系统单独绘制时，其线路可采用实线表示，其间或其上不用加 GCS 标注。

表 7-7 图样中的电气线路线型符号

序号	线型符号	说明
1	S	信号线路
2	C	控制线路
3	EL	应急照明线路
4	PE	保护接地线
5	E	接地线
6	LP	接闪线、接闪带、接闪网
7	TP	电话线路
8	TD	数据线路
9	TV	有线电视线路
10	BC	广播线路
11	V	视频线路
12	GCS	综合布线系统线路
13	F	消防电话线路
14	D	50V 以下的电源线路
15	DC	直流电源线路
16		光缆，一般符号

注：表格中的文字可分别采用线上标注或线内标注两种方式。例如，信号线路线型符号形式 1 为“——s——”；形式 2 为“——s——”。

3）对于封闭母线、电缆梯架、托盘和槽盒宜标注其规格及安装高度。封闭母线的规格包括其额定载流量和外形尺寸。封闭母线在系统图上主要标注其额定载流量及导体（铜排）规格，在平面上主要标注其外形尺寸。

2. 绝缘导线与电缆的表示

（1）绝缘导线 低压供电线路及电气设备的连线，多采用绝缘导线。按绝缘材料分为橡胶绝缘导线和塑料绝缘导线等。线芯的材料有铜芯和铝芯（铝芯基本上不采用），有单芯和多芯。导线的标准截面有0.2mm^2、0.3mm^2、0.4mm^2、0.5mm^2、0.75mm^2、1mm^2、1.5mm^2、2.5mm^2、4mm^2、6mm^2、10mm^2、16mm^2、25mm^2、35mm^2、50mm^2、70mm^2、95mm^2、150mm^2、185mm^2等。常用绝缘导线的型号、名称、用途见表7-8。

表7-8 常用绝缘导线的型号、名称、用途

型号	名称	用途
BXF(BLXF)	氯丁橡胶铜(铝)芯线	适用于交流500V及以下,直流1000V及以下的电气设备和照明设备
BX(BLX)	橡胶铜(铝)芯线	
BXR	铜芯橡胶软线	
BV(BLV)	聚氯乙烯铜(铝)芯线	适用于各种设备、动力、照明的线路固定敷设
BVR	聚氯乙烯铜芯软线	
BVV(BLVV)	铜(铝)芯聚氯乙烯绝缘和护套线	
RVB	铜芯聚氯乙烯平行软线	适用于各种交直流电器、电工仪器、小型电动工具、家用电器装置的连接
RVS	铜芯聚氯乙烯绞型软线	
RV	铜芯聚氯乙烯软线	
RX,RXS	铜芯、橡胶棉纱编织软线	

表中，B为绝缘电线，平行；R为软线；V为聚氯乙烯绝缘，聚氯乙烯护套；X为橡胶绝缘；L为铝芯（铜芯不表示）；S为双绞；XF为氯丁橡胶绝缘。

（2）电缆 电缆按用途分为电力电缆、通用（专用）电缆、通信电缆、控制电缆、信号电缆等。按绝缘材料分为纸绝缘电缆、橡胶绝缘电缆、塑料绝缘电缆等。电缆的结构主要有三个部分，即线芯、绝缘层和保护层，保护层又分为内保护层和外保护层。

电缆的结构、特点和用途可通过型号表示出来，其型号表示方法见表7-9，外护层数字代号含义见表7-10。例如：VV—1000—3×70 +1×35，表示聚氯乙烯绝缘、聚氯乙烯护套电力电缆，额定电压为1000V，3根70mm^2铜芯线和1根35mm^2铜芯线。YJV22—3×50 +1×25，表示3根50mm^2加1根25mm^2铜芯，交联聚乙烯绝缘，聚氯乙烯护套内钢带铠装。

表7-9 电缆型号字母含义

类别	绝缘种类	线芯材料	内护层	其他特征	外护层
电力电缆(不表示) K—控制电缆 P—信号电缆 Y—移动式软电缆 H—市内电话电缆	Z—纸绝缘 X—橡胶绝缘 V—聚氯乙烯 Y—聚乙烯 YJ—交联聚乙烯	T—铜 (不表示) L-铝	Q—铅套 L—铝套 H—橡套 V—聚氯乙烯套 Y—聚乙烯套	D—不滴流 F—分相护套 P—屏蔽 C—重型	2个数字, 见表7-10

表 7-10 电缆外护层数字代号含义

第一个数字		第二个数字	
代号	铠装层类型	代号	外被层类型
0	无	0	无
1		1	纤维绕包
2	双钢带	2	聚氯乙烯护套
3	细圆钢丝	3	聚乙烯护套
4	粗圆钢丝	4	

3. 线缆的标注

电力线路和照明线路的编号、导线型号、规格、根数、敷设方式、管径、敷设部位等的表示，可以在图线旁直接标注线路安装代号。其基本格式是

$$a\ b—c(d×e+f×g)i—jh$$

其中 a——参照代号；

b——型号；

c——电缆根数；

d——相导体根数；

e——相导体截面（mm^2）；

f——N、PE 导体根数；

g——N、PE 导体截面（mm^2）；

i——敷设方式和管径（mm），见表 7-11；

j——敷设部位，见表 7-12；

h——安装高度（m）。

当电源线缆 N 和 PE 分开标注时，应先标注 N 后标注 PE（线缆规格中的电压值在不会引起混淆时可省略）。

例如，WD01 YJV—5(3×150+2×70)SC80—WS3.5，表示电缆参照代号为 WD01，电缆型号为 YJV，电缆根数为 5，电缆导体根数与截面为（$3×150mm^2+2×70mm^2$）；敷设方式为穿直径 80mm 的焊接钢管沿墙面敷设；线缆敷设高度距地 3.5m。

表 7-11 线缆敷设方式标注的文字符号

序号	中文名称	新标准文字符号	旧标准文字符号	英文名称
1	穿低压流体输送用焊接钢管(钢导管)敷设	SC	SC(G)	Run in welded steel conduit
2	穿普通碳素钢电线套管敷设	MT		Run in electrical metallic tubing
3	穿可挠金属电线保护套管敷设	CP		Run in flexible metal trough
4	穿硬塑料导管敷设	PC	PC	Run in rigid PVC conduit
5	穿阻燃半硬塑料导管敷设	FPC		Run in flame retardant semiflexible PVC conduit
6	穿塑料波纹电线管敷设	KPC		Run in corrugated PVC conduit
7	电缆托盘敷设	CT		Installed in cable tray
8	电缆梯架敷设	CL		Installed in cable ladder

（续）

序号	中文名称	新标准文字符号	旧标准文字符号	英文名称
9	金属槽盒敷设	MR	MR	Installed in metallic trunking
10	塑料槽盒敷设	PR	PR	Installed in PVC trunking
11	钢索敷设	M	CT	Supported by messenger wire
12	直埋敷设	DB		Direct burying
13	电缆沟敷设	TC		Installed in cable trough
14	电缆排管敷设	CE		Installed in concrete encasement

表 7-12　线缆敷设部位标注的文字符号

序号	中文名称	新标准文字符号	旧标准文字符号	英文名称
1	沿或跨梁(屋架)敷设	AB	B	Along or across beam
2	沿或跨柱敷设	AC	C	Along or across column
3	沿吊顶或顶板面敷设	CE	SC	Along ceiling or slab surface
4	吊顶内敷设	SCE	CE	Recessed in ceiling
5	沿墙面敷设	WS	W	On wall surface
6	沿屋面敷设	RS		On roof surface
7	暗敷设在顶板内	CC		Concealed in ceiling or slab
8	暗敷设在梁内	BC		Concealed in beam
9	暗敷设在柱内	CLC		Concealed in column
10	暗敷设在墙内	WC	W	Concealed in wall
11	暗敷设在地板或地面下	FC	F	In floor or ground

4. 电话线缆的标注

$$a—b(c\times2\times d)e—f$$

其中　a——参照代号；

b——型号；

c——导体对数；

d——导体直径（mm）；

e——敷设方式和管径（mm），见表 7-11；

f——敷设部位，见表 7-12。

例如，W1—HYV(5×2×0.5)SC15—WS，W1 为电话线缆的参照代号；电话电缆的型号为 HYV，共有 5 对，导体直径为 0.5mm；电话电缆敷设方式为用直径 15mm 的钢导管，沿墙面敷设。

5. 光缆标注

$$a/b/c$$

其中　a——型号；

b——光纤芯数；

c——长度。

6. 电缆梯架、托盘和槽盒标注

$$\frac{a\times b}{c}$$

其中　a——线宽（mm）；

b——高度（mm）；

c——安装高度（m）。

例如，$\frac{600\times 150}{3.5}$，表示电缆桥架高度为150mm，电缆桥架宽度为600mm，距地面3.5m安装。

7. 设备端子和导体的标志和标识

设备端子和导体宜采用表7-13所列的标志和标识。

表7-13　设备端子和导体的标志和标识

序号	导体		文字符号	
			设备端子标志	导体和导体终端标识
1	交流导体	第1线	U	L1
		第2线	V	L2
		第3线	W	L3
		中性导体	N	N
2	直流导体	正极	+或C	L+
		负极	-或D	L-
		中间点导体	M	M
3	保护导体		PE	PE
4	PEN导体		PEN	PEN

7.2.6　电气设备的标注

1. 用电设备标注

宜在用电设备的图形符号旁加注文字符号，标注其额定功率、参照代号。

用电设备（电动机出线口处）标写格式：

$$\frac{a}{b}$$

其中　a——参照代号；

b——额定容量（kW或kV·A）。

例如，电动机出线口标注$\frac{\text{MA01}}{\text{15kW}}$，表示电动机参照代号为MA01，额定功率为15kW。

2. 电气箱（柜、屏）标注

对于电气箱（柜、屏），应在其图形符号附近标注参照代号，并宜标注设备安装容量。

(1) 系统图电气箱（柜、屏）标注

$$-a+b/c$$

其中　a——参照代号；

b——位置信息；

c——型号。

前缀“—”在不会引起混淆时可省略。

例如，—AP2 +F1/□，表示动力配电箱—AP2 位于一层，型号为□。

(2) 平面图电气箱（柜、屏）标注

$$—a$$

其中 a——参照代号。

前缀“—”在不会引起混淆时可省略。

例如，—AP2，表示动力配电箱—AP2。

3. 照明灯具的标注

对于照明灯具，宜在其图形符号附近标注灯具的数量、光源数量、光源安装容量、安装高度、安装方式。

(1) 灯具标注

$$a—b\frac{c\times d\times L}{e}f$$

其中 a——数量；

b——型号；

c——每盏灯具的光源数量；

d——光源安装容量；

e——安装高度（m），“—”表示吸顶安装；

L——光源种类，参见表 7-19；

f——安装方式，参见表 7-14。

例如，$4—GC1—A\frac{125\times Hg}{6.0}P$，表示有 4 盏工厂灯，型号为 GC1—A，配照型直杆吊，每盏灯中装有 125W 高压水银灯，离地 6m。又如 $5—YG—2\frac{2\times 40\times FL}{—}$，表示有 5 套荧光灯，每盏灯中有 2 个 40W 的荧光灯管，吸顶安装。

表 7-14 灯具安装方式标注文字符号

序号	名称	新标准文字符号	旧标准文字符号	英文名称
1	线吊式	SW		Wire suspension type
2	链吊式	CS	C	Catenary suspension type
3	管吊式	DS	P	Conduit suspension type
4	壁装式	W	W	Wall mounted type
5	吸顶式	C		Ceiling mounted type
6	嵌入式	R	R	Flush type
7	吊顶内安装	CR		Recessed in ceiling
8	墙壁内安装	WR		Recessed in wall
9	支架上安装	S		Mounted on support
10	柱上安装	CL		Mounted on column
11	座装	HM		Holder mounting

(2) 照明、安全、控制变压器标注

$$a\ b/c\ d$$

其中　a——参照代号；

b/c——一次电压/二次电压；

d——额定容量。

例如，TL01 220/36V 500V · A，表示照明变压器 TL1 电压比为 220/36V，容量为 500V · A。

7.3　建筑电气工程常用符号

GB/T 50786—2012《建筑电气制图标准》列出了建筑电气制图常用的图形符号，这些符号大多摘自 GB/T 4728《电气简图用图形符号》，这里只摘录建筑电气常用的图形符号，不能满足要求时请自行查阅相关标准。

7.3.1　操作与效应

操作与效应图形符号见表 7-15，摘自 GB/T 4728《电气简图用图形符号》，用于构成图形符号或者电路图的绘制。

表 7-15　操作与效应图形符号

序　号	图形符号	说　明	英文说明
02-08-01		热效应	Thermal effect
02-08-02		电磁效应	Electromagnetic effect
02-13-01		手动操作件,一般符号	Actuator, manual, general symbol
02-13-02		操作件,手动(带防护)	Actuator, manual (protected)
02-13-03		操作件(拉拔操作)	Actuator(operated by pulling)
02-13-04		操作件(旋转操作)	Actuator(operated by turning)
02-13-05		操作件(按动操作)	Actuator(operated by pushing)
02-13-08		操作件,应急	Actuator, emergency
02-13-09		操作件(手轮操作)	Actuator(operated by handwheel)
02-13-13		操作件(钥匙操作)	Actuator(operated by key)
02-13-26	M	操作件(电动机操作)	Actuator(Operated by electric motor)

7.3.2 电线、电缆的表示

电线、电缆的表示方法见表 7-16，摘自 GB/T 4728《电气简图用图形符号》，用于电路图、平面图、系统图，这些符号基本上全部被 GB/T 50786—2012《建筑电气制图标准》采用。

表 7-16 电线、电缆的表示

序号	图形符号	说明	英文说明
03-01-01 03-01-02 03-01-03	3	导线、导线组、电线、电缆、电路、传输通路(如微波技术)、线路、母线(总线)一般符号 注:当用单线表示一组导线时,若需示出导线数可加小短斜线或画一条短斜线加数字表示 示例:3 根导线 示例:3 根导线 更多情况可按下列方法表示: 在横线上面注出:电流种类、配电系统、频率和电压等 在横线下面注出:电路的导线数乘以每根导线的截面积,若导线的截面不同时,应用加号将其分开,导线材料可用其化学元素符号表示	Connection;Group of connections Examples:conductor,cable,line,transmission path If a single line represents a group of conductors, the number of connections may be indicated either by adding as many oblique strokes or one stroke followed by the figure for the number of connections Examples:three connections Additional information may be indicated such as: kind of current, system of distribution, frequency, voltage,cross sectional area of each conductor, the chemical symbol for the conductor material. The number of conductors is followed by the sectional area, separated by ×. If different sizes are used,their particulars should be separated by +
03-01-04	==110V 2×120mm²Al	示例:直流电路,110V,两根铝导线,导线截面积为 120mm²	Example 1:Direct current circuit,110V,two aluminium conductors of 120mm²
03-01-05	3N~50Hz380V 3×120mm²+1×50mm²	示例:三相交流电,50Hz,380V,三根导线截面积均为 120mm²,中性线截面积为 50mm²	Example 2: three-phase circuit, 50Hz, 380V, three conductors of 120mm²,with neutral of 50mm²
03-01-06 03-01-07		软连接 屏蔽导体	Flexible connection Screened conductor
03-01-08 03-01-09		绞合连接 电缆中的导线所示为 3 根	Twisted connection Two connections shown Conductors in a cable,three conductors shown
03-01-10		电缆中的导线,5 根导线,其中箭头所指的两根位于同一电缆中	Conductors in a cable, five conductors, two of which marked by arrow-heads are in one cable
11-12-01		向上配线;向上布线	Wiring going upwards 只用于平面图

（续）

序 号	图形符号	说 明	英文说明
11-12-02	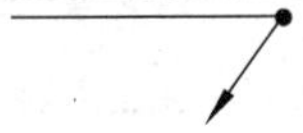	向下配线;向下布线	Wiring going downwards 只用于平面图
11-12-03		垂直通过配线;垂直通过布线	Wiring passing through vertically 只用于平面图
11-11-01		中性线	Neutral conductor
11-11-02	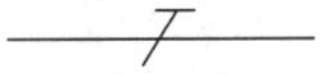	保护线	Protective conductor
11-11-03		保护线和中性线共用线	Combined Protective and neutral conductor
11-11-04	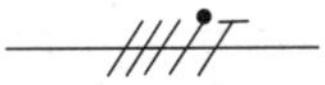	带中性线和保护线的三相线路	Three-phase wiring with neutral conductor and protective conductor

7.3.3 触点

触点的图形符号见表7-17，摘自GB/T 4728《电气简图用图形符号》，用于电路图、接线图，其中大部分符号亦列于GB/T 50786—2012《建筑电气制图标准》中。

表7-17 触点的图形符号

序 号	图形符号	说 明	英文说明
07-02-01		动合(常开)触点,一般符号 开关,一般符号	Make contact,general symbol Switch,general symbol
07-02-03		动断(常闭)触点	Break contact
07-02-04		先断后合的转换触点	Change-over break before make contact
07-02-05		中间断开的转换触点	Change-over contact with off-position
07-05-01		延时闭合的动合触点	Make contact,delayed closing
07-05-02		延时断开的动合触点	Make contact,delayed opening

(续)

序　号	图形符号	说　　明	英文说明
07-05-03		延时断开的动断触点	Break contact, delayed opening
07-05-04		延时闭合的动断触点	Break contact, delayed closing
07-05-05		延时动合触点	Make contact, delayed
07-07-01		手动操作开关,一般符号	Switch, manually operated, general symbol
07-07-02		自动复位的手动按钮	Switch, manually operated, Push-button, automatic return
07-07-03		自动复位的手动拉拔开关	Switch, manually operated, pulling, automatic return
07-07-04		无自动复位的手动旋转开关	Switch, manually operated, turning, stay put
07-08-01		带动合触点的位置开关	Position switch, make contact
07-08-02		带动断触点的位置开关	Position switch, break contact

7.3.4 开关、接触器等

开关、接触器等的图形符号见表 7-18，来自于 GB/T 4728《电气简图用图形符号》，用于电路图、接线图。除了这些符号，GB/T 50786—2012《建筑电气制图标准》列举了更多的开关、接触器的图形符号供设计人员使用。

表 7-18 开关、接触器的图形符号

序　号	图形符号	说　　明	英文说明
07-13-02		接触器 接触器的主动合触点(在非动作位置触点断开)	Contactor Main make contact of contactor (contact opened in the unoperated position)

（续）

序　号	图形符号	说　　明	英文说明
07-13-03		带自动释放功能的接触器	Contactor with automatic tripping
07-13-04		接触器 接触器的主动断触点（在非动作位置触点闭合）	Contactor Main break contact of a conta ctor (contact closed in the unoperated position)
07-13-05		断路器	Circuit breaker
07-13-06		隔离开关；隔离器	Disconnector; Isolator
07-13-07		双向隔离开关；双向隔离器	Two-way disconnector; Two-way isolator
07-13-08		隔离开关；负荷隔离开关	Switch-disconnector; On-load isolating switch
07-13-09		带自动释放功能的负荷隔离开关	Switch-disconnector, auto matic release; On-load isolating switch, automatic
07-13-10		隔离开关；隔离器	Disconnector; Isolator
07-13-11		自由脱扣机构 虚线表示联接系统的各个部分将用如下方式定位： * * 从断开或闭合的操作机构到相关联的主触点和辅助触点 *操作机构有一个主要的断开功能，两种可供选择的位置示于上图	Trip-free mechanism Dashed lines representing the various parts of the linkage system shall be located in the following way: * * From the operating to associated main means for opening and auxiliary contacts and closing

（续）

序 号	图形符号	说 明	英文说明
07-14-01		电动机起动器，一般符号	Motor starter, general symbol
07-21-01		熔断器，一般符号	Fuse, general symbol
07-21-06	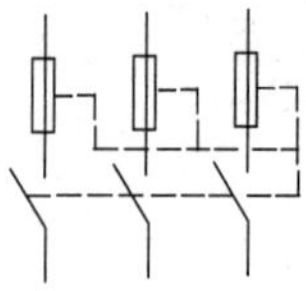	带撞击式熔断器的三极开关	Three-pole switch with striker fuses
07-21-07		熔断器开关	Fuse-switch
07-21-08		熔断器式隔离开关；熔断器式隔离器	Fuse-disconnector; Fuse isolator
07-21-09		熔断器负荷开关组合电器	Fuse switch-disconnector; On-load isolating fuse switch
07-15-01	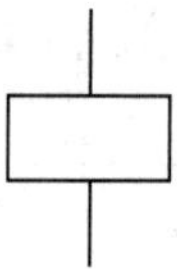	驱动器件，一般符号；继电器线圈，一般符号	Operating device, general symbol; Relay coil, general symbol
07-15-03	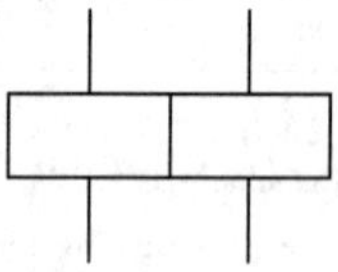	驱动器件；继电器线圈（组合表示法）	Operating device; Relay coil (attached representation)
07-15-08	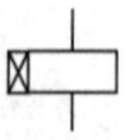	缓慢吸合继电器线圈	Relay coil of a slow-operating relay
07-15-09	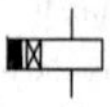	延时继电器线圈	Relay coil of a slow-operating and slow-releasing relay

7.3.5 信号装置

信号装置的图形符号见表7-19，来自于GB/T 4728《电气简图用图形符号》，用于电路图、接线图、平面图、系统图，其中部分符号被GB/T 50786—2012《建筑电气制图标准》收录。

表7-19 信号装置的图形符号

序号	图形符号	说明	英文说明
08-04-03	Wh	电度表(瓦时计)	Watt-hour meter
		音响信号装置,一般符号(电喇叭、电铃、单击电铃、电动汽笛)	Acoustic signalling device, general symbol
08-10-09		报警器	Siren
08-10-10	优选形	蜂鸣器	Buzzer
08-10-01		信号灯,一般符号 注: 1. 如要求指示颜色,则在靠近符号处标出下列代码: RD 红 BU 蓝 YE 黄 WH 白 GN 绿 2. 如要求指示灯的类型,则在靠近符号处标出下列代码: Ne 氖 EL 电发光 Xe 氙 ARC 弧光 Na 钠气 FL 荧光 Hg 汞 IR 红外线 I 碘 UV 紫外线	Signal lamp, general symbol If it is desired to indicate color, a notation according to the following code is placed adjacent to the symbol: RD: red YE: yellow GN: green WH: white BU: blue If it is desired to indicate the type of lamp, a notation according to the following code is placed adjacent to the symbol: Ne: neon EL: electroluminescent Xe: xenon ARC: arc Na: sodium vapor FL: fluorescent Hg: mercury IR: infra-red I: iodine UV: ultra-violet

7.3.6 插座、开关、配电箱

插座、开关、配电箱的图形符号见表7-20，来自于GB/T 4728《电气简图用图形符号》，用于平面图，其中大部分符号亦列于GB/T 50786—2012《建筑电气制图标准》中。

表7-20 插座、开关、配电箱的图形符号

序号	图形符号	说明	英文说明
11-13-01	注1,2	电源插座、插孔,一般符号(用于不带保护极的电源插座)	Socket outlet (power), general symbol; Receptacles outlet (power), general symbol
11-13-04		带保护极的电源插座	Socket outlet (power) with protective contact

（续）

序　号	图形符号	说　明	英文说明
11-13-02 11-13-03	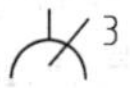  3	多个(电源)插座(示出 3 个)	Multiple socket outlet(power) The symbol is shown with three outlets
11-13-05	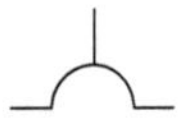	带滑动防护板的(电源)插座	Socket outlet(power) with sliding shutter
11-13-06		带单极开关的(电源)插座	Socket outlet(power) with single-pole switch
11-14-01	 注3	开关,一般符号(单联单控开关)	Switch,general symbol
		双联单控开关	Double single control switch
	 注3	三联单控开关	Triple single control switch
11-14-04	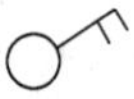 注3	双极开关	Two pole switch
11-14-06	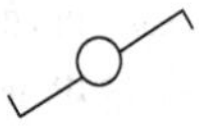	双控单极开关	Two-way single pole switch
11-14-02	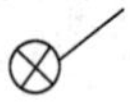	带指示灯的开关	Switch with pilot light
02-01-02	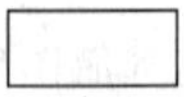 注4	物件,一般符号	Object,general symbol

注：1. 当电气元器件需要说明类型和敷设方式时，宜在符号旁标注下列字母：EX—防爆；EN—密闭；C—暗装。

2. 当电源插座需要区分不同类型时，宜在符号旁标注下列字母：1P—单相；3P—三相；1C—单相暗敷；3C—三相暗敷；1EX—单相防爆；3EX—三相防爆；1EN—单相密闭；3EN—三相密闭。

3. 单极开关的极数是指开关开断（闭合）电源的线数，如对 220V 的单相线路可以使用单极开关开断相线，而零线（N 线）不经过开关，也可以使用双极开关同时开断相线和 N 线。对应于三相 380V，则分别有三极或四极开关使用情况。这里开关一般指断路器。单联开关就是只有一个按钮的开关，控制一个支路。双联开关就是一个面板上有两个开关按钮，控制两个支路。

4. ▭可作为电气箱（柜、屏）的图形符号，当需要区分其类型时，宜在□内标注下列字母：LB—照明配电箱；ELB—应急照明配电箱；PB—动力配电箱；EPB—应急动力配电箱；WB—电度表箱；SB—信号箱；TB—电源切换箱；CB—控制箱、操作箱。

7.3.7 照明灯具

照明灯具的图形符号见表7-21，摘自GB/T 4728《电气简图用图形符号》，用于平面图，其中大部分符号亦列于GB/T 50786—2012《建筑电气制图标准》中。

表7-21 照明灯具的图形符号

序号	图形符号	说明	英文说明
08-10-01	⊗ 注1	灯，一般符号	Lamp, general symbol
11-15-04		光源，一般符号；荧光灯，一般符号	Luminaire, general symbol; Fluorescent lamp, general symbol
11-15-05		多管荧光灯	Luminaire with many fluorescent tubes
11-15-06	5	多管荧光灯	Luminaire with many fluorescent tubes
11-15-11		专用电路上的应急照明灯	Emergency lighting luminaire on special circuit
11-15-12		自带电源的应急照明灯	Self-contained Emergency lighting luminaire

注：当灯具需要区分不同类型时，宜在符号旁标注下列字母：ST—备用照明；SA—安全照明；LL—局部照明灯；W—壁灯；C—吸顶灯；R—筒灯；EN—密闭灯；G—圆球灯；EX—防爆灯；E—应急灯；L—花灯；P—吊灯；BM—浴霸。

7.3.8 电机

电机的图形符号见表7-22，摘自GB/T 4728《电气简图用图形符号》，用于电路图、接线图、平面图、系统图，其中部分符号被GB/T 50786—2012《建筑电气制图标准》收录。

表7-22 电机的图形符号

序号	图形符号	说明	英文说明
06-04-01	★	电机，一般符号 符号内的星号必须用下述字母代替： C 同步变流机 G 发电机 GS 同步发电机 M 电动机 MG 能作为发电机或电动机使用的电机 MS 同步电动机	Machines, general symbol The asterisk shall be replaced by one of the following letter designations: C: Rotary converter G: Generator GS: Synchronous generators M: Motor MG: Machine capable of use as a generator or motor MS: Synchronous motor
06-08-01	M 3~	三相笼式感应电动机	Three-phase cage induction motor

（续）

序 号	图形符号	说 明	英文说明
06-04-02	M 1~	单相笼式感应电动机	Single-phase cage induction motor

7.3.9 建筑设备监控系统

建筑设备监控系统图形符号见表 7-23，摘自 GB/T 50786—2012《建筑电气制图标准》，用于电路图、平面图、系统图。

表 7-23 建筑设备监控系统图样的常用图形符号

序 号	常用图形符号		说 明	英文说明
	形式 1	形式 2		
1	T		温度传感器	Temperature transmitter
2	P		压力传感器	Pressure transmitter
3	M	H	湿度传感器	Humidity transmitter
4	PD	ΔP	压差传感器	Differential pressure transmitter
5	GE *		流量测量元件（ * 为位号）	Measuring component, flowrate
6	GT *		流量变送器（ * 为位号）	Transducer, flowrate
7	LT *		液位变送器（ * 为位号）	Transducer, level
8	PT *		压力变送器（ * 为位号）	Transducer, pressure
9	TT *		温度变送器（ * 为位号）	Transducer, temperature
10	MT *	HT *	湿度变送器（ * 为位号）	Transducer, humidity
11	GT *		位置变送器（ * 为位号）	Transducer, position

(续)

序 号	常用图形符号		说 明	英文说明
	形式1	形式2		
12	ST *		速率变送器(*为位号)	Transducer, speed
13	PDT *	ΔPT *	压差变送器(*为位号)	Transducer, differential pressure
14	IT *		电流变送器(*为位号)	Transducer, current
15	UT *		电压变送器(*为位号)	Transducer, voltage
16	ET *		电能变送器(*为位号)	Transducer, electric energy
17	A/D		模拟/数字变换器	Converter, A/D
18	D/A		数字/模拟变换器	Converter, D/A
19	HM		热能表	Heat meter
20	GM		燃气表	Gas meter
21	WM		水表	Water meter
22	M		电动阀	Electrical valve
23	M		电磁阀	Solenoid valve

7.4 建筑电气控制电路图

电路图是表达项目电路组成和物理连接信息的简图，用来说明电气系统的组成和工作原理。

电路图的绘制和识读是电气工程的重要内容。

7.4.1 电路图画法

电路图绘制时一般应遵循如下原则：

1）电路图应突出表达电路的控制原理及其功能，可不受元器件实际物理尺寸和形状的限制。

2）电路图应表示元器件的图形符号、连接线、参照代号、端子代号、位置信息等。

3）建筑电气电路图通常包括主回路和控制电路。电路图应绘制主回路系统图。电路图的布局应突出控制过程或信号流的方向，并可增加端子接线图（表）、设备表等内容。

4）电路图中的元器件可采用单个符号或多个符号组合表示。同一项工程同一张电路图，同一个参照代号不宜表示不同的元器件。

5）电路图的图形符号排列应整齐，电路连线应直通；依据功能关系，应将功能相关元件放到一起进行绘制；可在电路图中增加端子接线图（表）。电路图中的元器件可采用集中表示法、分开表示法、重复表示法表示。集中表示法：表示符号的组合可彼此相邻，用于简单的电路图。分开表示法：表示符号的组合可彼此分开，实现布局清晰。重复表示法：同一符号用于不同的位置。集中表示法和分开表示法的详细说明和示例请参见 7.4.3 节。

6）电路图中的图形符号、文字符号、参照代号等宜按 7.2 节和 7.3 节的规定绘制。

由于新标准（GB/T 50786—2012《建筑电气制图标准》）中给出的电气元器件的字母代码与旧标准（GB/T 7159—1987《电气技术中的文字符号制订通则》）有很大差异，尽管目前旧标准已经作废，但其规定的电气设备的字母代码仍被广泛应用。为了方便读者阅读已有的工程技术文献，本书采用这样的处理方法：本节重点介绍电路图的绘制，示例均采用新标准；附录 D 重点介绍建筑设备电路图的识读，字母代码均采用旧标准，通过几个典型的电路控制图介绍电路图的识读，以便于读者阅读已有的技术资料和设备说明书，深入了解设备的工作过程。

7.4.2 电气控制电路图端子的标识

在电路图上，应对端子进行标识。

1. 主回路端子的标识

主回路中开关元件（隔离开关、断路器）、接触器触头元件和热继电器的接线端子用单个数字标识，奇数的接线端子和偶数的接线端子配对使用，如图 7-1 所示。

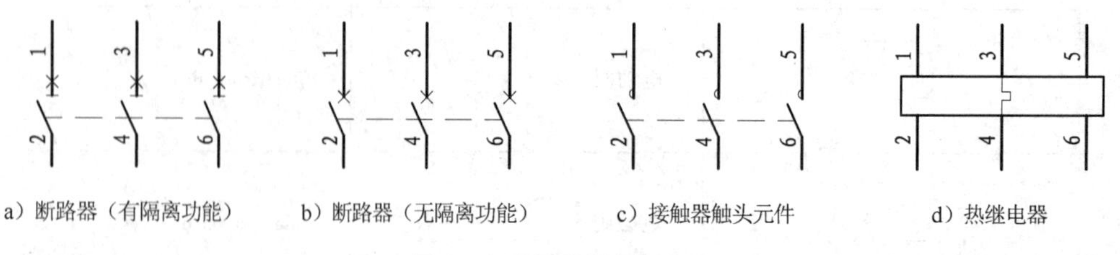

图 7-1 主回路端子标识

2. 控制电路端子标识

1）电磁操作线圈的两个接线端子用 A1 和 A2 标识，如图 7-2 所示。

2）控制电路中触头元件接线端子采用双位数标识，第一位为系列数字，第二位为功能数字，如图 7-3a 所示，其中功能数字 1、2 表示动断触头；3、4 表示动合触头；1、2、4 表示带转换触头的控制电路中接线端子；5、6 表示带特殊功能（例如延时动作）的动断触头（例如延时）的接线端子；7、8 表示带特殊功能（例如延时动作）常开的动合触头（例如延时）的接线端子；5、6、8 表示带有转换触头且转换触头具有特殊功能的接线端子，如图 7-3b 所示。属同一触头接线端子的序列数字相同。同一元件的所有触头具有不同的序列数字，如图 7-3c、图 7-3d 所示。过负荷保护电器触头元件接线端子的标识应与规定的触头元件采用相同的标识方法，但顺序号为 9，如图 7-3e 所示。单个元件的两个端子用连续的两个数字区别，奇数数字应小于偶数的数字，例如 1 和 2。

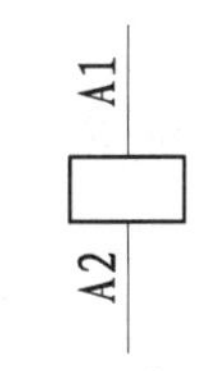

图 7-2　电磁操作线圈接线端子标识

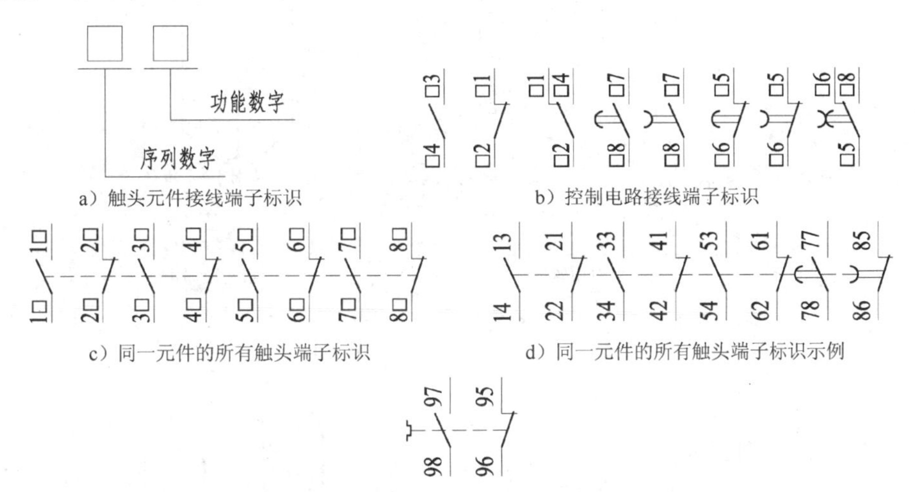

a）触头元件接线端子标识　b）控制电路接线端子标识
c）同一元件的所有触头端子标识　d）同一元件的所有触头端子标识示例
e）过负荷保护电器触头元件的接线端子标识
图 7-3　控制电路端子标识

7.4.3　电动机控制电路图实例

电动机的电路图包括主回路图和控制电路图，图 7-4 采用集中表示法绘制，图 7-5 采用分开表示法绘制。

集中表示法是将元件中各功能组成部分的图形符号在电路图中绘制在一起，其元件的各功能组成部分用机械连接线（虚线）连接起来，其特点是易于寻找项目的各个部分，适用于较简单的电路图。采用集中表示法绘制的元件，参照代号只在符号旁标注一次，见图 7-4 中 QAC1 和 BB1。

分开表示法是将元件图形符号的某些功能在图上分开绘制，不用机械连接线（虚线）相连，而是借助参照代号表示各功能组成部分的关系。分开表示法绘制的元件，参照代号应该在元件的每个功能组成部分的符号旁标注，见图 7-5 中 QAC1 和 BB1。其优点是既可减少电路连接的往返和交叉，又不出现穿越图面的机械连接线（虚线）。但是为了寻找被分开的各部分，需要采用插图或插表等辅助方式表示各组成部分的关系，适用于较复杂的控制电路。

采用集中表示法与采用分开表示法绘制的图样信息量要等同。下面结合图 7-4 与图 7-5 对电动机电路图的工作原理进行简要介绍。

电动机的主回路包括隔离开关 QB1、断路器 QA1、接触器 QAC1 的主触点和热过载继电器 BB1。当 QAC1 的主触点闭合，电动机的 U、V、W 分别与相电压为 380V 的电源的 L1、L2、L3

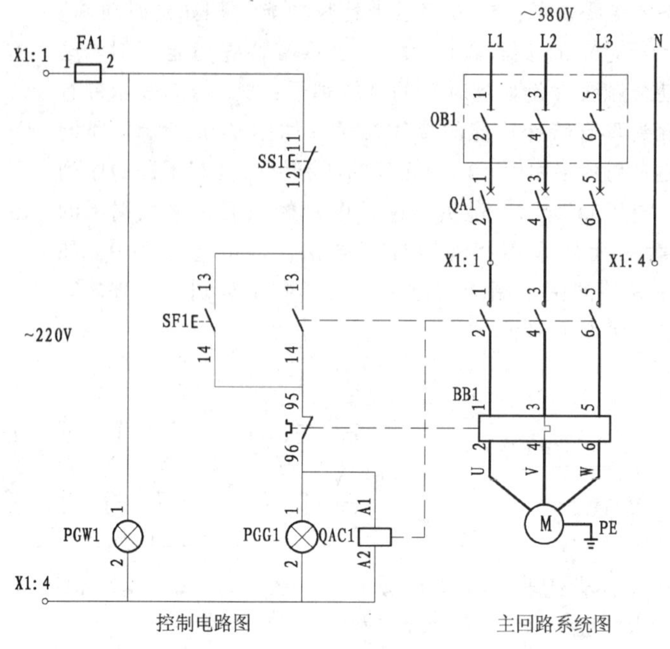

图 7-4 电动机集中表示法电路图

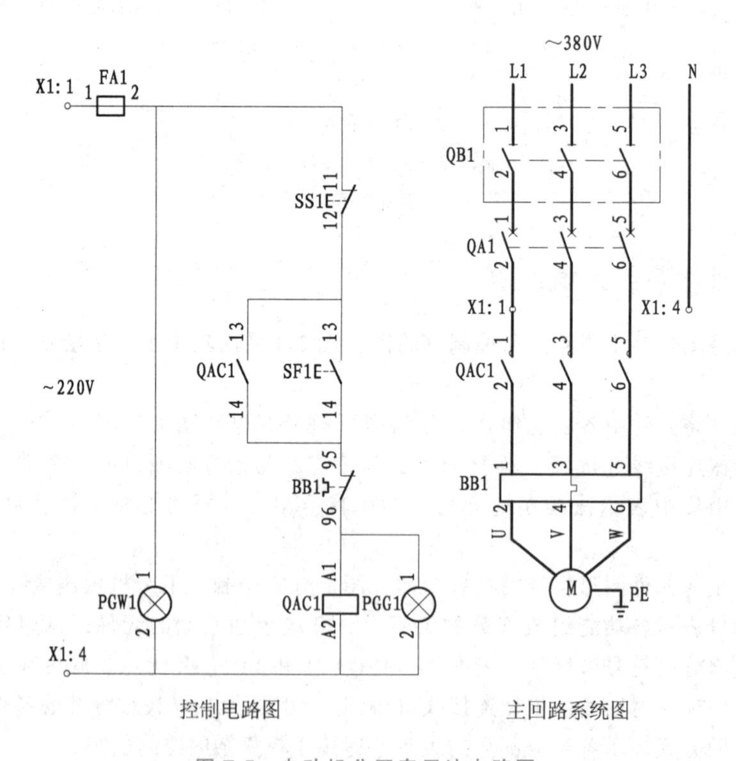

图 7-5 电动机分开表示法电路图

接通。电动机的控制电路包括熔断器 FA1、手动按钮 SF1 和 SS1、QAC1 的辅助常开触点（14，13）、BB1 的辅助常闭触点（96，95）、接触器 QAC1 线圈（A1，A2）、白色信号灯 PGW1 和绿色信号灯 PGG1。

当按下按钮SF1，信号灯PGG1通电，显示绿色，接触器QAC1线圈吸合，同时接触器QAC1的主触点和辅助常开触点（14，13）同时闭合，完成自保持，主回路通电，电动机运行。

当按下按钮SS1，控制电路失电，绿色信号灯PGG1断电熄灭，接触器QAC1线圈断电，QAC1的主触点和辅助常开触点（14，13）均断开，主回路断电，电动机停止运行。

当主回路过载时，热过载继电器BB1动作，其常闭触点（96，95）断开，接触器QAC1线圈断电，同时接触器QAC1的主触点和辅助常开触点（14，13）同时断开，主回路断电，电动机停止运行。

控制电路中，白色信号灯PGW1始终点亮，当控制电路过载时，熔断器断开，白色信号灯PGW1熄灭。

7.5 电气照明工程图

在建筑电气工程中，电气系统图和电气平面图十分重要，其绘制是电气工程制图的主要内容。

7.5.1 系统图和平面图画法

系统图用来表示电气系统各组成部分的主要特征和相互关系，在绘制时通常应遵循如下原则：

1）电气系统图应表示系统的主要组成、主要特征、功能信息、位置信息、连接信息等。

设计人员根据实际工程情况绘制相应的系统图，如低压配电系统图、火灾自动报警系统图、安全技术防范系统图等。供配电系统图按功能可绘制低压系统图、照明配电箱系统图；按结构（规模）可绘制供配电总系统图、供配电分系统图（比如动力配电箱系统图、照明配电箱系统图）。

2）电气系统图宜按功能布局、位置布局绘制，连接信息可采用单线表示。

3）电气系统图可根据系统的功能或结构（规模）的不同层次分别绘制。

4）电气系统图宜标注电气设备、路由（回路）等的参照代号、编号等，并应采用用于系统图的图形符号绘制。

电气平面图主要用来表示用电设备、配电设备以及电气线路相对于建筑的平面位置关系。电气平面图的绘制应遵循如下原则：

1）电气平面图应表示建筑物轮廓线、轴线号、房间名称、楼层标高、门、窗、墙体、梁柱、平台和绘图比例等，承重墙体及柱宜涂成灰色。

2）电气平面图应绘制出安装在本层的电气设备、敷设在本层和连接本层电气设备的线缆、路由等信息。进出建筑物的线缆，其保护管应注明与建筑轴线的定位尺寸、穿建筑外墙的标高和防水形式。

3）电气平面图应标注电气设备、线缆敷设路由的安装位置、参照代号等，并应采用用于平面图的图形符号绘制。

4）电气平面图、剖面图中局部部位需另绘制电气详图或电气大样图时，应在局部标注电气详图或电气大样图编号，在电气详图或电气大样图下方标注其编号和比例。

5）电气设备布置不相同的楼层应分别绘制其电气平面图；电气设备布置相同的楼层可只绘制其中一个楼层的电气平面图。

6）建筑专业的建筑平面图采用分区绘制时，电气平面图也应分区绘制，分区部位和编号宜与建筑专业一致，并应绘制分区组合示意图。各区电气设备线缆连接处应加标注。

7）强电和弱电应分别绘制电气平面图。

8）防雷接地平面图应在建筑物或构筑物建筑专业的顶部平面图上绘制接闪器、引下线、断接卡、连接极、接地装置等的安装位置及电气通路。

9）电气平面图中电气设备、线缆敷设路由等图形符号和标注方法参见 7.2 节和 7.3 节，示例参见 7.5 节和 7.6 节。

电气照明工程图描述的对象是照明设备和供电线路，一般有照明系统图和照明平面图。要表达的内容有：

1）照明配电箱的型号、数量、安装位置、安装标高、配电箱的电气系统。

2）照明线路的配线方式、敷设位置，线路的走向，导线的型号、规格及根数，导线的连接方法。

3）灯具的类型、功率、安装位置、安装方式及安装标高。

4）开关的类型、安装位置、离地高度、控制方式。

5）插座及其他电器的类型、容量、安装位置、安装高度等。

在电气照明工程图中，有时图样标注是不齐全的，看图时要熟悉有关的技术资料和施工验收规范。例如，在照明平面图中，开关的安装高度在图上没有标出，施工者可以依据施工及验收规范进行安装。一般开关安装高度距地 1.3m，距门框 0.15~0.20m。电气工程图的设计施工说明的写法参见附录 C。

由于新颁布的 GB/T 50786—2012《建筑电气制图标准》与原来的建筑电气制图方法在图形符号和一般规定上均有一些差异，为了提高本书的实用性，本书在正文中的示例均采用新标准，而附录 C 中的工程实例仍保持原画法，以便读者既能掌握新标准的要求，也能读懂已有的电气工程图。

7.5.2 常用照明线路分析

在照明平面图中清楚地表现了灯具、开关、插座的具体位置、安装方式。目前工程广泛使用的是线管配线、塑料护套线配线，线管内不允许有接头，导线的分路接头只能在开关盒、灯头盒、接线盒中引出，这种接线法称为共头接线法。这种接线法比较可靠，但耗用导线多，变化复杂。灯具和开关的位置改变，进线方向改变，并头的位置改变，都会使导线根数变化。所以要真正地看懂照明平面图，就必须了解导线根数变化的规律，掌握照明线路的基本环节。

1. 一个开关控制一盏灯

在一个房间内，一只开关控制一个灯，见图 7-6，这是最简单的照明布置图，采用线管配线。图 7-6a 所示为照明平面图，到灯座的导线和灯座与开关之间的导线都是两根，但其意义不同，可见图 7-6c 实际接线图，到灯座的两根导线，一根为中性线（N），一根为相线（L）；开关到灯座之间一根为相线（L），一根为控制线（G）。图 7-6b 所示为系统图，简单明了；图 7-6d 所示为原理图，分析原理用。

2. 多个开关控制多盏灯

图 7-7 所示是两个房间的照明平面图，图中有一个照明配电箱、三盏灯、一个单控双联开关和一个单控单联开关，采用线管配线。图 7-7a 所示为平面图，图中左图两盏灯之间为三根线，中间一盏灯与单控双联开关之间为三根线，其余都是两根线，因为线管的中间不允许接头，接头只能放在灯座盒内或开关盒内，详见图 7-7e 实际接线图。图 7-7b 所示为系统图，图 7-7c 所示为原理图，图 7-7d 所示为原理接线图。

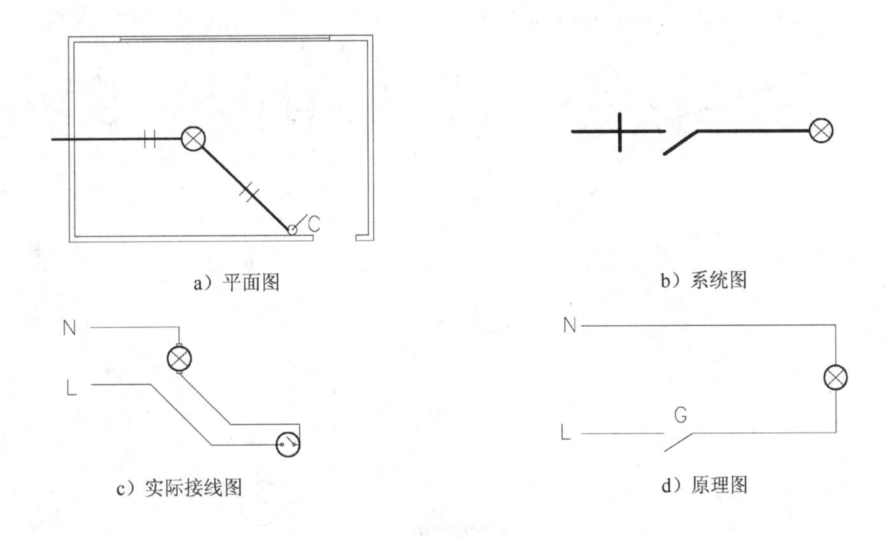

a）平面图
b）系统图
c）实际接线图
d）原理图

图7-6 一个开关控制一盏灯

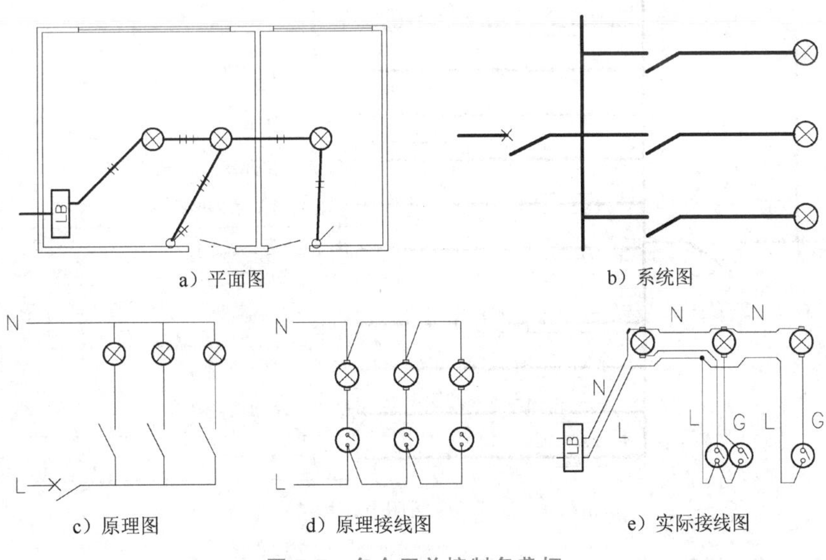

a）平面图
b）系统图
c）原理图
d）原理接线图
e）实际接线图

图7-7 多个开关控制多盏灯

3. 两个开关控制一盏灯

用两只双控开关在两处控制一盏灯，通常用于楼梯灯，楼上楼下控制；走廊灯，走廊两端进行控制。其原理图、平面图、实际接线图见图7-8。在图示开关位置时，灯不亮，但无论扳动哪个开关，灯都会亮。分析平面图中线路导线的多少，可以画出实际接线图，见图7-8c。

7.5.3 识图举例

1. 工程概况

某实验办公楼是一幢带地下室的二层平顶楼房。图7-9和图7-10所示分别为该工程照明系统图、二层照明平面图。一层平面图和地下室平面图从略。

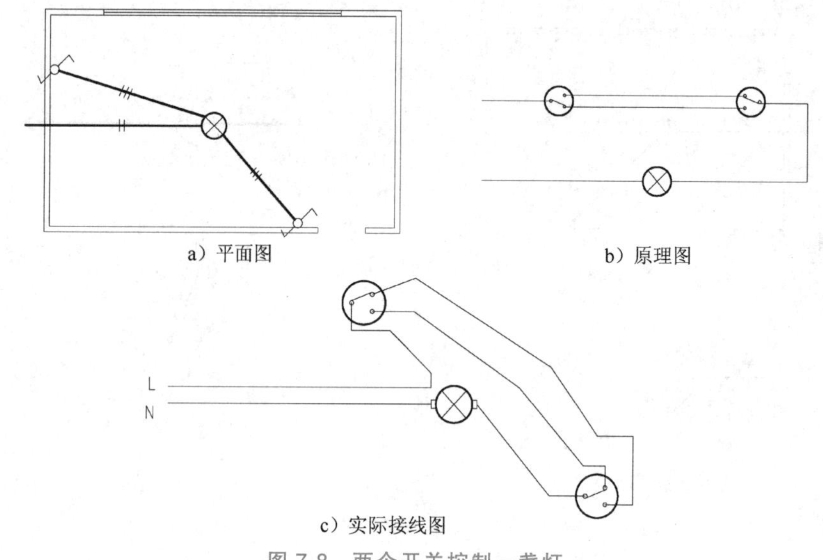

图 7-8 两个开关控制一盏灯

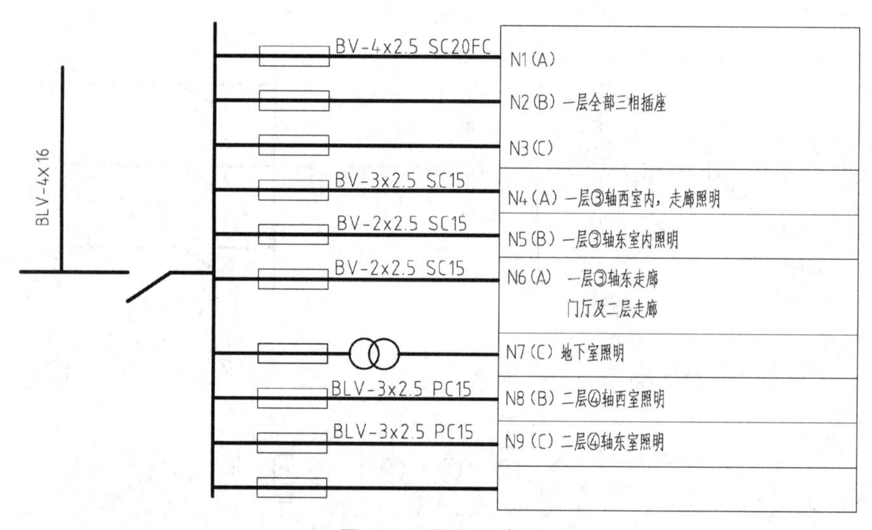

图 7-9 照明系统图

工程图附加施工说明如下：

1）电源为三相四线 380V/220V，进户导线采用 BLV-500-4×16mm^2，自室外架空线路引来。室外埋设接地极引出接地线作为 PE 线随电源引入室内。

2）二层配线：为 PVC 硬质塑料管暗敷，导线用 BLV-500-2.5mm^2。

从图 7-9 照明系统图可知，该照明工程采用三相四线制供电，进线采用 BLV-500-4×16mm^2，进入总照明配电箱。照明配电箱型号为 XM(R)-7-12/1，配电箱可引出 12 条支路，其配电对象分别为：N1、N2、N3，向一层三相插座供电；N4 向一层③轴线西部的室内及走廊照明灯供电；N5 向一层③轴线东部的室内照明灯供电；N6 向一层③轴线东部走廊、门厅和二层走廊灯供电；N7 引出线接干式变压器（220V/36V-500V · A）将 220V 电压变成 36V，再引至地下室，供地下室内灯具和楼梯灯使用；N8 引向二层，为二层④轴线西部室内用电器具供电；N9 引向二层，为二层④轴线东部室内用电器具供电；另有三条支路备用。

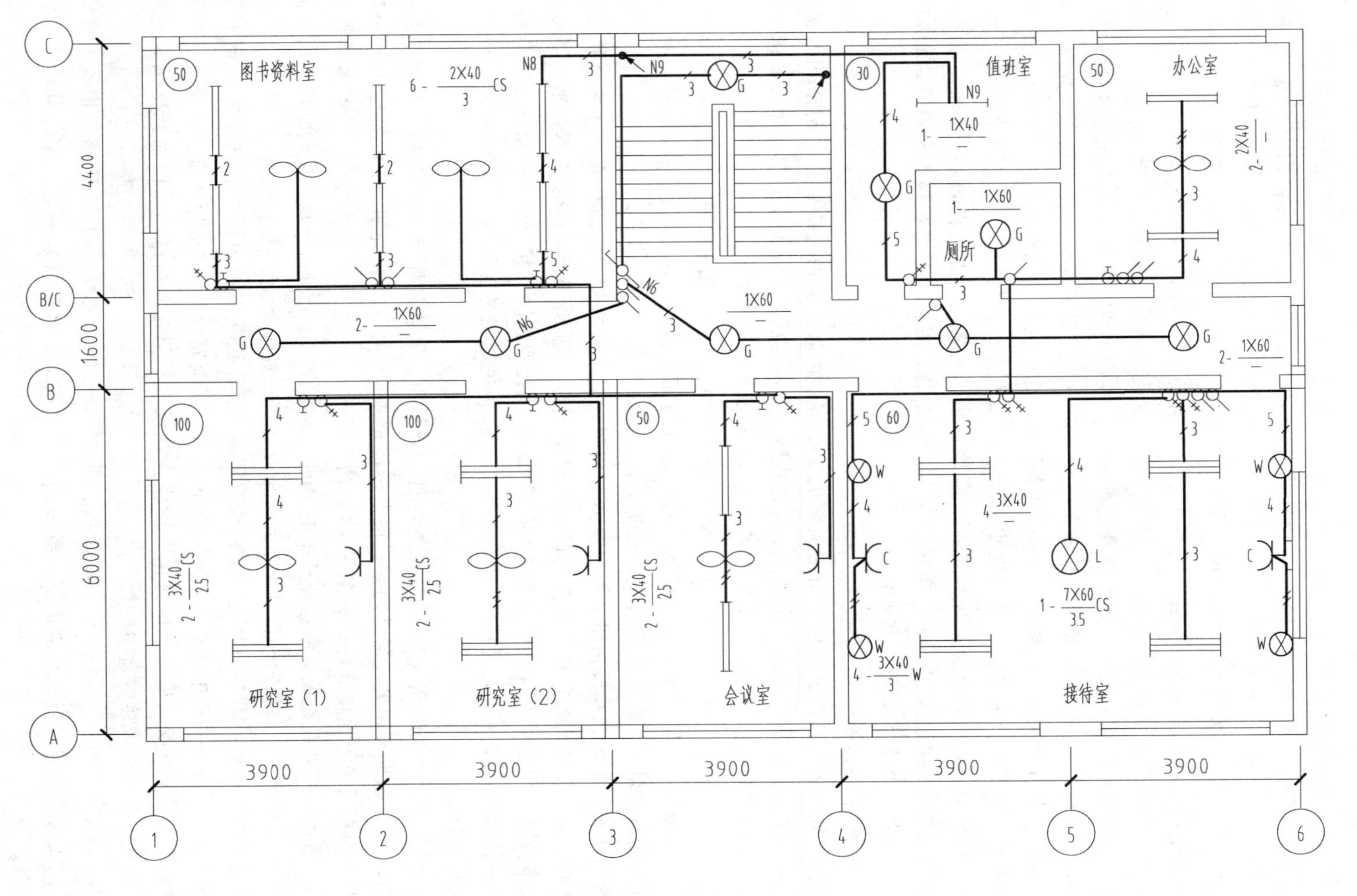

图 7-10　某实验室二层照明平面图

各支路的连接，系统图上表示得也很清楚：即 N1、N4、N6 接 A 相；N2、N5、N8 接 B 相；N3、N7、N9 接 C 相。

2. 灯具、插座等的布置

由图 7-10 可知，二层接待室安装了三种灯具：花灯一盏，装有 7 个 60W 白炽灯泡，链吊式安装，安装高度 3.5m；三管荧光灯四盏，灯管功率为 40W，采用吸顶安装；壁灯四盏，每盏装有 40W 白炽灯泡三个，安装高度 3m。另有单相带接地孔的插座两个，暗装。总计九盏灯，由 11 个单极开关控制。会议室内装有双管荧光灯两盏，灯管功率为 40W，采用链吊安装，安装高度 2.5m，由两只单极开关控制。另外还装有吊扇一台，带接地插孔的明装单相插座一个。研究室（1）、（2）分别装有三管荧光灯两盏，灯管功率 40W，链式吊装，安装高度 2.5m，均用两个单极开关控制；另有吊扇一台，单相带接地插孔明装插座一个。图书资料室装有双管荧光灯六盏，灯管功率 40W，链吊式安装，安装高度 3m；另有吊扇两台。六盏荧光灯由六个单极开关分别控制。办公室装有双管荧光灯两盏，灯管功率 40W，吸顶安装，各用一个单极开关控制；还装有吊扇一台。值班室装有一盏单管 40W 荧光灯，吸顶安装。还装有一盏乳白玻璃形球灯，内装一个 60W 白炽灯泡，与荧光灯共用一个单极开关在门旁控制。厕所、走廊和楼梯装有乳白玻璃球形灯，每盏一个 60W 白炽灯泡，共七盏。

3. 各支路连接情况

各支路导线的根数及其走向是照明平面图的重要表达内容，读图时应首先了解所用的接线方法，是在开关盒、灯头盒内共头接线，还是在线路上直接接线；其次是了解各用电器具的控制方式，是单个开关控制，还是多个开关控制；然后逐根线路仔细查看。

（1）N8 支路的走向和线路连接情况　N8 相线和零线，再加一根 PE 线，共三根线，穿管由配电箱旁（③轴线和Ⓒ轴线交叉处）引向二层，并穿过墙壁进入二层西部图书资料室，向二层④轴线西部的房间供电，线路连接情况参见图 7-11。

从图 7-11 可以看出，零线在图书资料室东北角第一只荧光灯处，开断分支，一路直接接第一只荧光灯，另一支路引向资料室东南角的第二只荧光灯。而 N8 相线和 PE 线不开断，直接经第一、二盏荧光灯引至东边门旁开关。在两盏荧光灯之间是四根线，其中多了一根从开关至第一盏荧光灯的控制线（或称开关线）。在第二盏荧光灯和开关之间是五根线，即 N8 相线、PE 线、零线和两根控制线。

在研究室（1）和研究室（2）中，虽然灯具、开关和吊扇数量都相等，但在图 7-10 平面图上，研究室（1）从北到南电气器具间导线根数标注是 4→4→3；而研究室（2）却是 4→3→2。这在图 7-11 中也反映得比较清楚。研究室（1）的三只开关中：左边一只是控制两盏灯具中两边的灯管的；右边一只开关是控制两盏灯具中的中间 1 支灯管的；中间一只开关控制吊扇。而在研究室（2）中，是一只开关控制一盏灯，要开灯就是三支灯管一起开，没有选择的余地。

值得注意的一点是：图 7-10 所示 N8 相线、零线和 PE 线共三根由图书资料室引至研究室（2）的开关盒，再在开关盒中分支，引向研究室（1）、研究室（2）的单相插座和会议室。如果采取在③轴线和Ⓑ轴线交叉处分支的做法，则应在此设置一只过路接线盒。因为分支接头连接只能在灯头盒、开关盒或接线盒中进行。

（2）N9 支路的走向和连接情况　N9 相线、零线和 PE 线共三根，同 N8 支路三根线一样穿管引上二层后沿Ⓒ轴线向东引至值班室，然后再往南经厕所引至接待室和办公室。具体连接情况见图 7-12。

前面几条支路分析的顺序都是从开关到灯具，也可以反过来按从灯具到开关的顺序阅读。例如图 7-12 所示接待室中标注着引向南边壁灯（④轴线、⑥轴线）的两根线，一根应该是开关

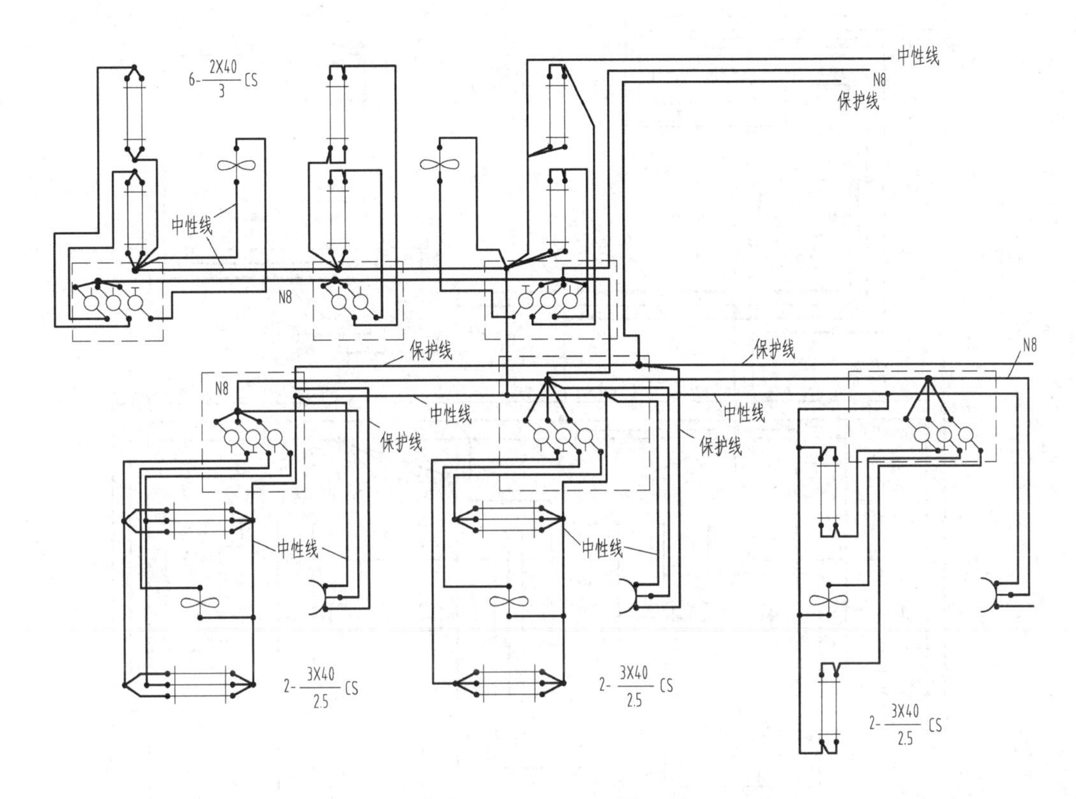

图 7-11 N8 支路接线示意图

控制线，一根应该是零线。暗装单相三孔插座至北面的一盏壁灯之间，线路上标注是四根线，其中三根必是相线、零线、PE 线（接插座），另外一根则应是南边壁灯的开关控制线。南边壁灯的零线则可以从插座上的零线引一分支到壁灯就行了。北边壁灯与开关间标注的是五根线，这必定是相线、零线、保护线（接插座）和两盏壁灯的两根开关控制线。

再看开关的分配情况。接待室东边门西侧有七只单极开关，⑥轴线上有两盏壁灯，导线的根数是递减的（由五根减为四根），这说明这两盏壁灯各使用一只开关控制。这样还剩下五只开关，还有三盏灯具。⑤—⑥轴线间的两盏荧光灯，导线根数标注都是三根，其中必有一根是零线，剩下的两根线中又不可能有相线，那必定是两根开关控制线，由此即可断定这两盏荧光灯是共用两只开关控制的［控制方式与二层研究室（1）相同］。这样，剩下的三只开关就必定是控制花灯的了。那么，三只开关如何控制花灯的七只灯泡呢？可作如下分配，即一只开关控制一个灯泡，另两只开关分别控制 3 只灯泡。这样即可实现分别开 1、3、4、6、7 只灯泡的方案。

（3）N6 支路　N6 支路负责一层的部分走廊及二层整个走廊的照明。N6 从③轴线与（B/C）轴线的交会处从一楼引至二楼，从图书资料室的东南角的接线盒引出中性线。N6 在二楼楼梯口处有三个开关：一个单极开关控制楼梯间左边走廊的两盏球形灯；一个双控开关控制楼梯间的球形灯；另一个单极开关控制楼梯口处的球形灯。另外从接线盒处引出一支线，负责楼梯间右边走廊两盏球形灯的照明，并由一个开关控制。具体的接线图，读者自行绘制。

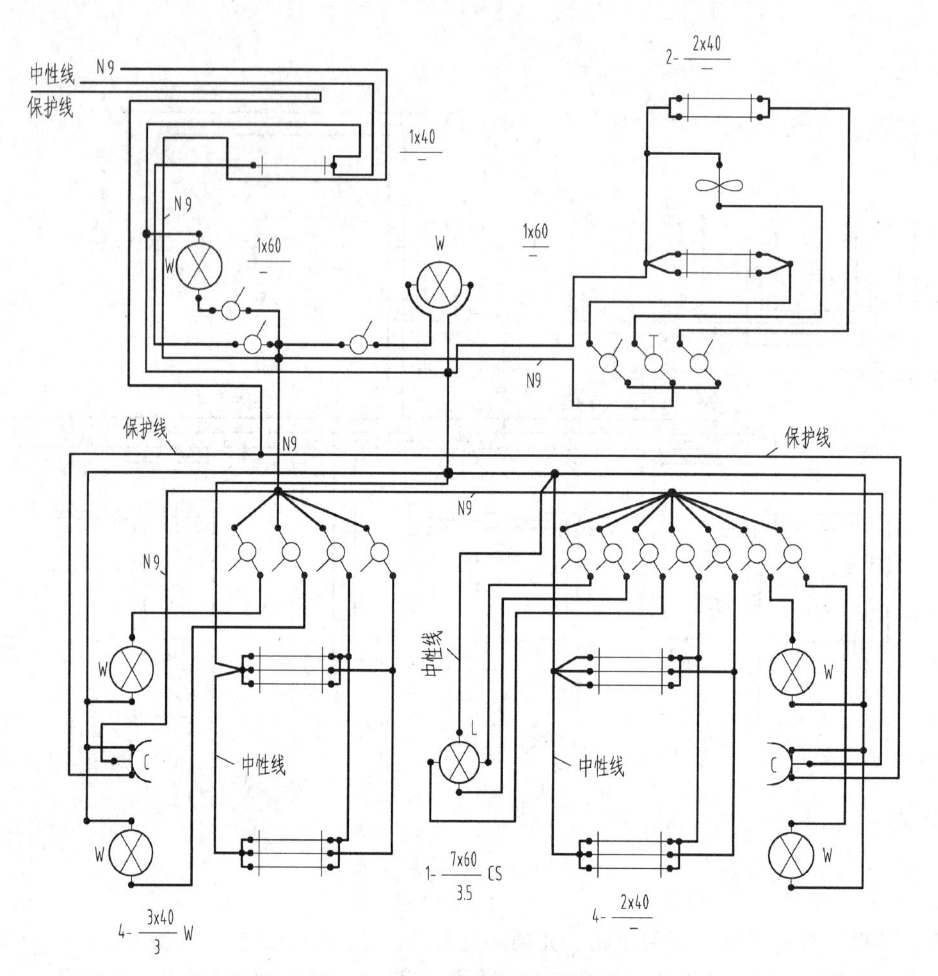

图 7-12 N9 支路接线示意图

7.6 动力配电工程图

7.6.1 动力配电工程图的内容

动力配电工程图是用图形符号和文字符号表示某一建筑物内各种动力设备（锅炉、泵、风机、制冷机等）平面布置、安装、接线、调试的一种简图。

动力配电工程图所表示的主要内容有：

1）电力设备（电动机）的型号、规格、数量、安装位置、安装标高、接线方式。

2）配电线路的敷设方式、敷设路径、导线规格、导线根数、穿管类型及管径。

3）电力配电箱的型号、规格、安装位置、安装标高，电力配电箱的电气系统图和接线图。

4）电气控制设备（箱、柜）的型号、规格、安装位置及标高，电气控制原理图，电气接线图。

动力配电工程图中，电气是表达的主题。一般配电线路采用粗线，配电设备采用中粗线，建筑采用细线绘制。

分析动力配电工程图时，应将配电平面图和电气系统图相配合，才能清楚地了解某一建筑物内动力设备和线路的配置情况。电力平面图和系统图绘制时应遵循的原则请参见7.5节。

7.6.2 读图举例

图7-13与图7-14所示是2t/h燃煤锅炉房的动力配电平面图。此锅炉房是一个三层的钢筋混凝土结构，每层层高7.5m。一层为煤场；锅炉为卧式，电动葫芦、除渣机安装在二层；三层安装引风机、鼓风机、回水泵、盐水泵。

图7-13所示是二层的动力配电平面图。进线电源由一层引入二层，二层标高为7.5m。二层电力配电箱AP1，L1线路接到墙上封闭式开关熔断器组，用于控制电动葫芦。L2线路接到锅炉控制台AC1，AC1控制台有六条电力线路、六条信号线路，WP1、WP2经地坪，沿墙暗敷到三层。WP3接到出渣机电动机，电动机为1.1kW，用三根1.5mm^{2}铜芯线和一根接地线，穿SC20钢管，落地暗敷至出渣机。WP4是炉排电动机回路，电动机为1.1kW，三根1.5mm^{2}和一根1.5mm^{2}接地线，穿SC20钢管，落地暗敷至炉排电动机。WP5为水泵电动机回路，电动机为3kW。

WG1~WG6为测量和控制线路，Rtl、Rt2、Rt3为测温热电阻，安装高度分别为2.7m和3.4m，其对应的测量电缆为WG1、WG2。WG3为电动调节阀控制线，五根1.5mm^{2}铜芯线和一根1.5mm^{2}接地线。WG4为水位计信号线路，F为速度传感器，线路编号WG5，WG6为压力传感器的测量线路，WP6到AP2配电箱。

图7-14所示为锅炉房三层配电平面图，引风机和鼓风机控制电源由二层引入，见WP1、WP2。回水泵和盐水泵由三层AP2电力配电箱控制。

7.7 建筑电气CAD制图

7.7.1 图层设置

《房屋建筑制图统一标准》推荐的电气图层名，见表7-24、表7-25。

表7-24 电气平面图的图层

图层	中文名称	英文名称	备注
平面	电气—平面	E—PLAN	—
平面照明	电气—平面—照明	E—PLAN—LITE	—
平面动力	电气—平面—动力	E—PLAN—POWR	—
平面通信	电气—平面—通信	E—PLAN—TCOM	—
平面有线电视	电气—平面—有线	E—PLAN—CATV	—
平面接地	电气—平面—接地	E—PLAN—GRND	—
平面消防	电气—平面—消防	E—PLAN—FIRE	—
平面安防	电气—平面—安防	E—PLAN—SERT	—
平面建筑设备监控	电气—平面—监控	E—PLAN—EQMT	—
平面防雷	电气—平面—防雷	E—PLAN—LTNG	—
平面设备间	电气—平面—设间	E—PLAN—EQRM	—
平面桥架	电气—平面—桥架	E—PLAN—TRAY	—

表 7-25 电气系统图的图层

图层	中文名称	英文名称	备注
系统	电气—系统	E—SYST	—
照明系统	电气—系统—照明	E—SYST—LITE	—
动力系统	电气—系统—动力	E—SYST—POWR	—
通信系统	电气—系统—通信	E—SYST—TOCM	—
有线电视系统	电气—系统—有线	E—SYST—CATV	—
音响系统	电气—系统—音响	E—SYST—SOUN	—
二次控制	电气—系统—二次	E—SYST—CTRL	—
消防系统	电气—系统—消防	E—SYST—FIRE	—
安防系统	电气—系统—安防	E—SYST—SERT	—
建筑设备监控	电气—系统—监控	E—SYST—EQMT	—
高低压系统	电气—系统—高低	E—SYST—HLVO	—

以上电气图层名称可通过在尾部添加次代号进一步细化图层。例如“平面照明设备”图层的中文名称为“电气—平面—照明—设备”英文名称为“E—PLAN—LITE—EQPM”。

7.7.2 CAD 图的打印输出

打印输出是 CAD 制图中的一个重要环节。由于目前建筑环境与能源应用工程制图仍以二维制图为主，因此，这里主要介绍二维图打印中的比例、线宽、打印区域等的设置。

(1) 选择打印机 单击菜单 File→Plot 后弹出 Plot 对话框，首先单击 Plot device 选项卡，选择相应的打印机。

(2) 选择图幅大小 单击对话框中的 Plot settings 选项卡，在 Paper size and paper Units 栏中选择合适的图幅，对于使用裁剪好的打印纸的打印机来讲，由于打印机可打印范围的限制（纸张距上、左、右边缘 2~4mm，下边缘 10~13mm 的边缘区域，一般用于打印纸的定位与走纸，无法在此区域打印内容），要想在相应规格的纸张上准确打印出边距符合制图标准的图来并不容易。但如果该图样仅供自己看或内部交流，则可以忽略这些小小的缺憾。

对于使用卷筒纸的打印机/绘图仪，由于裁纸的需要，需要自定义图样的大小，并且要比相应幅面的图样的长边和短边均要长出 40~50mm，才能裁剪出完全符合要求的图样幅面来。

(3) 确定打印比例 如果图样用于内部交流，可以在 Plot scale 栏中直接选择 Scaled to fit，这样图形自动充满图样。但如果正式出图，则该处的比例应为制图比例，例如，制图比例为 1∶100，则 Plot scale 栏的 Custom 输入 1，Drawing unit 编辑条中输入 100。如果图幅为直接选择的标准图幅，比如 A2，输入原先设定好的比例，使用完全预览后，可以发现，图形超出了可打印区域，因此这时可采用自定义的略大一些的图幅。另外，也可以修改图幅的可打印区域，使之恰好为图幅的内边框。单击“打印机名称”右边的“特性”按钮，可以自定义图幅或修改图幅的可打印区域。

(4) 确定打印区域 拾取 Plot area 栏中的 Window 按钮，然后拾取图框的边框的对角顶点，确定打印区域。如果采用自定义的略大一些的图幅，这时应选择图幅的外边框，该边框为裁剪线，边框以外的图样要裁剪掉。如果修改后的图幅的可打印范围恰好为内边框，此时应选择内边框，而外边框正好为图样的外边缘。

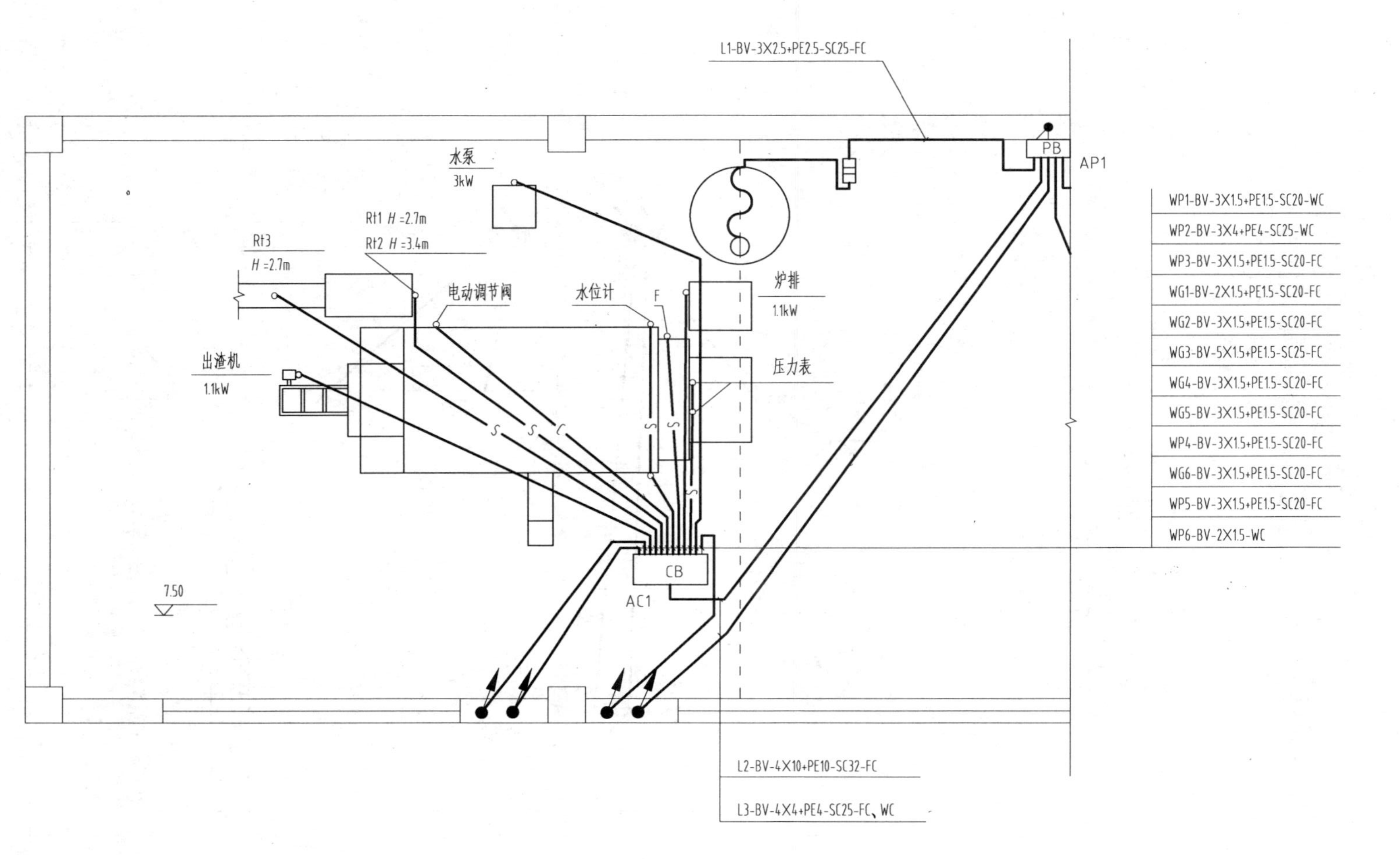

图 7-13　二层动力配电平面图

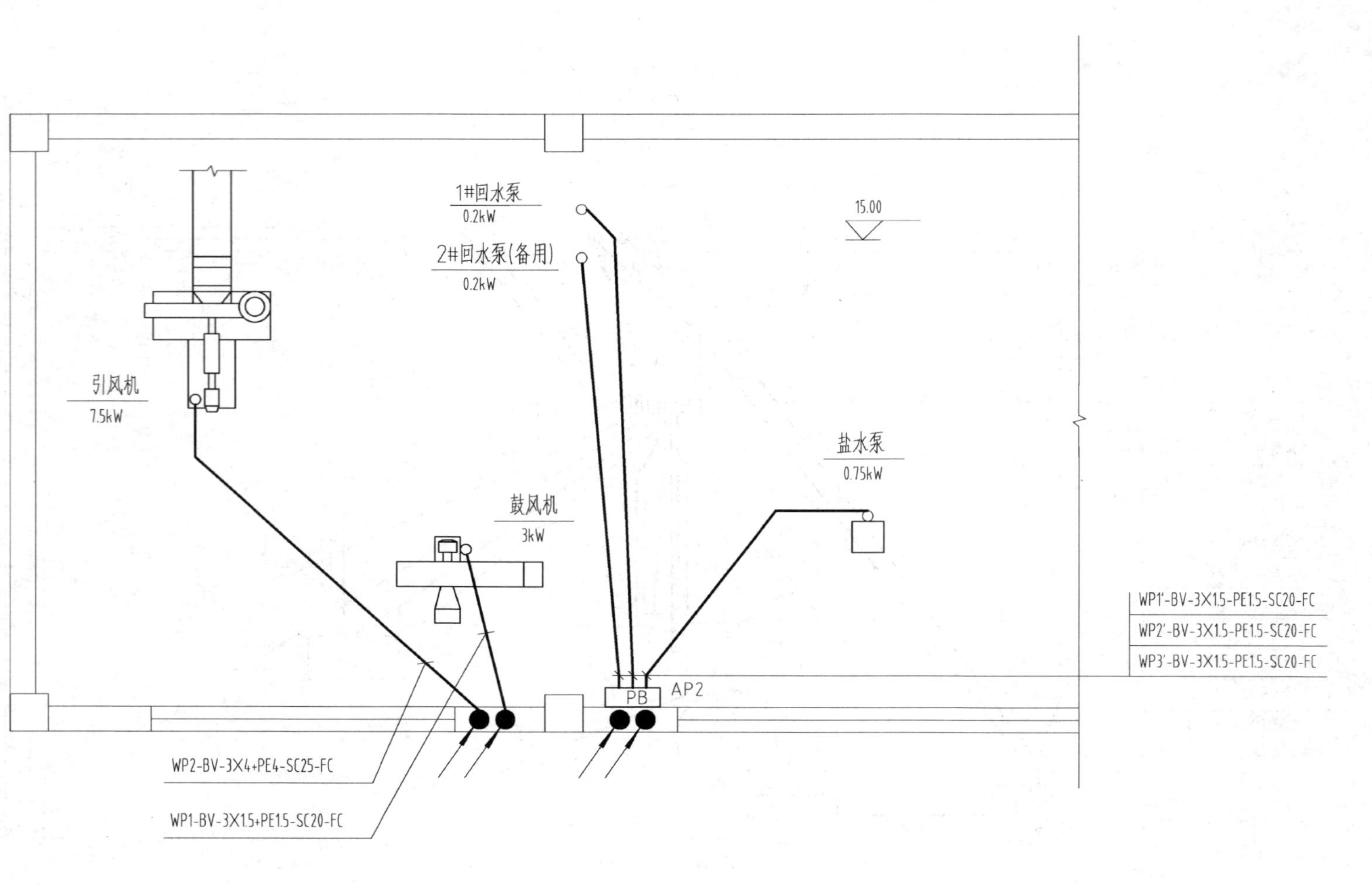

图 7-14 三层配电平面图

（5）打印方向　如果纵向打印，选择 Drawing orientation 栏的 Portrait；横向打印，选择 Landscape；由于工程图样大多采用横式幅面，因此一般选择 Landscape。

（6）打印样式表（打印笔设置）　单击 Plot 对话框中的 Plot device 选项卡，找到 Plot style table 栏，观察 Name 下拉条，发现 AutoCAD 已经预先提供了多种打印样式：acad. ctb，标准样式；Grayscale，灰度打印；Monochrome，单色打印，所有颜色均打印成黑色；Screening，淡显打印。用户可以修改这些样式，也可以创建自己的打印样式。工程图打印常用的一种方法是选择单色打印样式，然后在上面对线宽等内容进行修改。单击 New 按钮根据系统的提示，给出自己的样式名称，然后再对该样式进行修改。选择自己刚创建的样式，并单击 Edit 按钮，弹出 Plot style Editor 对话框，选中 Form view 选项卡。

左边是各种颜色的列表，选中某颜色，右边是该颜色的各种属性值 properties，可以修改。

1）Color：图形中的颜色在打印时可以打印成其他颜色，这样一些在白纸上看不清的颜色，如黄色，可以设定成可以看得清的颜色，如黑色。另外，所有的颜色也可以都设成黑色，这就是纯黑色打印，这样在普通的打印机上都能实现该功能，而 AutoCAD 2000 以前的版本，该功能只能在部分绘图仪上才能实现。

2）Linetype：可以设定打印时图形中各颜色对应的线型，一般选择 use object linetype（使用图形中对象本身的线型）。在有的工程设计中，对于不同类型的管道用不同的线型来区分，这时可在制图时用颜色来表示不同类型的管道，打印时将不同的颜色打印成不同的线型。

3）Lineweight：如前所述，可以用颜色来代表不同的线宽，打印时，各颜色设定成各自对应的线宽。如果不用颜色代表线宽，则选择 use object lineweight，这时采用图形中对象自身的线宽。

4）Grayscale：灰度打印，如果设定为 On，则彩色将变成灰度，一般而言，在白纸上清楚的颜色，灰度值大（接近黑色），否则淡。一般工程图只使用黑线，因此建议不使用灰度打印。

5）Screening：指定颜色强度设置，该设置确定在打印时 AutoCAD 在纸上使用的墨的多少。有效范围为 0 到 100。选择 0 将把颜色减少为白色。选择 100 将以最大的强度显示颜色。要启用淡显，则必须选择“启用抖动”选项。工程图打印一般不使用该选项。

其他选项，一般直接采用默认值。

（7）打印预览　AutoCAD 中，预览时可以直接看到设置的线宽。

7.7.3　汉字乱码的解决

在用 AutoCAD14 以上的版本打开 R13 或以前的版本时，由于代码页（code page）的设置不同，会出现汉字的乱码，为此 Autodesk 公司专门开发了相应的程序 wnewcp. exe 进行转换，该程序可以到 www. autodesk. com. cn 网站上下载。

如果用户的汉字乱码或者变成问号，可以首先使用工具条中的“对象特性”（properities）按钮，查看这些乱码或问号的文字样式。然后，修改该文字样式的定义，在文字样式对话框中选中“use bigfont”，然后将大字体选为“gbcbig. shx”，确定后退出对话框。如果此时汉字仍然不能正常显示，这时可以考虑运行 wnewcp. exe 改变代码页。简体中文的代码页是 ANSI_936，因此在该程序的 select a new code page 栏中选择“ANSI_936 Chinese（PRC，Singapore）”。

第 8 章 建筑消防工程

8

作为保护生命财产安全的消防系统，是建筑设备工程的重要方面，它与建筑给水排水、暖通空调和建筑电气密切相关。随着建筑物体积、容量和复杂性的增加，消防工程越来越受到人们的重视，在一些大型工程的施工组织中，消防工程常常要编制专门的施工组织规划。消防工程图的正确绘制与识读，对于确保消防系统的正确、可靠运行是非常重要的。

消防工程是建筑给水排水、通风工程及建筑电气图中的重要组成部分，具体来说，包括三方面的内容：

1）灭火系统，其作用是及时扑灭火灾，它包括消火栓系统、自动喷水灭火系统、气体灭火系统、泡沫灭火系统等多种形式。

2）火灾自动报警系统，其作用是火灾发生以后，及时发出火灾警报，以便及时采取相应措施，进行灭火和人员疏散。

3）防排烟系统，其作用是火灾发生以后，在相关部位进行送风和排烟，在逃生通道上为人员的疏散提供一个短暂的安全环境。

消防工程图应符合 GB/T 50001—2017《房屋建筑制图统一标准》、GB/T 50106—2010《建筑给水排水制图标准》、GB/T 50114—2010《暖通空调制图标准》、GB/T 50786—2012《建筑电气制图标准》、GB/T 4327—2008《消防技术文件用消防设备图形符号》、GA/T 229—1999《火灾报警设备图形符号》、GB 15930—2007《建筑通风和排烟系统用防火阀门》、GB/T 4728《电气简图用图形符号》以及其他相关标准的规定。

本章主要介绍建筑防排烟系统、消火栓与自动喷水灭火系统、火灾自动报警系统三方面工程图的识读，同时介绍在 AutoCAD 中图纸布局的使用方法。

8.1 防排烟系统

8.1.1 防排烟基本知识

防排烟系统是通风工程中的一个重要组成部分，其设计应符合 GB 50016—2014《建筑设计防火规范》、GB 50067—2014《汽车库、修车库、停车场设计防火规范》、GB 50098—2009《人民防空工程设计防火规范》等现行国家标准、行业标准和地方标准。其工程图的绘制方法应符合 GB/T 50114—2010《暖通空调制图标准》，线型、比例及图例等可查阅第 5 章相关规定，这里不再赘述。

防排烟系统主要由防烟防火阀、防排烟风机、风管、送风口、排烟口等组成。为了防止烟气的扩散，保证逃生通道的安全，主要有加压防烟和排烟两种控制方式。加压防烟是利用通风机所产生的气体流动和压力差来控制烟气的蔓延，即在建筑物发生火灾时，对着火区域外的走廊、楼梯间等疏散通道进行加压送风，使其保持一定的正压，以防止烟气侵入。排烟有自然排烟和机械排烟两种，机械排烟是使排烟风机的排烟量大于着火区的烟气生成量，从而使得火灾区产生一定的负压，实现对烟气蔓延的有效控制。

对于以下相关场所，需设置必要的防排烟措施：

1）地下汽车库，（必要时）利用平时排风系统兼作机械排烟系统，自然补风（或利用平时送、排风系统兼作机械排烟系统和消防补风系统）。

2）地下室大空间人员活动场所，如办公、商场、餐厅、多功能厅、展厅等，设置机械排烟系统，并设消防补风系统。

3）地面以上大空间人员活动场所，如办公、商场、餐厅、多功能厅、展厅等，采用自然排烟方式或设置机械排烟系统，自然补风。

4）地下室走廊，（必要时）设置机械排烟系统，并按防火分区设消防补风系统。

5）上部其他走廊，（必要时）设置机械排烟系统，自然补风。

6）地下室面积大于50m^{2}的单间办公室等功能用房，或面积总和大于200m^{2}的办公室等功能用房，设置机械排烟系统，并按防火分区设消防补风系统。

7）地面以上，面积大于100m^{2}的办公室等功能用房，（必要时）设置机械排烟系统，自然补风。

8）中庭采用自然排烟方式或设置机械排烟系统，自然补风。

9）防烟楼梯间及合用前室或消防电梯前室，（必要时）设置机械加压送风系统。

10）防烟楼梯间的前室，（必要时）设置机械加压送风系统。

11）封闭避难层（间）设置机械加压送风系统。

12）风管穿越防火分区及楼板处；空调机房、重要机房或火灾危险性大的房间隔墙处，均设防火阀。

13）风管穿越变形缝的两侧，均设防火阀。

14）水平风管与垂直风管相接处，均设防火阀。

15）各消防防排烟系统及相关消防阀门的控制及联动控制均接入消防控制中心。

16）风管穿越防火分区的两侧均设防火阀。

17）面积大于500m^{2}的厂房或面积大于300m^{2}的库房，设置机械排烟系统，自然补风或设消防补风系统。

在防排烟系统电动防火阀处设置控制模块，将控制信号经联动控制线传输至联动控制台。当系统确认发生火灾后，立即打开有关排烟口的电动防火阀，联动打开排烟风机；开启着火层及其上、下层的正压送风口（阀），同时自动打开正压送风机，使楼梯前室通道为正压，防止烟气侵入，保证人员疏散逃生时的环境安全。关闭有关部位空调送风系统（空调机、新风机、送风机），并返回动作信号。当排烟风机总管道上的排烟防火阀达到280℃时其阀门自动关闭，行程开关输出节点可直接关闭有关排烟风机。

8.1.2 防火阀、排烟阀

在防排烟系统中，主要由带有防火功能的防火阀、排烟阀根据防排烟系统的需求打开火灾区域的防排烟系统通路，关闭火灾区域的空调、通风系统空气流动通路。带有防火功能的阀门主要包括防火阀、排烟防火阀、排烟阀：

1）防火阀：安装在通风、空气调节系统的送、回风管道上，平时呈开启状态，火灾时当管道内烟气温度达到70℃时关闭，并在一定时间内能满足漏风量和耐火完整性要求，起到隔烟阻火的作用。防火阀一般由阀体、叶片、执行机构和温感器等部件组成。

2）排烟防火阀：安装在机械排烟系统的管道上，平时呈开启状态，火灾时当排烟管道内烟气温度达到 280℃时关闭，并在一定时间内满足漏烟量和耐火完整性要求，起到隔烟阻火的作用。排烟防火阀一般由阀体、叶片、执行机构和温感器等部件组成。

3）排烟阀：安装在机械排烟系统各支管端部（烟气吸入口），平时呈关闭状态并满足漏风量要求，火灾或需要排烟时手动和电动打开，起排烟作用。带有装饰口或进行过装饰处理的阀门称为排烟口。排烟阀一般由阀体、叶片、执行机构等部件组成。

由于防火阀、排烟阀种类多，功能有较大的差异，为此 GB/T 50114—2010《暖通空调制图标准》要求在绘制这些风阀时，标注其代号，以明确其功能，见表 8-1。

表 8-1 防火阀、排烟阀功能

符号	说明
	防火阀、排烟阀功能表

*** *** 防火阀、排烟阀功能代号

阀体中文名称	功能 / 阀体代号	1 防烟防火	2 风阀	3 风量调节	4 阀体手动	5 远程手动	6① 常闭	7② 电动控制一次动作	8② 电动控制反复动作	9 70℃自动关闭	10 280℃自动关闭	11③ 阀体动作反馈信号
70℃防烟防火阀	FD④	√	√		√					√		
	FVD④	√	√	√	√					√		
	FDS④	√	√							√		√
	FDVS④	√	√	√	√					√		√
	MED	√	√	√	√			√		√		√
	MEC	√	√		√		√	√		√		√
	MEE	√	√	√	√				√	√		√
	BED	√	√	√	√	√		√		√		√
	BEC	√	√		√	√	√	√		√		√
	BEE	√	√	√	√	√			√	√		√
280℃防烟防火阀	FDH	√	√		√						√	
	FVDH	√	√	√	√						√	
	FDSH	√	√		√						√	√
	FVSH	√	√	√	√						√	√
	MECH	√	√		√		√	√			√	√
	MEEH	√	√	√	√				√		√	√
	BECH	√	√		√	√	√	√			√	√
	BEEH	√	√	√	√	√			√		√	√
板式排烟口	PS	√			√	√	√	√			√	√
多叶排烟口	GS	√			√	√	√	√			√	√
多叶送风口	GP	√			√	√	√	√		√		√
防火风口	GF	√			√					√		

① 除表中注明外，其余的均为常开型；且作用的阀体在动作后均可手动复位。
② 消防电源（24V DC），由消防中心控制。
③ 阀体需要符合信号反馈要求的接点。
④ 若仅用于厨房烧煮区平时排风系统，其动作装置的工作温度应当由 70℃改为 150℃。

8.1.3 防排烟工程实例

防排烟工程图主要内容有风机、风管、风口、风阀等的位置和型号规格，这是制图时要表达的重点，也是读图时重点关注的内容。防排烟工程的制图方法与普通空调通风工程基本相同，可参见第5章的相关内容。通常防排烟作为暖通空调系统的一部分，和其他图样一起进行绘制和编号，一般不单独列出。防排烟的设计施工说明通常也包含在暖通空调系统的总说明中。本节给出一个防排烟工程实例，供参考。

该工程为南通市的某科技中心，地下一层（车库）、地上28层，分裙房和塔楼两部分。地下一层，平时为汽车库，战时为人防物资库；地上一至三层为裙房，功能有金融、餐饮、会议、展示、服务等；塔楼4~26层功能为办公；27、28层为设备机房。建筑防火等级为一类建筑。图8-1所示为该科技中心的1~26层核心筒防排烟系统平面图，图8-2所示为27层加压送风机安装平面图，图8-3所示为防排烟系统轴测图。

下面给出该工程暖通空调的设计施工说明中与防排烟相关的内容。

1. 设计依据部分

GB 50016—2014《建筑设计防火规范》

2. 系统描述部分

1）地下车库只有一个防火分区，分成两个防烟分区，每个防烟分区设置一台双速排烟风机，平时低速运转，作排风用，火灾时由消防控制中心转换为高速运转，作排烟用，排烟风量按换气次数6次/h计算。排烟风机进出口软接采用加筋三防软接头。

2）一至四层的商业用房均采用外窗自然排烟。

3）防烟楼梯间与前室均设正压送风系统，办公楼内走廊设机械排烟系统。防烟楼梯间送风口采用常开式，仅在指定层设置；前室送风口与走廊排烟口每层设置，为常闭式，与风机联动控制。

4）本工程所有风道和保温材料均采用不燃材料。

5）风道进出机房及穿越防火墙、变形缝等处均设置防火阀，防火阀的动作温度为70℃。

3. 控制部分

1）防排烟系统与火灾报警系统联动，火灾时，空调机组、新风机组及与排烟系统无关的风机立即停止运行。

2）前室送风口和走廊排烟口均与风机联动，火灾时开启着火层及其相邻层。

4. 设备安装部分

防排烟风机安装见国家建筑标准设计图集07K103-2《防排烟系统设备及附件选用与安装》。

5. 风管材料与施工部分

1）管材：空调系统的风管采用MD800-Ⅲ型复合玻璃纤维板风管，该风管为吸声保温风管，钢制内插连接，胶带密封；防排烟系统的风管均采用镀锌薄钢板制作，法兰连接；镀锌薄钢板的厚度为1.2mm。

2）防排烟风机进出口等处，均应设置软接头。

3）风管支吊架按国家建筑设计标准图集08K132《金属、非金属风管支吊架》施工。防火阀应设独立的支吊架。

4）安装防火阀和排烟阀时，应先对其外观质量和动作的灵活性与可靠性进行检验，确认合格后再行安装；安装时注意阀体上标志的箭头务必与气流方向一致，严禁反向。

由图 8-1、图 8-2 和图 8-3 所示可知，该防排烟系统由四个加压送风和两个排烟子系统组成，采用土建竖井作为送风和排烟的通道。加压送风机设置在第 27 层，排烟风机设置在第 28 层。加压送风系统 JY2、JY4 在发生火灾时，分别对东西两防烟楼梯间进行加压送风，送风口设置位置为 1、3、5、8、11、14、17、20、23、26 层；而加压送风系统 JY1、JY3 则分别对东西两消防电梯前室进行送风，送风口在 1～26 层每层设置。排烟系统 PY1 负责办公楼的南面内走廊的火灾排烟，PY2 则负责办公楼北面内走廊的火灾排烟，排烟口在 2～26 层每层设置。

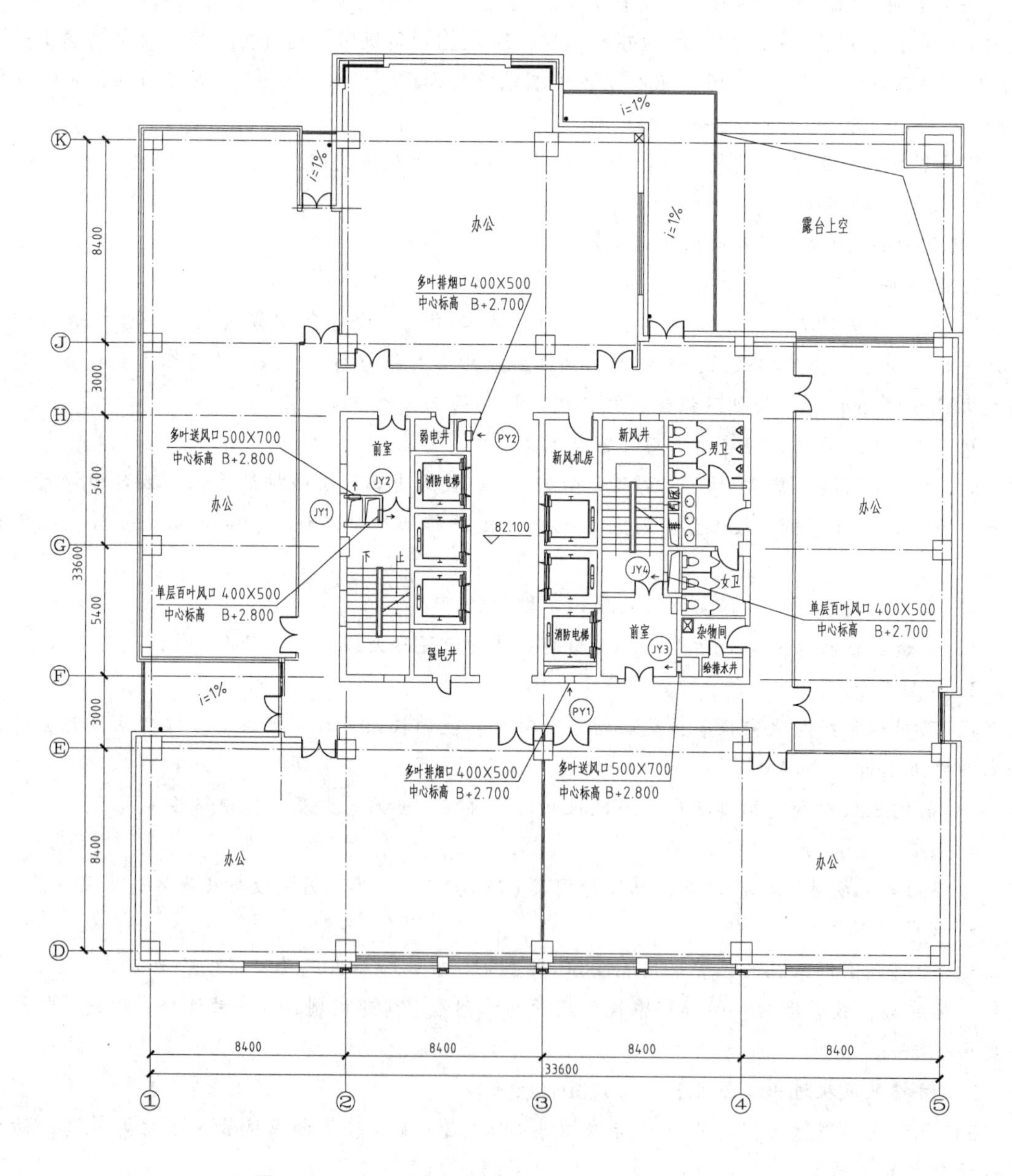

图 8-1 1～26 层核心筒防排烟系统平面图 1：100

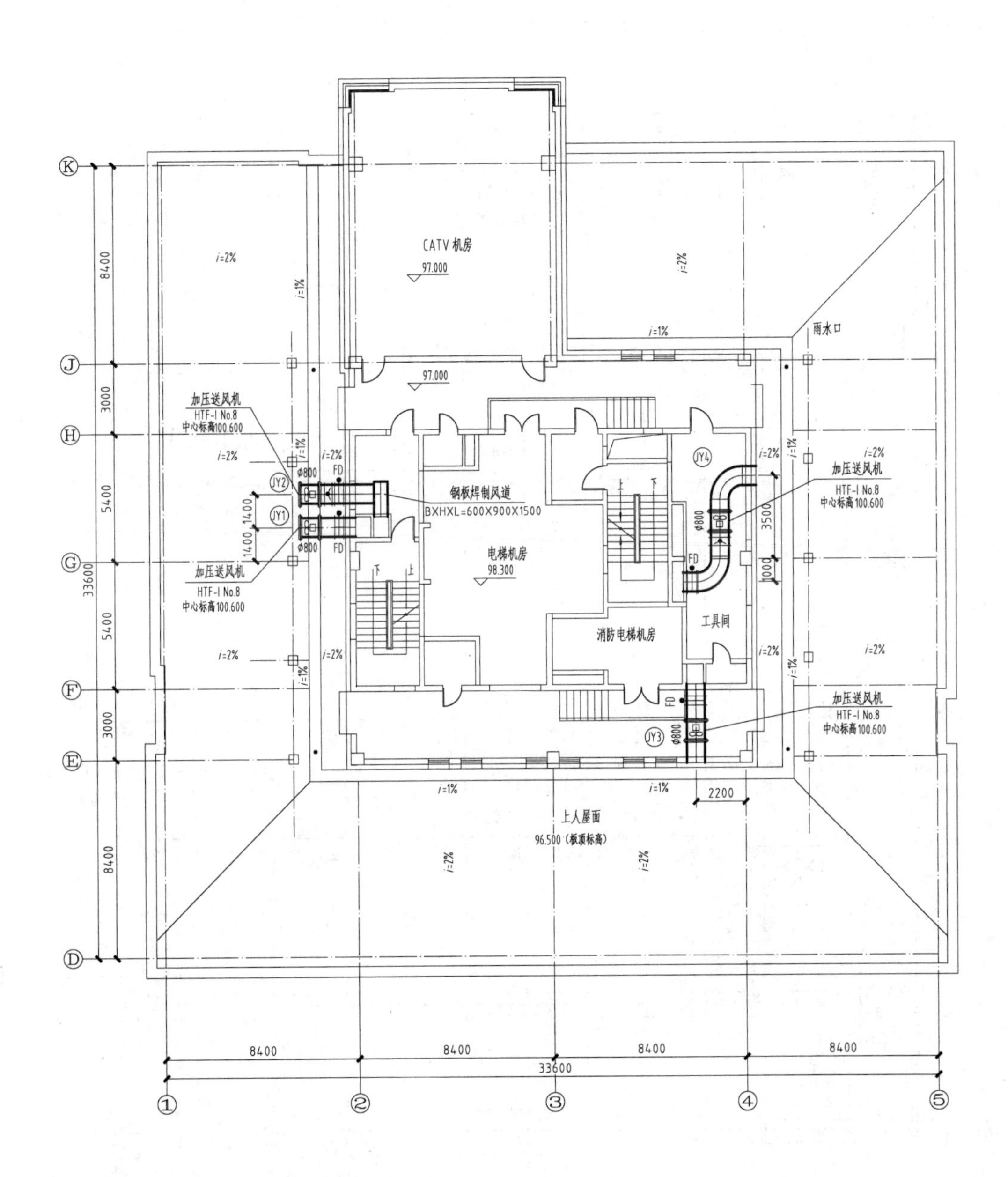

图8-2 27层加压送风机安装平面图1：100

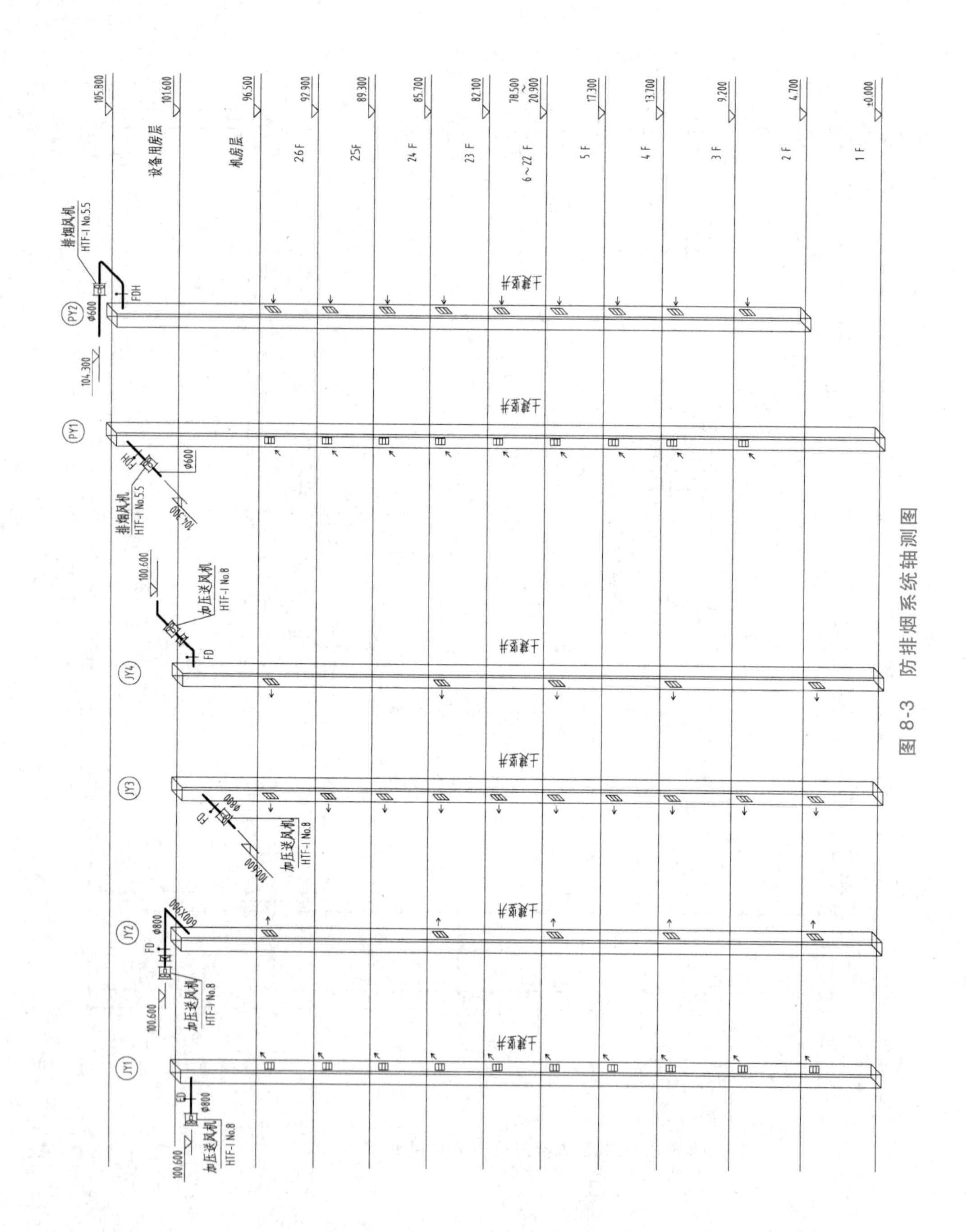

图 8-3 防排烟系统轴测图

8.2　消防灭火系统

消防灭火系统的作用是及时扑灭火灾，它包括消火栓系统、自动喷水灭火系统、气体灭火系统、泡沫灭火系统等多种形式。常用的灭火剂有水、泡沫、二氧化碳、干粉、卤代烷等。本书主要介绍应用十分广泛的消火栓与自动喷水灭火系统的制图和识图。GB/T 50106—2010《建筑给水排水制图标准》给出了常用的消防灭火设施的图例，见表 8-2。

表 8-2　消防灭火设施图例

序号	名称	图　例	备　注
1	消火栓给水管	 XH	Hydrant water pipe
2	自动喷水灭火给水管	 ZP	Sprinkler water pipe
3	室外消火栓		Outdoor fire hydrant
4	室内消火栓(单口)	 平面　系统	Indoor fire hydrant(single hydrant)
5	室内消火栓(双口)	 平面　系统	Indoor fire hydrant(double hydrants)
6	水泵接合器	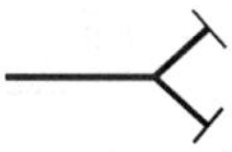	Siamese connection
7	自动喷洒头(开式)	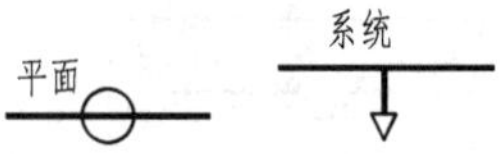 平面　系统	Open sprinkler head
8	自动喷洒头(闭式下喷)	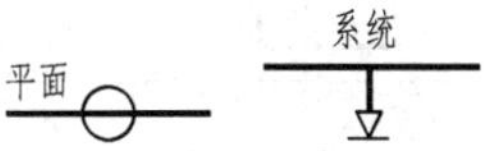 平面　系统	Closed sprinkler head (sprinkling downwards)
9	自动喷洒头(闭式上喷)	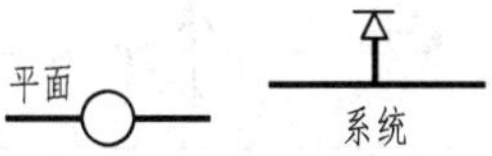 平面　系统	Closed sprinkler head(sprinkling upwards)
10	自动喷洒头(闭式上下喷)	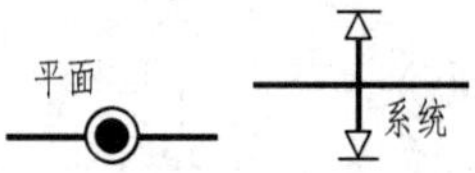 平面　系统	Closed sprinkler head(sprinkling upwards and downwards)
11	侧墙式自动喷洒头	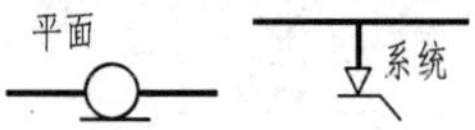 平面　系统	Side wall sprinkler head
12	水喷雾喷头	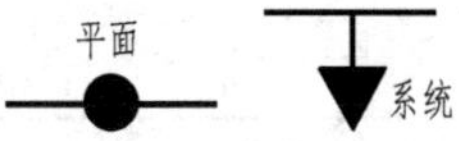 平面　系统	

（续）

序号	名称	图 例	备 注
13	雨淋灭火给水管	YL	Deluge water pipe
14	水幕灭火给水管	SM	Drencher water pipe
15	水炮灭火给水管	SP	Water monitor extinguishing supply pipe
16	干式报警阀	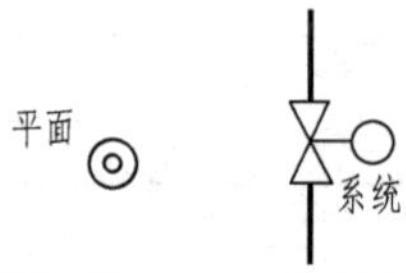 平面 系统	Dry pipe alarm valve
17	消防炮	 平面 系统	Water monitor
18	湿式报警阀	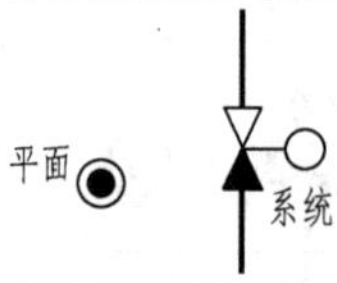 平面 系统	Wet pipe alarm valve
19	预作用报警阀	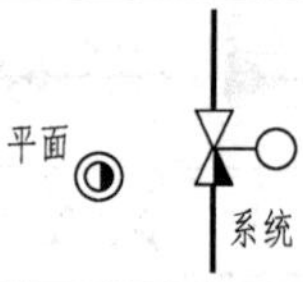 平面 系统	Preaction alarm valve
20	信号闸阀		
21	水流指示器	 L	Flow indicator
22	水力警铃		Water motor gong
23	雨淋阀	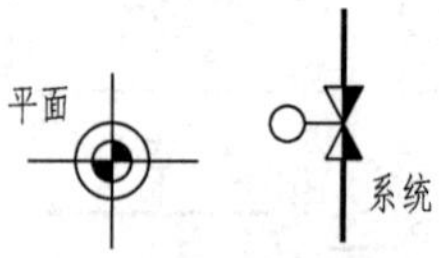 平面 系统	Deluge valve
24	末端试水装置	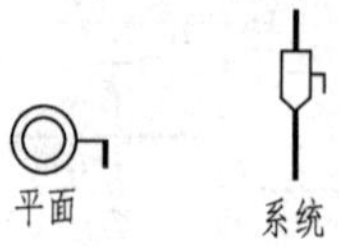 平面 系统	Terminal test valve
25	手提式灭火器	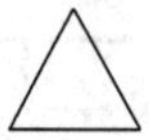	Portable fire extinguisher
26	推车式灭火器	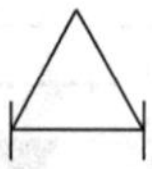	Wheeled fire extinguisher

注：分区管道用加注角标方式表示，如 XH_1、XH_2、ZP_1、ZP_2。

8.2.1 消火栓给水系统

消火栓系统是把室外给水系统提供的水输送到建筑物内，用来扑灭火灾的固定灭火设备，它是建筑物中最基本的灭火设施，应用十分广泛。消火栓系统主要由消防水源、消防水泵、管网及栓箱组成。

根据流量和压力的供给和分布状况，消火栓系统一般可分为常高压室内消火栓给水系统、消防泵与水箱联合消防给水系统、分区消防给水系统等。

1）常高压室内消火栓给水系统，是室外给水管网与室内消防给水管网直接连接，系统含有水表节点、阀门、水箱等，如图 8-4 所示。

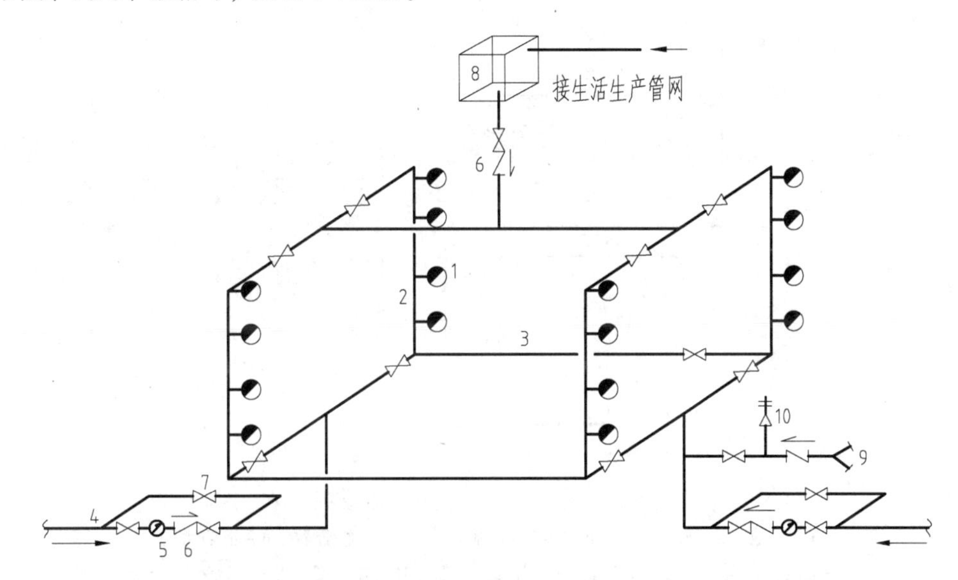

图 8-4　常高压消火栓系统原理图

1—室内消火栓　2—消防竖管　3—干管　4—进户管　5—水表　6—止回阀
7—旁通管及阀门　8—水箱　9—水泵接合器　10—安全阀

2）消防泵与水箱联合消防给水系统，是通过消防水泵将室外管网水加压直接送入消火栓管道系统，消防水箱内储水供消防泵未起动而消防设备启用时使用。在消防系统中的管道上接有水泵接合器，用来引入外管道内的水量、水压。

3）分区消防给水系统，主要用于高层建筑，通过分区，减小低层消防管道和设备的压力。

消火栓工程的制图方法和普通的建筑给水排水基本相同，可参见本书第 6 章。制图要表达的内容主要有系统的工作原理、系统形式、管道和消火栓的布置。消火栓工程图由于其组成部分相对简单，在看消火栓工程图时，一般先看原理图或者系统轴测图了解系统形式和工作原理，然后再结合平面图明确管道和消火栓布置的规格、位置。在识读原理图或者系统轴测图时，通常先从引入管开始，然后依次理清水表、储水池、水泵、管道的连接关系，最后再到消防设备。

8.2.2 自动喷水灭火系统

自动喷水灭火系统主要由水源、消防水泵、控制阀门、报警装置以及喷头组成。

自动喷水灭火系统可分为湿式自动喷水灭火系统、干式自动喷水灭火系统、预作用自动喷水灭火系统等。

1. 湿式自动喷水灭火系统

湿式自动喷水灭火系统（又称湿式系统）由闭式洒水喷头、水流指示器、湿式报警阀组，以及管道和供水设施等组成。灭火系统的管道内始终充满水并保持一定压力（图8-5）。

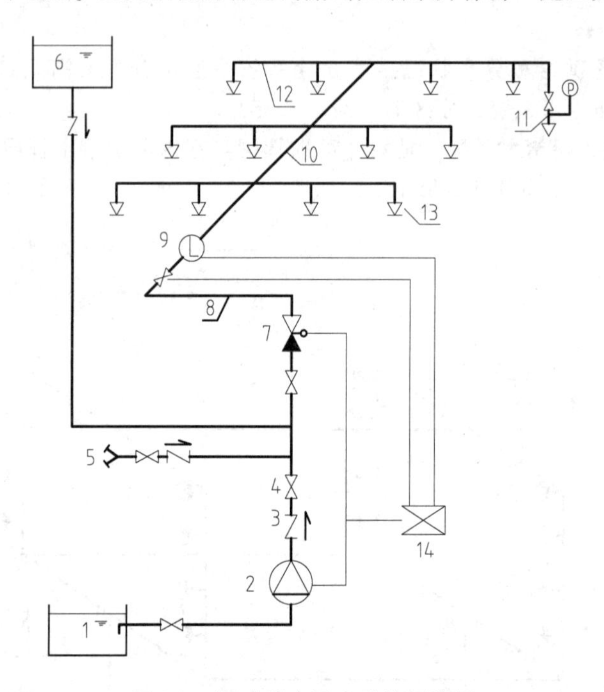

图8-5 湿式喷水灭火系统原理图

1—水池 2—水泵 3—止回阀 4—闸阀 5—水泵接合器 6—消防水箱
7—湿式报警阀 8—配水干管 9—水流指示器 10—配水管 11—末端试水装置
12—配水支管 13—闭式洒水喷头 14—报警控制器 P—压力表

2. 干式自动喷水灭火系统

干式自动喷水灭火系统（又称干式系统）与湿式系统相似，其区别在于采用干式报警阀组。警戒状态下报警阀后管道内充有压气体，水源至报警阀的管道内充以压力水。为保持气压，需要设置配套充气设备。

3. 预作用喷水灭火系统

预作用自动喷水灭火系统（简称预作用系统）主要由闭式喷头、管网、预作用阀组、充气设备、供水设施、火灾探测报警装置等组成。它之所以称为预作用系统，是因为该系统预作用阀后管网平时充以低压空气或氮气（也可以是空管），如果火灾发生，火灾探测装置自动开启预作用阀和排气阀，使管网充水成为湿式系统，随着火场温度升高，打开喷头迅速喷水灭火。预作用系统可以代替干式系统提高灭火速度和效率，也可代替湿式系统用于害怕管道和喷头故障而产生漏水或误喷的场所，适用于对自动喷水灭火系统安全要求较高的建筑物中。

自动喷水灭火系统制图方法和普通的建筑给水排水基本相同，可参见本书第6章。制图要表达的内容主要有系统的工作原理、系统形式、管道和喷头等的布置。对于自动喷水灭火工程，一般采用原理图和平面图表达，识图时首先应看原理图或者系统轴测图，弄清其工作原理以及系统流程，然后通过平面图了解管道和喷头的位置。识读的一般方法为：

1）首先阅读设计说明，了解工程概况，并结合设备表、图例弄清楚流程中各设备的名称、数量和用途等。

2）根据系统编号及分区情况，将系统进行分类。如低区自动喷水灭火系统、中区自动喷水灭火系统等。

3）查看系统的一般流程为引入管→水表节点→水池→水泵→水力报警阀→管网→喷头。在消防水泵未起动时，由水箱供水，可按水箱→水力报警阀→管网→喷头顺序查看，然后再看水泵接合器和稳压装置。

8.2.3 消火栓和自动喷水灭火工程实例

图8-6和图8-7所示分别为上海某研发中心的消火栓系统轴测图和一层消火栓平面图，二层的平面图参见图8-13。该系统比较简单，从轴测图可以看出水平干管和立管的布置情况，在平面图上可以看出各个消火栓布置的具体位置。除了消火栓以外，该实例还布置有手提式干粉灭火器。

图8-8和图8-9所示分别为该研发中心的自动喷水灭火系统原理图和二层自动喷水灭火系统平面图。看原理图时，依介质（水）的流向，从下向上看，水经引入管由两台消防水泵和两台稳压水泵从消防水池中抽吸，并集中通过 *DN*150 母管与A、B、C、D、E及F六个分区的自动喷水灭火系统相连。其中A、B、C、D、E送往其他建筑，本书省略；F区喷水系统为下喷式，该分区的水平支管都保持0.2%的向下坡度。平面图（图8-9）反映了F区二层喷水系统的部分房间各喷淋头的水平布置位置。自动喷水灭火系统设置了 *DN*150 的水泵接合器（P1L-1～P1L-4），以提供外部水源。

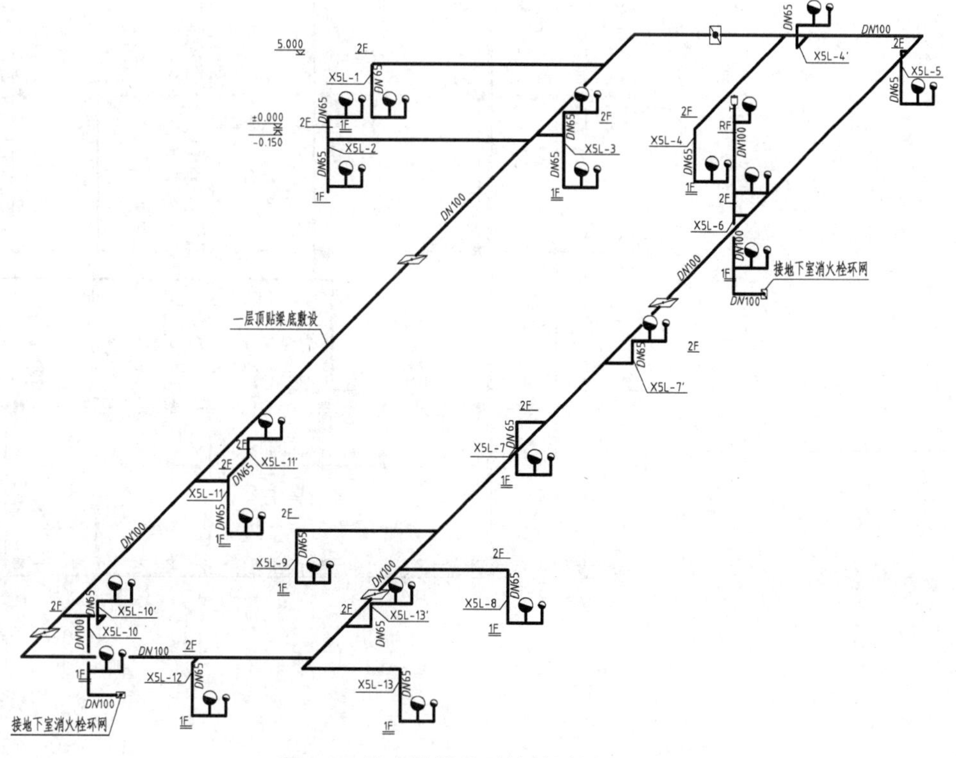

图8-6 消火栓管道系统轴测图1：100

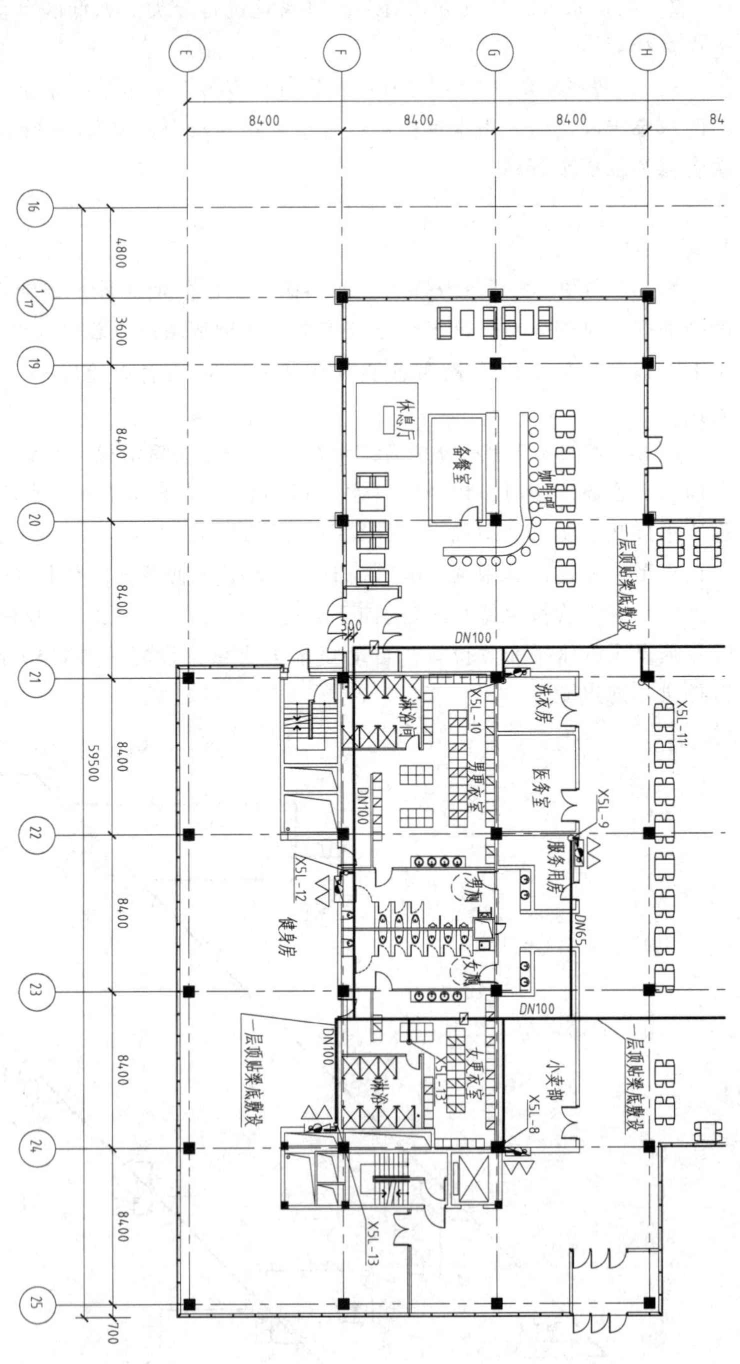
E
F
G
H
8400
8400
8400
16
19
20
21
22
23
24
25
4800
3600
8400
59500
700
休息厅
备餐室
咖啡吧
一层顶贴梁底敷设
DN100
DN65
XSL-8
XSL-9
XSL-10
XSL-11
XSL-12
XSL-13
洗衣房
医务室
服务用房
男更衣室
女更衣室
淋浴间
男厕
女厕
健身房
小卖部

图 8-7 一层消

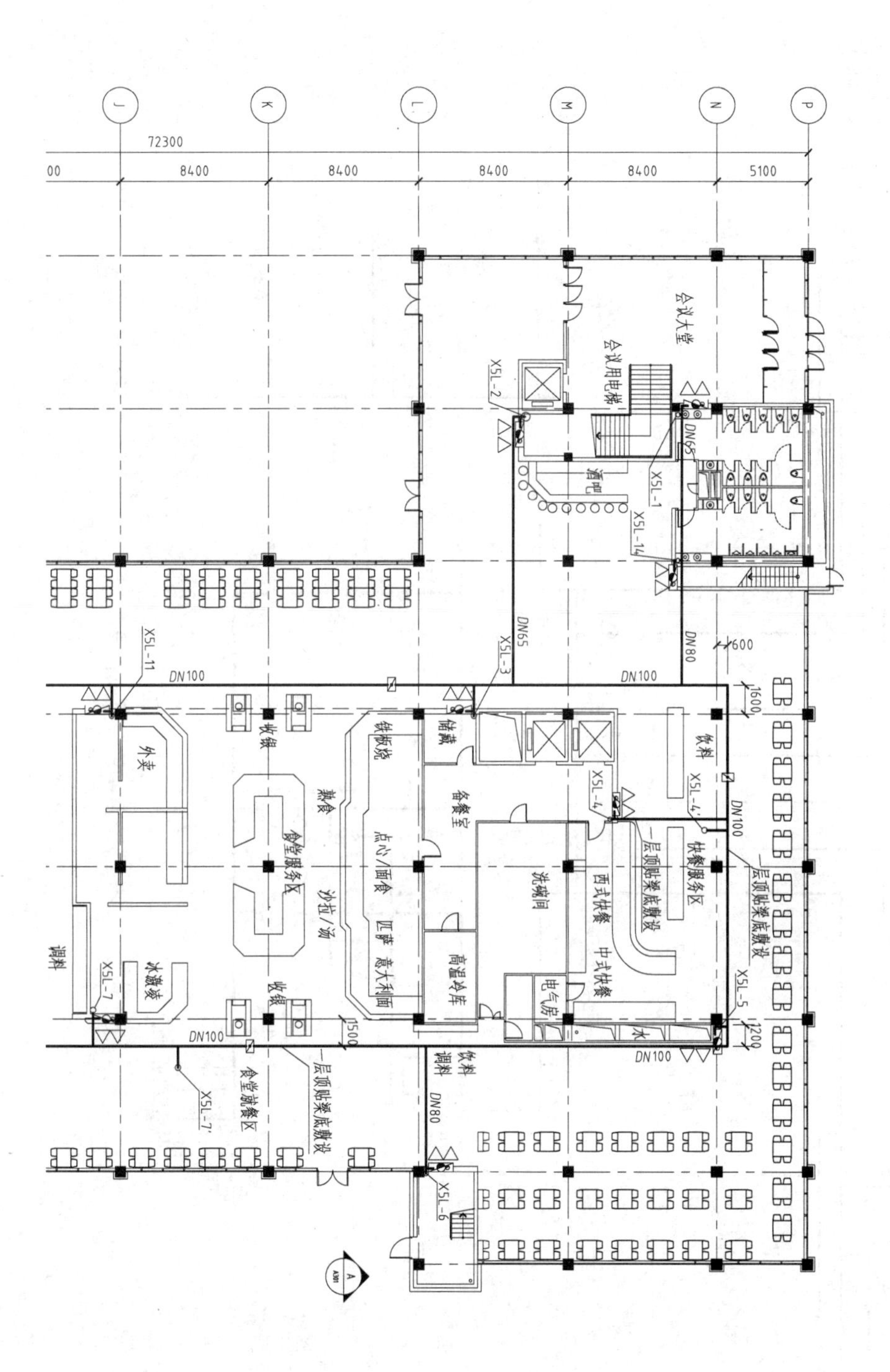

火栓平面图

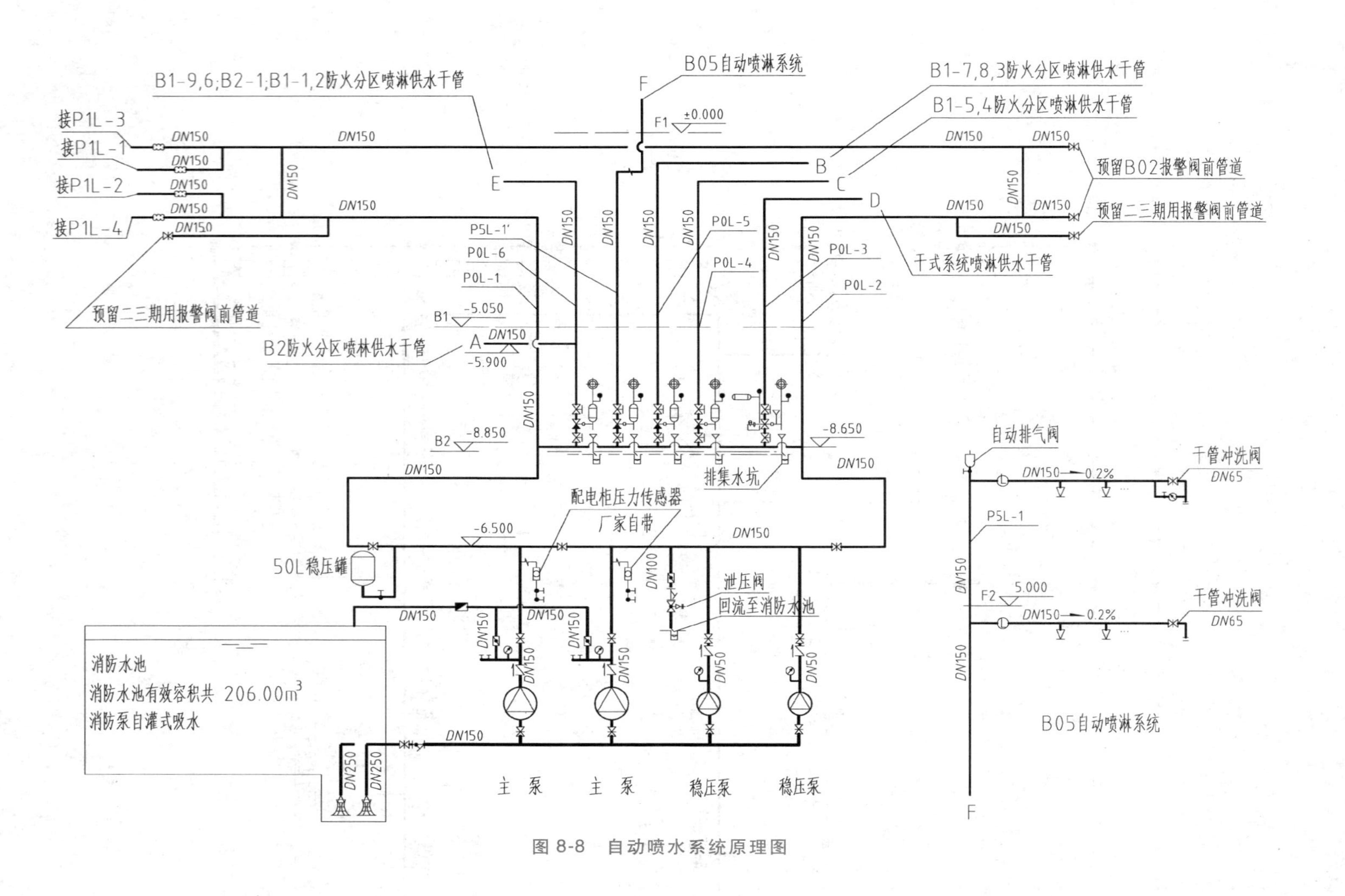

图 8-8 自动喷水系统原理图

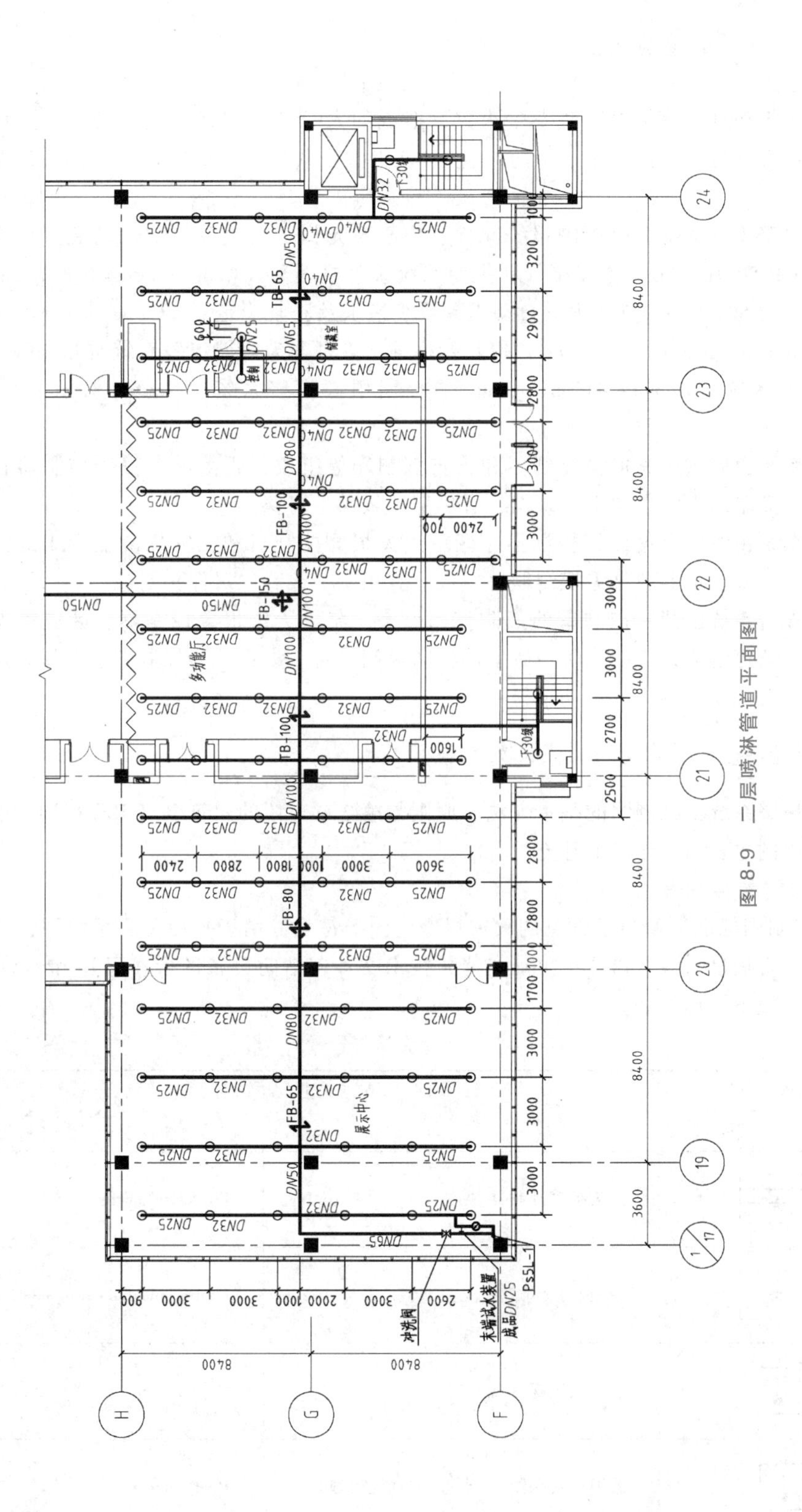

图 8-9　二层喷淋管道平面图

8.3 火灾自动报警系统

大型公共建筑和重要建筑内一旦发生火灾，造成的人身伤亡和经济损失是非常严重的。我国消防工作指导方针是“预防为主、消防结合”，在大型公共建筑和重要建筑内部应设置火灾自动报警系统。

火灾自动报警系统基本上由探测报警元件、中心声光指示装置及消防联动装置构成。其设计施工应符合 GB 50116—2013《火灾自动报警系统设计规范》(Code for design of automatic fire alarm system)、GB 50166—2007《火灾自动报警系统施工及验收规范》(Code for construction and acceptance of automatic fire alarm systems) 等现行标准。它可分为区域报警系统 (Local Alarm System)、集中报警系统 (Remote Alarm System)、控制中心报警系统 (Control Center Alarm Systems)。

区域报警系统由区域火灾报警控制器和火灾探测器等组成，或由火灾报警控制器和火灾探测器等组成功能简单的火灾自动报警系统，宜用于二级保护对象。

集中报警系统由集中火灾报警控制器、区域火灾报警控制器和火灾探测器等组成，或由火灾报警控制器、区域显示器和火灾探测器等组成，宜用于一级和二级保护对象。

控制中心报警系统由消防控制室的消防控制设备、集中火灾报警控制器、区域火灾报警控制器和火灾探测器等组成，或由消防控制室的消防控制设备、火灾报警控制器、区域显示器和火灾探测器等组成功能复杂的火灾自动报警系统，宜用于特级和一级保护对象。

8.3.1 火灾自动报警系统制图基本内容

火灾自动报警系统工程制图的基本方法、原则与第7章介绍的建筑电气工程相同。以下就火灾报警工程图中的主要内容作以下补充。

1. 火灾报警常用符号

《建筑电气制图标准》给出了常见的火灾报警的图形符号，用于平面图、系统图，见表8-3，这些图形符号主要摘自 GB/T 4327—2008《消防技术文件用消防设备图形符号》和 GA/T 229—1999《火灾报警设备图形符号》。

表8-3 火灾报警常用符号

序号	常用图形符号		说明	英文备注
	形式1	形式2		
1	[符号]		火灾报警控制器，见注1	Fire alarm device
2	[符号]		控制和指示设备，见注2	Control and indicating equipment
3	[符号]		感温火灾探测器(点型)	Heat detector(point type)
4	[符号] N		感温火灾探测器(点型，非地址码型)	Heat detector

（续）

序号	常用图形符号		说明	英文备注
	形式 1	形式 2		
5	EX		感温火灾探测器（点型，防爆型）	Heat detector
6			感温火灾探测器（线型）	Heat detector(line type)
7			感烟火灾探测器（点型）	Smoke detector(point type)
8	N		感烟火灾探测器（点型，非地址型）	Smoke detector(point type)
9	EX		感烟火灾探测器（点型，防爆型）	Smoke detector(point type)
10			感光火灾探测器（点型）	Optical flame detector(point type)
11			红外感光火灾探测器（点型）	Infra-red optical flame detector (point type)
12			紫外感光火灾探测器（点型）	UV optical flame detector(point type)
13			可燃气体探测器（点型）	Combustible gas detector(point type)
14			复合式感光感烟火灾探测器（点型）	Combination type optical flame and smoke detector(point type)
15			复合式感光感温火灾探测器（点型）	Combination type optical flame and heat detector(point type)
16			线型差定温火灾探测器	Line-type rate-of-rise and fixed temperature detector
17			光束感烟火灾探测器（线型，发射部分）	Beam smoke detector (line type, the part of launch)
18			光束感烟火灾探测器（线型，接受部分）	Beam smoke detector (line type, the part of reception)
19			复合式感温感烟火灾探测器（点型）	Combination type smoke and heat detector(point type)

（续）

序号	常用图形符号		说明	英文备注
	形式1	形式2		
20	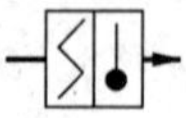		光束感烟感温火灾探测器（线型，发射部分）	Infra-red beam line-type smoke and heat detector(line type, emitter)
21	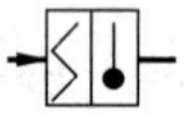		光束感烟感温火灾探测器（线型，接受部分）	Infra-red beam line-type smoke and heat detector(receiver)
22			手动火灾报警按钮	Manual fire alarm call point
23			消火栓启泵按钮	Pump starting button in hydrant
24			火警电话	Alarm telephone
25			火警电话插孔（对讲电话插孔）	Jack for two-way telephone
26			带火警电话插孔的手动报警按钮	Manual station with Jack for twoway telephone
27	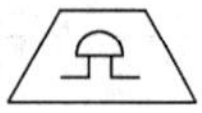		火警电铃	Fire bell
28	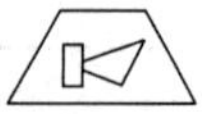		火灾发声警报器	Audible fire alarm
29			火灾光警报器	Visual fire alarm
30			火灾声光警报器	Audible and visual fire alarm
31	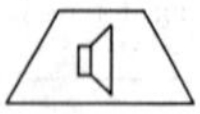		火灾应急广场扬声器	Fire emergency broadcast loudspeaker
32		 L	水流指示器（组）	Flow switch
33	 P		压力开关	Pressure switch
34	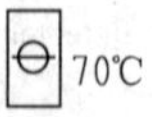 70℃		70℃动作的常开防火阀	Normally open fire damper, 70℃ close
35	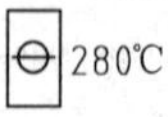 280℃		280℃动作的常开防火阀	Normally open exhaust valve, 280℃ close

（续）

序号	常用图形符号		说明	英文备注
	形式1	形式2		
36	Φ 280℃		280℃动作的常闭防火阀	Normally close exhaust valve, 280℃ open
37	Φ		加压送风口	Pressurized air outlet
38	Φ SE		排烟口	Exhaust port

注：1. 当火灾报警控制器需要区分不同类型时，符号“★”可采用下列字母表示：C-集中型火灾报警控制器；Z-区域型火灾报警控制器；G-通用火灾报警控制器；S-可燃气体报警控制器。

2. 当控制和指示设备需要区分不同类型时，符号“★”可采用下列字母表示：RS-防火卷帘门控制器；RD-防火门磁释放器；I/O-输入/输出模块；I-输入模块；O-输出模块；P-电源模块；T-电信模块；SI-短路隔离器；M-模块箱；SB-安全栅；D-火灾显示盘；FI-楼层显示盘；CRT-火灾计算机图形显示系统；FPA-火警广播系统；MT-对讲电话主机；BO-总线广播模块；TP-总线电话模块。

2. 消防布线颜色选用

消防布线颜色的选用参见表8-4。

表8-4 消防布线颜色的选用

序号	线 色	应用范围
1	红(R)	交流电相线、探测器正极线
2	蓝(BL)	探测器负极、控制、反馈公用线
3	白(W)	电话线、通信线
4	黄(Y)	广播信号线、联运反馈信号线
5	黑(BLK)	探测器灯线
6	黄绿(YGR)	保护接地线
7	绿(GR)	手动报警确认线
8	棕(BR)	直流24V电源正极

3. 火灾自动报警原理图

原理图绘制应遵循以下几个原则：

1）表示系统设备分布和系统组成相互关系。

2）标出设备部件类别、分类和设备部件连线走向及线数。

3）区域显示应设在重要防火分区的入口、辅助管理室、值班室、值班前台等部位。

4）不同电压等级的线路应分开敷设，如广播线、交流电源线、直接起动泵控制线等应与常规报警、联动线路分开。

5）消防控制线、消防报警线和消防通信线应穿钢管或线槽敷设，如联动电源线、联动信号线、警铃警灯线、消防电话线、消防广播线等。

6）信号及电源总线应采用粗线绘制。

火灾自动报警原理图如图8-10所示。

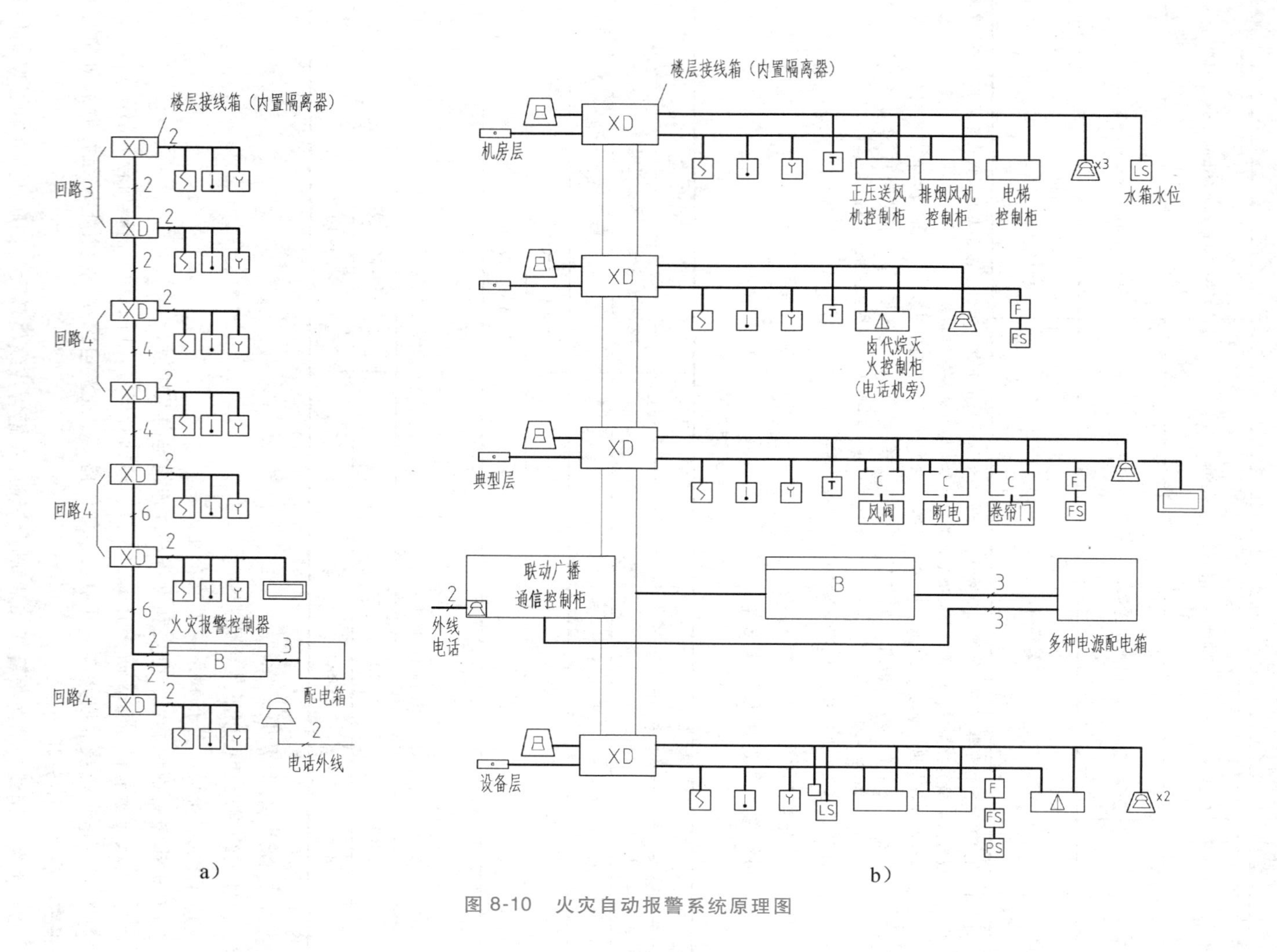

图 8-10 火灾自动报警系统原理图

4. 消防联动原则关系表

消防联动原则关系表用来表示消防系统各组成部分的联动控制关系，它由报警触发信号、动作逻辑以及相关设备联动组成。消防控制设备应由下列部分或全部控制装置组成：

1）火灾报警控制器。

2）室内消火栓系统的控制装置。

3）自动灭火系统的控制装置。

4）防火卷帘的控制装置。

5）通风空调、防烟/排烟设备的控制装置。

6）电梯回降控制装置。

7）火灾事故广播系统及其设备的控制装置。

8）火警灯、火警声光报警器等现场声光报警控制装置。

9）疏散的指示控制装置。

消防联动原则关系表，如图 8-11 所示。

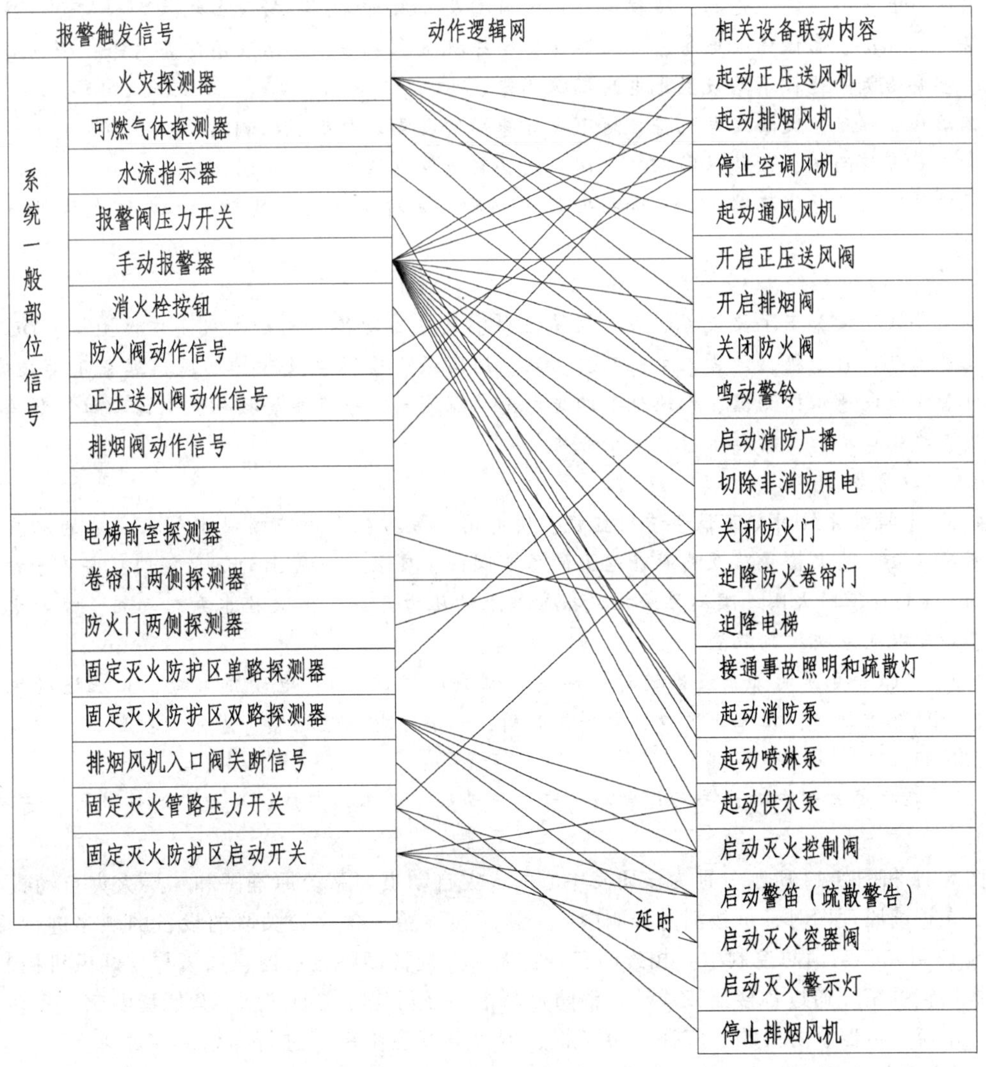

图 8-11　消防联动关系表

8.3.2 火灾自动报警系统工程实例

在识图时，首先应结合设计说明看系统原理图，并配合平面图的设备与线路的平面位置关系，达到对整个火灾自动报警系统的掌握。

现以上海某研发中心的火灾自动报警系统为例，介绍火灾自动报警系统工程图的识读方法。该研发中心火灾自动报警系统的设计说明如下。

1. 设计依据

1.1 业主提供的设计资料

1.2 设计规范

GB 50116—2008《火灾自动报警系统设计规范》

GB 50016—2014《建筑设计防火规范》

2. 设计原则

本系统设计采用全地址码智能光电感烟/感温探测器、智能模块、智能按钮设备，系统功能可靠。原则上，办公室、走廊、楼梯间、电梯前室及合用前室，一般设备机房，如电梯机房、空调机房、风机房、高低压配电房、变压器房、冷冻机及水泵房、生活及消防泵房等，强电弱电电缆间、重要场所的地板下均设置光电感烟探测器。

锅炉房、厨房、柴油发电机房、地下车库等场所设置光电感温探测器。

对于卷帘门两侧、预作用阀保护区域，则安装光电感烟及光电感温探测器。

现设计采用二总线环路系统，如在安装完成后，需对系统进行更改，本系统允许进行支路连接。

3. 火灾报警系统组成

本报警系统由如下主要设备组成：报警主机、火灾联动柜、电话主机、广播主机、DC24 电源柜及蓄电池、打印机、计算机主机及显示器、消防泵、喷淋泵及防排烟风机远程手动控制柜、带地址智能光电感烟探测器、带地址智能光电感温探测器、手动报警按钮、电话插口、警铃、监视模块、控制模块、楼层显示器、电话分机。

4. 报警系统功能

4.1 本报警系统对如下设备进行监视：所有消火栓按钮、所有喷淋水管上安装的水流指示器、所有安装于消火栓管路及喷淋管路上的信号阀门、安装于风管上的防火阀门、安装于排烟风管上的 280℃ 排烟防火阀、喷淋系统湿式报警阀上的压力开关、消火栓水泵起动柜、喷淋水泵起动柜、燃气探测系统控制装置。

4.2 本报警系统对如下设备进行联动（控制并反馈信号）：电动排烟口、正压送风机控制柜、排烟风机控制柜、正压送风口、电梯控制箱、非消防电源控制箱、卷帘门控制柜、空调处理机组控制柜。

4.3 在报警控制中心设手动控制柜，直接起动如下设备：正压送风机、排烟风机、消防泵、喷淋泵。

图 8-12 和图 8-13 所示分别为该研发中心的火灾自动报警系统原理图和二层火灾自动报警平面图。在识读原理图时，可按消防控制中心→楼层接线箱→各火灾关联的设备的顺序进行看图。从图 8-12 可知，与消防控制中心相连的有：智能火灾报警楼层显示器、加压与排烟风机控制柜、1~2 楼层接线箱。通过各楼层接线箱，消防控制中心分别与智能型烟感、智能型温感、手动报警按钮、水流指示器、防火阀、广播、声光报警器、空调控制柜等进行通信。在原理图上，在 1、2 层的消防线均有两路分支，各分支上的同一报警联动设备只绘制一个，并在边上用数字表示该

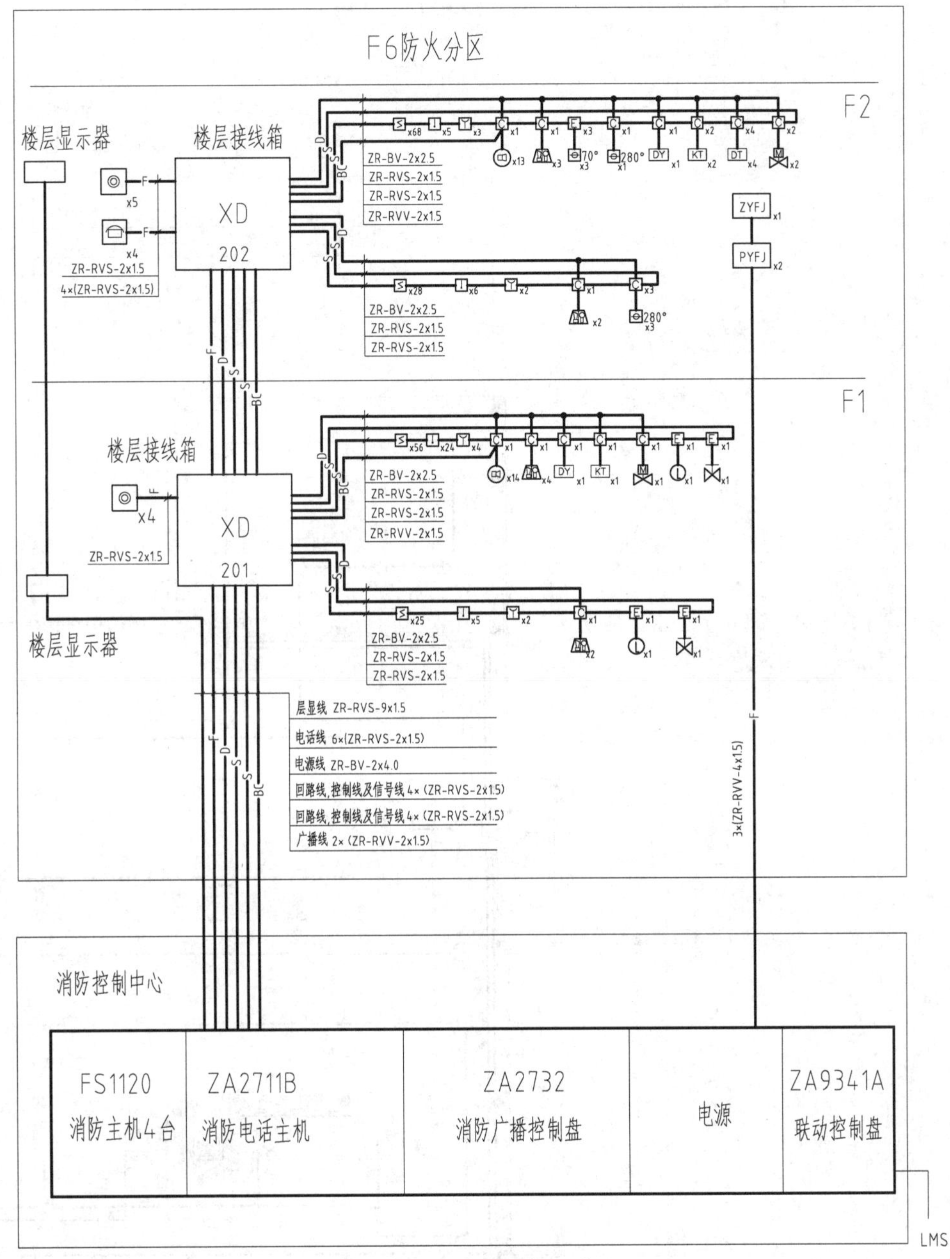

图 8-12　火灾报警系统图

支路上这一设备的所有数量。在看平面图时，当消防控制中心在该层平面时，其顺序与原理图一致；否则，其顺序为楼层接线箱→各火灾关联的设备。如图 8-13 所示，可由电气房 202 的楼层接线箱开始，然后顺着线路向外查看与各消防关联设备的连接情况，并掌握各设备的平面布置关系。图中一些符号的含义，如下所示：

E：输入信号模块

KT：空调处理机组控制柜

DT：电梯控制箱

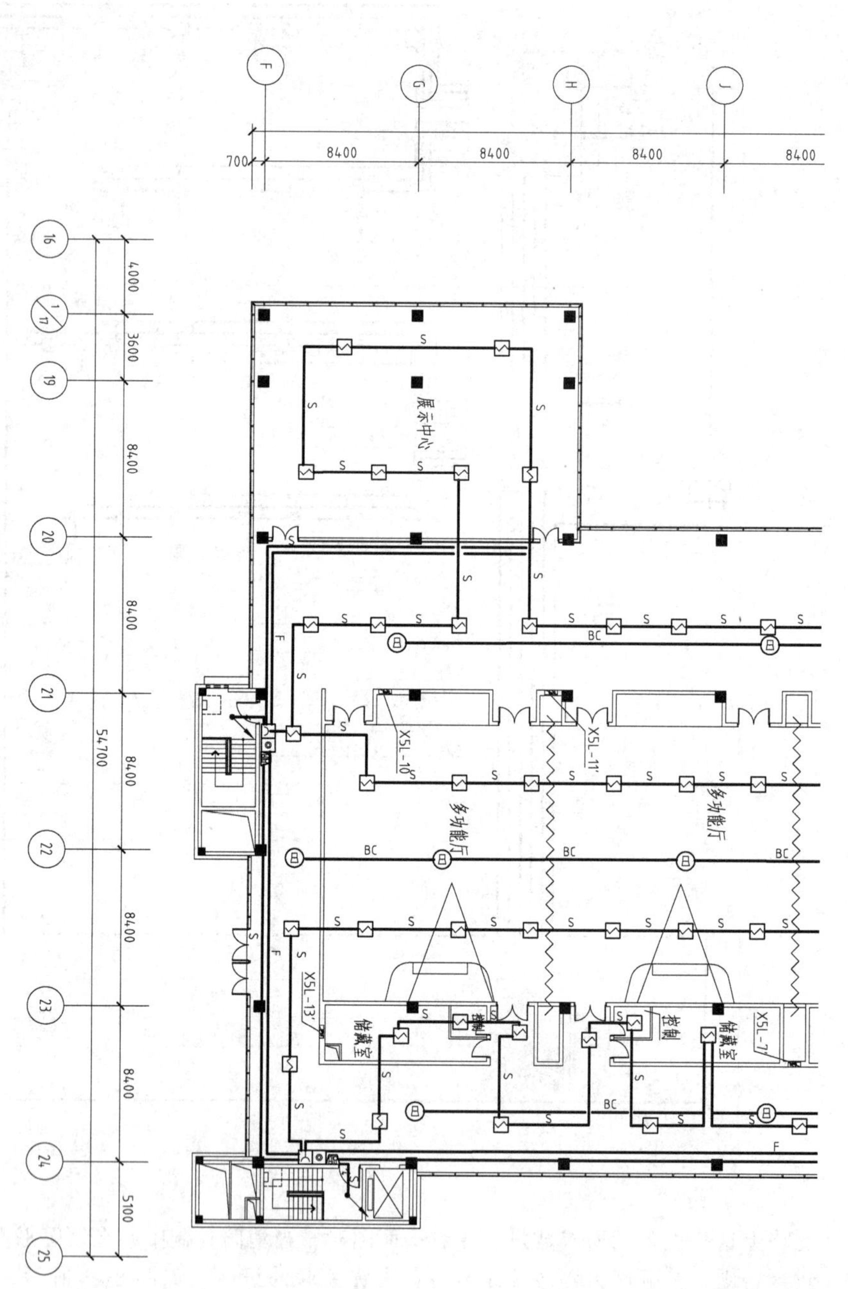

图 8-13 研发中心二层火

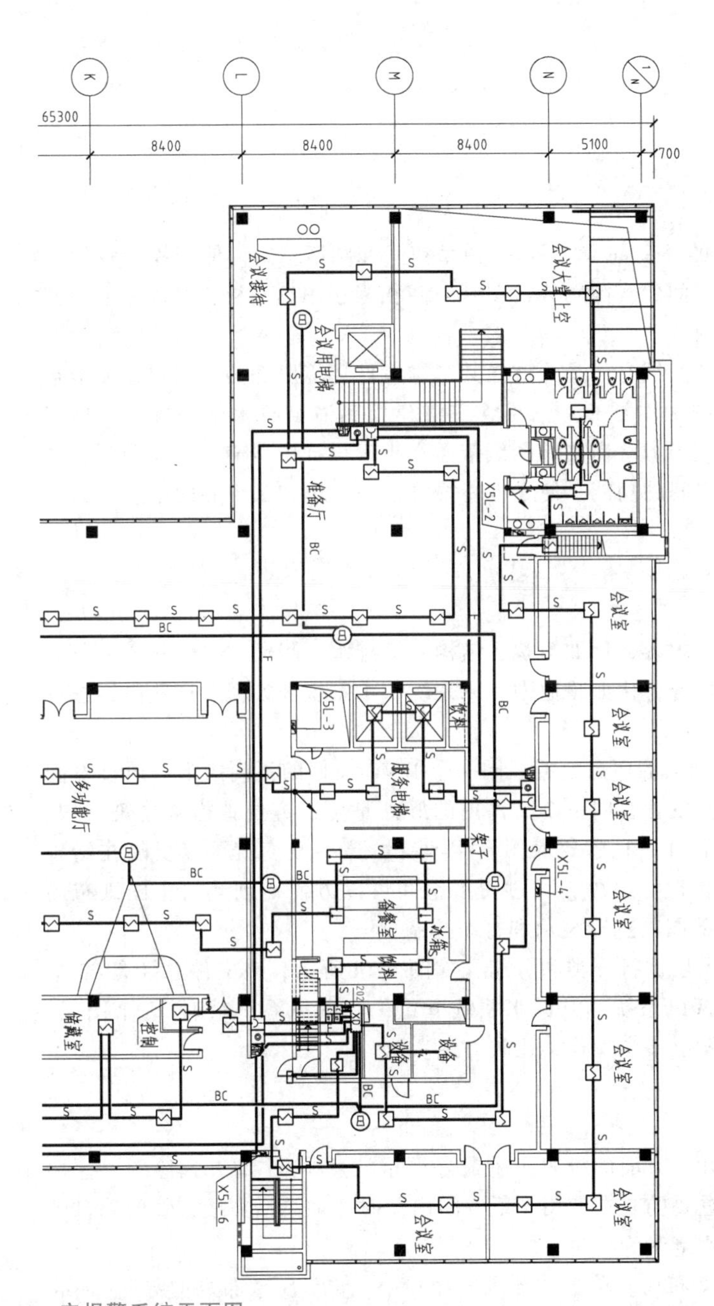

K
L
M
N
65300
8400
8400
8400
5100
700
会议接待
会议用电梯
会议大堂上空
准备厅
XSL-2
XSL-3
XSL-4
XSL-6
服务电梯
多功能厅
备餐室
储藏室
控制
设备
会议室

灾报警系统平面图

ZYFJ：正压送风机控制柜

PYFJ：排烟风机控制柜

DY：非消防电源控制箱

其他符号的含义可查阅表 8-3。

8.4 AutoCAD 中图纸布局的使用

在 AutoCAD 中，有两种截然不同的环境（或空间）：模型空间和图纸空间。使用模型空间可以创建和编辑模型，模型相当于物理空间的实际物体；图纸空间相当于图纸面板，可以在上面创建图纸布局，添加标注、说明文字等内容。

最初，AutoCAD 中提供模型空间和图纸空间是为增强其三维设计环境服务的，用户在模型空间建立物理模型，在图纸空间形成视图和图纸布局。尽管三维建模和渲染技术已经成为大型工程设计的一个重要手段，传统的二维制图方法和二维图纸依然在工程设计中普遍采用。因此，在 AutoCAD 发展过程中，不断丰富图纸空间的功能，使之也能很方便地应用在二维制图中。下面介绍如何在二维制图中应用图纸布局。

8.4.1 图层的分组管理

通常一个工程项目包含多个专业的内容，比如建筑、结构、给排水、暖通、电气几个专业的内容。即使一个专业也有几个方面的内容，比如暖通中有风系统和水系统，如何对这些内容进行组织和管理是制图的一个重要方面。

在 AutoCAD 中，可以把这些不同种类的信息放置在同一个 DWG 文件的不同层上，通过不同层的开、关控制各种信息的显示与否。放置在同一个文件内的好处是可以方便地检查建筑结构、管线、设备间是否存在冲突和碰撞，而且一旦建筑底图发生改变，这些改变就可以反映在给排水、暖通、电气的图上，而不用逐个修改。另外，通过图纸空间可以方便地创建一个图纸布局（相当于一张图纸），对各个图纸布局的图层进行显示和打印控制。

AutoCAD 提供了图层管理器，对图层进行分类和分组，如图 8-14 所示，该文件总计有 78 个图层，分为建筑、给排水、电气、空调风系统、空调水系统五组，空调风系统就有 28 个图层。这样对图层操作时，可以对一组中的图层集中操作，比较方便。

8.4.2 创建图纸布局

熟练地使用图纸空间，需要配合几个方面的设置：①最好严格按照 1∶1 的方式绘图，这样不仅作图时方便，以后修改也方便，重要的是在使用图纸空间出图时更加灵活方便；②明确自己在模型空间绘图所使用的单位，比如用毫米为单位。

可以使用“创建布局”向导创建新布局。单击“插入”菜单→“布局”→“布局向导”。向导会提示关于布局设置的信息，其中包括：

1）新布局的名称。

2）与布局相关联的打印机（不同的打印机对应不同的图幅系列，普通的打印机只能打印 A4 以及更小的图纸，所以没有 A1、A0 等图幅号，读者可以选择 DWF6 ePLOT. pc3 或者已知的绘图仪型号）。

3）布局要使用的图纸尺寸（一般为 ISO A0、A1、A2、A3）。

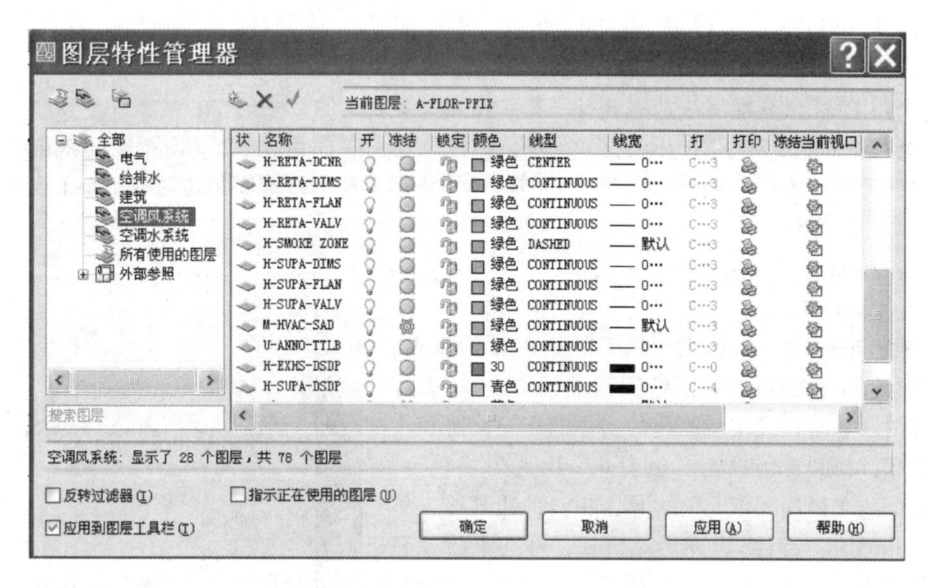

图 8-14 图层管理

4）图形在图纸上的方向（通常为横向）。

5）标题栏（可以选择“无”，生成布局以后自行添加）。

6）视口设置信息，包括视口数目（一般选“单个”）与视口比例（即制图比例，常用的有 1∶50、1∶100 等）。如果要选的制图比例不在下拉列表中，可以在创建布局前使用 scalelistedit 命令或者单击“菜单”→“格式”→“显示比例列表”，修改所有视图中显示的比例列表以及打印比例列表。

7）布局中视口配置的位置，用鼠标在屏幕上确定视口的位置和大小，这是视口的边界，一般让视口边界约等于所选图幅的内边框，此时屏幕上显示的虚线边框为图纸的外边框，所以你选择的视口边界应比这个虚线框小一些。

创建图纸布局以后，可以切换到布局的图纸空间，添加图框、标题栏、图名以及各种图形和文字，也可以切换到模型空间对模型进行修改或者添加新的内容。

8.4.3 图纸空间和模型空间的切换

创建了图纸布局以后，就需要经常在模型和布局之间切换。

1）模型和布局选项卡的切换。单击屏幕绘图区左下角的“模型”选项卡，就可以切换到模型状态，单击相应的布局名称选项卡就可以切换到相应的图纸布局。

2）在布局中的模型空间和图纸空间之间切换。如果处于图纸空间中，请在布局视口中双击，这时视口边界变粗，随即就处于模型空间中，选定的布局视口将成为当前视口，用户可以对模型空间中的实体进行各种修改。如果处于布局视口中的模型空间，请在该视口的外部双击，这时视口边界变细，随即就处于图纸空间中，这时可以在布局中创建和修改对象，但不能修改模型空间中的对象。

8.4.4 设置和锁定图纸比例

布局创建以后，可能最初给定的比例不合适，或者视口里面显示的目标和预期的不一致，这时就要进行缩放和平移。

1）首先在布局视口中双击，进入布局的模型空间。

2）利用 PAN 命令或者滚动条进行平移，找到所要表达的目标的中心位置。

3）利用 Zoom 命令的 XP 选项，修改视口的视口比例（图纸比例）。图纸空间单位除以模型空间单位即为视口比例。例如，比例为 1：100，即表示 1 个图纸空间单位对应 100 个模型空间单位，这时命令行操作应为：

命令：Zoom↙

命令：0.01XP↙

4）锁定布局视口的比例。调整好视图比例以后，如果不进行锁定，在布局的图纸空间进行 Zoom 缩放和平移时，图纸空间和模型空间中的实体的相对位置和大小就会变化，视图比例也会发生变化，因此需要锁定。这时要返回到布局的图纸空间，单击视口的边界线，然后单击工具栏的“特性”，弹出对话框，将其中的“显示锁定”改为“是”，如图 8-15 所示。当把比例锁定改为“否”以后，也可以在这里设定或者修改视口比例。

锁定比例后，可以继续修改当前视口中的几何图形而不影响视口比例。这时在布局的模型空间和图纸空间就“绑定”在一起了，在模型空间平移或缩放时，两空间上的实体相对位置不发生变化。视口比例锁定后，大多数查看命令（如 VPOINT、DVIEW、3DORBIT、PLAN 和 VIEW）在该视口中将不可用。

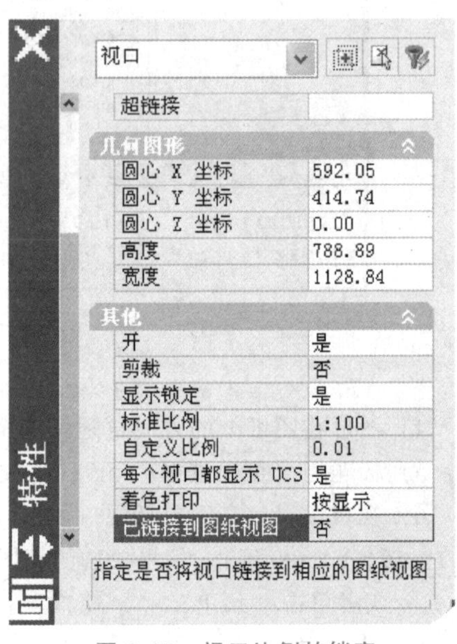

图 8-15 视口比例的锁定

8.4.5 布局中图层的管理

使用图纸布局的一个主要优点是：可以在每个布局视口中有选择地冻结图层。可以冻结或解冻布局视口中的图层而不影响其他视口。冻结的图层是不可见的，解冻图层可以恢复可见性。在当前视口中冻结或解冻图层的最简单方法是使用图层特性管理器。

1）双击布局的视口区内的任意位置，进入布局的模型空间。

2）单击工具栏中的“图层特性管理器”，弹出对话框。

3）在图层特性管理器的右侧，使用标记为“当前视口冻结”的列冻结当前布局视口中的一个或多个图层。如图 8-14 所示，当前布局为空调水系统，所以在该布局中空调风系统的图层在“当前视口冻结”一列中全部显示为冻结。“当前视口冻结”的实际含义是“该图层在当前视口中冻结”。

8.4.6 在布局视口中缩放线型

可以设置 psltscale 系统变量的值，使在布局和布局视口中按不同比例显示的对象具有相同的线型缩放比例。例如，在 psltscale 设置为 1（默认值）的情况下，将当前线型设置为虚线，然后在图纸空间布局中绘制直线。在布局中，创建缩放比例为 1x 的视口，将此布局视口置为当前，然后使用同样的虚线线型绘制直线。这两条虚线外观应该相同。如果将视口的缩放比例改为 2x，那么布局和布局视口中虚线的线型缩放比例仍旧一致，而不受缩放比例的影响。在 psltscale 命令打开时，仍可以使用 ltscale 和 celtscale 控制虚线的线形比例。

第9章

BIM建模技术

本章简要介绍BIM的基本概念和应用现状，并通过实例逐一介绍利用Revit建立建筑、管路系统、冷热源机房的BIM模型的方法和步骤。

9.1 BIM技术简介

9.1.1 BIM的概念与基本特征

1. BIM的基本概念

BIM（Building Information Modeling），即建筑信息模型，是信息技术在建筑工程项目管理的应用。Building代表行业属性，即BIM的服务对象是建设行业；Information是核心，包括建设产品在设计、建造和运行需要的各种相关信息，包括几何信息、材料信息、功能和性能信息、价格信息等；Modeling是BIM的表现形式，即BIM技术中的所有信息都是以数字的形式进行创建和存储的，具有多维性、数字化、直面对象等特征。简单地说就是该模型以三维数字技术为基础，集成了建筑工程项目各种相关信息的工程数据模型，并以此对建筑项目进行设计、建造和运营管理。

自2002年BIM概念提出以来，国际建筑业兴起了以BIM为核心的建筑信息化的研究，并迅速发展，目前该技术已经在世界范围的工程领域得到广泛应用，并从设计阶段快速发展到建造施工及运行管理。

2. BIM的基本特征

（1）信息的全面性　BIM采用参数化来描述建筑单元，以墙、窗、梁、柱等建筑构件为基本对象，而不是CAD中的点、线、面等几何元素，并将建筑单元的各种真实属性通过参数形式进行管理，进行相关数据信息描述。在建筑信息模型中，不仅包含描述建筑物构件的几何信息、专业属性、材料信息、造价信息及状态信息，还包含了非构件对象（如空间、运动行为）的状态信息。

（2）信息的关联性　采用关联性来描述建筑单元，建筑师或结构工程师修改某个单元构件的属性，建筑模型不仅将进行信息的自动更新，而且这种更新是相互关联的。关联性不仅提高了设计的工作效率，而且解决了图样之间信息的错、漏、缺等问题。BIM贯穿于工程项目的设计、建造、运营和管理等生命周期阶段，是一种螺旋式的智能化的设计过程。因此BIM的数据库是动态变化的，在应用过程中不断地更新、丰富和充实。

（3）信息的开放性和共享　BIM从建筑物诞生开始，就为建筑物整个生命周期提供可信赖的共享的知识资源。它基于开放标准，是建筑生命周期各种信息的集成，为建筑行业的不同参与者（如建筑师、结构师、机电设备师等）之间提供相互协作，方便对数据信息进行更新或修改等处理。BIM能有效地促进建筑项目周期各个阶段的知识共享，开展更密切的合作，将设计、施工和运营过程融为一体，建筑企业之间多年存在的隔阂正在被逐渐打破，提高了所有参与人员的工作效率。

9.1.2 BIM 技术与数字建造

BIM 是数字建造技术体系的一个重要组成部分，基于 BIM 的数字建造技术具有的特征是两个过程、两个工地、两个产品。

1. 两个过程

在 BIM 技术支持下，建筑工程设计与建造活动包括两个过程，即物理建造过程和产品数字化形成过程。

（1）物理建造过程 其核心任务是把工程图样上的数字产品在特定的场地空间变成实物的过程，其主要任务有：地基与基础施工、主体结构施工、机电工程施工与装饰工程施工等。同时在这个过程中，将各种材料、设备供应链所提供的“物质”变成特定功用的建筑产品与空间。

（2）产品数字化形成过程 它是随着建设项目的不断推进，从初步设计、扩大初步设计、施工图设计、深化设计到建筑施工，再到运营、维护、拆除，在建设项目全寿命周期的不同阶段都有相对应的数字信息不断被增加进来，形成一个完整的建筑数字产品。它承载着建筑产品的设计信息、建造信息、运营维修信息、管理绩效信息等。基于 BIM 的数字建造技术，有效地连接了全寿命周期的各个阶段，使工程数字化与工程物质化变成同等重要的一个平行过程。

2. 两个工地

与建筑工程建造活动的数字化和物质化相对应，同时存在着数字工地与实体工地两个工地。数字工地，就是在计算机平台上的虚拟建造过程，可以先在数字工地“试”，发现施工中可能发生的碰撞与冲突，调整优化后再在实体工地上“造”。

3. 两个产品

基于 BIM 的数字建造技术，实施后可以提供两个产品，一个是物化的产品，一个是数字产品。这个数字产品包含了显现和隐形两个部分的全部信息，这在物化产品运营、维修直至报废的整个过程中都起着至关重要的作用。

9.1.3 BIM 的应用

1. BIM 在设计方面的应用

在设计阶段采用 BIM 技术，可以对设计方案进行观察、分析与优化，确保设计的合理性与可施工性。在设计阶段 BIM 技术的价值主要体现在五个方面。

（1）可视化（Visualization） 首先，建立建筑项目相关的三维设计模型，包括建筑、结构及建筑设备系统等；通过建立的三维设计模型，进行三维观察和漫游，及时发现设计缺陷，进行完善和修改。

（2）协调（Coordination） 通过建立模型，实现不同专业之间的信息共享。各专业 CAD 系统可从信息模型中获取所需的设计参数和相关信息，不需要重复录入数据，避免了数据冗余、歧义和错误，实现了各专业修改对象的随之更新。应用 BIM 技术进行各专业管线的碰撞检查，减少在建筑施工阶段可能存在的错误损失和返工的可能性。

（3）模拟（Simulation） 通过建立模型，实现虚拟设计和智能设计，实现结构力学分析、热工分析、采光分析、能耗分析、成本预测等。

（4）优化（Optimization） 根据模拟分析的结果对设计方案进行优化。

（5）出图（Documentation） 自动生成各种图形和文档，当模型发生变化时，与之关联的图形和文档将自动更新。

2. BIM 在施工安装过程的应用

伴随 BIM 技术的兴起，引入了一个全新的概念——虚拟建造。虚拟建造技术是利用虚拟现实技术构建一个虚拟建造环境，在虚拟环境中建立周围场景、建筑结构构件及机械设备等三维模型，对建筑构件和设备管路进行虚拟装配，真实展现建筑施工步骤，为各参与方提供一个可控、无破坏性的试验方法。根据虚拟装配的结果，在人机交互的可视化环境中对设计、施工方案进行修改和优化，减少施工成本与时间。

基于 BIM 的虚拟建造包括基于 BIM 的施工模拟、基于 BIM 的构件虚拟拼装、基于 BIM 的施工现场临时设施规划等方面。其中，基于 BIM 的构件虚拟拼装包括混凝土构件的虚拟拼装、钢构件的虚拟拼装、幕墙工程虚拟拼装及机电设备工程虚拟拼装；基于 BIM 施工现场临时设施规划主要包括大型施工机械设施规划、现场物流规划、现场人流规划等。

3. BIM 在运行管理阶段的应用

基于 BIM 的设备维护管理系统可以帮助物业管理公司实现如下功能：

(1) 可视化模型实现对物业管理对象设备基本信息的有效管理　设备基本信息包括设备的型号、生产厂家、安装时间等，在没有应用 BIM 技术之前，设备基本信息也是存在的，只是以文本、图片或者电子文档等各种形式存放在不同的地方，对这些信息实施有效管理存在较大的难度。

在 BIM 设备维护管理系统中，通过更新维护平台，将设备基本信息存储于 BIM 数据库中，并与 BIM 模型对象完全对应。当设备基本信息与模型对象之间产生关联，就意味着在 BIM 模型中电机设备对象既可获取与该设备相关的基本信息，同样在 BIM 数据库查询到某个设备也可将其定位于 BIM 模型中。当然也可将设备常用参数（规格）以及使用说明等信息存储于 BIM 数据库中。利用 BIM 技术进行物业设备维护管理比传统的方式更为形象，可实现对设备基本信息有效、准确的管理。

(2) 根据设备运行状况及时安排设备维护保养与更换计划　传统的物业管理模式会对所管理的设备进行日常巡检维护或者定期对设备做检修维护，但是这种方式难以及时发现存在的问题，无法有效地避免设备故障发生。

BIM 技术可通过专门接口与设备进行连接，可将设备的运行参数信息直接反映在 BIM 模型上。根据设备运行参数指标来建立设备的运行健康指标，通过 BIM 模型实时监控设备的运行参数，从而判断设备的运行状况和故障预警，及时安排设备维护保养的时间以及更换计划。

(3) 记录维护保养过程，形成设备维护保养的知识库　设备的维护保养是一个长期的过程。每次设备维护保养的过程都记录在 BIM 数据库中，形成物业公司设备维护保养管理的知识库，提高保养的针对性和有效性。

9.1.4　BIM 技术相关软件

1. BIM 软件与 CAD 软件的不同

BIM 软件是 BIM 技术实施的必备条件。BIM 软件与 CAD 软件有所不同，主要体现在以下几个方面。

(1) 含义和覆盖范围不同　CAD 的本意是计算机辅助设计，而在工程建设中，其含义通常只限于计算机辅助绘图，其针对的阶段只限于设计阶段。而 BIM 贯穿建筑的整个寿命周期的全过程，包括设计、施工和运行维护，覆盖的范围大为拓展，涉及的信息也更加全面和复杂。

(2) “生产工具”与“生产内容”不同　狭义上讲，CAD 软件提供给工程人员的仅仅是生产的“画板”，并没有改变生产的内容，即二维图纸；CAD 成果是静态的、平面的，纸张可以作为承载和传递的媒介。CAD 只改变了生产的工具，没有改变生产的内容。BIM 软件提供的生产工具不仅仅是“画板”，而是利于多方协作的三维平台，生产内容也从“图纸”变成了多维的建筑信息模型。BIM 既改变了生产的工具，也改变了生产的内容。BIM 成果是动态的、多维的，必须借助计算机和软件来承载和传递。

(3) 软件种类与数量要求不同　CAD 时代一个软件就基本上可以解决问题，而 BIM 时代需要一组软件才可以解决问题。由于 BIM 更加智能化的功能所需，其软件种类较 CAD 拓展到了许多新的领域，如施工 4D 模拟（Navisworks 等）、工程造价（Visual Estimating 等）、施工进度计划（Innovaya 等）软件。

2. BIM 核心建模软件

BIM 常用软件根据功能不同，可分成核心建模软件与性能分析软件。BIM 核心建模软件，指的是建筑建模过程中对主要工程进行建模的软件。BIM 性能分析，指的是依据核心建模软件提供的模型，针对某一方面的性能进行详细的分析，包括机电分析软件、结构分析软件、绿色建筑分析软件、可视化软件、模型检查软件、造价管理软件、发布和审核软件等。常用的 BIM 软件见表 9-1。下面对影响较大的核心建模软件进行简要介绍。

表 9-1　常见建筑工程 BIM 软件汇总

功能类别	软　件
建筑绘图/建模软件	Autodesk(AutoCAD Architecture、Revit Architecture)、Graphisoft(Architecture)、天正建筑(TArch)、Bentley(MicroStation、Bentley Architecture)
结构设计与绘图软件	Tekla Structures(Xsteel)、Autodesk Revit Structure、Bentley Structural、Design Data SDS/2、Advance Steel、AceCadStruCad、PKPM 系列、探索者(TSSD)、天正结构(TAsd)、理正结构(QCAD)
BIM 模型综合碰撞检查软件	Navisworks、Projectwisc、Navigator,Solibri Model Checker
给水排水设计软件	鸿业给排水(HYAGPS)、天正给排水(TWT)、PKPM 给排水(WPM)、Autodesk Revit MEP、Bentley Building Mechanical Systems
暖通(HVAC)设计软件	Airpark、鸿业暖通空调(HYACS)、天正暖通(THvac)、PKPM 暖通(CPM)、Autodesk Revit MEP、Bentley Building Mechanical Systems、CATIA-HVAC
电气设计软件	博超电气(ESS)、鸿业电气(HY-EDS)、PKPM 电气(EPM)、天正电气(TElec)、Autodesk Revit MEP、Bentley Building Eletrical Systems
景观、园林设计软件	园圣园林(TSCAD-GD)、PKPM 园林
市政规划设计软件	天正市政(T-SZ)、鸿业市政系列(HY-SZ)
造价软件	鲁班系列、广联达系列、清华斯维尔系列
BIM 发布审核软件	Autodesk Design Review、Adobe PDF、Adobe 3D PDF

(1) Autodesk 公司的 Revit 建筑、结构和机电系列　Autodesk Revit 系列软件构建于 Revit 平台之上，是完整的、针对特定专业的建筑设计和文档系统，支持所有阶段的设计和施工图，是一款面向建筑工程设计与文档编制的建筑信息模型（BIM）解决方案。基于 AutoCAD 的巨大影响

力，Revit是目前建筑工程领域应用最广的BIM软件。其主要优点是软件的用户界面友好，易于学习，拥有海量的第三方对象库，与AutoCAD的数据交换方便。

（2）Bently建筑、结构和设备系列 功能强大的BIM软件工具，涉及工业、建筑与基础设施设计各个方面，包括建筑设计、机电设计、场地规划、地理信息系统管理（GIS）、污水处理模拟与分析等。其产品在两大领域有无可争辩的优势，一是工厂设计，包括石油、化工、电力、医药等；二是基础设施建设，包括道路、桥梁、市政、水利等。其优点是建模能力强大，不足之处是使用复杂，不容易学习和掌握，用户群较少。

（3）Graphisoft公司的ArchiCAD ArchiCAD是由建筑师开发，专门面向建筑设计的软件。从1995年开始，ArchiCAD在全世界102个国家发行了25种语言的版本，是一款面向全世界和具有最早市场影响力的建模软件。ArchiCAD提供的BIM解决方案除了基本的软件工具和环境，还包括能量分析工具EcoDesigner、BIM模型浏览器BIMx、设备专业建模工具MEP Modeler等。其优点是软件界面直观，相对容易学习，拥有海量对象库，具有丰富多样的支持施工与设备管理的应用，是唯一可以在Mac操作系统应用的BIM建模软件。目前该软件在中国的用户较少。

（4）Gery Technology 它是法国达索公司开发的解决方案，居全球机械设计制造类软件的霸主地位，在航空、航天、汽车等领域拥有很高地位。该软件拥有强大且完整的建模功能，能直接创建复杂的构件；其不足之处是用户界面复杂且初期投资高，建筑设计的绘画功能有所不足。

9.2 Revit术语与操作基本知识

Autodesk Revit包括建筑、结构和机电三个系列。机电系列涵盖了暖通空调、给水排水和建筑电气。由于同属于Autodesk公司开发的产品，Revit与AutoCAD的联系十分紧密，Revit的架构思路和使用方法，十分适合从二维制图升级到三维建模的用户，其建模方法也充分考虑到了利用已有二维平面图。Revit除了三维建模，也具有完整的、针对特定专业的文档系统，支持所有阶段的设计和施工图，因此成为建筑领域应用最广的BIM核心建模平台。

9.2.1 Revit的概念和术语

1. 参数化建模的基本思想

参数化是实现CAD制图和BIM建模的基本方法。参数化就是将同类型物体中的一些属性信息变量化，使之成为可以调整的参数，参数赋予不同数值，就可得到不同的个体。组成二维工程图的元素是各种基本图形，如圆、线段、弧、文字等，因此二维制图软件的参数化就是对这些基本图形进行参数化，如描述圆的关键参数是半径（或者直径），给出半径，圆的大小就确定了，给出圆心的坐标，圆的位置就确定了。组成BIM模型的基本元素是各种构件，如一段墙、一扇门或者窗、一段管道、一个阀门、一台设备。这些构件类似于积木块，建模的过程就是利用这些积木块拼装建筑及机电系统的过程，因此BIM软件参数化的主要对象就是这些构件。构件包含的参数是多方面的，既有描述形状的尺寸信息，又有各种属性信息，如材质、热工参数、力学参数、价格等，因此BIM建模软件比二维绘图软件复杂得多，不但需要在建模时要把这些信息快捷地输入到系统中，而且要进行有效的组织和管理，以便后续提取和应用。

2. Revit的基本术语

Revit使用了一些自己特有的术语，了解这些术语的含义对于掌握该软件非常重要。

（1）项目 在Revit中，项目是单个设计信息数据库，也就是建筑信息模型。项目文件可以包含建筑的所有必要信息（从几何图形到构造数据），这些信息包括用于模型的构件、项目视图和设计图。

项目文件包括设计所需的所有信息、全部的设计模型、视图及信息，项目文件的后缀为“.rvt”。项目样板文件中定义了新建项目中默认的初始参数，如项目默认的度量单位、楼层数量的设置、层高信息、线性设置等，项目样板文件的后缀为“.rte”。

（2）图元　在创建项目时，可以向项目中添加图元。图元是组成建筑信息模型的基本元素。图元又分模型图元、基准图元（轴网、标高和工作平面）、视图专有图元，见表 9-2。

表 9-2　图元类型

图元类型	解释	举例
模型图元	表示建筑的实际三维几何图形的构件	主体：墙、楼板、屋顶等模型 构件：如门、窗、家具等
基准图元	表示项目中定位的图元	轴网、标高、参照平面
视图专有图元	表示只在放置这些图元的专有视图中显示，对模型进行描述	文字注释、尺寸标注、详细图、填充区域等

（3）图元的组织　Revit 按照从高到低三个层级（类别、族、类型）对图元进行分类组织和管理。修改上个层级的属性会影响下边所有层级，修改下边层级的属性不会影响上个层级。

1）类别。类别是一组用于对设计建模或归档的图元，如模型图元类别包括墙和梁，注释图元类别包括标记和文字注释。

2）族。族是 Revit 构建模型的基础。Revit 把具有相同功能或者相似外形的图元归入一族进行管理，把同族的图元进行参数化，族中含有的参数记录着图元在项目中的尺寸、材质、安装位置等信息，修改这些参数可以改变图元的尺寸和位置等。在 Revit 中，族分为三种：

① 可载入族。可载入族是指单独保存为“.rfa”格式的独立族文件，且可以随时载入到项目中的族，所以又称为外部族。Revit 提供了族样板文件，允许用户自定义任何形式的族。在 Revit 中，门、窗、结构柱、卫浴装置、各种机械设备、阀门等均为可载入族。外部族文件的后缀为“.rfa”，外部族样板文件后缀为“.rft”。

② 系统族。系统族仅能利用系统提供的默认参数进行定义，不能作为单个族文件载入或创建。系统族包括墙、尺寸标注、天花板、屋顶、楼板等。系统族中定义的族类型可以使用“项目传递”功能在不同的项目之间进行传递。

③ 内建族。在项目中，由用户在项目中直接创建的族称为内建族。内建族仅能在本项目中使用，既不能保存为单独的 .rfa 格式的族文件，也不能通过“项目传递”功能将其传递给其他项目。与其他族不同，内建族仅能包含一种类型。Revit 不允许用户通过复制内建族类型来创建新的族类型。

Revit 中的族和 AutoCAD 中的“块”有些类似，但其地位比“块”更重要，功能也比“块”更强大。

3）类型。类型表示同一族的不同参数（属性）值，每一个族都可以拥有很多个类型。类型可以是族的特定尺寸，如一个 A0 标题栏为“50×60”；类型也可以是样式，如尺寸标注的默认角度样式或默认对齐样式。类型属性是指族中某一类型图元的公共属性，修改类型属性参数会影响项目中该族所有已有的实例和任何将要在项目中放置的实例的参数值。

4）实例。实例是放置在项目中的实际项（单个图元）。实例属性是指某种类型的各个实例的特有属性，实例参数仅影响当前选择的图元或将要放置的图元。表 9-3 表示了类别、族、类型之间的关系。

表9-3　图元的组织结构和层级

图元组织	解释	举例1	举例2
类别	以建筑构件性质为基础,对建筑图元归类的一组图元	柱(建筑构件的种类)	锅炉(设备的种类)
族	组成项目的构件,包含参数信息	矩形柱、圆形柱	WNS系列锅炉(同种类设备的系列)
类型	特定尺寸的模型图元族	450mm×600mm矩形柱	WNS6-1.25-YQ锅炉(锅炉型号)
实例	放置在项目中的每一个实际图元	KZ1	建筑中放置的某一台锅炉

9.2.2　Revit的工作界面

Revit初次启动后的界面，可以选择“新建”（或者“打开”)“项目”(或者“族”)，图9-1所示为选择新建项目后的界面。整个界面可分成四个部分：最上方为选项卡与面板，上面有众多的操作按钮；左侧为项目浏览器；底部为视图控制与选项栏；中间空白区域为绘图区。

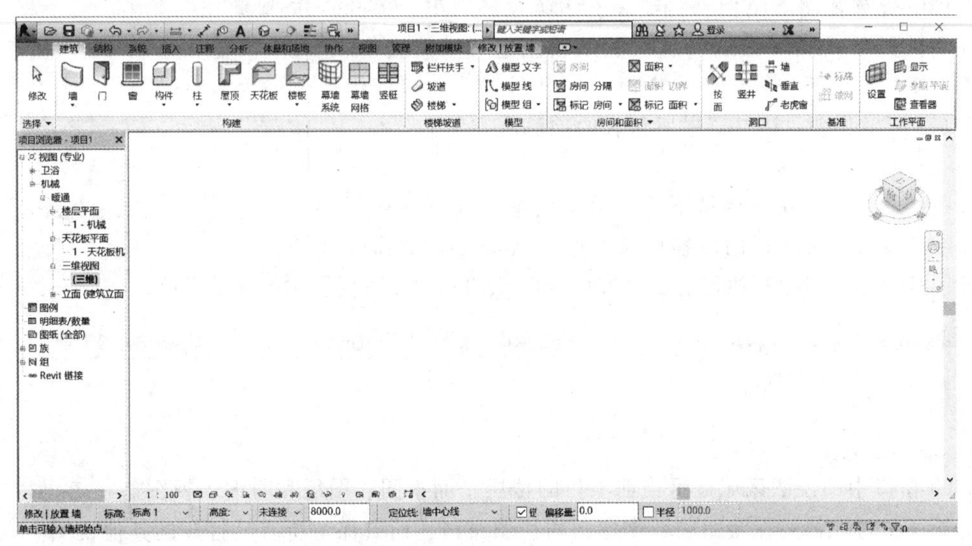

图9-1　Revit工作界面

1. 应用程序菜单

单击左上角蓝色的“R”按钮，可以打开“应用程序菜单”。应用程序菜单按钮类似于传统界面下的“文件”菜单，包括“新建”“保存”“打印”“退出Revit”等命令。在应用程序菜单中，可以单击菜单右侧的箭头查看每个菜单选项的展开选择项，再单击列表中各选项执行相应的操作。

2. 选项卡与操作按钮区

Revit将众多的操作命令（显示为按钮，也常称为工具）首先按选项卡进行分类，如图9-1所示，图中包括“建筑”“结构”“系统”“视图”等选项卡。选项卡一般布置在屏幕的上方，图9-2中当前显示的选项卡为“建筑”。Revit再根据各按钮的性质和用途，分别组织在不同的面板中。与“建筑”相关的按钮分别放在“构件”“楼梯坡道”“模型”等面板上。单击面板上的按钮可以执行相应的命令。如果存在与面板中工具相关的设置选项，则会在面板名称中显示斜向箭头设置按钮。单击该箭头，可以打开对应的设置对话框，对按钮进行详细的设定。

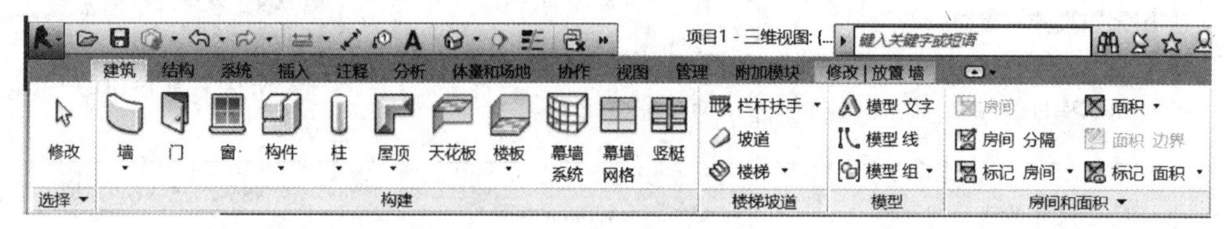

图 9-2 “建筑”选项卡

“上下文”选项卡：激活某些工具或者选择图元时，会自动增加并切换到对应的“上下文”选项卡，其中包含一组只与该工具或图元的上下文相关的工具。例如，单击“墙”工具时，将显示“修改 | 放置墙”的“上下文”选项卡，如图 9-2 所示。

3. 项目浏览器

项目浏览器用于组织和管理当前项目中包括的所有信息，包括项目中所有视图、图例、明细表、图纸、族、组、Revit 链接等项目资源。Revit 按逻辑层次关系组织这些项目资源，方便用户管理。展开和折叠各分支时，将显示下一层级的内容。图 9-3 所示为项目浏览器中所包含的项目内容。

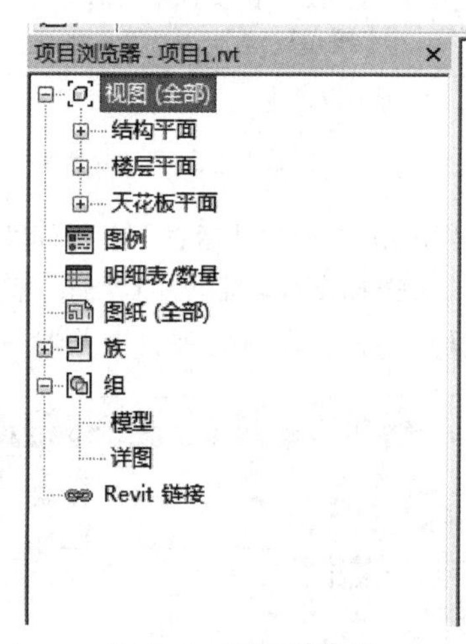

图 9-3 项目浏览器

4. 选项栏

选项栏默认位于功能区最下方，用于设置当前正在执行操作的细节设置。选项栏的内容比较类似于 AutoCAD 的命令提示行，其内容因当前所执行的工具或所选图元的不同而不同，如图 9-4 所示。

修改 | 放置 墙　高度:　未连接　20' 0"　定位线: 墙中心线　链　偏移量: 0' 0"　半径: 1' 0"

图 9-4 选项栏

5. 绘图区域

Revit 窗口中的绘图区域显示当前项目的楼层平面视图、图纸和明细表视图。在 Revit 中每当切换至新视图时，都将在绘图区域创建新的视图窗口，而且保留所有已打开的其他视图。默认情况下，绘图区域的背景颜色为白色，在“选项”对话框“图形”选项卡中，可以设置视图中的绘图区域背景反转为黑色。

6. 视图控制栏

在楼层平面视图和三维视图中，绘图区域各视图窗口底部均会出现视图控制栏，如图 9-5 所示。通过控制栏，可以快速访问影响当前视图功能，其中包括下列 12 个功能：比例、详细程度、视图样式、打开/关闭日光路径、打开/关闭阴影、显示/隐藏渲染对话框、裁剪视图、显示/隐藏裁剪区域、解锁/锁定三维视图、临时隔离/隐藏、显示隐藏的图元和分析模型的可见性。

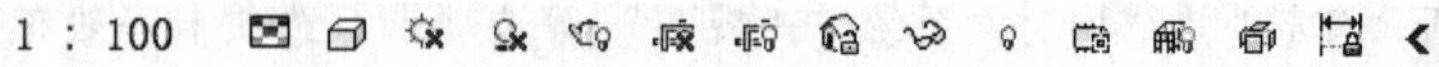

1 : 100

图 9-5 视图控制栏

进入三维视图后，绘图区的右上角会出现一个三维导航工具 ViewCube，可指示模型的当前方向，从而调整视点，如图 9-6 所示。主视图是随模型一同存储的特殊视图，可以方便地返回已知视图或熟悉的视图，用户可以将模型的任何视图定义为主视图。在 ViewCube 上单击右键，然后单击“将当前视图设定为主视图”命令。

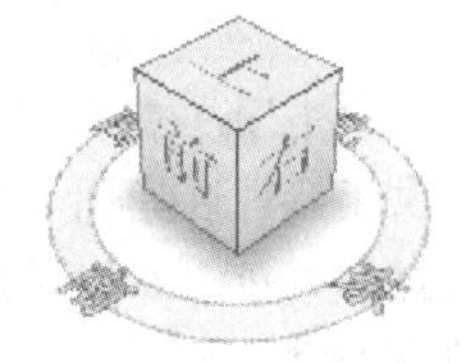

图 9-6 三维导航

7. “属性”面板

执行某些绘图操作时，一般会出现“属性”面板，如图 9-7 所示，属性面板一般包括“类型属性”按钮和“属性”按钮。“类型属性”按钮用于查看、修改某类型（如系统族：基本墙）的属性；“属性”可以查看和修改项目中某图元实例（如所选中的某段墙）的属性参数。

图 9-7 “属性”面板

属性面板各部分的功能如图 9-8 所示。

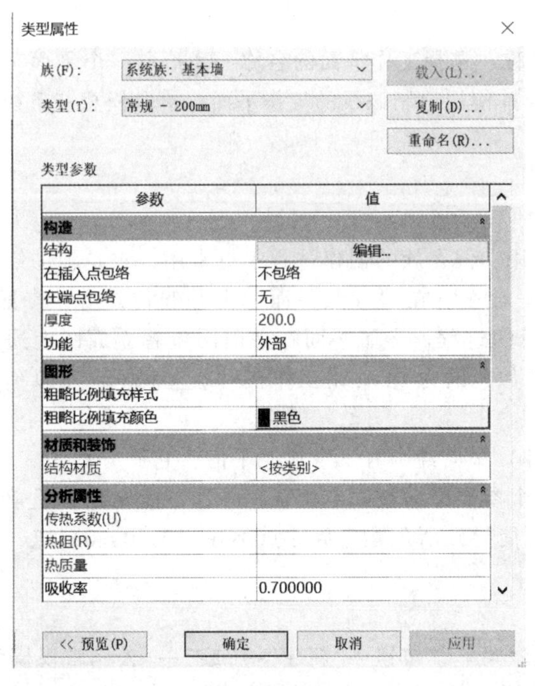

a) 类型属性

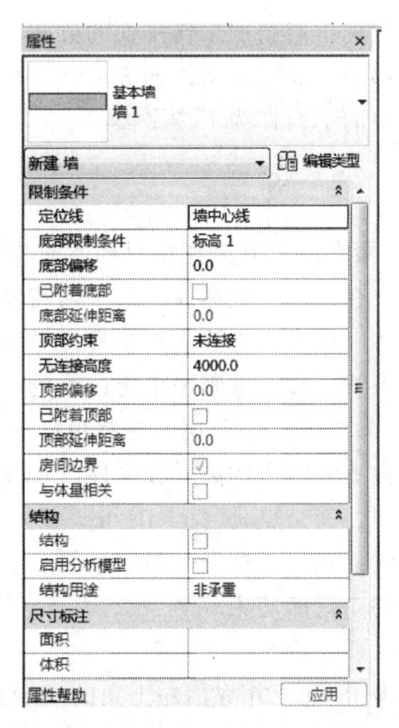

b) 属性

图 9-8 “类型属性”及“属性”对话框

8. 界面的调整

用户可以单击“视图”选项卡→“窗口”面板→“用户界面”命令，选择要显示或者关闭的工具条。

9. 图元选择

单击图 9-7 所示的“选择”面板上的鼠标箭头（面板最左边），即进入选择图元状态。Revit 提供了多种选择图元的方法。与 AutoCAD 中的操作类似，有选择单个图元、窗选、交叉窗选、用过滤器按图元类别选择等多种方法。高亮显示的即为选中的图元；选择图元后，在视图空白处单击左键或按<Esc>键即可取消选择。

10. 工作平面

Revit 中的每一个实体都在工作平面上。工作平面是虚拟的二维表面。其用途是：作为视图的原点、绘制图元、在特殊视图中启用某些工具（如在三维视图中启用“旋转”和“镜像”）、用于放置基于工作平面的构件。在平面视图、三维视图、绘图视图及族编辑器的视图中，工作平面是自动设置的。在立面视图和剖面视图中，则必须设置工作平面。在进行拉伸、旋转等创建实体的命令时，需要先创建工作平面。指定工作平面的方法：“建筑”选项卡→“工作平面”面板→“设置”工具，弹出“工作平面”对话框，如图 9-9 所示。

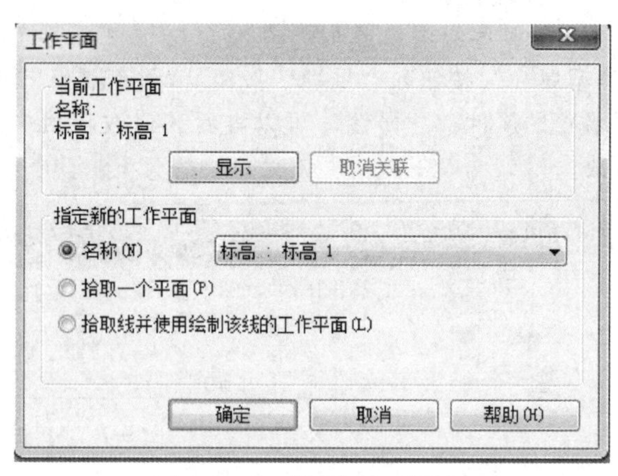

图 9-9 “工作平面”对话框

有三种指定新的工作平面的方法：①名称：选择工作平面的名称；②拾取一个平面：单击选取一个参照平面或者实体的表面；③拾取线并使用绘制该线的工作平面：拾取任意一条线，并将该线所在的平面作为工作平面。

9.2.3 参照平面

“参照平面”在创建项目和族时均可使用，但在族的创建过程中更常用，它是辅助绘图的重要工具。在进行参数标注时，必须将实体“对齐”在“参照平面”上并锁住，由“参照平面”驱动实体。该操作方法应严格贯穿整个建模的过程。参照平面在平面图或者立面图上通常是显示为一条线，和二维制图中定位线的作用类似，因为 Revit 是工作在三维空间下，所以称作参照平面。“参照线”主要用于控制角度参数。

通常在大多数的族样板文件（RFT 文件）中已经画有三个参照平面，它们分别为 X、Y 和 Z 平面方向，其交点是（0，0，0）点。这三个参照平面被固定锁住，并且不能删除。通常情况下不要去解锁和移动这三个参照平面，否则可能导致所创建的族原点不在（0，0，0）点，无法在项目文件中正确使用。

1. 绘制参照平面

单击 Revit 工作界面左上角的“应用程序菜单”按钮→“新建”→“族”→“公制常规模型 . rft”族样板，单击“打开”，创建一个“常规模型”族，单击功能区中“创建”选项卡→“基准”面板→“参照平面”命令，就进入了创建参照平面状态。将鼠标移至绘图区域，单击即可指定参照平面起点，移动至终点位置再次单击，即完成一个“参照平面”的绘制（这和二维制图中的画线命令类似）。可以继续移动鼠标绘制下一个“参照平面”，或按两次<Esc>键退出。

2. 参照平面的属性

（1）是参照 对于参照平面，“是参照”是最重要的属性。不同的设置使参照平面具有不同的特性。选择绘图区域的参照平面，打开“属性”对话框，单击“是参照”下拉列表，如图 9-10 所示。表 9-4 说明了“是参照”中各选项的特性。

表 9-4　“是参照”各选项特性表

参照类型	说　明
非参照	这个参照平面在项目中将无法捕捉和标注尺寸
强参照	强参照的尺寸标注和捕捉的优先级最高，创建一个族并将其放置在项目中。放置此族时，临时尺寸标注会捕捉到族中任何“强参照”。在项目中选择此族时，临时尺寸标注将显示在“强参照”上。如果放置永久性尺寸标注，几何图形中的“强参照”将首先高亮显示
弱参照	“弱参照”的尺寸标注优先级比“强参照”低。将族放置到项目中并对其进行尺寸标注时，可能需要按<Tab>键选择“弱参照”
左	这些参照，在同一个族中只能用一次，其特性和“强参照”类似，通常用来表示样板自带的三个参照平面：中心（左/右）、中心（前/后）和中心（标高）；还可以用来表示族的最外端边界的参照平面：左、右、前、后、底和顶
中心（左/右）	
右	
…	

（2）定义原点　“定义原点”属性用来定义族的插入点。Revit 族的插入点可以通过参照平面定义。选择“中心（前/后）”参照平面，其“属性”对话框中的“定义原点”默认已被勾选。族样板里默认的三个参照平面都勾选了“定义原点”，一般不要去更改它们。在族的创建过程中，常利用样板自带的三个参照平面，即族默认的（0，0，0）点作为族的插入点。用户如果想改变族的插入点，可以先选择要设置插入点的参照平面，然后在“属性”对话框中勾选“定义原点”，这个参照平面即成为插入点。

（3）名称　当一个族里有很多参照平面时，可命名参照平面，以帮助区分。选择要设置名称的参照平面，然后在“属性”对话框中的“名称”文本框里输入名字。

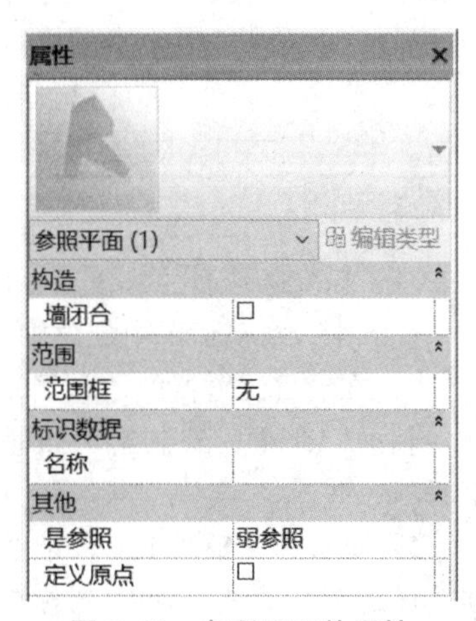

图 9-10　参照平面的属性

9.3　建筑的 BIM 建模

建筑既有墙、楼板、屋顶、楼梯和门窗等主体结构，也有栏杆、台阶、雨篷等附属结构，还有柱、梁等承重结构。利用 BIM 技术不仅可以实现三维模型的可视化，而且可以为每个单元结构模型添加属性信息，便于后续的模型分析，如采光分析、热工分析、受力分析、工程造价等。

建筑的 BIM 建模一般遵循自下而上、从整体到局部的原则。下面以 Revit 2016 建立一个独栋小建筑为例，来说明 BIM 建模的过程。该建筑包括三层，地上两层，地下一层。

1. 设定标高和轴网

建筑模型中各部件的定位主要靠轴网和标高来实现，轴网可以实现水平面定位，标高可以实现垂直面定位。定位轴线应用在平面图中，一般位于墙或者柱的定位线上；标高应用在立面图或剖面图中，通常取实际楼板中心线相对地面参照面的高度。在 Revit 中先建标高，再建轴网，在首层平面建立一个轴网后自动添加到其余平面上。

标高建立的具体步骤如下：

1）在左侧项目浏览器的“立面”中选择视图“南”。

2）单击选中标高 2F，将 1F 与 2F 的间距改为 3000mm，在“修改”面板里选择“复制”命令，在选项栏勾选“约束”“多个”；再以标高 2F 为复制参考点，把光标垂直往上移动一段距离，键盘输入 3000，双击激活标高标头符号，把 2F 改为 3F。

3）按照同样的方法，创建标高 0F、-1F 及-1F-1。

4）按住<Ctrl>键，单击某个标高，就可以在类型选择器下拉列表中编辑标高，结果如图 9-11 所示。

5）单击选项卡“视图”→“平面视图”面板→“楼层平面”命令，打开“新建楼层平面”对话框，选中列表中的所有标高，将所有新建标高添加至项目中，单击“确定”按钮。

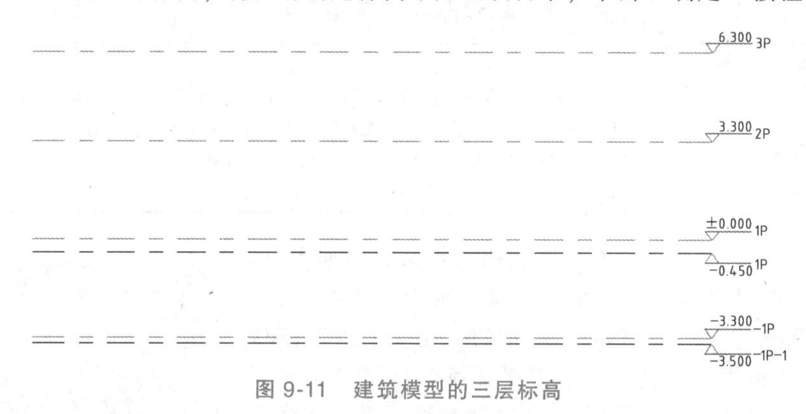

图 9-11 建筑模型的三层标高

对于标准层较多的建筑，也可采用“阵列”方式来批量创建标高。

接下来，在平面图中创建轴网，具体步骤如下：

1）在项目浏览器的“楼层平面”中选择“1F”视图，在“建筑”选项下“基准”面板选择“轴网”命令，绘制第一条垂直轴网（即纵向），轴号为 1，两次单击<Esc>键，退出轴线绘制。

2）单击选中轴线 1，单击“复制”命令后水平向右移动光标，直接输入 1200 后按<Enter>键，复制 2 号轴线。保持光标位于新复制的轴线右侧，分别输入 4300、1100、1500、3900、3900、600、2400 绘制 3~9 号轴线。

3）选择 8 号轴线，标头文字变为蓝色，单击输入“1/7”后按<Enter>键确认，将 8 号轴线改为附加轴线。同理将 9 号轴线标头文字改为“8”。

4）按照垂直轴网的方法从下到上绘制水平轴网（横向）A-J，向上移动距离分别为 4500、1500、4500、900、4500、2700、1800、3400。特别注意不能以 O、I、Z 命名水平轴网。

5）单击选中 1/7 号轴线，单击添加弯头符号“”，再按住拖拽点“”，将轴线标头拖曳到合适的位置，对 D 号轴线做同样调整后，在“修改/轴线”上下文选项中单击“影响基准范围”对话框，选中所有平面后确定，结果如图 9-12 所示。

6）选中所有轴线，单击“修改/轴网”中“修改”面板里的“锁定”命令，防止在后续的建模中对轴网误操作。

如果是在 AutoCAD 平面图和立面图的基础上建立建筑信息模型，可以将 AutoCAD 文件导入后，直接选择图面或按图绘制就可以将 AutoCAD 平面图中的轴网复制到 Revit 中。应特别注意 BIM 模型的单位及网格线是否与 AutoCAD 图一致。

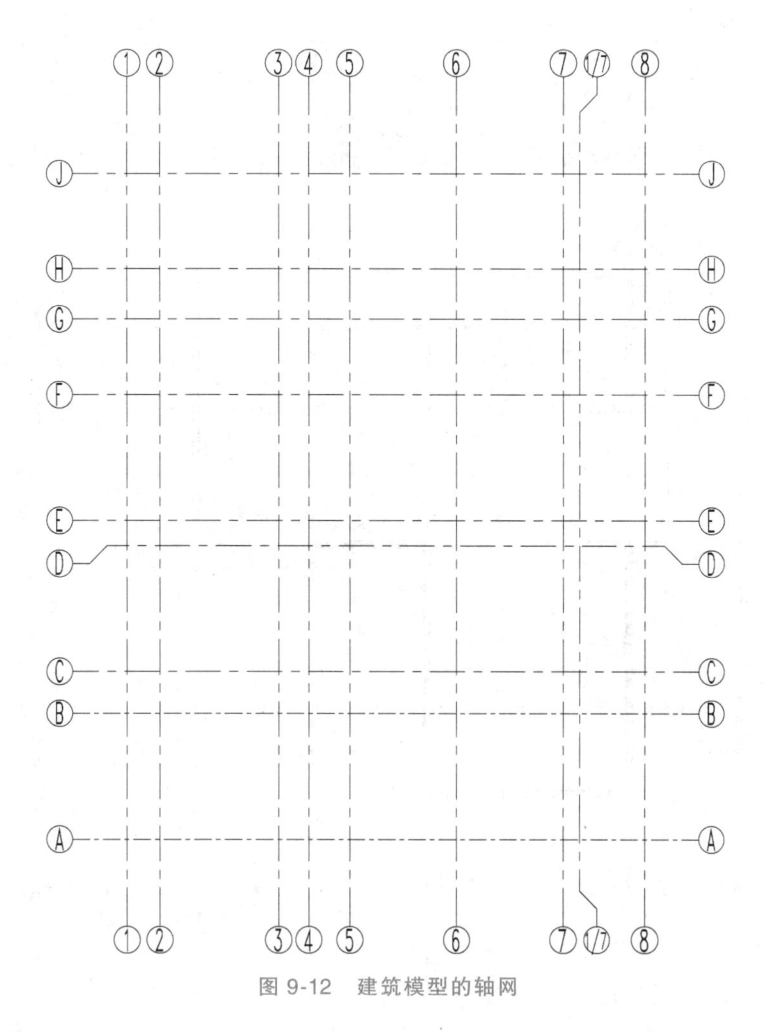

图 9-12 建筑模型的轴网

2. 墙和楼板

外墙是建筑的围护结构，内墙是内部空间的分隔，建立模型时可以一层一层从下到上完成，楼板也是从下到上分层建立。以地下一层的墙和地板为例说明其具体步骤。

1）在项目浏览器的“楼层平面”中选择“-1F”，打开地下一层平面视图。

2）单击选项卡“建筑”→“构建”面板→“墙”命令（快捷键为 WA）。在类型选择器中选择“基本墙：剪力墙”，设置限制条件“定位线”为“核心层中心线”，“底部限制条件”为“-1F-1”，“顶部约束”为“直到标高 1F”。

3）单击绘制面板“直线”命令，移动光标，依次单击左键确定各墙的端点，按顺时针方向绘制图 9-13 所示外墙。

4）绘制内墙时类型选择器选择“普通砖-200mm”，其余设置与外墙一样，水平定位如图 9-13 所示。

5）单击选项卡“建筑”→“构建”面板→“楼板”命令→“楼板：建筑”进入楼板绘制，在属性面板类型选择器里，选择楼板类型为“常规-200mm”，在“绘制”面板中单击“拾取墙”命令，在选项栏中设置偏移量为“-20”，移动光标到外墙的外边线上依次单击拾取，最后单击✔按钮，完成绘制，三维效果图如图 9-14 所示。

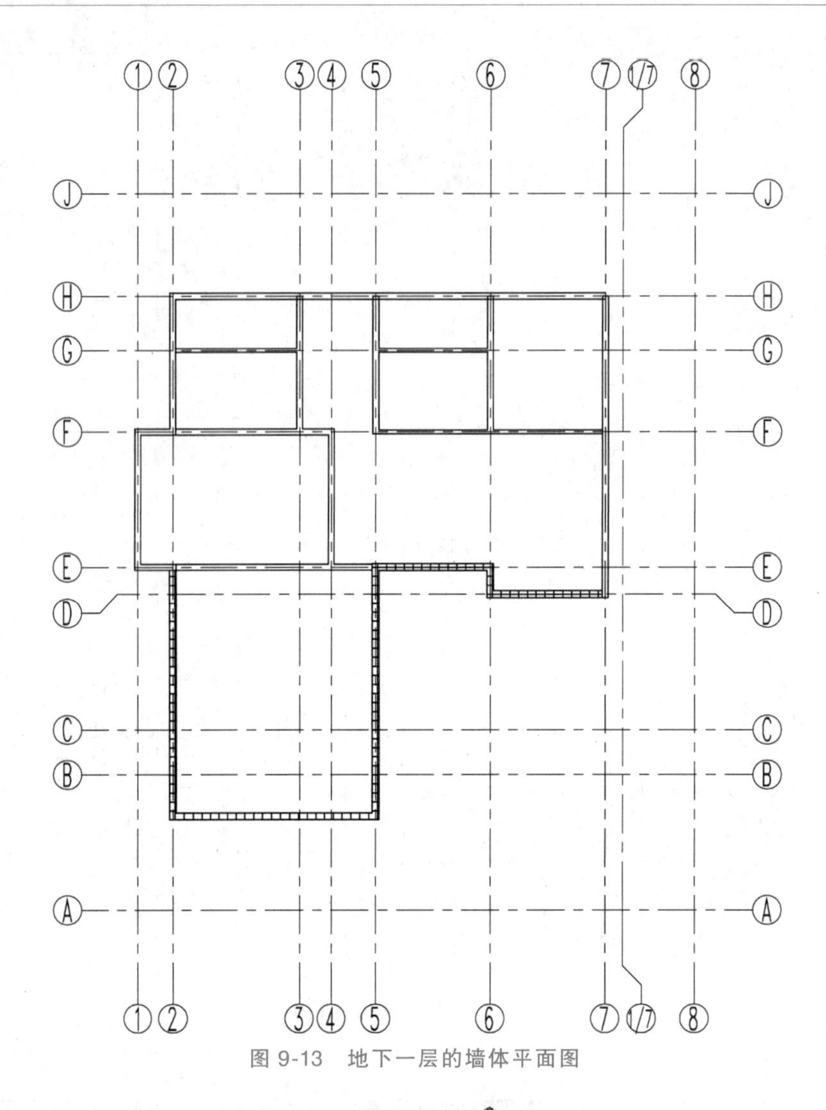

图 9-13 地下一层的墙体平面图

图 9-14 地下一层的墙和地板

3. 门窗

门窗是墙上的主体结构，对墙具有依附关系，建模过程中必须是先有墙，再有门窗；删除墙体，门窗也会随之被删除。建模过程中门窗也是一层层建立，当门窗数量较多时，在同一层上可以采用逆时针方向逐个建立，这样不易遗漏。以地上一层的门窗建立说明详细步骤。

1）打开“1F”视图，单击选项卡“建筑”→“构建”面板→“门”命令，在类型选择器中选择“装饰木门-M0921”类型，将光标移动到F轴线与3号轴线交汇处，单击左键以放置门，拖动蓝色控制点完成尺寸修改。

2）同理，在类型选择器中按照设计要求分别选择“卷帘门”“双扇移门”等按图9-15所示插入墙体中，也可以通过载入族或创建族创建更多类型的门窗，还可以通过门编辑改变其尺寸信息等。

3）单击选项卡“建筑”→“构建”面板→“窗”命令，在类型选择器中选择所要的窗类型，在墙上单击，将窗放在合适的位置后调整定位尺寸。默认窗台高度为900mm，单击某扇窗，可以在属性栏修改“底高度”等信息。

4）同理完成其余楼层门窗的绘制。如果标准层较多，可以直接复制墙体，再对门窗进行局部编辑修改。添加门窗后，如图9-15所示。

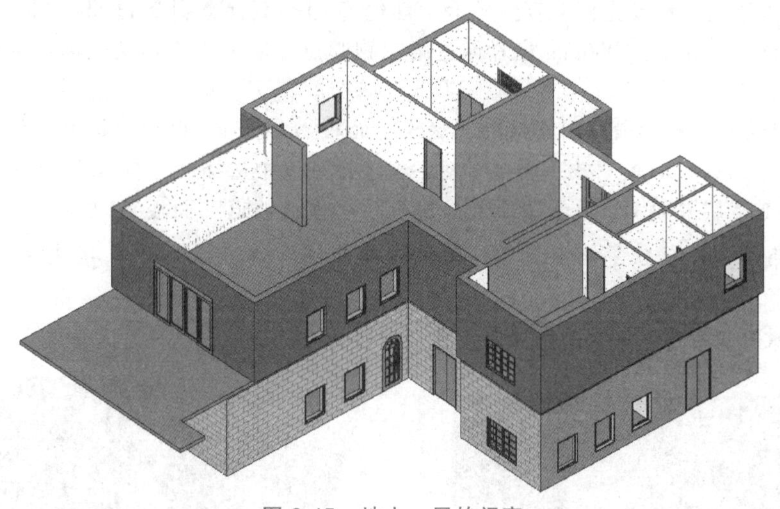

图9-15 地上一层的门窗

4. 屋顶

在最高层墙体模型完成后进行屋顶的建模，平屋顶可以按照楼板来建模，坡屋顶一般是以立面图为基础，从二维图形拉伸或拓展出三维实体。下面以地上一层西面小屋顶来说明具体步骤。

1）打开二层平面视图，单击选项卡“建筑”→“工作平面”面板→“参照平面”命令。在E轴和F轴向外800mm处各绘制一个参照平面，在1轴向左500mm处绘制一个参照平面。

2）单击选项卡“建筑”→“构建”面板→“屋顶”命令→“拉伸屋顶”，在系统弹出的“工作平面”对话框中选择“拾取一个平面”，单击“确定”按钮后移动光标单击刚绘制的垂直参照平面；打开“转到视图”对话框，选择“立面-西”，单击“打开视图”进入“西立面”视图。

3）在“工作平面”面板选择“参照平面”命令，在2F上方绘制一个底角为22°的等腰三角形，在屋顶类型选择器中选择“基本屋顶：青灰色琉璃筒瓦”，单击✔按钮完成，创建拉伸屋顶，结果如图 9-16 所示。

4）选定屋顶下的墙，在“修改墙”面板中单击“附着顶部/底部”命令，然后选择屋顶为被附着的目标，则墙体自动将其顶部附着到屋顶下面。还可以在选项卡“结构”→“结构”面板→“梁”命令→“屋脊-屋脊线”中创建屋脊。

5）同样地，使用“拉伸屋顶”或“迹线屋顶”的方式创建地上一层平面的小屋顶和二层平面的大屋顶。

5. 楼梯和扶手

楼梯和扶手的实体模型较为复杂，一般建模软件中都有自带的样板模型，建模时需要对楼梯的宽度、踢面数和踏板深度等参数进行修改，室内楼梯模型完成后需要开洞贯穿连接上下两层。扶手主要应用在楼梯和阳台上，建模思路和外墙一致。下面以室外楼梯扶手为例详细说明建模步骤。

1）单击选项卡“建筑”→“楼梯坡道”面板→“楼梯”命令→“按草图”。设置楼梯“实例属性”，楼梯类型为“室外楼梯”，“底部标高”为 - 1F - 1，“顶部标高”为 1F，“宽度”为 1150mm，“所需踢面数”为 20mm，“实际踏板深度”为 280mm。

2）在“绘制”面板单击“梯段”命令，选择“直线”绘图模式，在建筑外单击一点作为第一起跑点，垂直向下移动光标，直到显示“创建了 10 个踢面，剩余 11 个”时，单击左键捕捉该点为第一跑终点，在下方 900mm 位置创建第二跑起点，向下垂直移动光标，单击创建剩余踏步数。

3）框选刚绘制的楼梯段草图，单击“修改”面板→“移动”命令，将草图移动到 5 轴外墙边缘位置。在“工具”面板“扶手类型”对话框下拉列表中选择“栏杆-金属立杆”。

4）打开 1F 楼层平面图，单击选项卡“建筑”→“楼梯坡道”面板→“栏杆扶手”命令→“绘制路径”，从外楼梯栏杆扶手终点开始，按轴线绘制到外墙边缘，单击✔按钮完成，结果如图 9-17 所示。

5）按照类似的方法完成室内楼梯以及其余阳台扶手的建模。

图 9-16 BIM 建筑模型的屋顶

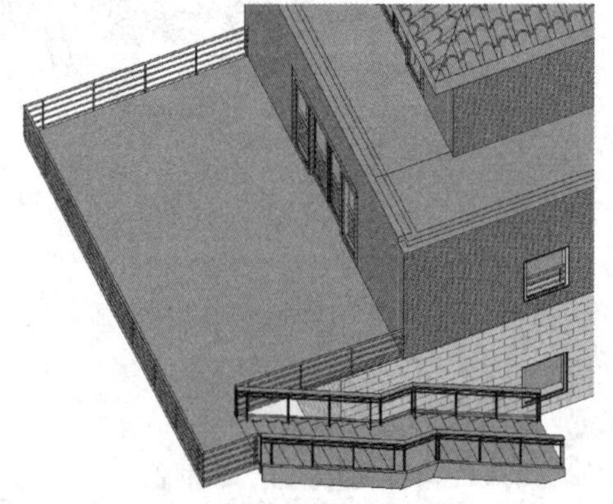

图 9-17 BIM 建筑模型的室外楼梯和扶手

6. 其余构件

建筑的主体结构完成后，再对一些附属的构件建模，如室内入口的台阶和雨篷，外墙上的挑檐、玻璃幕墙等。最终建筑模型三维效果如图 9-18 所示。

7. 三维模型的显示与观察

模型显示按照显示效果逐渐增强有线框、隐藏线、着色、真实和光线追踪等多种视觉样式，

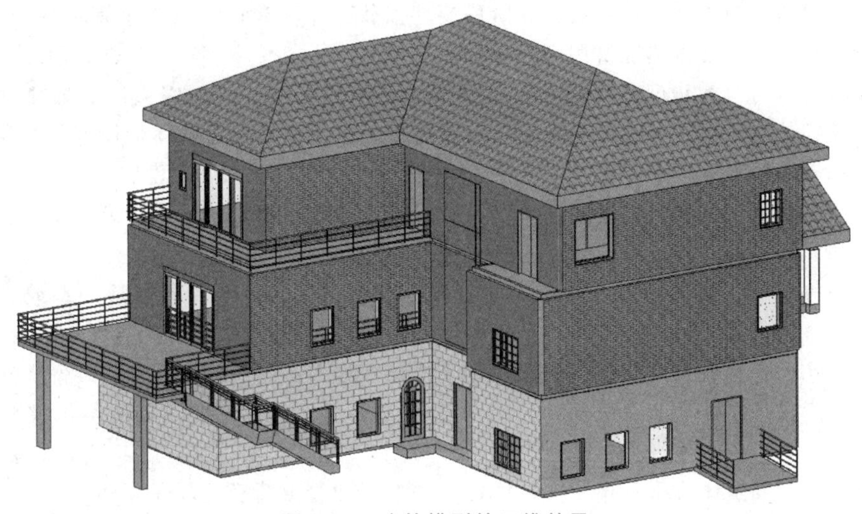

图9-18　建筑模型的三维效果

还可以按照阳光位置投射阴影。建筑模型的观察视图主要包括平面图、立面图、剖面图及轴测图；对于平面图、立面图及轴测图可直接通过坐标变换进行查看，而剖面图需要将绘制的建筑进行剖切后才能得到，在三维视图属性下的范围选项中勾选剖面框，再临时隐藏被剖切掉的部分。Revit建立的模型可与AutoCAD进行链接，模型的平面图等图样都可设置图样视图，输出AutoCAD格式文件。

9.4　管路系统BIM建模

9.4.1　管路系统BIM建模等级

引入BIM技术，建立管道系统信息模型后，可利用BIM的可视化功能形象直观地进行管线碰撞检测，及时做出调整。同时，BIM管道系统具有物理属性，管件、阀门及管道附件等不再是CAD中的线段或者图例，它们都是具体的实物表示，对应于实际物体。BIM对于逻辑连接和物理连接都正确的系统，借助于相应的软件可以对管道系统进行实时分析和检验，如空调通风系统能够自动检验管道的尺寸，供暖水系统能够自动校验管道流量与压力参数；也可以根据管路的连接关系和设计要求，自动进行水力计算，计算结果最终运用到相应的建筑信息模型之中，并自动更新管道尺寸、管件等信息。

工程设计是一个逐步深化的过程，主要分为方案设计、初步设计、施工图设计等阶段，在不同的设计阶段所需要的图样种类和图样深化程度不同，随着设计的深入，图样不断细化、深化。在BIM实际应用过程中，不同的设计阶段，建筑信息模型中的深度也不同。

管道系统的建模一般分为两种，一种是体量模型，另一种是实体模型。体量模型是一种多用途的内建模，用于表达各种不能详细描述的笼统构件，在此阶段用体量来表示风系统走向、管井的占位，用方块或者圆柱来示意性表示设备的大小。实体模型是具备物理属性的仿真模型，是比较接近实物的一种信息全面的模型。在BIM中一般把建模深度分为五个等级：

第一模型等级对应于可行性研究阶段，此阶段相当于概念设计阶段，对于管道系统来说不用建立模型。

第二模型等级对应方案设计阶段，此阶段要建立管道主要走向、风管水管水平干管的布置、水管主立管的布置，以及冷热源机房内设备的体量模型。

第三模型阶段对应初步设计阶段，此阶段要求管道系统要建立供暖系统的散热器、供暖干管及主要附件的体量模型及布置；通风、空调及防排烟系统主要设备的体量模型，主要管道、风道所在区域和楼层的布置以及系统主要附件的体量模型及布置；冷热源机房主要设备、主要管道的体量模型及布置；主要风道及水管干管布置，以及系统主要附件的体量模型及安装位置；风道井、水管井的位置及井内竖向风道、立管干管的位置。

第四模型等级对应施工图设计阶段，此阶段的建模要求如下：绘制各层的系统、末端、阀件；对选用设备进行相关的参数输入，至少应该包括材料表中的数据；完成管网综合；设备基础及必要的预留孔洞；生成二维图样、添加注释、补充三维大样图；各类设备、设备基础、主要连接管道和管道附件的实体模型及其安装位置和主要安装尺寸；各层散热器的实体模型及安装位置，供暖干管及立管的位置，管道阀门、放气、泄水、固定支架、伸缩器、入口设置、减压装置、疏水器、管沟的实体模型及相关安装位置（需要标注管道管径及标高等）。

第五模型等级对应二次装修阶段，也就是在二次装修深化时候，精确定位装修后的风道、水管、风口、盘管的位置等。

9.4.2 风管系统 BIM 建模

下面以一个小型风管系统为例，介绍用 Revit 进行风管系统 BIM 建模。该风管系统先水平行走，中间安装有一个消声器，上行一段，向前转弯，左右各接出一支管，支管水平行走一段后转弯向前，每个分支安装一个调节阀，末端风口采用散流器。

1. 设置视图平面

一般风管系统的建模在建筑模型建成之后进行，为简化过程，本例仅构建风管系统。首先要新建一个项目，单击 Revit 界面左上角蓝色的“R”按钮，打开“应用程序菜单”，选择“新建”→“项目”，在对话框中选择“机械样板”，这样就进入了创建项目的状态，在机械样板中进行管道的绘制。由于没有建筑标高作为定位基准，为精准确定风管的相对高度位置，需预先根据风管标高设置相应视图平面。

1）在项目浏览器中“立面”选项下选择“北-机械”视图。

2）分别选中已给的两条基准标高，修改其高度为 0.000m 和 4.725m，如图 9-19 所示。

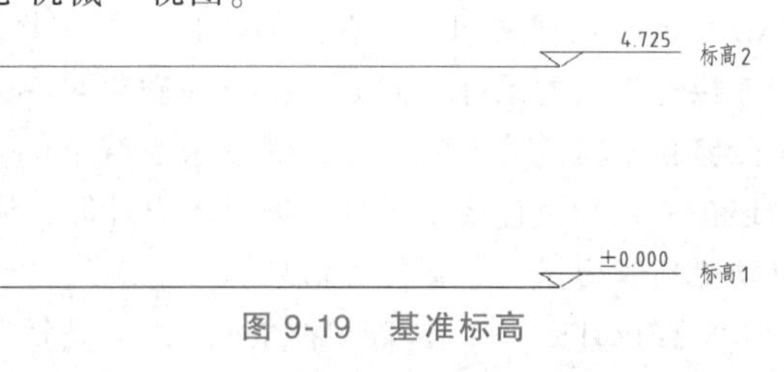

图 9-19 基准标高

一般在 Revit 软件的样板中，会预先给出两条基准标高，可以直接根据建模需要修改其参数，也可通过“标高”命令新建所需标高。

注意：若标高为新建标高，则需要在“视图”选项卡中选择“平面视图”→“楼层平面”命令，选中所创建的标高后单击“确定”按钮，将标高视图放入项目浏览器视图中。

2. 设定风管参数

1）单击“系统”选项卡中“HVAC”面板→“风管”命令，这时“上下文”选项卡显示为“修改 | 放置风管”，表示进入绘制风管状态。单击“属性”面板的“属性”命令，弹出“属性”对话框，如图 9-20 所示，可以进行风管选择。Revit 中自带有圆形风管、椭圆形风管和矩形风管等，在本例中选择矩形风管下的“半径弯头-T 形三通”型号风管。

2）在“属性”对话框中找到所需修改的参数，直接修改数值即可。在本例中，将“参照标高”改为“标高 1”，“系统类型”改为“送风”，“宽度”改为“860mm”，“高度”改为“600mm”。风管的管径也可以在绘制过程中通过选项栏进行设定和修改，这比使用“属性”对话框更加方便。

3）单击“属性”对话框中的“编辑类型”，在“构造”栏中可修改管道的“粗糙度”。在本例中将所有管道的粗糙度修改为 0.0001m，如图 9-20 所示。

图 9-20　“属性”及“类型属性”对话框

3. 绘制风管

1）在项目浏览器的“楼层平面”中选择“1-机械”选项，即进入标高为 0.000m 的平面视图中。

2）单击“系统”选项卡中“HVAC”面板→“风管”命令后，在绘图区域，用鼠标绘制相对高度为 0.000m、长度为 10000mm 的水平风管。绘制风管时，主要是沿着风管的中心线，定位风管的两个端点，操作方法和 AutoCAD 中绘制线段的方法基本相同。端点定位之后，Revit 根据设定的风管参数，自动生成相应的风管模型。完成绘制以后，按两次<Esc>键结束风管绘制。

3）在项目浏览器的“立面”中选择“北-机械”选项，即进入北立面视图中。

4）单击“系统”选项卡中“HVAC”面板→“风管”命令后，在绘图区域用鼠标绘制长度为 4700mm 的风管立管。

5）在项目浏览器的“楼层平面”中选择“2-机械”选项，即进入标高为 4.725m 的平面视图中。

6）在相对高度为 4.725m 处绘制长度为 3500mm 的水平风管。

7）由于此标高上的其他风管属于支管，风管的宽度、高度与主风管有所不同，所以需重新设定其参数。单击“系统”选项卡中“HVAC”面板→“风管”命令，在“属性”菜单中选择已设定好参数的风管，将其宽度和高度分别修改为 500mm 和 320mm。

8）在相对高度为 4.725m 处绘制水平支管，绘制两边竖直长度为 2500mm，水平长度为 8400mm 的 U 形风管。至此，风管系统中的风管模型就已建立完成，如图 9-21 所示。

4. 风管连接件

在 Revit 中，风管连接件（弯头、三通、四通等）一般会在绘制风管时自动生成，也可对其进行修改。在本例中，先采用自动生成的风管附件，如图 9-21 所示，在后面步骤中要对一些连接件进行修改。

5. 放置风管附件及末端风口

在 Revit 软件中，选择“系统”选项卡中“HVAC”面板→“风管附件”命令及“风道末端”

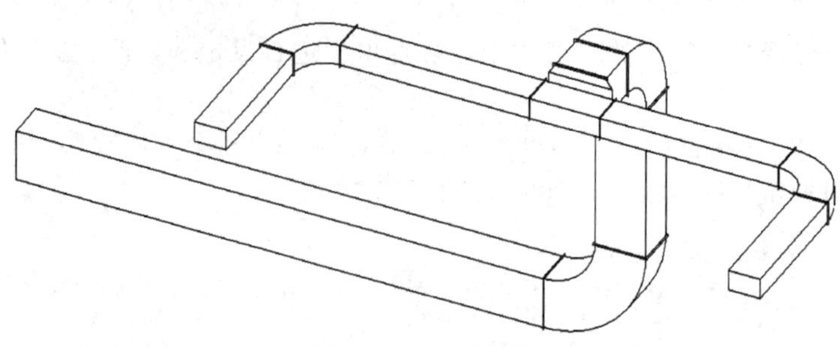

图 9-21 风管模型

命令，在“属性”对话框中，项目样板自带的风管附件有风阀、消声器和排烟阀等；风道末端有散流器、排风格栅等。若所需的部件不存在，需要先从族库中载入再添加放置。

以风阀的放置为例：

1）载入风阀族。单击“插入”选项卡→“载入族”命令，在弹出的对话框中逐级选择“机电”→风管附件→风阀→电动风阀-矩形。外部族是作为单独一个文件存在的，所以“载入”对话框是选择对应的族文件。执行完载入操作以后，相当于是把此风阀族的模型定义加载到项目中了。由于设备、附件的模型数量巨大，因此把这些族放到项目外，只有需要的族才载入项目，这样项目数据量会比较少，软件运行速度也快。

2）单击“风管附件”命令后，单击“属性”面板中的“属性”命令，弹出“属性”对话框，选择“电动风阀-矩形”部件后退出对话框，在绘图区域用鼠标将其放置于风管所需位置，即可自动捕捉风管管道并连接。

消声器和排烟阀的放置方法与风阀相同，风管附件放置完成后的风管系统三维模型如图 9-22 所示。

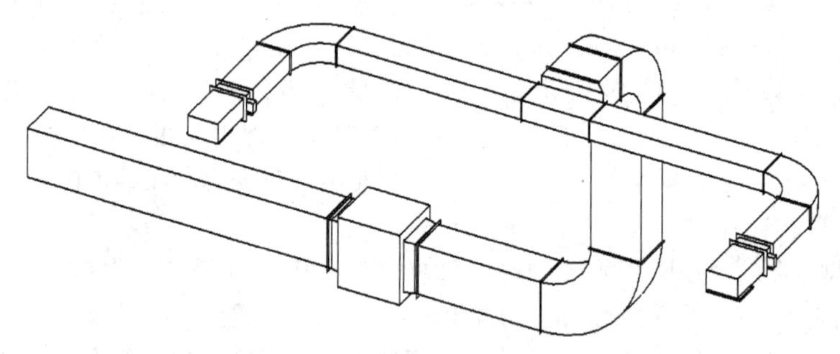

图 9-22 风管系统三维模型

6. 修改风管模型

（1）风管长度的修改 风管系统模型建成后，若风管长度需要修改，可用以下方法：

1）单击所需修改的风管，该风管会变至蓝色透明状。

2）此时在风管两侧截面会出现“⊞”标志，可直接拖动以修改风管长度。

3）风管旁侧会出现该风管的长度等参数，单击长度参数，直接修改其数值也可修改风管长度。

（2）风管附件的修改 风管系统模型建成后，若系统中风管附件需要修改，可用以下方法：

1）单击需要修改的风管附件，该附件会变至蓝色透明状。

2）将鼠标放置于构件上，直接将其拖动至修改位置即可。

3）在选中附件周围会出现“⇅”及“⟲”标志，单击即可上下翻转附件及旋转附件的方向。

（3）风管连接件的修改　若项目所需连接件与Revit自动生成的连接件不符，可对其进行修改。以修改“三通”为例。

1）单击本项目中位于标高4.725m上的“矩形T形三通-斜接-法兰”型三通，该三通会变至蓝色透明状。

2）在“系统”选项卡下选择“风管附件”命令。

3）在“属性”菜单中，选择所需的三通型号，本例中单击选择“矩形Y形三通-弯曲-过渡件-顶对齐-法兰标准”，即可修改，其三维图如图9-23所示。

若样板中没有所需的连接件，可以从族库中载入所需连接件到项目，之后单击需修改的连接件，在“属性”对话框中选择已导入的所需连接件，即可替换已有连接件。

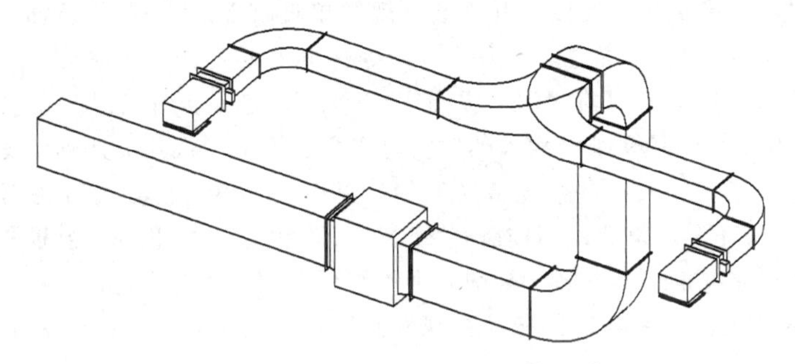

图9-23　更换连接件后的风管系统

7. 风管标注

在Revit软件中，单击选项卡“注释”→“尺寸标注”面板上的“对齐”“角度”“高程点”等命令。标注通常是针对要出的二维图而言的，如由三维模型生成平面图或者剖面图后需要标注。

以标注风管高程为例：

1）在项目浏览器的“立面”中选择“南-机械”选项，即进入南立面视图中。

2）选择“注释”选项卡中“尺寸标注”面板→“高程点”命令。

3）单击需要进行高程标注的风管位置，之后单击确定注释引线方向，最后单击确定注释数字标注方向，即可完成高程标注，如图9-24所示。

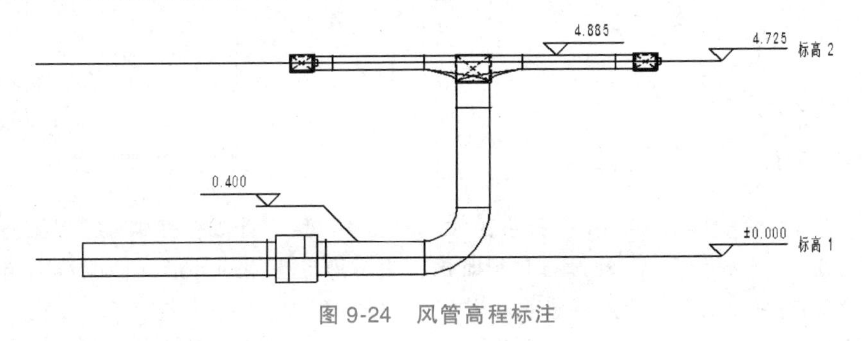

图9-24　风管高程标注

9.4.3　水管系统BIM建模

水管系统BIM建模方法与风管系统的建模基本相同，主要包含设定水管设计参数，绘制水管、连接件，添加水系统阀门。建模的主要任务是确定各管段的端点，Revit 会自动生成管道和连接件，阀门的插入方法也与风阀的基本相同。本小节以水泵配管为例，对水管系统 BIM 建模进行介绍。所选水泵为 IS 泵，进出口管径分别为 125mm 及 100mm，管道出水管上设止回阀、电动阀，进水管上设过滤器及闸阀，其余管件在本例中省略，进出口水管各接一段水平总管。水泵进出水接管的管径都为 125mm，假定连接该水泵的水平总管管径为 200mm。

为了演示水泵配管建模，需要新建一个项目，单击 Revit 界面左上角蓝色的“R”按钮，打开“应用程序菜单”，选择“新建项目”，选择“机械样板”，进入创建项目状态。

1. 泵族模型的调用

（1）泵模型的载入　单击“插入”选项卡→“从库中载入”面板→“载入族”命令，选择“机电”→“泵”→“单吸离心泵-卧式-带联轴器”添加至项目中。

（2）调用　在载入完成后，绘图区并不会出现“单吸离心泵”模型，这时可执行调用操作。单击“系统”选项卡→“模型”面板→“构件”命令，将水泵放置于本项目中。也可以采用另一种方法：单击“视图”选项卡中的“用户界面”命令，调出项目浏览器，在项目浏览器下列的“族”中的“机械设备”中找到刚刚载入的单吸离心泵，用鼠标将其拖拽到绘图区放置。

（3）泵的显示与观察　由于自带设备模型的可见性设置不同，有的设备模型调入后发现只是简略图，可通过 Revit 左下角的视图控制栏中的“详细程度”按钮和“视觉样式”调整显示精细度和着色。详细程度有粗略、中等、精细三个等级；视觉样式有线框、着色、真实等选择。建议读者先选择“精细”和“着色”搭配进行观察，然后再切换到“粗略”模式，以提高软件运行速度。

这时可以在“项目浏览器”中选择“视图”→机械→暖通→三维视图，观察所选的泵外形，如图 9-25 所示。之后可以将视图切换到楼层平面。

（4）定位　模型调入以后，已经放置在项目中，这时可以用鼠标拖住设备进行移动。建议在楼层平面以墙为基准对设备进行定位，如果这时在项目中已经绘制了相互垂直的两段墙体，拖动泵时，就会显示与墙体的横向和纵向距离，当尺寸合适时，停止拖动就可以了，如图 9-26 所示。也可通过修改定位尺寸的数值改变设备的安装位置。

图 9-25　水泵三维视图

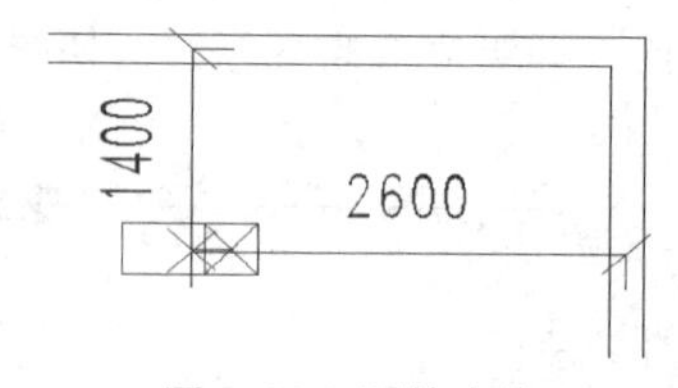

图 9-26　泵的定位

（5）类型属性的修改　尽管 Revit 提供了大量的设备模型，看似应有尽有，但实际上要在库中找到与自己所要型号完全一致的设备是很难的，为了确保模型的外形、性能数据与实际设备一致，可以在已有模型的基础上进行修改。

设备模型调入项目并放置完成后，在绘图区单击“设备模型”，界面上方的选项卡自动变成与该图元相关的上下文选项卡，在“属性”面板中单击“编辑类型”，即可在对话框根据工程需要修改调入设备的参数，如图 9-27 所示。修改某个尺寸，确定后退出对话框，项目中的设备会自动更新。由于修改的是类型参数，项目中基于此类型的所有实例都会自动更新。

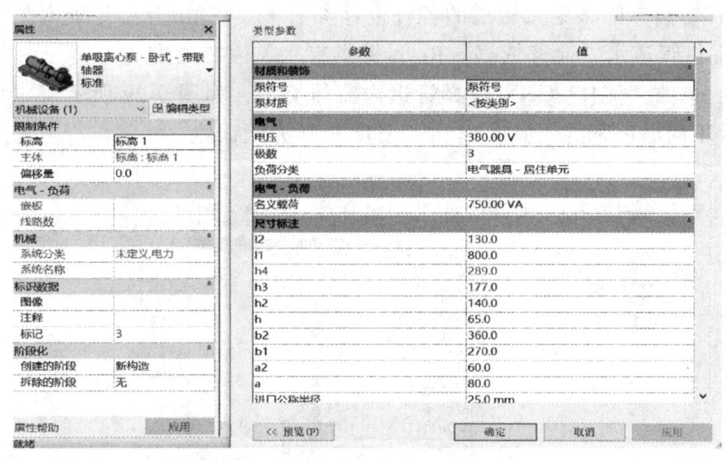

图 9-27　类型属性的修改

在绘图区双击所选设备，Revit 会从项目界面进入族编辑界面，在族编辑状态下，可以直接在图上进行操作，修改某些尺寸参数，但当图形复杂时，操作起来并不方便。另外，由于尺寸之间存在约束关系，经常出现无效操作。这时如果不准备进行任何修改，可以单击“视图”选项卡→“窗口”面板→“切换窗口”下拉表，返回原来的项目界面。

2. 设定水管参数

在进行水管系统 BIM 建模前，需要设定水管设计参数，包含管道类型及尺寸、流体设计参数。

(1) 管道类型及尺寸　管道属于系统族，无法自行创建，但可以创建、修改和删除族类型。单击选项卡“管理”→“设置”面板→“MEP 设置”命令下拉栏中的“机械设置”，会出现“机械设置”对话框，单击“管段和尺寸”即可选择管道类型及修改粗糙度，管道不同类型对应不同的管径系统，如图 9-28 所示。本例中采用默认管段类型，为“PE 63-GB/T 13663-0.6MPa”，其对应管径系列有 100mm、125mm、200mm 等。

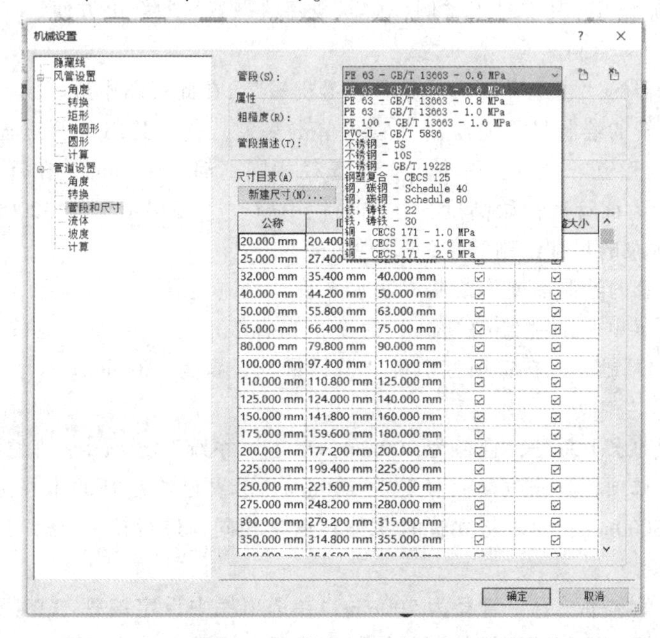

图 9-28　“管段和尺寸”界面

（2）流体设计参数 除了定义管道的各种设计参数外，在 Revit 中还能对管道中流体的设计参数进行设置，提供管道水力计算依据。Revit 提供有水、丙二醇和乙二醇三种流体，打开“机械设置”对话框，单击“流体”即可选择管道内流体类型，如图 9-29 所示。本例中采用默认流体类型“水”，其不同温度下的“黏度”和“密度”都为默认值。

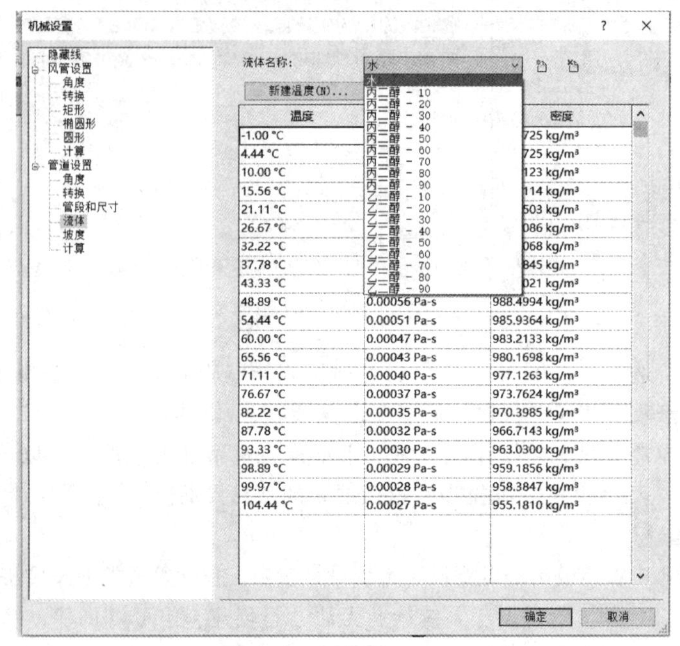

图 9-29 “流体”界面

3. 绘制水管

设定好水管参数后，即可绘制水管。可在“楼层平面”或“立面”等视图中绘制。下面介绍在平面视图上如何绘制。其实对于本例，立面视图状态下绘制会更方便。

（1）进出口接管的绘制

1）在项目浏览器的“楼层平面”中选择“1-机械”，在此视图中进行绘制。

2）该水泵出水管的绘制只需要绘制立管：单击水泵，右击其出水管道连接件“⊞”，单击快捷菜单中的“绘制管道”命令，因进出水管管径相同，都为 125mm，在选项栏处修改管径为 125mm；初始偏移量为该管道初始高度，在选项栏中修改“偏移量”至 3000mm，双击“应用”按钮，可自动根据水泵的尺寸绘制管道的尺寸。

3）该水泵进水管的绘制需要先绘制一段水平管再绘制立管：单击水泵，右击其水管道连接件“⊞”，单击快捷菜单中的“绘制管道”命令，先直接沿着水泵轴向拖拽 600mm，再绘制立管，在初始偏移量的基础上，在选项栏中将“偏移量”设置为 2800mm。

（2）水平总管的绘制

1）绘制出水管的水平总管，管径为 200mm：单击“系统”选项卡→“卫浴和管道”面板→“管道”命令后，在选项栏处修改“直径”为 200mm。沿着已绘制好的水泵进出水立管中心线，并令“偏移量”为 3000mm，使之与立管的“偏移量”相同，进行拉伸，即可完成水平总管的绘制，如图 9-30 所示。

2）绘制进水管的水平总管，管径为 200mm，在选项栏中设定该管“直径”为 200mm，“偏移量”为 2800mm，同上述步骤即可绘制。绘制完成的水泵进出水管如图 9-31 所示。

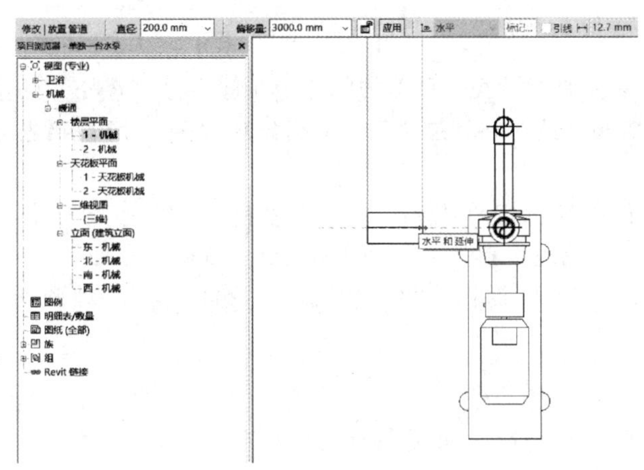

图 9-30 绘制水平总管

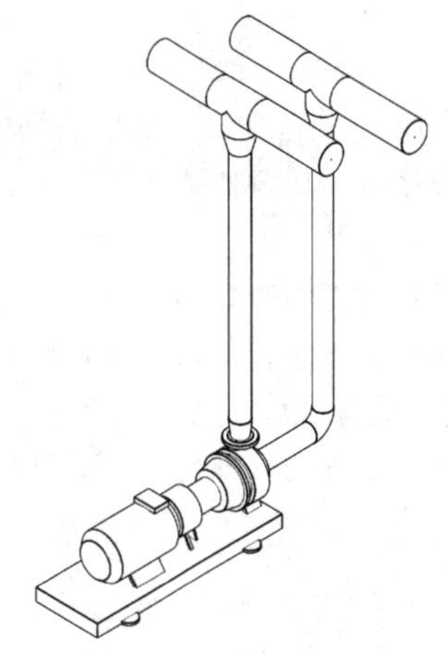

图 9-31 水泵进出水管

4. 弯头的绘制

在绘制状态下，在弯头处直接改变方向，在改变方向的地方会自动生成弯头。也可单击“系统”选项卡→“卫浴和管道”面板→“管件”命令，在左侧“属性”对话框选择弯头，再单击已绘制好的管道末端中心，即可绘制弯头。

5. 三通的绘制

按上述水平总管绘制步骤，进出水立管与水平总管相连接，即可自动生成三通。也可单击“系统”选项卡→“卫浴和管道”面板→“管件”命令，在左侧“属性”对话框选择“三通”，再单击已绘制好的管道末端中心，绘制三通。

6. 渐扩管的绘制

水泵出水管口直径为100mm，管道直径为125mm，在绘制出水管立管时可自动生成渐扩管。也可单击“系统”选项卡→“卫浴和管道”面板→“管件”命令，在左侧“属性”对话框选择“过渡件”，再单击水泵出水管口中心，绘制过渡件。绘制出的是一个倾斜的且上下管径相同的过渡件，单击过渡件，在左侧“属性”对话框中，将其“偏移宽度”及“偏移高度”设置成与水管管口半径一致，本例中设置为50mm，则可将过渡件及水管管口处于同一中心线处；过渡件另一端管径可在绘图界面中直接修改，单击“100.0mm”，将其改为125mm即可。

7. 放置管道构件（阀门）

水泵包含多个阀门及仪表，下面介绍如何绘制水泵进出水管上的阀门。

1）在三维视图中进行阀门的绘制，在项目浏览器的“三维视图”中选择“三维”。

2）单击“插入”选项卡→“从库中载入”面板→“载入族”命令，选择“机电”→“阀门”→“止回阀”→“止回阀-H44型-单瓣旋启式-法兰式”，将其载入至项目中。

3）单击“系统”选项卡→“模型”面板→“构件”命令，在左侧“属性”对话框，单击“修改图元类型”的下拉按钮，选择125mm管径的止回阀，把鼠标移动到水管中心线合适位置处，捕捉到中心线时（中心线高亮显示），单击完成阀门的添加。

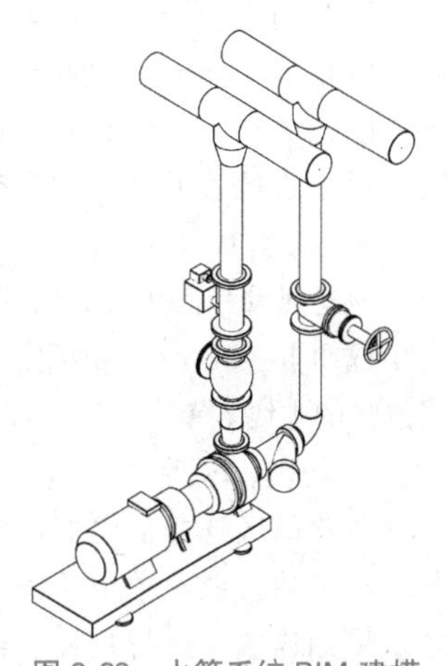

图 9-32 水管系统 BIM 建模

其余阀门等部件布置方式同上，最终所绘水管系统模型如图9-32

所示。

8. 修改水管模型

(1) 管道修改 已绘制好的管道如需要修改管径，可单击管道，在选项栏“直径”处直接进行修改。如要修改管道长度，可单击管道，此时在管道两侧截面会出现“⊞”，可直接进行拖动，修改其长度。

在本例中若要伸长或缩短立管，不需将其拆分分别修改，水平总管和立管作为一个整体，只要移动水平总管即可伸长或缩短立管，具体调整步骤为：在项目浏览器中双击“立面”→“南-机械”，单击出水管的一段水平总管，通过“修改”面板→“移动”命令，拾取端点，对水平总管进行上下移动，即可伸长立管。

(2) 阀门转向 单击管道上任一阀门，即会显示出“⇅”及“⟲”两个符号。“⇅”为“翻转管件”，可将管件上下翻转；“⟲”为“旋转”，可将管件进行旋转。

9.4.4 空调机房 BIM 建模实例

空调机房通常包括空气处理机组、风管、水管等众多设备与管道。利用 BIM 技术进行空调机房的建模，可以清晰表达机房内设备与管道的布局和连接关系。下面以某空调机房为例，介绍利用 Revit 进行空调机房 BIM 建模的过程。

1. 布置空气处理机组

单击“插入”选项卡→“从库中载入”面板→“载入族”命令，载入“AHU 改良版”。单击“系统”选项卡→“模型”面板→“构件”命令，在绘图区放置设备。放置设备后按两次<Esc>键退出。

将两台空气处理机组并排布置在机房中间，并调整两台机组之间的距离及机组与墙之间的距离。两台机组之间的距离为 1.2m，与墙之间的距离为 2.6m。

2. 连接风管

该空调机房风系统包含有送风管、回风管及风管附件，机房内的风管尺寸大，应尽量减少风管在机房内的交叉、返弯等现象。

单击“系统”选项卡中的“HVAC”面板，单击“风管”工具，进入命令后，选择风管的类型“矩形风管（半径弯头/接头）”，在选项栏中设置风管的尺寸、高度及偏移量，单位均为 mm。“偏移量”指风管中心线距相对标高的高度偏移量。

风管的绘制需要两次单击，第一次单击确认风管的起点，第二次单击确认风管的终点。绘制完成后单击“修改”选项卡→“编辑”面板→“对齐”命令，将绘制的风管与底图中心位置对齐。以此类推，将机组的送风管绘制完成。回风管的绘制与送风管绘制类似，但要注意在风管的属性栏中将风管的系统类型改为“回风”。

3. 放置风管附件

该送风管和回风管的风管附件包括管道消声器、防火阀、静压箱。载入风管附件族，单击“系统”选项卡→“HVAC”面板→“风管附件”命令，在类型选择器中选择“防火阀”，在绘图区域中合适位置的中线上单击左键，即可将防火阀添加到风管上。管道消声器、静压箱用同样的方式添加。

4. 设备与风管的连接

在绘图区选中放置好的空气处理机组，将光标移动到机组的出风口处的“⊞”处单击右键，在右击出的快捷菜单中单击“绘制风管”命令。此时，机组出风口的尺寸与静压箱尺寸不一样，可以采用连接头进行过渡，绘制完成的机房风系统如图 9-33 所示。

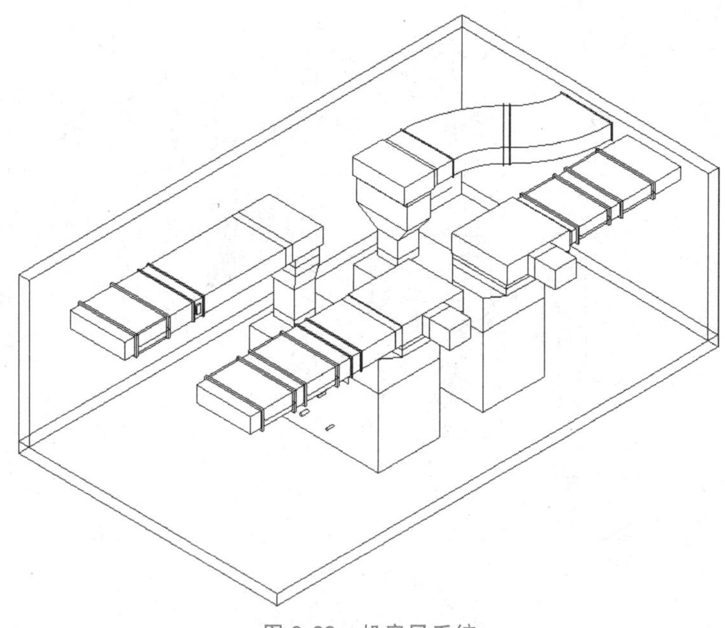

图 9-33　机房风系统

5. 绘制水管

系统中包括的管路有冷冻水管、热水管及冷凝水管，机组布置完成之后，便可以进行水管的绘制，水管的绘制方法与风管的绘制方法大致相似。

1）单击“系统”选项卡→“卫浴和管道”面板→“管道”命令，在其属性栏中输入需要的管径（250mm），在绘图区域的起始位置左击开始绘制一段立管，在管道结束位置左击结束绘制，按<Esc>键退出。以此类推，绘制出冷冻水供回水管、热水供回水管。

2）单击其中一台空气处理机组，右击机组的进水口的“⊞”标志，在弹出的对话框中单击“绘制管道”命令，进行冷冻水进水管的绘制。拖拽光标到需要转折的位置左击，然后继续沿着底图线条拖拽鼠标，直到结束位置。

3）单击另一台空气处理机组，用同样的方法绘制该机组的冷冻水进水管，并将这两个机组的水管交叉相接。此时，这两根标高相同的水管会在相接处自动生成三通，将多余的管段删除，单击三通处的“-”，三通变成管道弯头。

4）单击“管道”工具，输入管径 80mm，把光标移到冷冻水供水立管的合适位置的中心处，单击确认连接管的起点，再次单击确认连接管的终点，此时在两根管的连接处会自动生成三通。由于两根水管的标高不同，此时绘制三通时会再自动生成一段立管。至此，冷冻水供水管绘制完毕，以同样的方法绘制出回水管、热水管、冷凝水管。

6. 添加管路附件

本例空气处理机组的管路上包含的附件有软接头、Y 形过滤器、电动调节阀、温度计、压力表、蝶阀。单击“系统”选项卡→“卫浴和管道”面板→“管路附件”工具，单击属性栏的下拉菜单，选择需要的附件，把鼠标移动到水管中心线处，捕捉到中心线时，单击完成附件的添加。采用此法，将管路上的附件添加完整，如图 9-34 所示（已隐藏风管）。

7. 碰撞检查

管道布置完成后，需运行碰撞检查，系统将检查碰撞问题。若存在碰撞，则弹出冲突报告，包含冲突图元、管道类别、图元 ID 等信息，如图 9-35 所示。这时要对涉及的管道或者设备进行修改，直至没有碰撞。最后完成的空调机房 BIM 模型如图 9-36 所示。

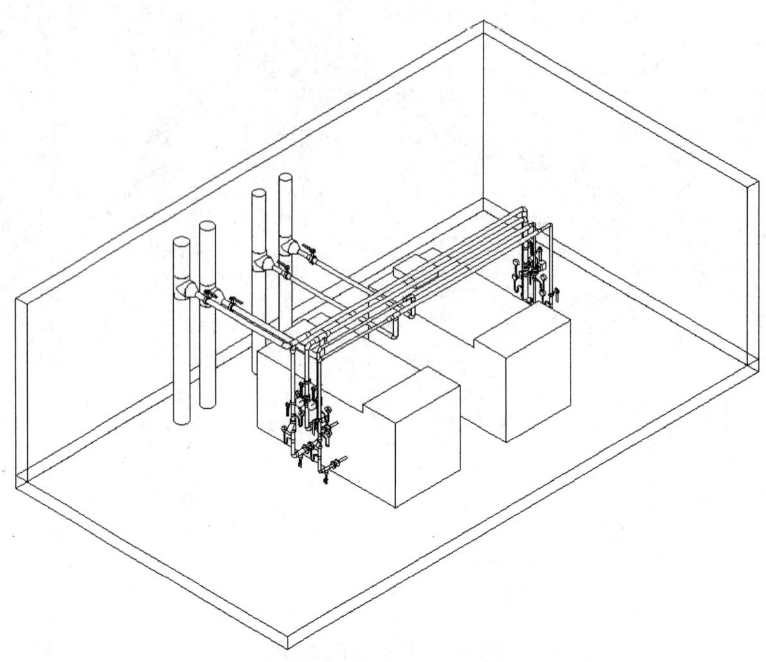

图 9-34 机房水管

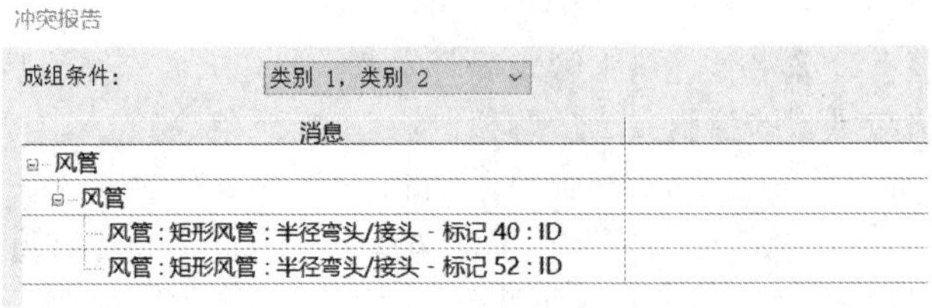

冲突报告

成组条件: 类别 1，类别 2

消息	
⊟ 风管	
⊟ 风管	
风管 : 矩形风管 : 半径弯头/接头 - 标记 40 : ID	
风管 : 矩形风管 : 半径弯头/接头 - 标记 52 : ID	

图 9-35 碰撞检查

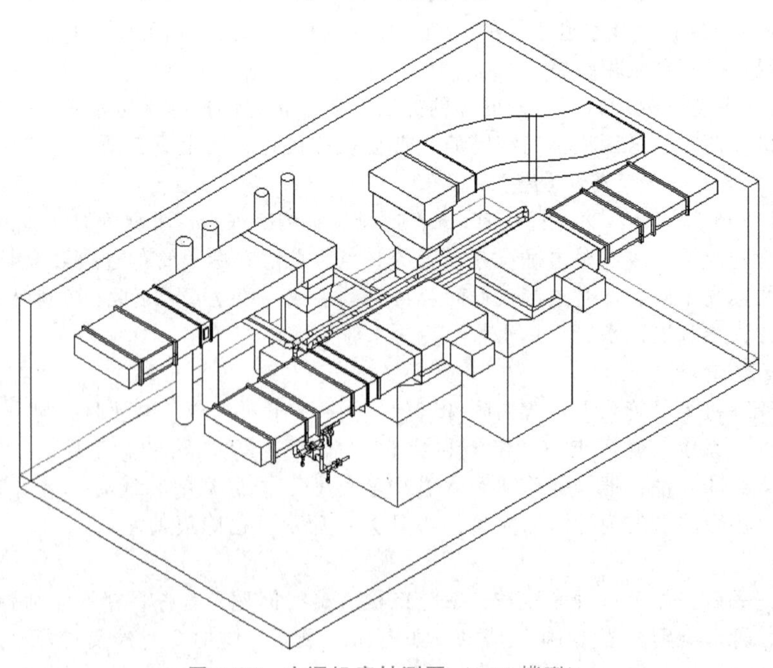

图 9-36 空调机房轴测图（BIM 模型）

9.5 设备族的创建

在Revit软件中，大量的设备、附件是以外部“族”的形式存储在软件族库中的，其自带的机电族库有“泵”“采暖”“阀门”“空气调节”“水管管件”等大类，各大类下面又包含很多类的设备与附件。外部族是一个独立存储在计算机上的“.rfa”文件，Revit提供了一个专门的界面供用户建立自己的族和族库，因此外部族的创建使得Revit具有良好的开放性和适用性。Revit中外部族的调用和创建类似于AutoCAD中的“块”，族和块都可以定义、载入，也都可以作为外部文件存储。

9.5.1 单体设备的BIM建模原则

对于设备而言，Revit中的族，基本上对应于工程上的设备系列。同一系列的设备，如IS清水泵系列、第3.4节中的CTSC冷水机组系列、WNS锅炉系列。同一设备系列下面，包含多个型号，这些不同型号的设备外形相似，但设备性能参数和尺寸大小不同，可以通过设定不同的参数值来表示不同的设备型号。生产厂家提供的样本，对于同一系列的设备，一般只是给出一个外形图（如图3-30），然后通过参数表（如表3-15~表3-17）给出同系列中各型号的性能数据、接口尺寸和外形尺寸。工厂一般是批量生产，同一型号可以生产众多产品，每一个具体的产品就是一个“实例”，这些“实例”尺寸和性能相同。Revit通过使用族和参数化的概念，Revit中的族与设备的“系列”对应，Revit的“类型”与设备的“型号”对应。这样Revit建立设备模型的方法就与工业界表示设备的方法对应起来了。

单体设备的BIM建模一般要遵循以下原则：

1）BIM模型要与实际物体外形尽量接近，BIM模型就是实际物体在数字空间的真实“再现”，反映实际设备的外形轮廓、外部特征和外形尺寸。由于BIM模型不用于设备的制造，因此不用体现其内部构造。在有的应用场合下，要求BIM模型十分细致具体，有时要具体到一个弹簧、一颗螺钉；这时BIM模型用来作为场外制造和加工的依据，现场施工就是把这些预加工件组装起来的过程。有的场合主要用来展示其三维形状和设备管道的连接关系，这时所需的模型就可以大为简化，一些外形上的细节可以省略。因此模型的逼真程度要根据应用场合、设计阶段和行业惯例来决定。一般而言，普通民用建筑对BIM模型要求较低，而石油、化工等工业领域对BIM模型要求较高。

2）设备的接口尺寸、接口位置、基础尺寸必须与实际物体完全一致。

3）除了尺寸数据，还需添加设备的主要性能信息，如型号、制冷量、用电功率、效率等。

9.5.2 设备族的创建实例

下面以创建立式风机盘管模型为例，介绍BIM设备模型的创建步骤，其尺寸如图9-37所示，其相关参数见表9-5。

（1）新建族　单击界面左上方“R”形图标，选择“新建族”，在对话框中选择新建“公制常规模型”族样板，进入族创建界面。一般在构建普通常规模型时都会选择“公制常规模型”族样板，若有特殊要求，也可根据要求选择其他类型样板。

（2）绘制参照平面

1）在“项目浏览器”的“楼层平面”下选择“参照标高”，进入参照标高工作平面。

表 9-5 风机盘管族主要参数信息

类型参数		参数值
性能参数	制冷量/kW	1900
	制热量/kW	3200
	送风量/(m^3/h)	2200
外形尺寸	长度/mm	574
	宽度/mm	220
	高度/mm	602
出风口	风管接口长度/mm	500
	风管接口宽度/mm	120
	风管接口高度/mm	50
进水管	距地面高度/mm	450
	管径/mm	20
出水管	距地面高度/mm	550
	管径/mm	20
冷凝水管	距地面高度/mm	350
	管径/mm	20

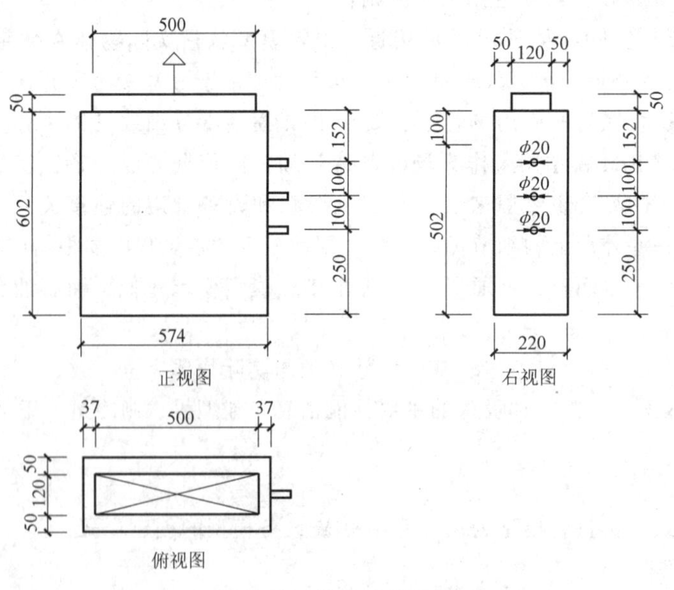

图 9-37 风机盘管外形

2）“公制常规模型”族样板在参照标高中已自带“十字形”参照平面（分别为纵向和横向基准参照平面），可直接在其基础上继续添加参照平面。在本例中，取基准参照平面的交点为风机盘管的中心点。单击“创建”选项卡→“参照平面”命令，在已给的纵向基准参照平面两侧绘制两个纵向参照平面，作为风机盘管长度方向参照平面。

3）单击选中绘制好的参照平面，参照平面的绿色线条会变成蓝色，同时会显示该参照平面距纵向基准参照平面的距离，单击该数值即可修改参照平面位置。左右两侧参照平面距纵向基准参照平面的距离为风机盘管箱体长度的一半，即 287mm。

4）单击“注释”选项卡→“对齐”命令，依次单击左侧参照平面、纵向基准参照平面、右侧参照平面和任意空白处，对其进行注释，注释完成后在标注上方会出现“EQ”等分标志，单击“EQ”标志即可使左右两个参照平面距中间基准参照平面的距离保持相等。

5）风机盘管宽度方向的参照平面绘制方法与长度类似，如图 9-38 所示。

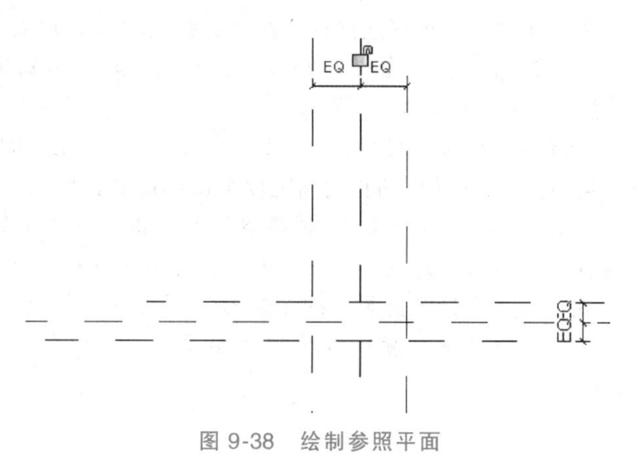

图 9-38　绘制参照平面

6）风机盘管出风口的长度和宽度参照平面绘制方法与箱体参照平面绘制方法相同。

7）在“项目浏览器”的“立面”下选择“前”，进入前立面工作平面，在基准高度参照平面上方，绘制风机盘管的箱体高度参照平面。

8）单击选中绘制好的高度参照平面，参照平面的绿色线条会变成蓝色，单击该参照平面距基准水平参照平面的距离数值，将其修改为 602mm。

9）在刚绘制好的高度参照平面上方，再绘制一个出风口高度参照平面，修改其距箱体高度参照平面的距离为 50mm。

（3）风机盘管箱体的创建

1）在“项目浏览器”的“楼层平面”下选择“参照标高”，进入参照标高工作平面。

2）单击“创建”选项卡→“形状”面板→“拉伸”命令，在“绘制”面板中选择“矩形”绘制命令。

3）根据之前在参照平面中绘制的箱体长度和宽度参照平面，绘制长方形，之后单击绘图区上方的“完成命令✔”，即可生成长度与宽度为所需，高度随机的长方体模型。

4）在“项目浏览器”的“立面”下选择“前”，进入前立面工作平面。

5）此时可以看到之前已绘制的长方体在前立面视图中为一长方形，单击该长方形，长方形变蓝，并在四周出现三角形状拖拽标志，选中长方形上方的三角形状拖拽标志，将长方形上边缘拖拽至风机盘管高度参照平面上。

（4）风管连接口的创建

1）在“项目浏览器”中选择“三维”进入三维视图。

2）单击“创建”选项卡→“拉伸”命令，在“工作平面”面板中选择“设置”命令，单击“拾取一个平面”，并在三维视图中选择风机盘管长方体箱体的上表面，表示选择此表面作为连接口的绘制表面。

3）在“项目浏览器”的“楼层平面”下选择“参照标高”，进入参照标高工作平面。

4）在“绘制”面板中选择“矩形”绘制命令，根据之前绘制的风管连接口的长度和宽度参照平面，绘制长方形，之后单击“完成命令✔”，即可生成一高度随机的长方体模型。

5）进入前立面工作平面将其拖拽至刚刚绘制的出风口高度参照平面上。

（5）风管连接件的创建 创建风口连接件的目的是定义某个部位是用来连接风口的，这样在调用这个族时，才能显示风口的位置和参数，以便连接风管。

1）单击“创建”选项卡→“连接件”面板→“风管连接件”命令。

2）在“修改-放置风管连接件”下选择“面”命令，表示选择一个面作为风管连接件的放置位置。

3）选择风管连接件需放置的平面，单击该平面即可放置。在放置风管连接件时，建议在三维视图中操作，便于放置面的选取。

4）单击选中风管连接件，在“属性”栏（可以右击，在弹出的快捷菜单中选择“属性”命令）中修改其参数，如图 9-39 所示。在属性栏中可对风管连接件的流向、系统分类、损失方法等进行设置。在本例中，将流向设置为“出”，系统分类设置为“送风”，损失方法设置为“系数”，流量设置为“2200m^3/h”即“611 L/s”，此外也需在属性中单击长度和宽度数值栏右侧的按钮，将风管连接件的长度和宽度与出风口的长度与宽度进行关联。

（6）水管接口的创建 风机盘管水管由下向上分别为冷凝水管、进水管、出水管，可通过“拉伸”命令来创建圆形拉伸。进水管、出水管和冷凝水管绘制方法相同。

1）在“项目浏览器”的“立面”下选择“前”，进入前立面工作平面。

2）按各水管高度位置绘制参照平面，同时将水管出口长度的参照平面也绘制出来，如图 9-40 所示。

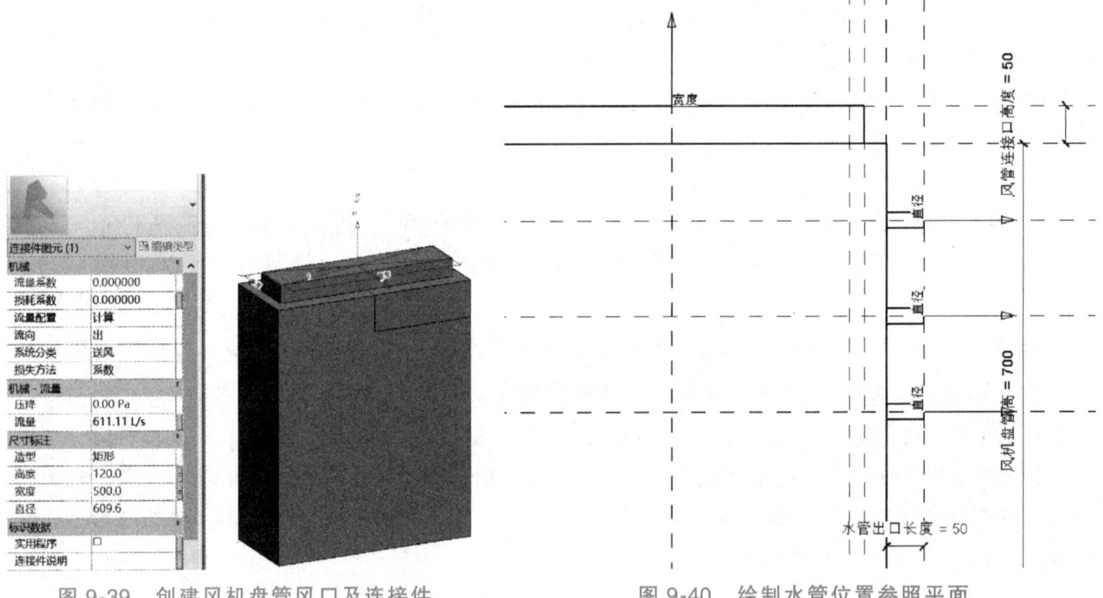

图 9-39 创建风机盘管风口及连接件

图 9-40 绘制水管位置参照平面

3）在“项目浏览器”中选择“三维”进入三维视图。

4）单击“创建”选项卡→“拉伸”命令，在“工作平面”面板中选择“设置”命令，单击“拾取一个平面”，并在三维视图中选择风机盘管长方体箱体的右表面，表示选择此表面作为水管的绘制平面。

5）在“项目浏览器”的“立面”下选择“右”，进入右立面工作平面。

6）在“绘制”面板中选择“圆形”绘制命令，绘制水管截面形状，之后单击面板上的“完成命令✔”，即可生成一高度随机的圆柱体模型。

7）进入前立面工作平面，将水管右截面拖拽至刚刚绘制的水管出口参照平面上。

8）为防止水管偏离指定位置，将创建的水管与参照平面进行锁定。在“编辑拉伸”界面，单击选中刚创建的圆形拉伸，重新拖动圆形拉伸与水管出口参照平面对齐，会出现“锁定”标志 ，单击该标志将其变为 ，即可将水管出口与参照平面锁定。

（7）水管连接件的创建　创建水管连接件的目的是定义某个部位是用来连接水管的，这样在调用这个族时，才能显示管口的位置和参数，以便连接水管。

1）单击“创建”选项卡中的“连接件”面板→“管道连接件”命令。

2）在“修改-放置 管道连接件”中选择“面”命令，选择各水管接口进行放置。

3）在“属性栏”里对其流向、流量、损失方法等进行设置。在本例中，对水管的位置和高度之外的属性不作要求，因此暂不对水管连接件进行属性修改。

至此，风机盘管的模型如图 9-41 所示。

（8）尺寸参数的添加　模型创建完成后，需对模型的尺寸等信息进行参数化。下面以风机盘管长度为例介绍。

1）选择“注释”选项卡下的“对齐”命令，标注风机盘管的长度尺寸。按两次<Esc>键退出尺寸标注。

2）单击该尺寸标注，在选项栏下拉“标签”命令，选择“添加参数”，命名参数名为“风机盘管长”即可。

注意：将自建族导入项目中后，只有在建族时已定义标签的尺寸标注才可以显示在属性中，即只有标签化的尺寸标注才实现了参数化，才会在族调用时实现尺寸参数与图形的联动（即改变尺寸的参数值后 Revit 自动根据此数值变化图形）。若在载入项目后发现需修改的尺寸没有定义标签，则可双击构件进入族界面对该尺寸定义标签，再导入到项目中，并选择覆盖原有版本及其参数值。

（9）性能参数的添加　单击“创建”选项卡上的“族类型” 选项，选择“参数”下的“添加”命令进行性能参数的添加。通过参数性质设定参数名称、规格等信息。图 9-42 所示为风机盘管的风量参数添加。

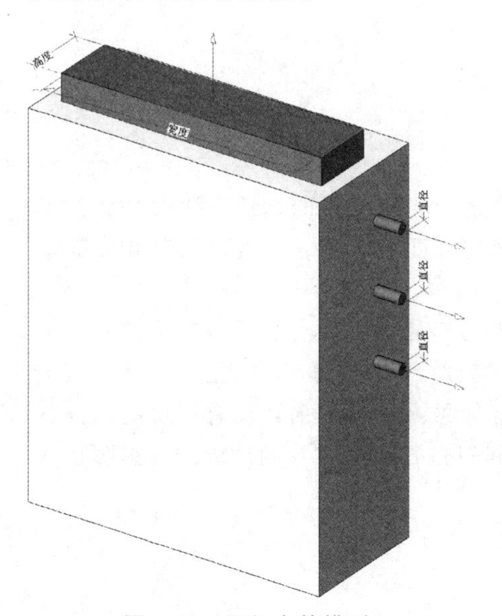

图 9-41　风机盘管模型

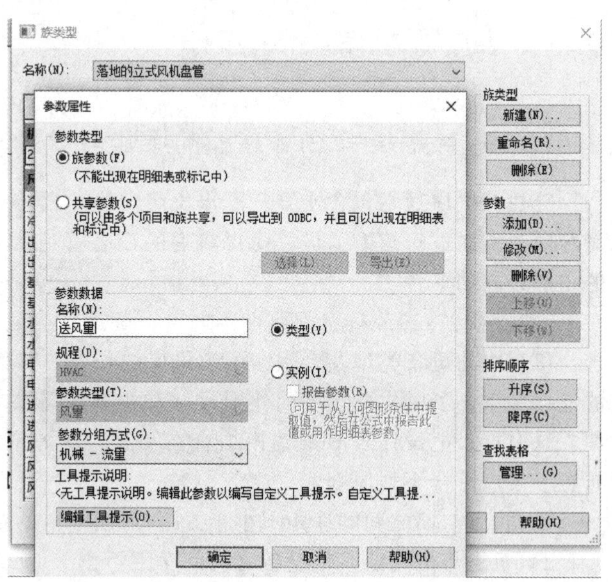

图 9-42　风机盘管的风量参数添加

添加的参数有族参数和共享参数两种。族参数是在做参数化族时使用最普通的一个参数类型，其特点是把族载入项目后，族参数不能出现在明细表或标记中，也就是说在用明细表进行统计或标记注释的时候无法使用该参数。共享参数是在需要将参数应用到明细表和标记时所需要创建的参数类型。其特点是：

1）多项目和族共享参数名称。

2）载入项目后可以出现在明细表和标记中。

3）共享参数需要创建一个单独的TXT文件来保存和传递参数。

至此，风机盘管的BIM设备模型创建完成。模型构建完成后，保存，给出族的名字和存储位置，名称要尽量能反映族的主要特征，以便管理和调用，切忌过于简略。在项目中，调用该风机盘管族时，其类型属性如图9-43所示。

图9-43　项目中风机盘管及其类型属性

9.6　冷热源机房BIM建模

9.6.1　冷热源机房BIM建模的原则与步骤

冷热源机房通常包含水泵、冷水机组、换热器等众多的设备及大量的管道。利用BIM技术对冷热源机房进行建模，可以使得机房的设备管道和管道连接更加合理。冷热源机房BIM建模的一般步骤如下：

（1）熟悉冷热源机房的原理，进行机房设备布置　BIM建模前，应充分了解冷热源系统原理，机房中的设备类型及台数；了解机房的长度、宽度和高度；弄清所涉及的设备、管道与管道的连接关系；了解主要设备的外形尺寸和主要接管要求。如果BIM建模前还没有机房的设计方案，这时可以把设计与BIM建模结合在一起，在虚拟空间里进行设备布置的试验。冷热源机房布置一般应符合下列原则：

1）机组与墙之间的净距不小于1m，与配电柜的距离不小于1.5m。

2）机组与机组或其他设备之间的净距不小于1.2m。

3）宜留有不小于蒸发器、冷凝器或低温发生器长度的维修距离。

4）机组与其上方管道、烟道或电缆桥架的净距不小于1m。

5）机房主要通道的宽度不小于1.5m。

6）一般泵的基础四周比泵座大0.1m，基础之间留出0.5~0.7m宽的通道。

7）分集水器与侧墙的距离应大于0.35m。

利用BIM技术进行设备布置的最大优势是可以直观地看到设备布置的效果，检查是否合理，并可以方便地进行设备的移位，是一个交互过程与不断试验、优化的过程。如果BIM建模前机房的设计方案已经确定，相应的平面图、剖面图已经绘制好，则BIM建模的重心就是实现把二维图到三维模型的转化，把设计方案在计算机上虚拟实现。对于这种情况，利用BIM建模前，要仔细研读相应的平面图、剖面图，尤其是管路的走向。在BIM建模过程中要对机房布置方案进行检查，如果发现问题，及时与设计人员沟通，完善设计方案。

（2）设备配管与连接管路　设备布置就位后，可以先对设备的各个管道接口进行接管，安装相应的阀门、仪表。相同的设备一般采用相同的配管，如并排布置的同型号的水泵，进出口的管道走向相同，配置的阀门仪表也完全相同。

在完成各个设备接管后，需要用管道将各个设备相连接，这时管道一般要沿着墙柱或者天花板敷设，留出足够的通道，以便人员通行和设备操作、检修。冷热源机房里管道繁多，在进行管道布置时，管道避让原则如下：

1）小管让大管。小管避让增加的费用小，占用的空间也小。

2）临时管让永久管。临时管道施工期间使用完后，需要拆除。如临时用电、用水管避让正式用电用水管。

3）新管让旧管。已经安装好的旧管道正在使用，更改较麻烦。

4）压力管道让重力流管道。重力流管道对坡度要求较高，改变起来较为困难。

5）水管让风管。风管一般较大，占空间大，从工艺和节约考虑，风管优先。

6）低压管让高压管。高压管道施工技术要求高，造价高。

7）电线管让水管。

8）弱电让强电。弱电导线更小，便于安装，费用低。

（3）三维模型的显示与观察　冷热源机房模型建立完成后，可以通过坐标变换全方位查看机房。观察机房时处于不同位置，可以看到不同的机房形态。检查设备布置是否合理，管路连接是否正确，是否有遗漏的设备或者管路。

（4）碰撞检测　在图样上检查各个管路间的冲突碰撞是很难的，尤其机房内部管道纵横交错，有时直到施工时才发现管道“打架”，此时若需要对机房设计进行修改，是非常麻烦的。进行BIM模型的碰撞检查，即可避免这种情况的发生。碰撞的类型主要分为硬碰撞和软碰撞两种，硬碰撞是指两个实体之间位置的交集，软碰撞是指实体之间并没有出现碰撞，但是它们之间间距过小，不满足施工安装或者检修的要求。

通过BIM的碰撞检查，分析排除合理碰撞后，并针对不合理的碰撞点进行分析，对设计方案进行修改，能够在实际施工前预先解决管道碰撞的问题，节省工时和成本。

9.6.2 冷热源机房BIM建模实例

下面通过一个实例来介绍冷热源机房BIM建模过程。该冷热源采用地源热泵，机房中包含两台地源热泵机组、三台冷冻水泵、三台冷却水泵、三台热水泵、两组分集水器（一组为地埋管侧分集水器，另一组为空调供回水侧分集水器）、两台补水定压设备。地源热泵机组为带热回收的机组，热回收系统全年给建筑供给生活热水。地源热泵系统主要通过12个阀门（8个阀门切换冬夏季地源热泵机组的蒸发器和冷凝器、4个阀门切换冷冻水泵及热水泵）进行地源热泵机组冬夏季模式的切换。

1. 准备工作

在进行冷热源机房 BIM 建模之前，首先需要熟悉机房原理，确定机房中应有的设备，并大致确定其布置位置。预布置时应有序地划分区域，两台地源热泵机组为一个区域，放置于机房中间；两组分集水器为一个区域，靠墙布置；泵组放置于两边，为了便于连接管道，将三台冷冻水泵与三台热水泵分为一个区域，三台冷却水泵归为另一个区域；补水定压设备靠近水泵。留出设备操作检修空间及主要通道的空间，使布局清晰合理。机房预布置后，便可进行冷热源机房的实际布置。

2. 建立建筑模型及布置设备

冷热源机房 BIM 设计是基于已有的建筑模型进行的，因此在进行系统设计时，可在已有的建筑基础上进行设计，链接原有的建筑模型。此次仅建立冷热源机房模型，因此只建立机房北侧与东侧两面墙以及地板模型，此机房的门设置于南墙靠东侧，为便于观察，故先不设置，建筑的 BIM 建模方法请参见本书 9.3 节。布置设备详细步骤如下。

1）新建机械样板后，单击“插入”选项卡→“链接”面板→“链接 Revit”命令，将已绘制的冷热源机房建筑模型链接至机械样板中，使用建筑底图，进行机房设备布置。

2）布置设备，以布置地源热泵机组为例。单击“插入”选项卡→“从库中载入”面板→“载入族”命令，选择地源热泵机组，将设备载入至项目中；单击“系统”选项卡→“构件”命令，放置构件，单击“属性”对话框→“编辑类型”，根据本项目的机组信息调整其在 BIM 模型中的信息，并按预布置放置在机房中。依次按上述步骤添加各种设备。在机房中布置设备的顺序并无具体规定，根据设备的预布置位置逐一布置，并满足机房布置原则。一般先布置最重要的或者体型最大的设备，然后布置小一些的设备，并根据冷热源机房设计原则调整机组间距、离墙间距等。

此地源热泵机组在机房内的具体定位如图 9-44 所示，地源热泵机组距离墙为 1.2m，两台机组之间距离为 2.8m，并且预留出管道布置空间。

逐一在该机房中添加设备，并放置在机房中合适的位置。水泵放置于机房的两侧，间距为 0.6m，冷冻水泵与热水泵离墙距离为 0.8m，冷却水泵离墙距离为 1.3m；两组分集水器离墙距离为 0.4m。最终导入设备后的机房设备定位如图 9-45 所示。

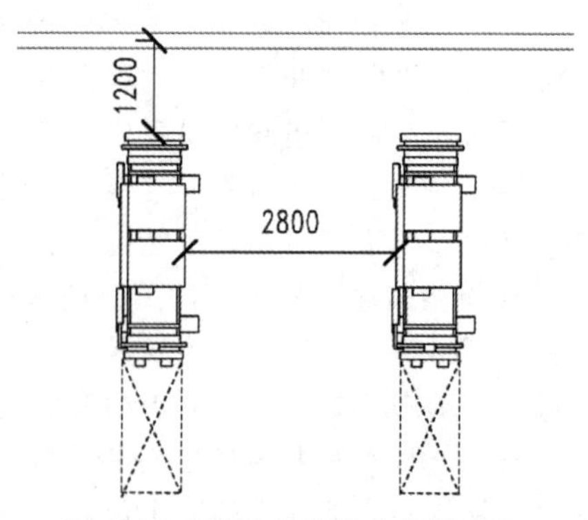

图 9-44 机组在机房中位置定位

3. 绘制设备接管及放置末端管道构件

在添加设备后，需要完成设备各配管接口的接管，该机房中水管管路主要涉及冷冻水管、冷却水管及热回收水管等。以水泵为例对说明绘制设备接管及末端构件的详细步骤。

1）绘制该水泵的进出两根水管，进水管管径为 125mm，出水管管径为 80mm。可在“楼层平面”或“立面”等视图中进行绘制，在项目浏览器中双击“楼层平面”→“1-机械”，单击水泵，单击“创建管道”，并通过修改“偏移量”确定立管的长度，绘制水泵进出水管。

2）依次绘制管道构件。管道构件是在管道基础上进行绘制的。该水泵进水管上管道构件包含软接头、压力表、Y 形过滤器、蝶阀；出水管上管道构件包含软接头、压力表、温度计、Y 形

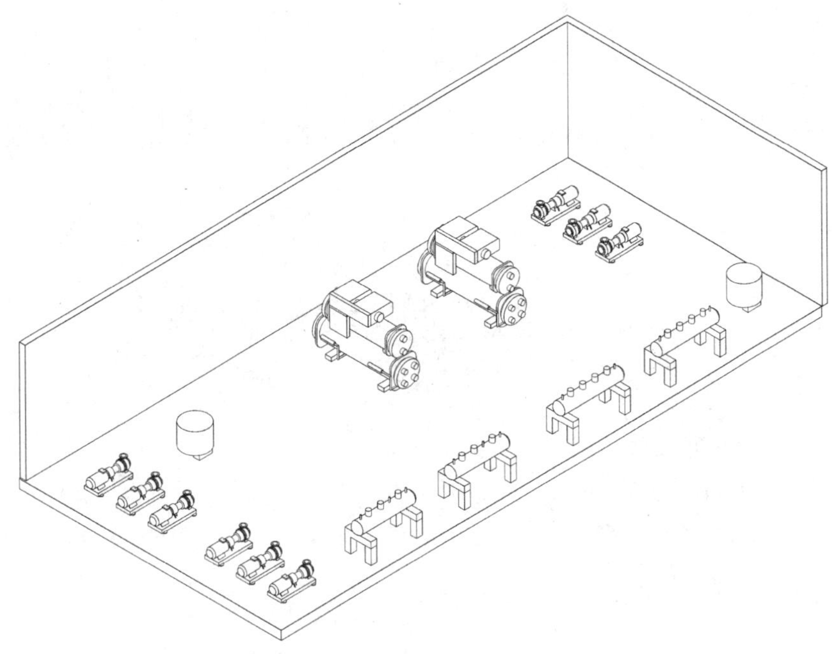

图9-45 设备布置BIM模型

过滤器、蝶阀。以绘制Y形过滤器为例，单击“插入”选项卡→“链接”面板→“链接Revit”命令，选择法兰式Y形过滤器，载入至项目中，单击“系统”选项卡→“构件”命令，放置项目中的Y形过滤器，选择80mm的Y形过滤器并单击出水管上的合适位置即可。水泵配管如图9-46所示。

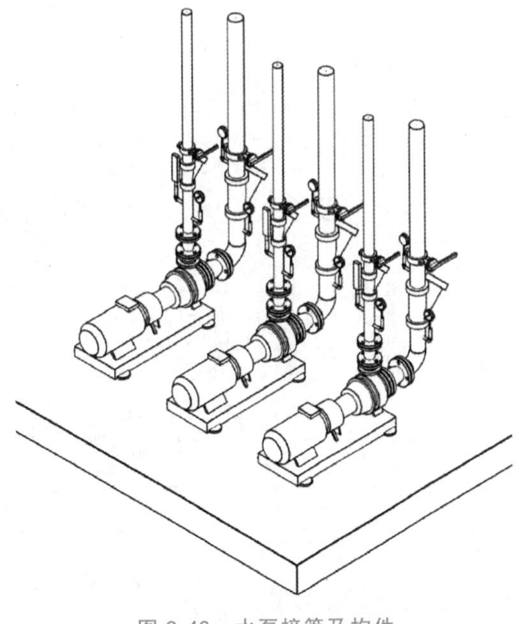

图9-46 水泵接管及构件

如上所述，地源热泵机组、冷却水泵、热水泵、分集水器等设备的水管及阀门仪表的绘制顺序与上述步骤一致，先绘制各个进出水管，再依次添加阀门、仪表，最终绘制完成后如图9-47所示。

4. 连接设备间的横管及放置系统管道构件

在完成各个设备接管后，需要将整个系统的管道相连接，需要调整各个设备接管的高度，连接各设备间横管。

1）连接整个系统的管道可在“立面”中绘制。以绘制三台水泵间接管为例，在项目浏览器中双击“立面”→“南-机械”，单击“系统”选项卡→“卫浴和管道”面板→“管道”命令，单击水泵的立管中心，绘制横管，连接三台水泵。按上述步骤连接各个设备间横管。

2）对于本例，横管上有12个电磁阀控制冬夏季的切换，需要在具体横管上布置阀门。布置方式与上述阀门仪表布置方式相同。

最终完成的冷热源机房BIM模型，如图9-48和图9-49所示。

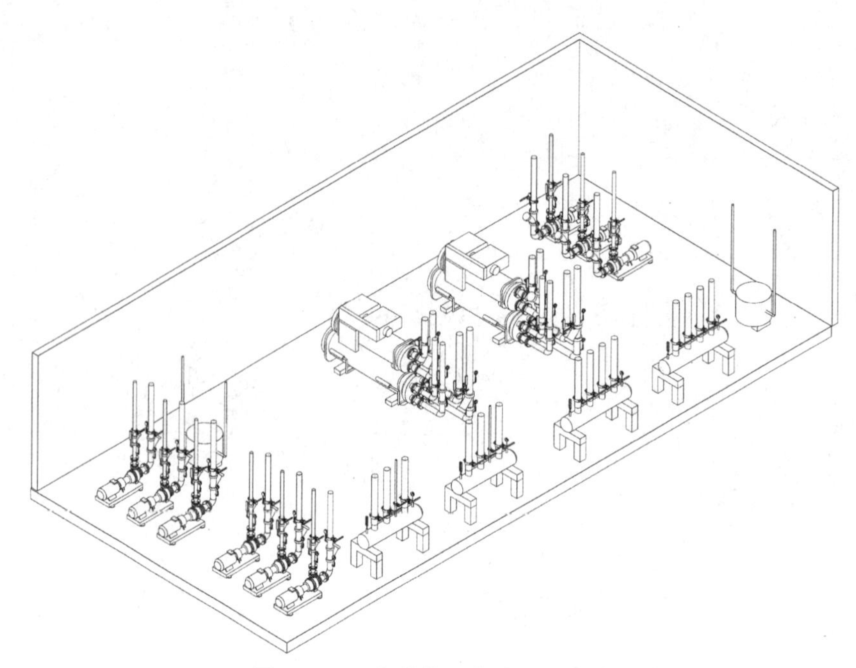

图 9-47 设备接管及管道末端构件

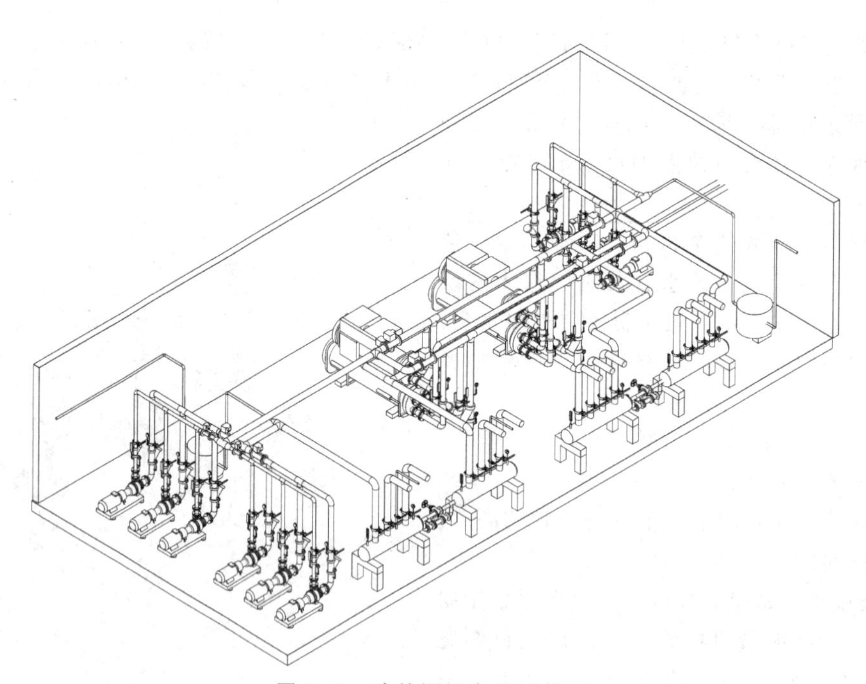

图 9-48 冷热源机房 BIM 模型

5. 三维模型的显示与观察

冷热源机房 BIM 模型绘制完成后，通过坐标变换可以全方位查看机房。冷热源机房的观察视图主要包括其平面图、立面图、剖面图及轴测图。平面图、立面图及轴测图可直接通过坐标变换查看，而剖面图需要将绘制的冷热源机房剖切后才能得到，需要通过 BIM 软件自带的视图选项进行剖面的拉取后得到。BIM 模型可与 CAD 进行链接，冷热源机房的平面图等图样都可设置

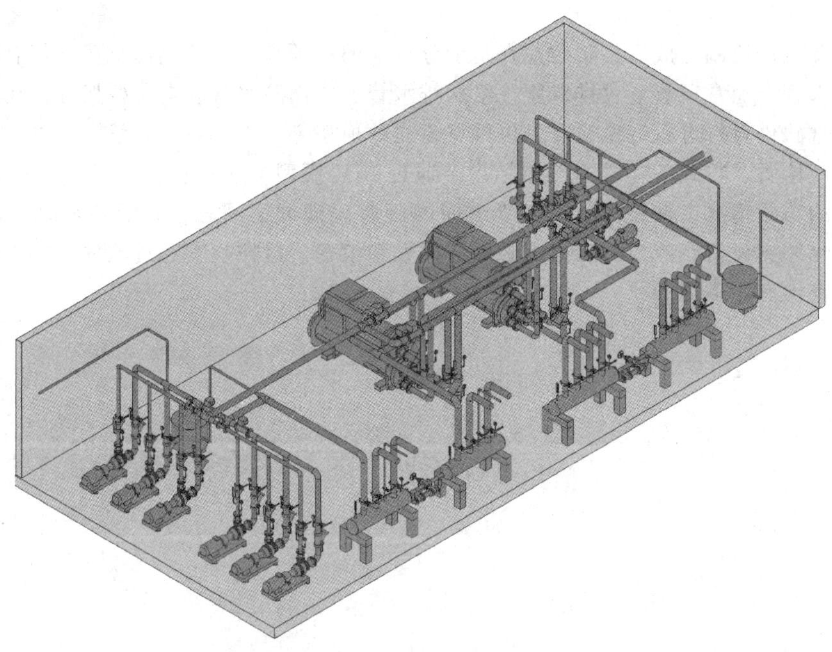

图 9-49　冷热源机房 BIM 模型渲染图

图样视图，输出 CAD 格式文件进行查看。图 9-50 所示为冷热源机房平面图。

BIM 模型不仅可以由坐标变换而形成不同视图，还可以生成有颜色、形状、材料等的三维实体。在进行冷热源机房的三维显示时，可通过着色、渲染等功能得到三维实体。着色可通过设置机房内设备的材质来改变设备的颜色即表面纹理等。渲染即是对机房模型模拟日光、灯光，显示阴影，使得模型有一个更好的视觉效果。大多数冷热源机房处于整栋建筑的地下室，可通过渲染模拟灯光照射下，机房内设备管路等的阴影及表面纹理等。

BIM 模型不仅可以通过自身的“漫游”工具，设置漫游路径及每一帧的视野范围，制作简单的动画，还可以利用 Lumion 等软件，制作较细致的漫游动画模型，使得 BIM 模型在后期演示过程中更具吸引力。

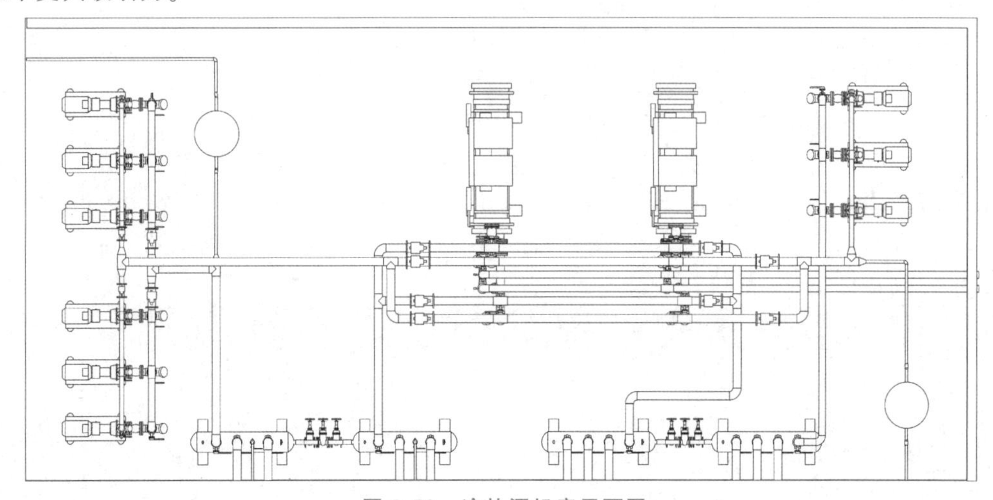

图 9-50　冷热源机房平面图

6. 碰撞检查

在冷热源机房绘制完成后，碰撞检查是十分重要的一项工作。冷热源机房不仅有冷冻水、冷却水的供回水管，通常还有事故排风管、给水排水管道、消防水管、电缆桥架等。在进行碰撞检查时，可通过软件自行进行碰撞检查，也可将建立的模型导入 Navisworks 等软件中，通过软件自动检查出碰撞位置，得到各管线的碰撞结果。通过 BIM 模型的碰撞检查，可以直观地得到机房内部各管道的布置情况，彻底检查出各管道间的所有碰撞冲突问题，并能够及时在设计阶段进行调整，消除冲突碰撞，减少施工中不必要的损失和浪费。碰撞检查通过软件直接生成碰撞检查报告，并检查出有无碰撞。

附录

附录 A　空调工程实例

一、图样目录

<table>
<tr><td colspan="6">图 样 目 录</td></tr>
<tr><td colspan="3">设计阶段:施工图</td><td colspan="3">专业:暖通　　共 1 页 第 1 页</td></tr>
<tr><td colspan="2" rowspan="4">×××
设计院</td><td>工程名称</td><td>××市××宾馆</td><td>工程代号</td><td></td></tr>
<tr><td>项目名称</td><td></td><td>项目代号</td><td></td></tr>
<tr><td>专业负责人</td><td></td><td>日　　期</td><td></td></tr>
<tr><td>填 表 人</td><td></td><td>日　　期</td><td></td></tr>
<tr><td>序　号</td><td>图别
图号</td><td>修改
版次</td><td>图　　名</td><td>图幅</td><td>备　　注</td></tr>
<tr><td>1</td><td>暖施-1</td><td></td><td>设计说明</td><td>A4</td><td></td></tr>
<tr><td>2</td><td>暖施-2</td><td></td><td>设备及材料表</td><td>A4</td><td></td></tr>
<tr><td>3</td><td>暖施-3</td><td></td><td>一层空调平面图</td><td>A2</td><td>图 A-1</td></tr>
<tr><td>4</td><td>暖施-4</td><td></td><td>二~五层空调平面图</td><td>A2</td><td>图 A-2</td></tr>
<tr><td>5</td><td>暖施-5</td><td></td><td>Ⅰ、Ⅱ、Ⅲ剖面图</td><td>A2</td><td>图 A-3</td></tr>
<tr><td>6</td><td>暖施-6</td><td></td><td>空调水系统轴测图</td><td>A2</td><td>图 A-4</td></tr>
<tr><td>7</td><td>暖施-7</td><td></td><td>空调风系统轴测图</td><td>A2</td><td>图 A-5</td></tr>
<tr><td>8</td><td>暖施-8</td><td></td><td>冷热源水系统原理图</td><td>A2</td><td>图 A-6</td></tr>
<tr><td>9</td><td>暖施-9</td><td></td><td>冷热源机房平面图</td><td>A2</td><td>图 A-7</td></tr>
<tr><td>10</td><td>暖施-10</td><td></td><td>冷热源水系统轴测图</td><td>A2</td><td>图 A-8</td></tr>
<tr><td>11</td><td>暖施-11</td><td></td><td>冷热源机房剖面图
(Ⅳ-Ⅴ剖面)</td><td>A3</td><td>图 A-9</td></tr>
<tr><td>12</td><td>暖施-12</td><td></td><td>集水器加工示意图</td><td>A3</td><td>图 A-9</td></tr>
</table>

二、设计说明

(1) 该项目分三个部分设计：即新建主楼加空调、已建楼加空调以及冷热源机房设计。该建筑为宾馆，总面积 3200m²，共 5 层。总冷量为 691kW，冷冻水循环量为 150t/h，热负荷为 551.5kW，热水循环量为 94.9t/h。

(2) 室外气象条件：夏季，空调计算干球温度 35.8℃；空调计算湿球温度 27.7℃。冬季，空调计算干球温度-3℃；相对湿度：81%。

(3) 室内设计状态：

房间名称	温度/℃		湿度(%)		新风量/(m^3/h)	冷量/kW	热量/kW
	夏季	冬季	夏季	冬季			
大餐厅	26~28	16~18	50~60	45~50	6000	221.0	181.1
小餐厅	26~28	16~18	50	45~50		103.0	82.4
客房	24~26	16~18	50	45~50	100m³/间	360.0	288.0
娱乐城	25~27	18~20					

(4) 设备选型：按建设单位条件和要求，选用一台 580kW 双效溴化锂吸收式制冷机，另预留 1 台位置，选用 200t/h 超低噪声、深水盘冷却塔。大餐厅选用 4 台 $L=10000\text{m}^3/\text{h}$ 大盘管（卧式吊装），大风管低速送风集中回风。所有客房均为小盘管加新风系统，小餐厅为小盘管加排气扇，不设独立新风系统。

(5) 风管：采用镀锌钢板，厚度根据风管的尺寸，见规范有关要求。风管保温采用 P.E.F 板，厚 20mm，外包玻璃布刷漆。风管支吊架间距 2~2.5m。

(6) 水管：采用镀锌钢管和焊接黑铁管。*DN*32mm 以下螺纹连接，*DN*32mm 以上焊接。保温采用聚氨酯，厚为 *DN*80mm 以下用 30mm，*DN*80 以上用 40mm，零配件接头处，采用 P.E.F 套管，外包玻璃布。

(7) 所有管道（除凝水管为低头敷设，并保持 0.003~0.005 坡度）均为抬头走，最高处设排气阀，并保持 0.003 坡度，管道支吊架间距按规范有关要求处理。

(8) 风口：大小餐厅采用柚木制散流器和出风百叶，其他均为铝合金风口。

(9) 所有管道穿墙和楼板要预埋大于本管道 1~2in（1in=25.4mm）的套管，两管之间填 P.E.F。

(10) 管道在清洗安装后进行打压试验，试压要求 0.6MPa，15min 不掉压为合格。

(11) 凡未说明处，可按规范有关要求施工。

图例：

符　号	名　称	符　号	名　称	符　号	名　称
LRG	冷热水供水管	LQG	冷却水供水管	n	空调冷凝水管
LRH	冷热水回水管	LQH	冷却水回水管	PZ	膨胀水管
Z	蒸汽管	N	冷凝水管		

三、设备及材料表

××× 设计院	设备及材料表		设计号	
			图别	
	工程名称		图号	
			设计	
	项目名称		审核	
			共　页	第　页

序号	名　称	规　格	单位	数量	备注
1	空调机组 (K—1、K—4)	型号:SKDH—100(6 排管) 冷量:45kW 风量:8200m^3/h 余压:400Pa 功率:2.1kW	台	2	
2	空调机组 (K—2、K—3)	型号:SKDH—100(4 排管) 冷量:35kW 风量:8200m^3/h 余压:350Pa 功率:1.8kW	台	2	
3	空调机组 (K—5~8)	型号:SKDH—15(4 排管) 冷量:5.25kW 风量:1230m^3/h 余压:150Pa 功率:0.3kW	台	4	
4	新风机组 (X—1~4)	型号:SKDH—20(6 排管) 冷量:9kW 风量:2000m^3/h 余压:400Pa 功率:0.7kW	台	4	
5	风机盘管	型号:YGFC—03—CC—3—S 冷量:3.24kW　热量:5.73kW 功率:30W	台	105	
6	方形散流器颈	265mm ×265mm	台	38	
7	双层百叶出风口	650mm ×130mm	台	89	
		300mm ×250mm	台	16	

（续）

7	双层百叶出风口	870mm ×130mm	台	5	
		1070mm ×130mm	台	5	
		1270mm ×130mm	台	3	
8	单层带网百叶	650mm ×180mm	台	105	
		870mm ×180mm	台	5	
		1070mm ×180mm	台	5	
		1270mm ×180mm	台	3	
9	蒸汽双效溴化锂吸收式制冷机	型号:16JT421 名义制冷量:580kW 蒸汽消耗量:800kg/h 配电量:4.2kW	台	1	
10	超低噪声深水盘冷却塔	型号:SC—175UL 冷却水量:175t/h	台	1	
11	冷冻泵	型号:IS150—125—315 流量:150m^3/h 扬程:34m 功率:30kW	台	2	
12	冷却泵	型号:IS150—125—315A 流量:175m^3/h 扬程:28m 功率:22kW	台	1	
13	板式换热器	型号:BR—02 换热面积:15m^2	台	1	
14	集水器	*DN*300mm ×1420mm	台	1	
15	分水器	*DN*300mm ×1770mm	台	1	
16	膨胀水箱	1200mm ×1200mm ×1200mm	台	1	
17	温控器	薄膜自力式 *DN*50mm	台	1	
18	疏水器(热动式)	*DN*50mm	台	1	
		*DN*25mm	台	1	
19	Y 形过滤器	*DN*150mm	台	3	
		*DN*20mm	台	11	
		*DN*15mm	台	94	
20	自动排气阀	*DN*15mm	台	40	

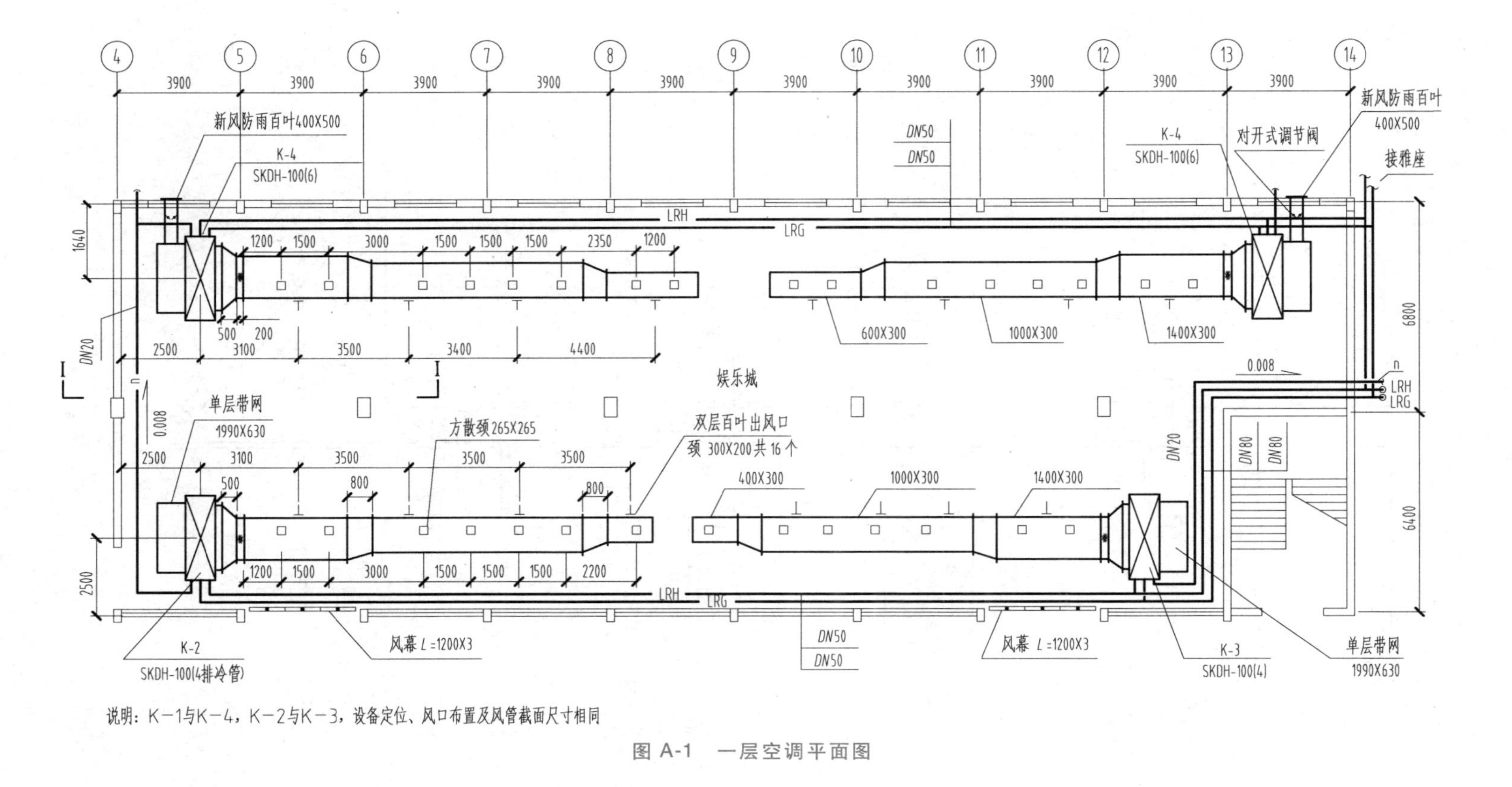

说明：K－1与K－4，K－2与K－3，设备定位、风口布置及风管截面尺寸相同

图 A-1 一层空调平面图

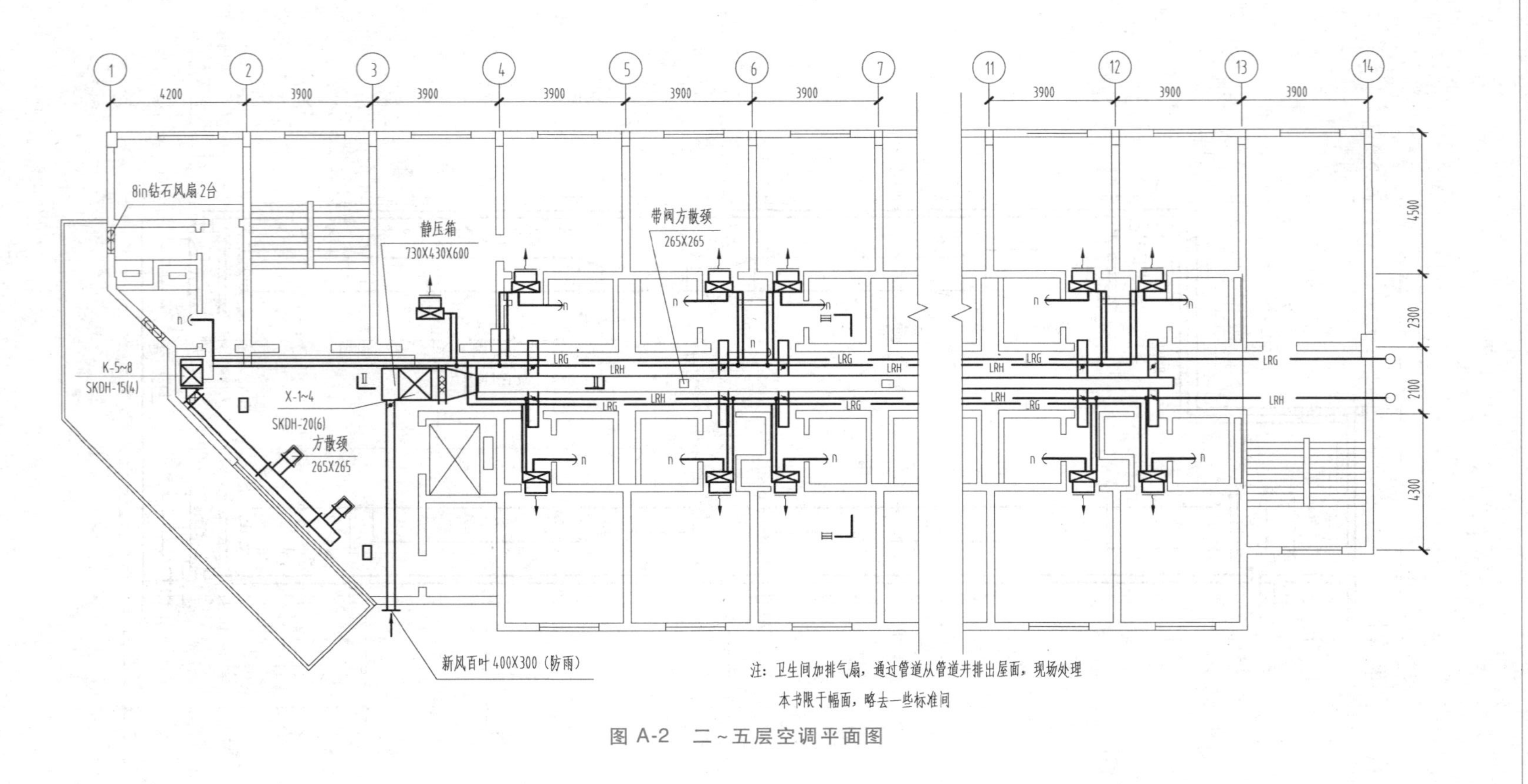

图 A-2 二～五层空调平面图

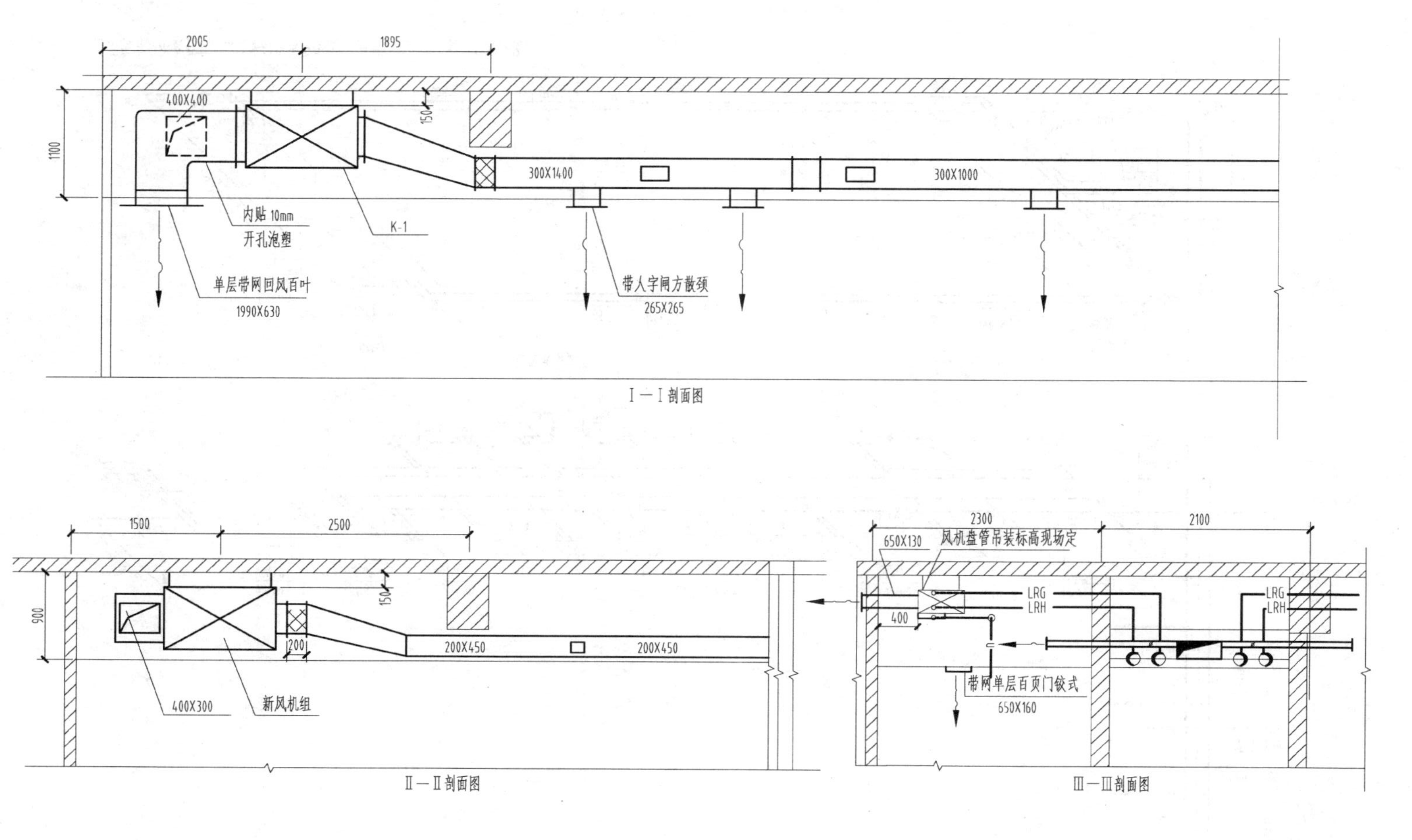

2005
1895
400X400
150
1100
300X1400
300X1000
内贴 10mm
开孔泡塑
K-1
单层带网回风百叶
1990X630
带人字闸方散颈
265X265
Ⅰ—Ⅰ剖面图
1500
2500
900
150
200
200X450
200X450
400X300
新风机组
Ⅱ—Ⅱ剖面图
2300
2100
650X130
风机盘管吊装标高现场定
LRG
LRH
LRG
LRH
400
带网单层百页门铰式
650X160
Ⅲ—Ⅲ剖面图

图 A-3 Ⅰ、Ⅱ、Ⅲ剖面图

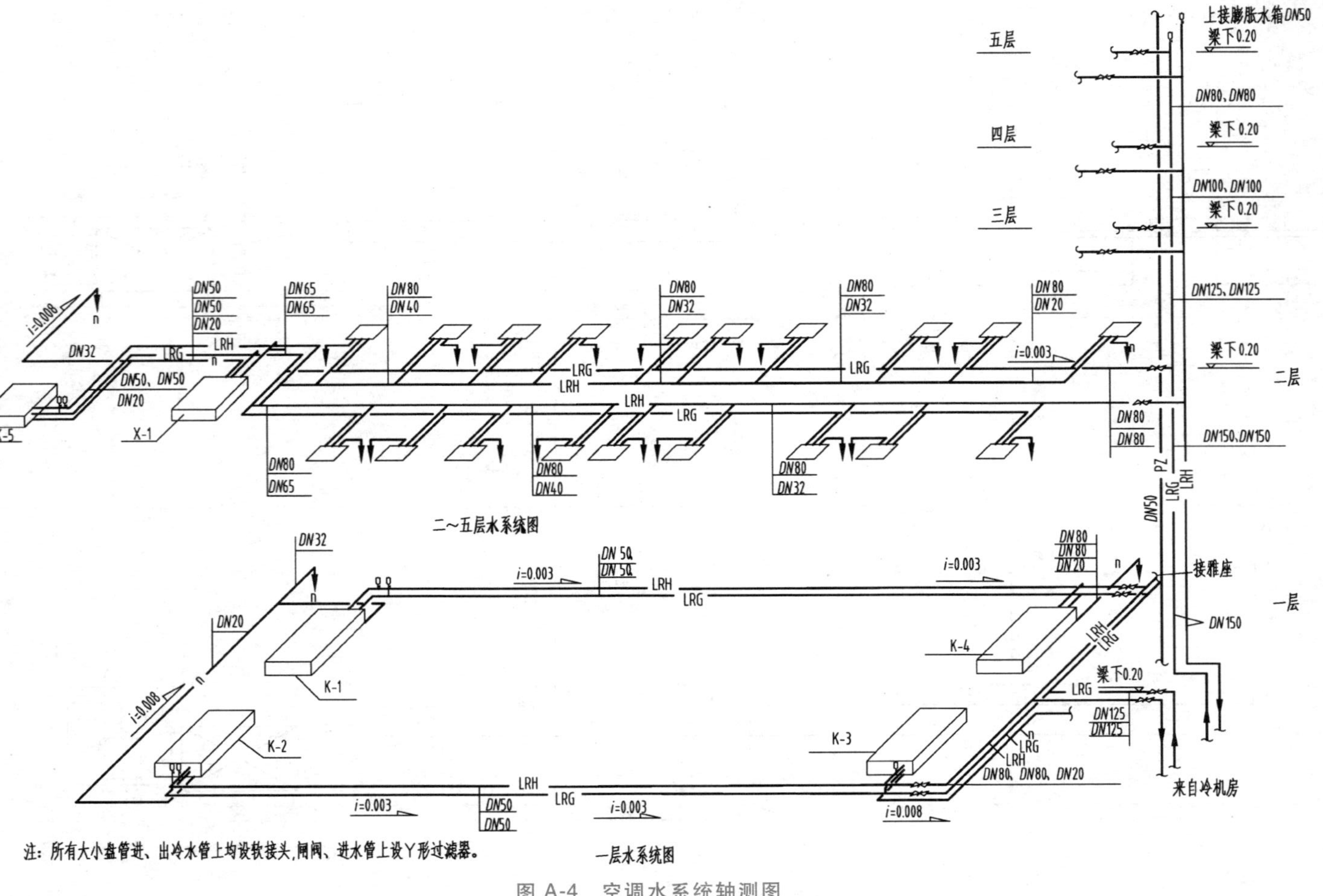

注：所有大小盘管进、出冷水管上均设软接头,闸阀、进水管上设Y形过滤器。

图 A-4 空调水系统轴测图

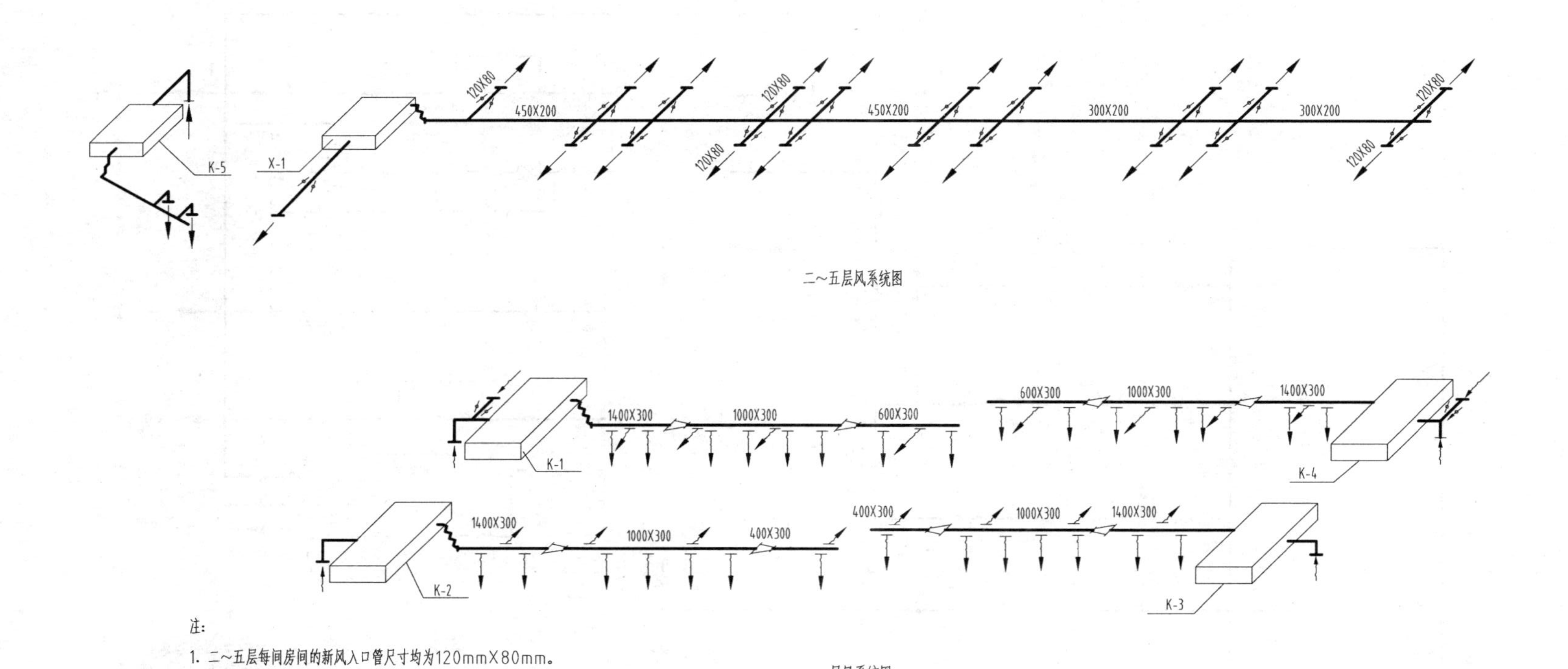

注：

1. 二～五层每间房间的新风入口管尺寸均为120mmX80mm。
2. 所有风管做法详见总说明。
3. 一层下送风口采用带闸方散颈，侧送风口采用带风阀的风口。

图 A-5　空调风系统轴测图

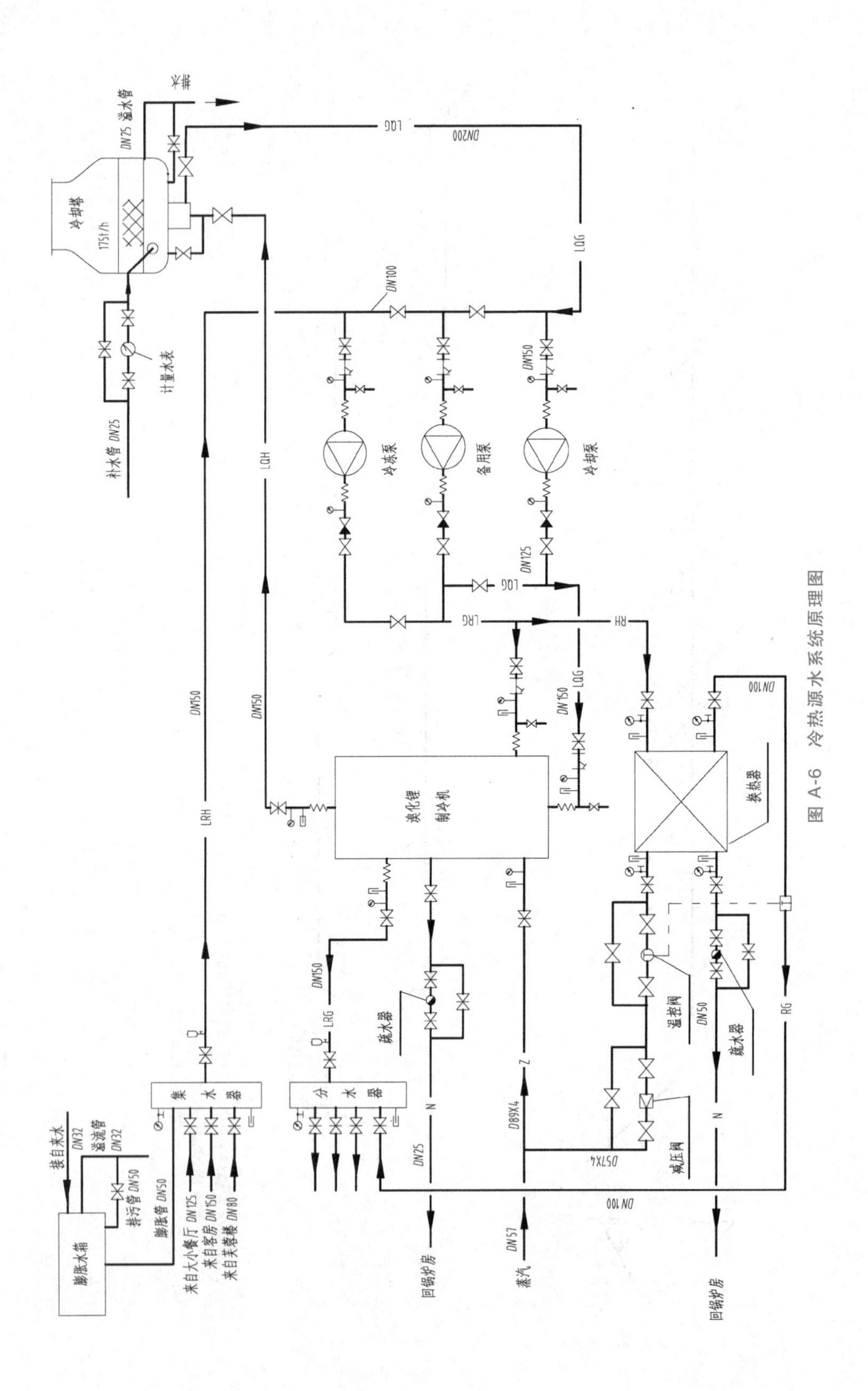

图 A-6 冷热源水系统原理图

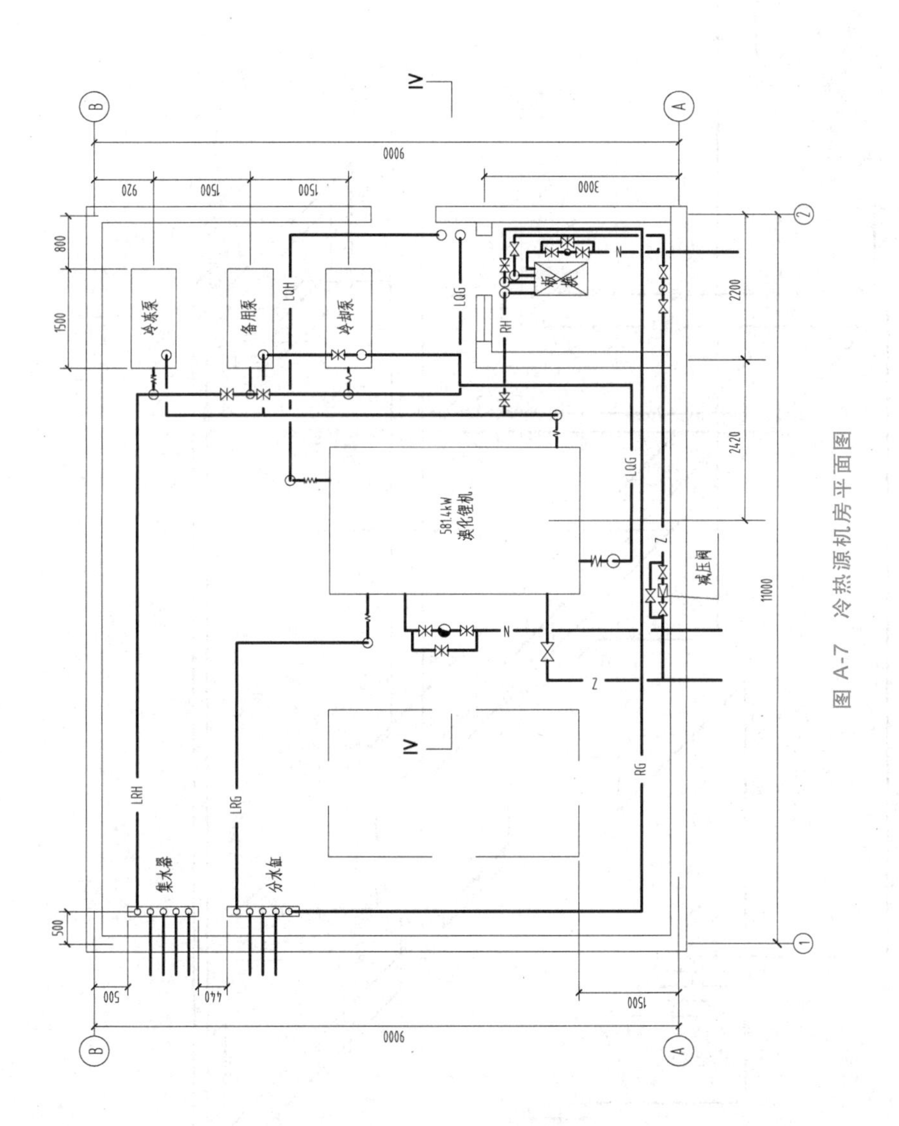

图 A-7 冷热源机房平面图

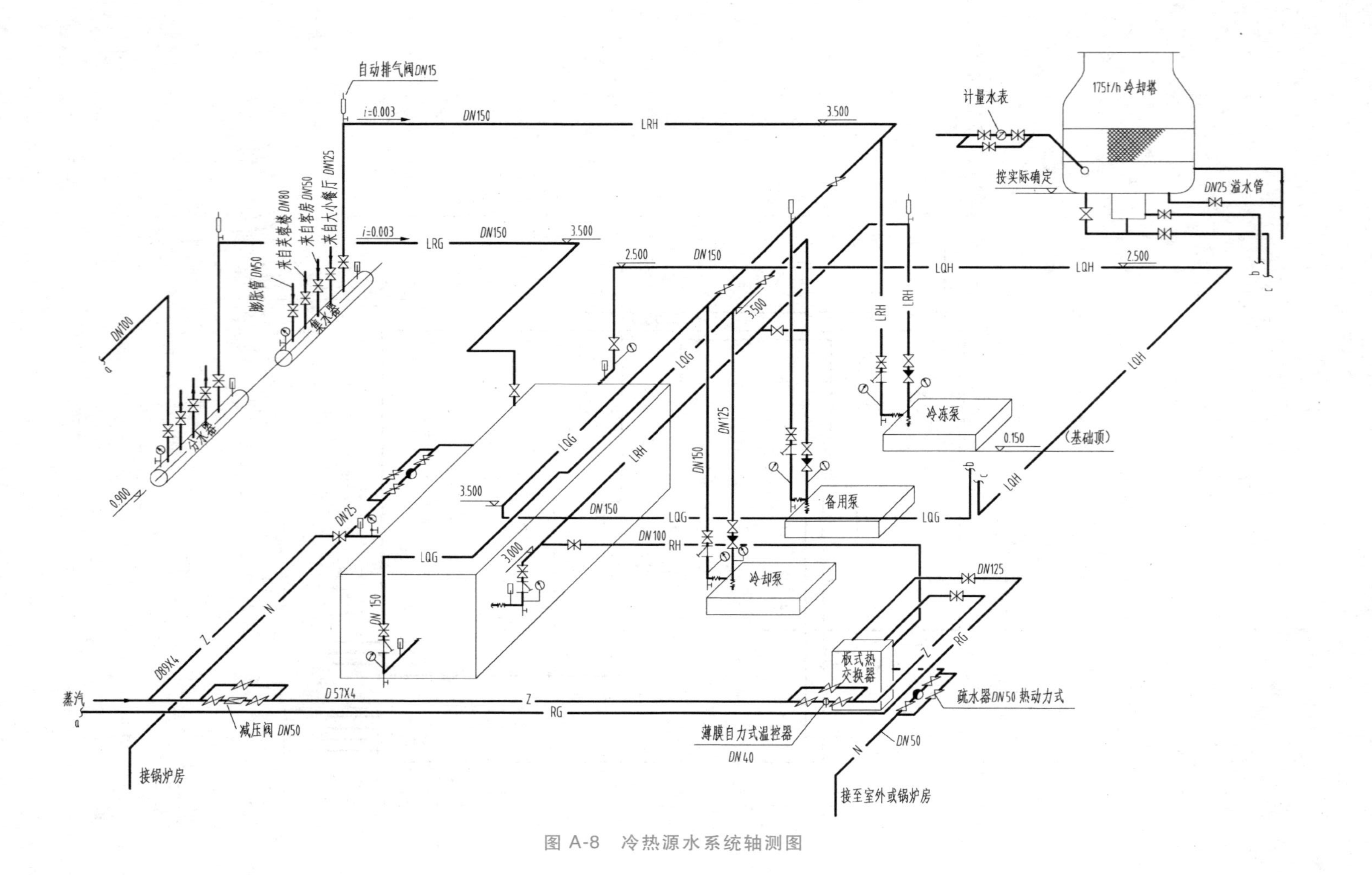

图 A-8 冷热源水系统轴测图

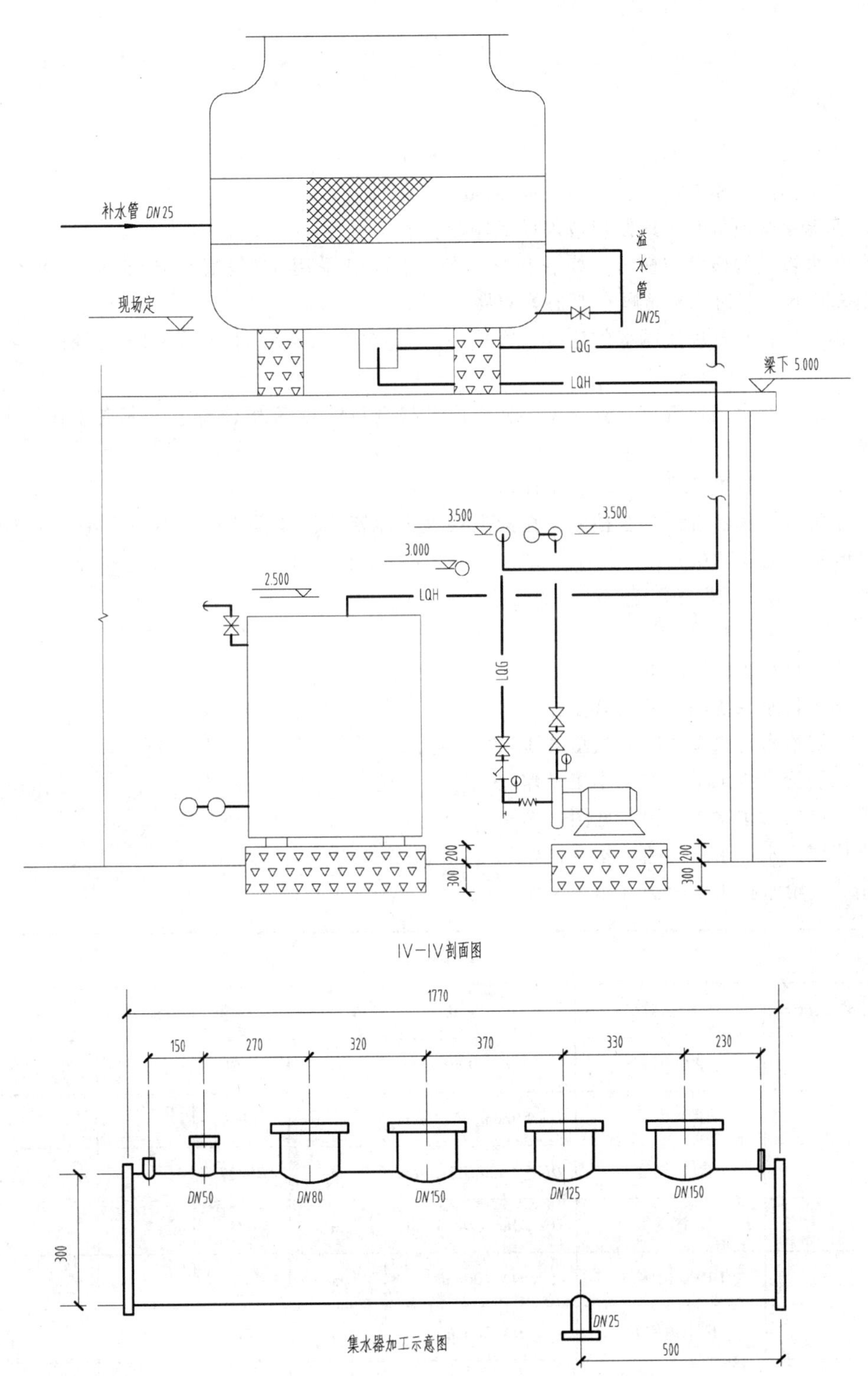

图 A-9 冷热源机房剖面图（Ⅳ-Ⅳ剖面）与集水器加工示意图

附录 B 建筑给水排水工程实例

一、设计说明

（1）本图尺寸单位：标高以米计，其余以毫米计。

（2）本图标高面相对标高，室内地面 0.00。

（3）管道穿楼地板时，请按规范加设钢制套管。

（4）排水管道的横管与横管，横管与立管的连接，宜采用 45°三通、45°四通、90°斜三通，也可采用直角顺水三通或直角顺水四通等配件。

（5）排水立管与排出管端部的连接，宜采用两个 45°弯头或弯曲半径不小于 4 倍管径的 90°弯头。

（6）排水立管上的检查口设置高度，从地面至检查口中心宜为 1.0m，并应高于该层卫生器具上边缘 0.15m。

（7）消火栓的设置高度，从地面至栓口为 1.1m。

（8）手提式灭火器宜设置在挂钩、托架上或灭火器箱内，其顶部距离地面应小于 1.5m，其底部距离地面不宜低于 0.15m。

二、图样目录

（1）主要材料表，见图 B-1。

（2）给水排水系统图，见图 B-2。

（3）一层给水排水系统图，见图 B-3、图 B-4。

（4）二层给水排水平面图（本书从略）。

（5）三层给水排水系统图，见图 B-5。

（6）四层给水排水平面图（本书从略）。

（7）五层给水排水平面图（本书从略）。

主要材料表							
编号	标准或图号	名　称	规　格	单　位	数　量	材　料	备　注
1		镀锌钢管	*DN* 80mm	m	75		
2		镀锌钢管	*DN* 50mm/*DN* 40mm	m	17/8		
3		镀锌钢管	*DN* 32mm/*DN* 25mm	m	20/37		
4		镀锌钢管	*DN* 20mm/*DN* 15mm	m	70/11		
5		UPVC 给水管	*DN* 100mm	m	18		
6		排水铸铁管	*DN* 200mm	m	30		
7		排水铸铁管	*DN* 150mm	m	5		

图 B-1 主要材料表

主要材料表							
编号	标准或图号	名　称	规　格	单　位	数　量	材　料	备　注
8		排水硬聚氯乙烯管	*DN* 100mm	m	32		
9		排水硬聚氯乙烯管	*DN* 75mm	m	34		
10		排水硬聚氯乙烯管	*DN* 50mm	m	10		
11	09S304,24	水龙头	*DN* 15mm	个	5		
12	09S304,38	单眼洗脸盆	19#	套	5		
13	09S304,87	延时自闭蹲式大便器	1#	套	10		
14	09S304,99	挂式小便器	3#	套	10		
15		地　漏	*DN* 75mm	个	10		
16		地　漏	*DN* 50mm	个	10		
17		检查口	*DN* 100mm	个	3		
18		检查口	*DN* 50mm	个	6		
19		通风帽	*DN* 100mm	个	1		
20		通风帽	*DN* 50mm	个	2		
21	J11x-10	截止阀	*DN* 25mm/*DN* 20mm	个	5/5		
22	J11x-10	截止阀	*DN* 50mm/*DN* 32mm	个	1/1		
23		挖土		m^3	30		
24		回填土		m^3	4		
25	07S906(Ⅲ)	砖砌化粪池	3 #	座	1		
26	赣 97S201	砖砌排水检查井	500mm ×500mm	座	2		
27		余土外运		m^3	26		
28		干粉灭火器	2 kg	具	20		
29	04S20212-甲	室内消火栓	*DN* 65mm　19 L25	组	10	铝合金	
30							

图 B-1　主要材料表（续）

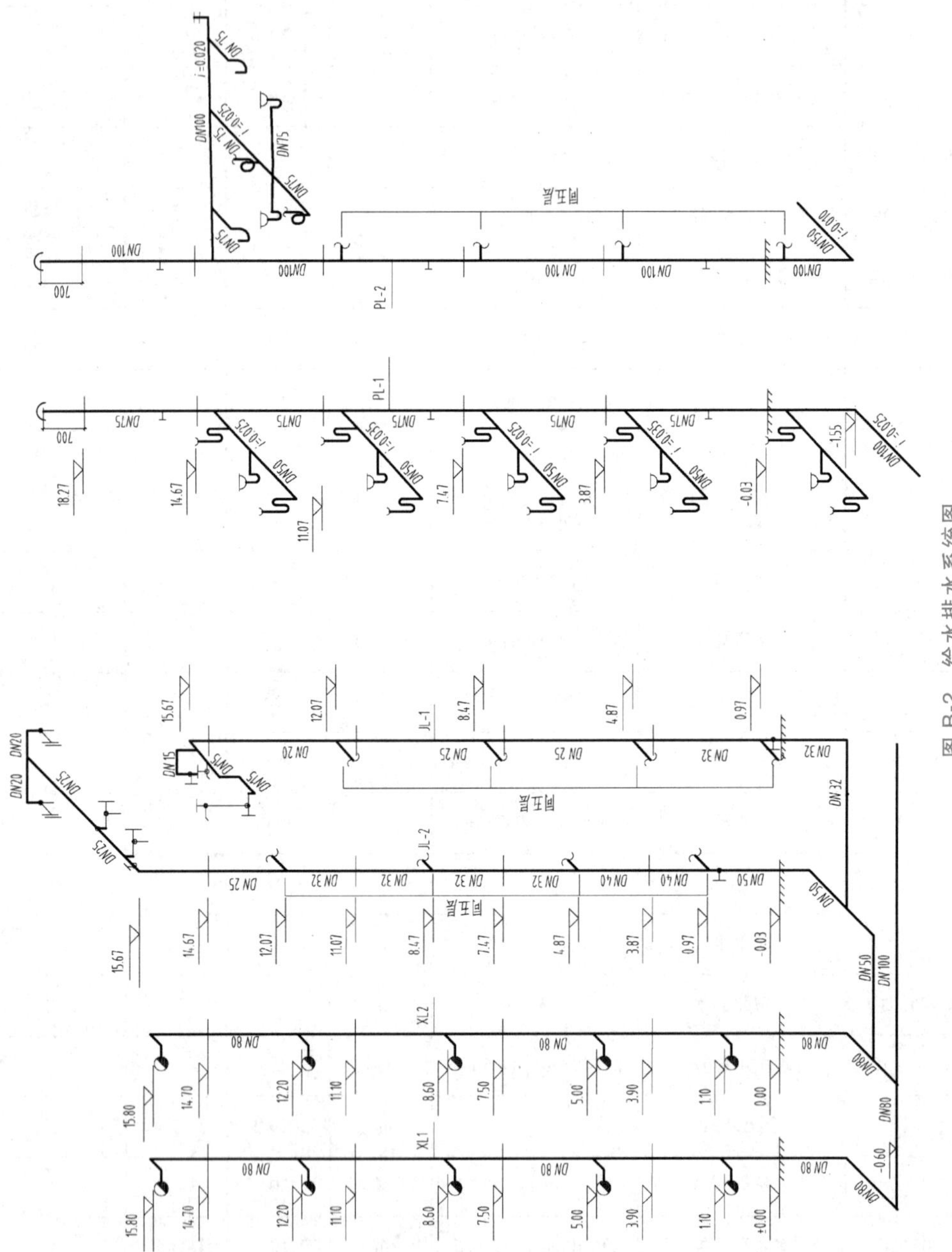

图 B-2 给水排水系统图

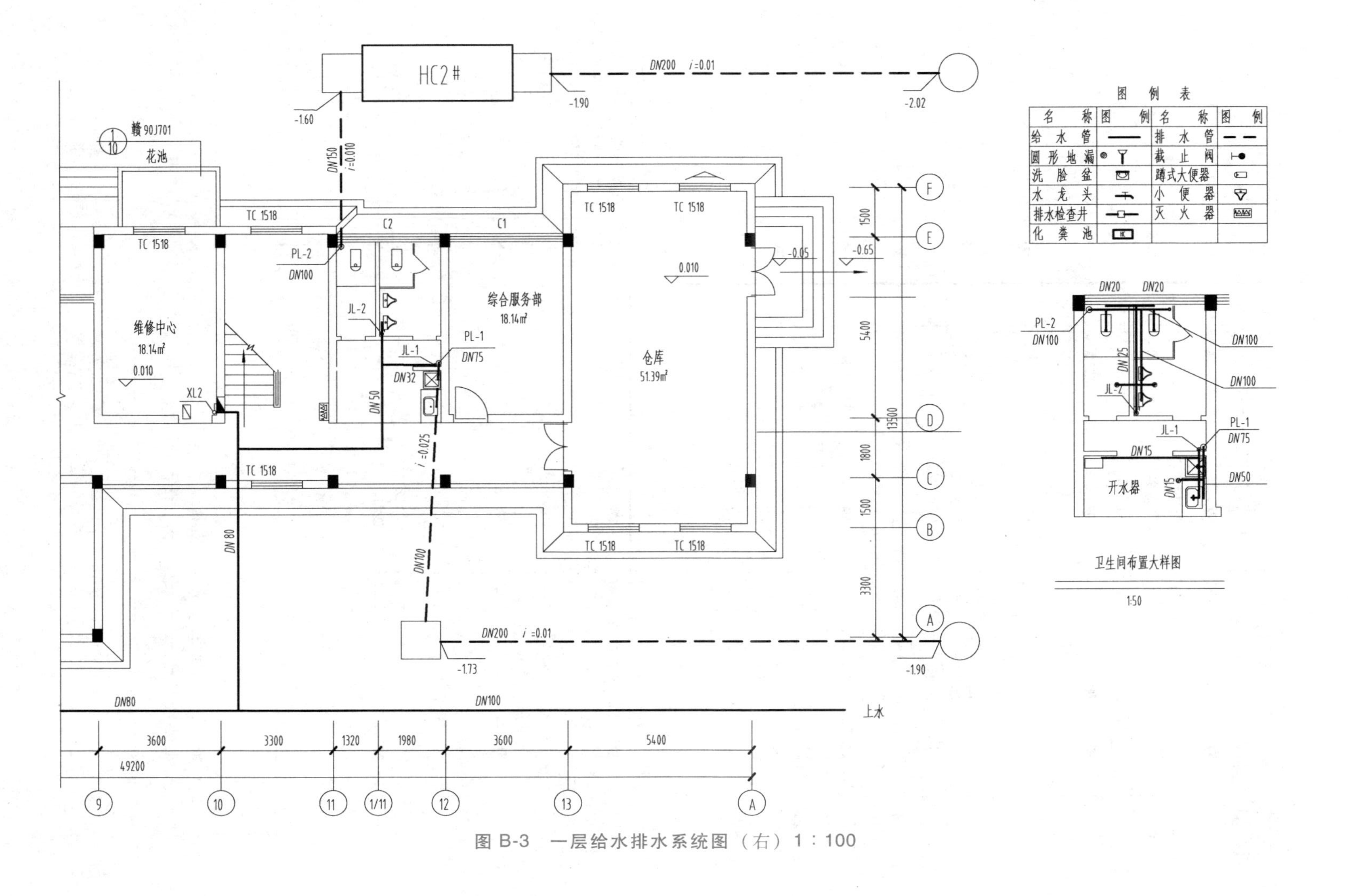

图 B-3 一层给水排水系统图（右） 1：100

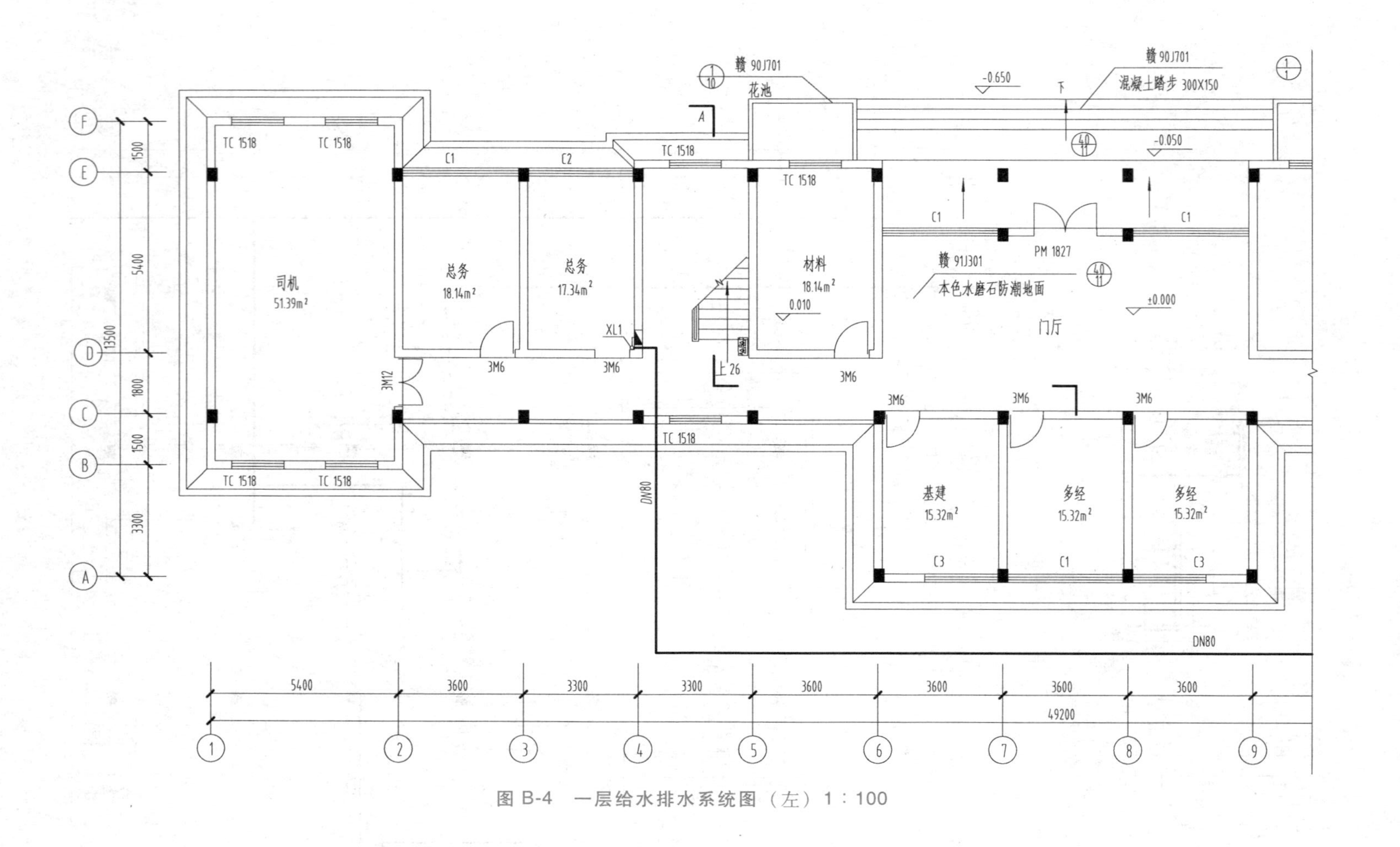

图 B-4 一层给水排水系统图（左） 1：100

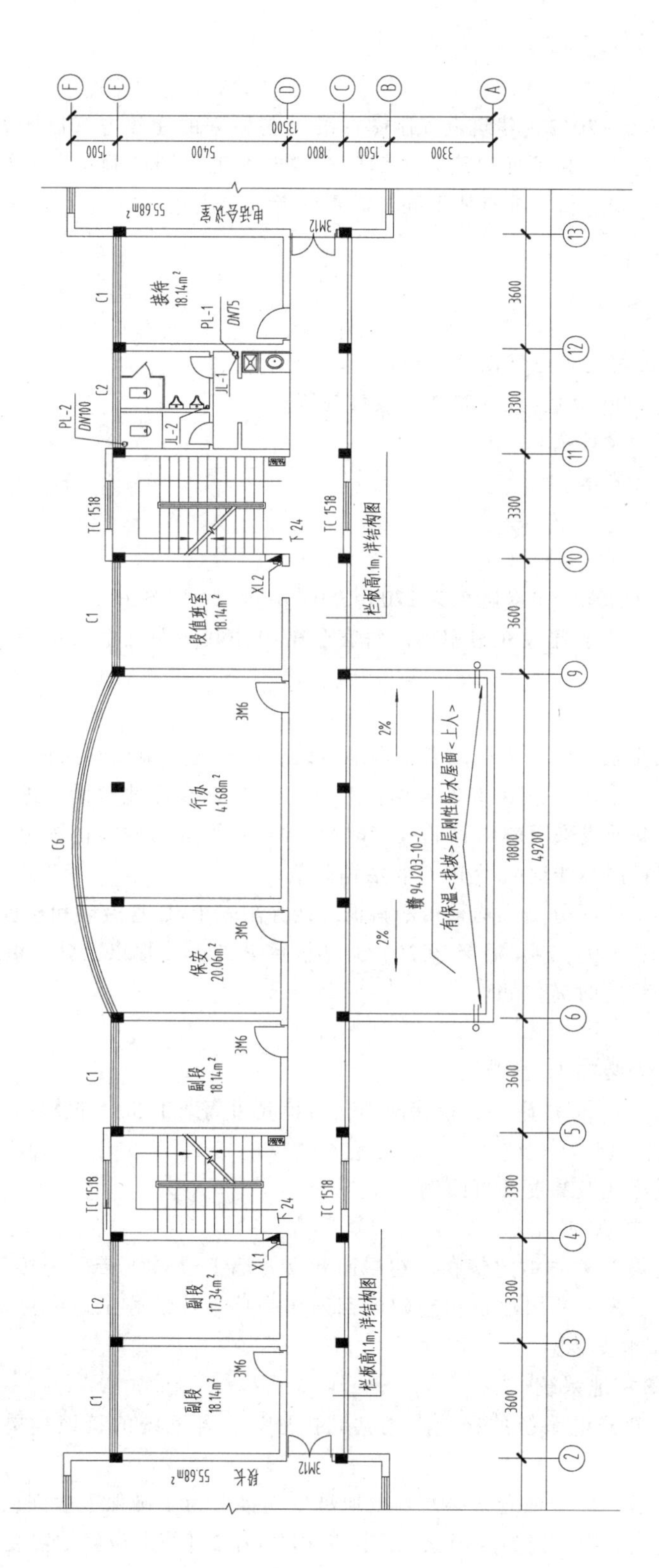

图 B-5 三层给水排水系统图 1：100

附录 C 建筑电气工程实例

由于新颁布的 GB/T 50786—2012《建筑电气制图标准》与原来的建筑电气制图方法在图形符号和基本规定上均有一些差异，为了便于读者了解已有的电气工程图的画法，附录 C 中的工程实例仍保持老画法，许多地方与新标准有所不同，需要读者引起注意。

一、设计说明

（一）设计依据

（1）JGJ/T 16—1992《民用建筑电气设计规范》。

（2）GB 50057—1994（2000 版）《建筑物防雷设计规范》。

（3）相关专业提供的工程设计资料。

（4）甲方提供的工程设计要求。

（二）电源

本工程为三级负荷。

本工程电源由校区变电所引来，供电电压为 220V/380V。

每户寝室按 1kW 考虑，其电表箱设在寝室内。每套公寓内公共照明的电表集中设在每层楼梯间的电表箱内。

（三）线路敷设

（1）总电源进户线采用交联铠装电力电缆直接埋地敷设，进户处穿金属管保护。

（2）由配电间至各单元的配电干线在室外采用铠装电力电缆直接埋地敷设，进户处穿金属管保护，由配电间引出的配电干线采用塑料铜芯线穿阻燃 PAC 管沿墙暗敷，由配电干线至层配电箱通过 T 形分流器采用塑料铜芯线穿阻燃 PVC 管沿墙暗敷。

（3）除图中注明外，其余照明分支线均采用塑料铜芯线穿阻燃 PVC 管沿墙和楼板暗敷。

BV—2.5mm^2 导线穿管管径为：2~4 根穿 PC20；5~7 根穿 PC25；8 根以上分管敷设。

（4）管线过建筑沉降伸缩缝时需作处理。

（四）设备安装

（1）低压配电柜为落地安装在 10 号槽钢上。

（2）配电箱底边离地 1.5m，嵌墙暗装，楼梯间内电表箱底边离地 1.5m，嵌墙暗装。寝室内电表箱底边离地 1.3m，嵌墙暗装。

（3）灯具、电具的安装方式及高度参见图例。

（五）防雷，接地与等电位连接

（1）本工程建筑物均属第三类防雷建筑物。在屋面和女儿墙上设避雷带作为接闪器。利用建筑物构造柱内主筋作为引下线。利用建筑物基础内钢筋作为接地体。施工请参见华东地区建筑标准设计 96D501《防雷接地安装》。

（2）本工程采用 TN-C-S 接地系统。

（3）防雷接地电源接地和弱电系统的接地采用共同接地体，各系统的接地均单独引下线，要求接地电阻不大于 1Ω。

（4）接地干线及进出建筑物的金属管线必须与接地母线连接。为了确保卫生间的用电安全，卫生间内实施局部等电位连接。施工请参见国家标准图集 02D501-2《等电位联结安装》。

（5）在施工过程中，需通过预埋在室外离地 0.5m 处的测试点，进行接地电阻值测试，要求接地电阻不大于1Ω。若实测不到此值，应补大接地极。

(六) 弱电设施

1. 通信系统

每单元设通信系统进户点一处，通信电缆埋地引入底层电信间。每单元每层设通信分线箱，每套公寓均设信息配线箱，每间寝室均设电话终端。

通信干线电缆穿金属管沿墙暗敷，通信用户线采用HBV型室内电话线穿金属管沿墙或楼板暗敷。

通信系统管线的敷设应经过电话局认可后方可施工。

2. 校园网络系统

每单元设校园网进户点一处，电视电缆埋地引入底层楼梯间，每单元每层设网络分接箱。每间寝室均设网络终端。

校园网络干线电缆穿金属管沿墙暗敷。分支线及用户线采用五类非屏蔽对绞电缆穿金属管沿墙或楼板暗敷。

校园网络管线的敷设应经过学校有关部门认可后方可施工。

(七) 施工过程中要求电气安装与土建紧密配合，若电气管路与其他管路有冲突时，可在施工现场做适当调整。

(八) 本说明未及处，请按国家有关规范施工。

二、图样目录

1	电施1A	设计说明及图例	参 见 后 面	见图C-1
2	电施2A	单元配电干线图	第1单元	见图C-2
3	电施4	低压配电系统图	1、2、3、4单元	见图C-3
4	电施6	单元弱电系统图	第1单元	见图C-4
5	电施8	二号楼标准层照明平面图	第1、2单元	见图C-5
6	电施12	二号楼标准层弱电平面图	第1、2单元	见图C-6
7	电施17A	二号楼屋面防雷平面图	第1、2单元	见图C-7
8	电施18A	二号楼接地平面图	第1、2单元	见图C-8
9	电施20	主要设备及材料表		

二号宿舍楼共4个单元，第3、4单元与第1、2单元基本相同，为节省篇幅，所附工程图为1、2单元。第一单元为一梯一套，第二单元为一梯二套。

其余图样本书从略。

三、图例与材料表

第　页共　页						
序号	名　　称	型号及规格	单位	数量	来源或设备图号	备　　注
1	安全型动力柜	GGBD2—3	台	2		
2	安全型动力柜	GGBD2—27	台	2		

（续）

第 页共 页						
序号	名 称	型号及规格	单位	数量	来源或设备图号	备 注
3	一位电表箱	非标	台	472		
4	二位电表箱	非标	台	40		
5	三位电表箱	非标	台	6		
6	安全型配电箱柜	GDB2R—18M	台	42		1MX~7MX
7	安全型配电箱柜	GDB2R—12M	台	28		1NX~7NX
8	安全型配电箱柜	GDB2R—6M	台	15		DX. PX
9	安全型配电箱柜	GDB6R—3T	台	28		1RX. 2RX
10	电信分线箱	C 型	台	78		
11	电信分线箱	B 型	台	20		
12	网络电缆分线箱	待定	台	98		
13	信息配线箱	JPX21 型	台	112		

四、工程图

（一）屋面防雷平面图的说明

（原先位于图 C-7 的右下角，本书限于页面大小，注写在这里）

（1）防直击雷利用沿女儿墙和屋面明敷的避雷带。防雷引下线利用建筑物内至少 4 根对角主筋（ϕ4mm）。图示即防雷引下线，其上部与接闪器焊接，下部与接地母线焊接。

（2）施工时参见华东地区建筑标准图集 96D501《防雷接地安装》、国标图集 99D501-1《建筑物防雷设施安装》，并与土建密切配合。

（3）屋面避雷带与防雷引下线之间的连接须通过焊接可靠连通。突出屋面的金属体均须与避雷带可靠连通。

（二）接地平面图的说明

（原先位于图 C-8 的右下角，本书限于页面大小，注写在这里）。

（1）本设计利用条形基础和桩基内钢筋作为接地极，利用构造柱内 4 根对角主筋（ϕ14mm）作为防雷引下线，交叉搭接处均要求可靠绑扎。

（2）防雷接地和弱电接地采用一个总的共用接地装置，要求接地电阻不大于 1Ω。

（3）图示

引下线：防雷接地引下线，利用图中所示的 7 处构造柱内的 4 根对角主筋（ϕ14mm）。延长这 4 根主筋与基础钢筋可靠绑扎，每根主筋绑扎点不少于 4 点，离室外地坪 0.5m 处设引出点钢板，引下线上部与屋面的避雷带可靠连通。

引下线：防雷接地引下线，利用图中所示的 11 处构造柱内的 4 根对角主筋（ϕ14mm）。延长这 4 根主筋与基础钢筋可靠绑扎，每根主筋绑扎点不少于四点，引下线上部与屋面的避雷带可靠连通。

引下线：等电位连接线，利用图中所示的 2 处构造内四根对角主筋（ϕ14mm），延长这 4 根主筋与基础钢筋可靠绑扎，每根主筋绑扎点不少于 4 点。在配电间离地 0.3m 处设预埋件，通过热镀锌扁钢-40×4 与总等电位端子箱 MEB 连通。

引下线：等电位连接线，利用图中所示的 4 处构造内 4 根对角主筋（ϕ14mm），延长这 4 根主筋与基础钢筋可靠绑扎，每根主筋绑扎点不少于 4 点。在配电间离地 0.3m 处设预埋件，通过热镀锌扁钢-40 ×4 与总等电位端子箱 MEB 连通。单元内各进线配电箱的 PE 母线电源进线和弱电进线的金属保护管等进入本建筑的公用设施的金属管道均与 MEB 做等电位联结。

图例				
序号	图示	名称、型号及规格	安装高度	备注
1		吸顶灯（配环形节能灯）32W	吸顶	
2		壁灯 60W	离地 2.2m	
3	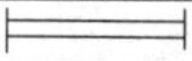	双管荧光灯（配电子整流器）2×36W	离地 2.6m	装于配电间
4	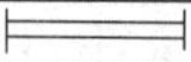	双管荧光灯（配电子整流器）2×36W	吸顶	装于寝室
5		吸顶式摇头扇	吸顶	
6				
7		单项二极加三极暗插座 GKB4/10US	离地 0.3m	
8		单项二极加三极暗插座 GKB4/10US	离地 2.5m	
9		单项二极加三极暗插座 GKB4/10US	离地 1.5m	电信间用
10				
11		单联单控暗开关 GKB31/1	离地 1.3m	卫生间选用防潮式
12		双联单控暗开关 GKB32/1	离地 1.3m	
13		声光控延时节能开关	离地 1.3m	
14		吸顶式摇头扇调速开关	离地 1.3m	
15				
16	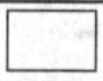	电力配电柜	落地安装	
17		配电箱	下口离地 1.5m	
18	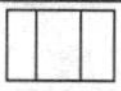	电表箱	下口离地 1.5m	装于楼梯间
19	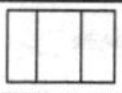	电表箱	下口离地 1.3m	装于寝室
20				
21				
22				
23	IC	网络插座	离地 0.3m	
24	ID	电话插座	离地 0.3m	
25				
26		电话分线箱	下口离地 1.5m	
27	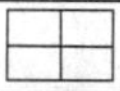	网络分接箱	下口离地 1.5m	
28	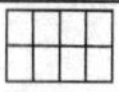	信息配线箱	离地 0.3m	
29	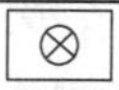	消火栓	见水施图	
30	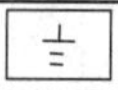	等电位端子箱	离地 0.3m	

图 C-1 图例

引下线：等电位连接线，利用图中所示的 6 处构造内 4 根对角主筋（ϕ14mm），延长这 4 根主筋与基础钢筋可靠绑扎，每根主筋绑扎点不少于 4 点。在每层卫生间离地 0.3m 处预设埋件，供与每个卫生间的局部等电位端子箱 LEB 连接。所示的条形基础内的 4 根对角主筋（ϕ20mm）贯通，并与所经过的桩基内钢筋联通。

（4）施工完毕前测量接地电阻，若不到 1Ω，需补大接地极并与引出点焊接。

（5）施工前参见华东地区建筑标准 96D501《防雷接地安装》、国家建筑标准集 02D501-2《等电位联结安装》、99D501-1《建筑物防雷设施安装》。

（6）电气施工必须密切配合土建进行。

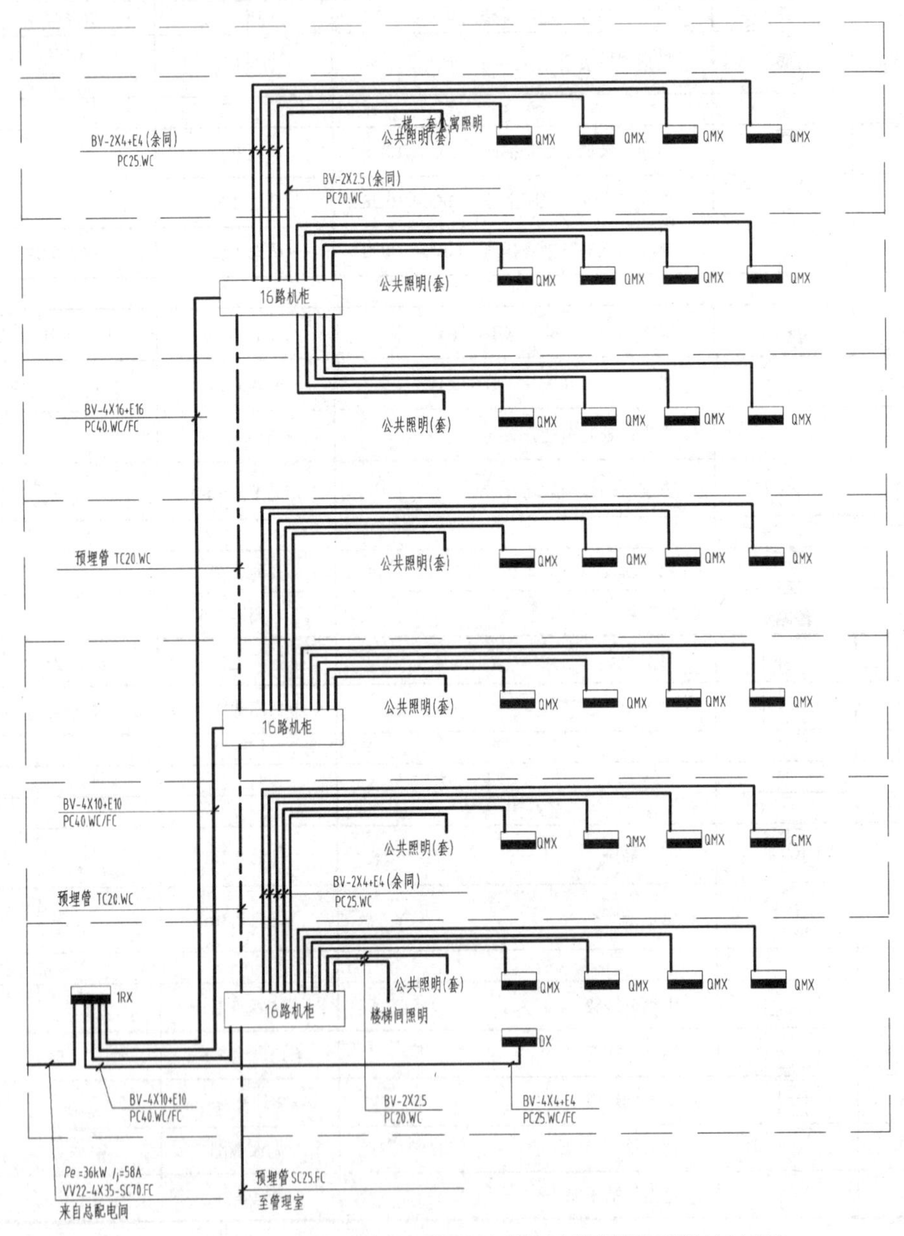

图 C-2 单元配电干线图

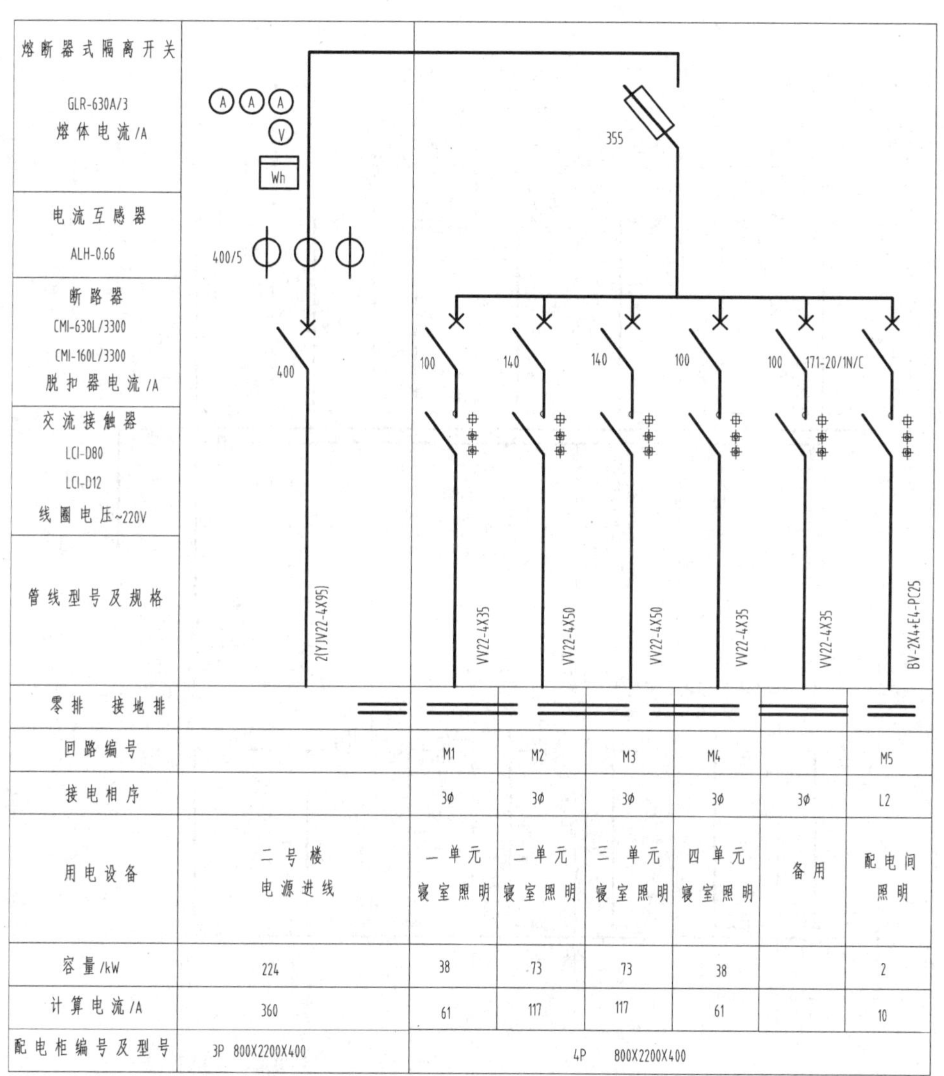

注：下列仪表除标注外均安装在箱门上。

Ⓐ 电流表　　启动按钮　　信号灯

Ⓥ 电压表　　停止按钮　　Wh 三相四线电度表（装于配电箱内）

图 C-3　低压配电系统图

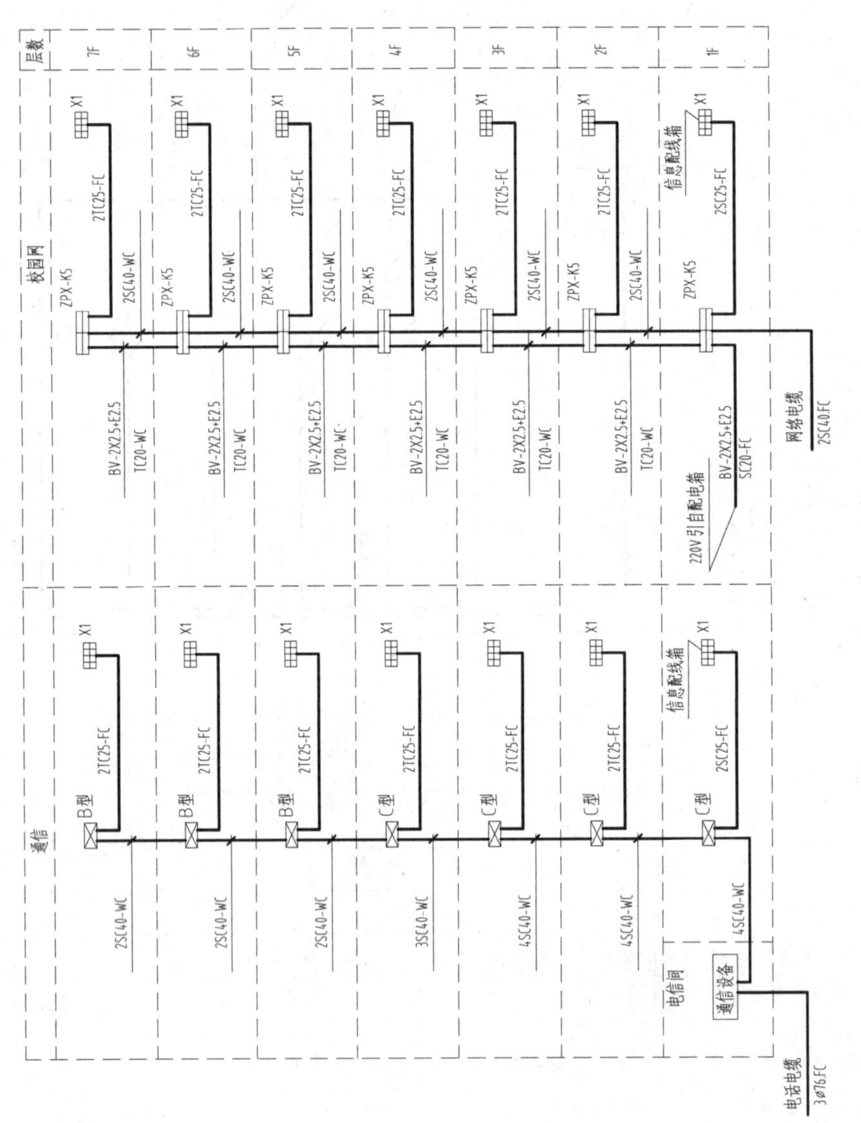
层数
7F
6F
5F
4F
3F
2F
1F
校园网
ZPX-K5
X1
2TC25-FC
2SC40-WC
BV-2X2.5+E2.5
TC20-WC
信息配线箱
2SC25-FC
SC20-FC
220V引自配电箱
网络电缆
2SC40.FC
通信
B型
C型
3SC40-WC
4SC40-WC
电信间
通信设备
电话电缆
3φ76.FC

图 C-4 单元弱电系统图

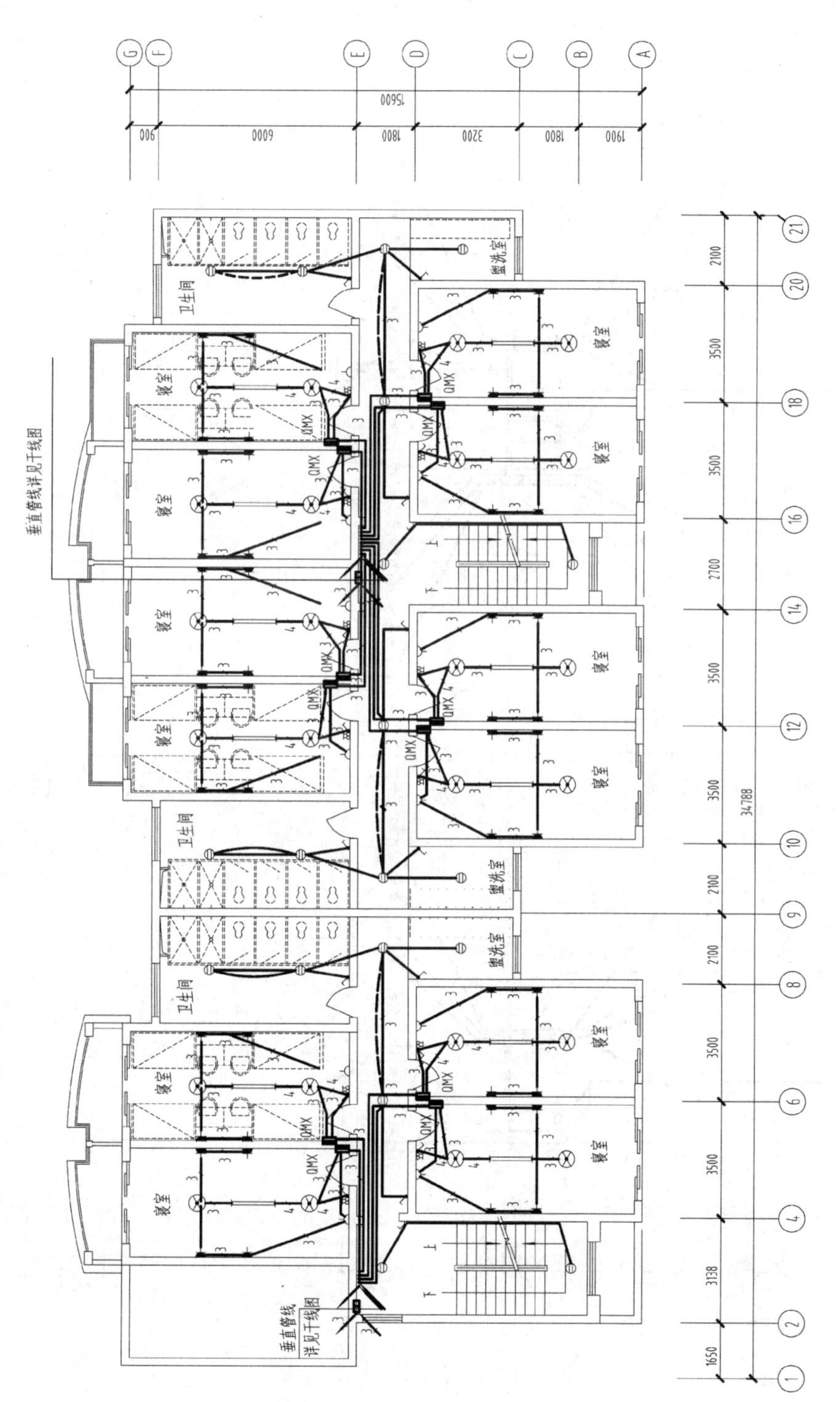

图 C-5 二号楼标准层照明平面图

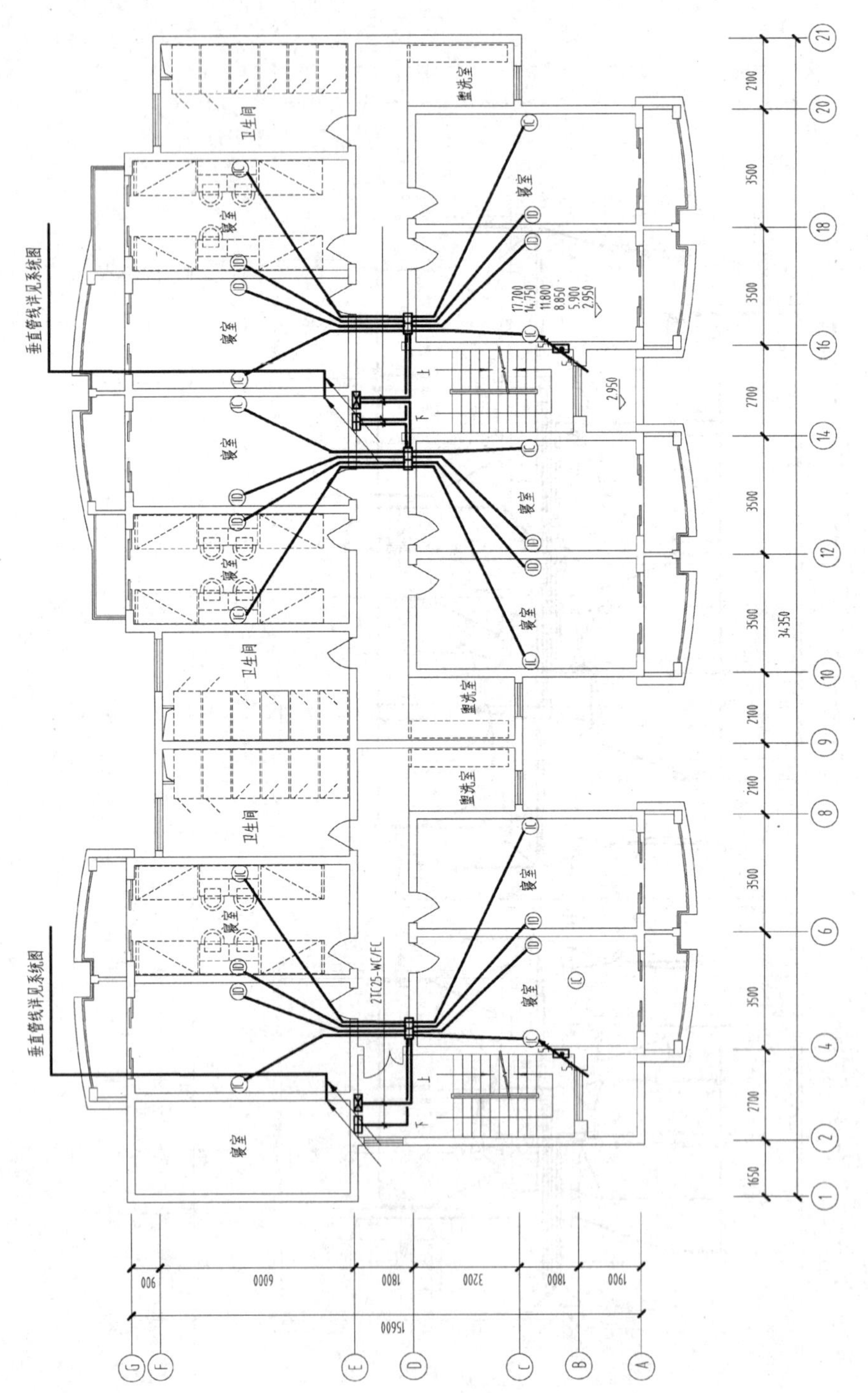

图 C-6 二号楼标准层弱电平面图

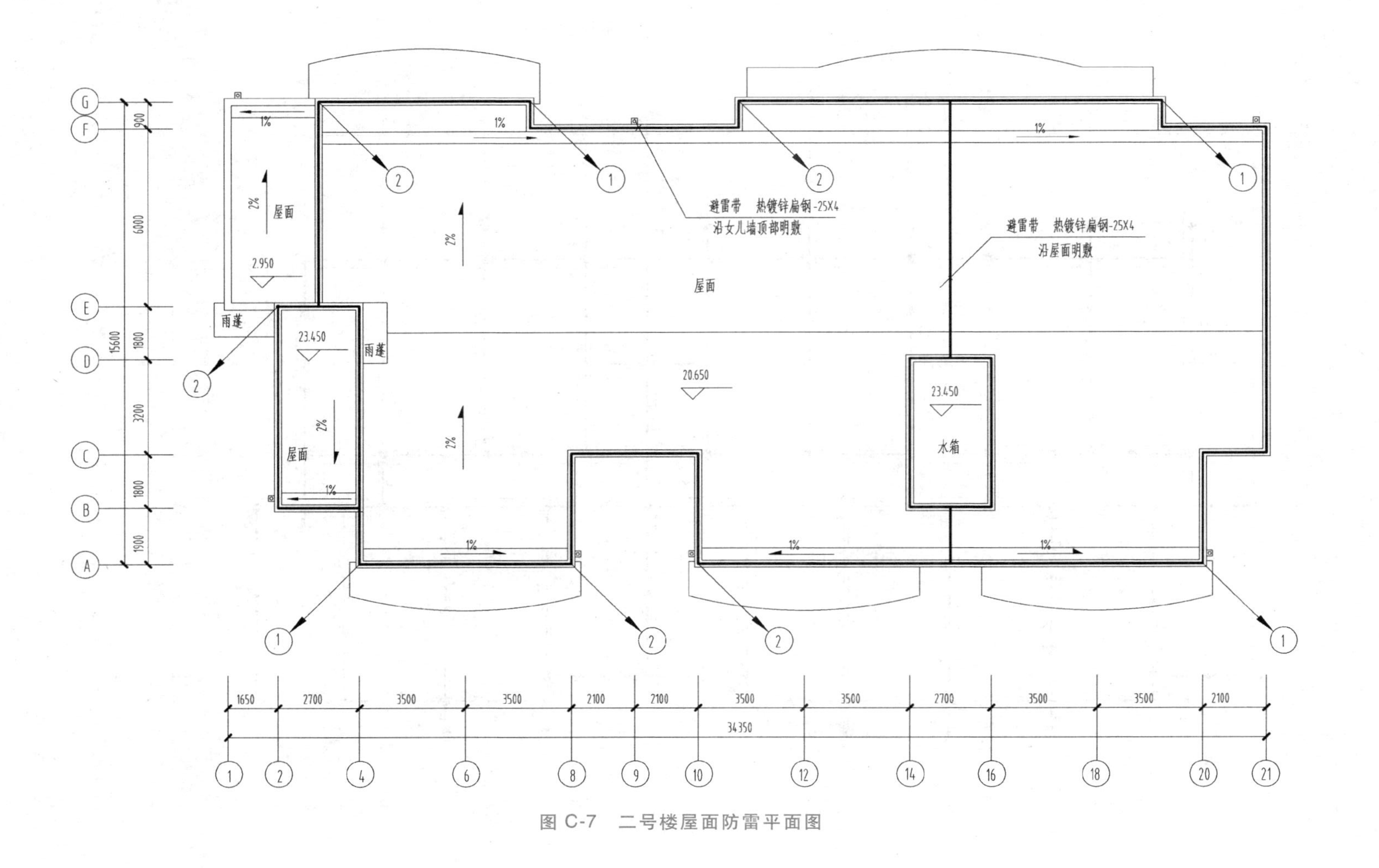

图 C-7 二号楼屋面防雷平面图

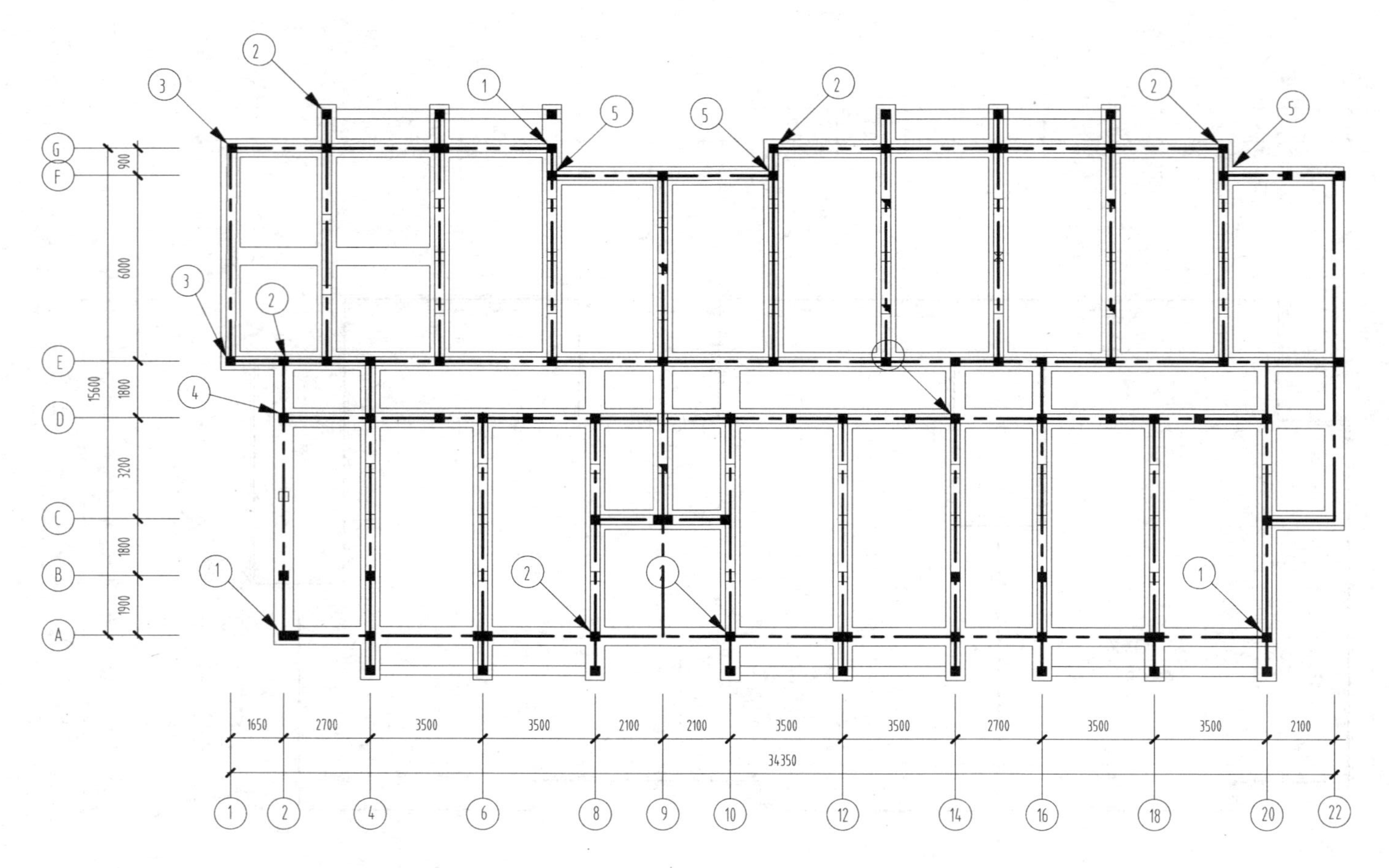

图 C-8 二号楼接地平面图

附录 D　建筑设备电路图的识读

对于建筑环境与能源应用工程专业人员，在许多场合，例如设计、安装、调试、运行管理，需要读懂某些设备的电气控制图，以深入了解设备的工作过程，因此附录 D 的重点放在读图上。下面通过几个比较典型的例子介绍设备控制电路图的识读。需要提醒的是本附录中的文字符号采用旧标准（GB/T 7159—1987《电气技术中的文字符号制订通则》，目前旧标准已经作废），以便于读者阅读已有的工程技术文献和设备说明书。

一、排风兼排烟风机控制

风机的主电路图和控制电路图分别如图 D-1 和图 D-2 所示。

该风机采用双速电动机。在主电路中，当 1KM 主触点闭合，2KM、3KM 主触点断开时，U1、V1、W1 接三相电源，U2、V2、W2 端空着，此时为△联结（图 D-1b），磁极为 4 极，同步转速为 1500r/min，风机低速运行，正常排风；当 1KM 断开，2KM、3KM 闭合时，U1、V1、W1 短接，U2、V2、W2 接三相电源，此时为双 Y 联结（图 D-1c），磁极为 2 极，同步转速为 3000r/min，风机高速运行，排除火灾产生的烟气。风机的控制方法如下。

1. 手动时

将选择开关 SAC 置于“手动”位置（图 D-2），此时①②接通，⑤⑥接通，在就地及控制箱旁可以起动风机，使其低速排风或高速排烟。

（1）正常排风　操作起动按钮 1SF（或 2SF，这里设置了两个起动按钮并联，互为备用），接触器 1KM 通电吸合，13 与 15 间的 1KM 动合触点闭合，完成自保持。1KM 的主触点闭合，风机起动，风机低速运转，正常排风运行。同时 1、41 间的 1KM 动合触点闭合，指示灯 1HR 接通，显示红色。1、39 间的 1KM 断开，1HG 指示灯灭。

操作停止按钮 1SS（或者 2SS），1KM 断电，1KM 主触点断开，停止排风。1、39 间的 1KM 接通，1HG 指示灯显示绿色。同时 1、41 间的 1KM 动合触点断开，指示灯 1HR 灭。这里两个停止按钮串联，只要一个起作用就可以断开电路。

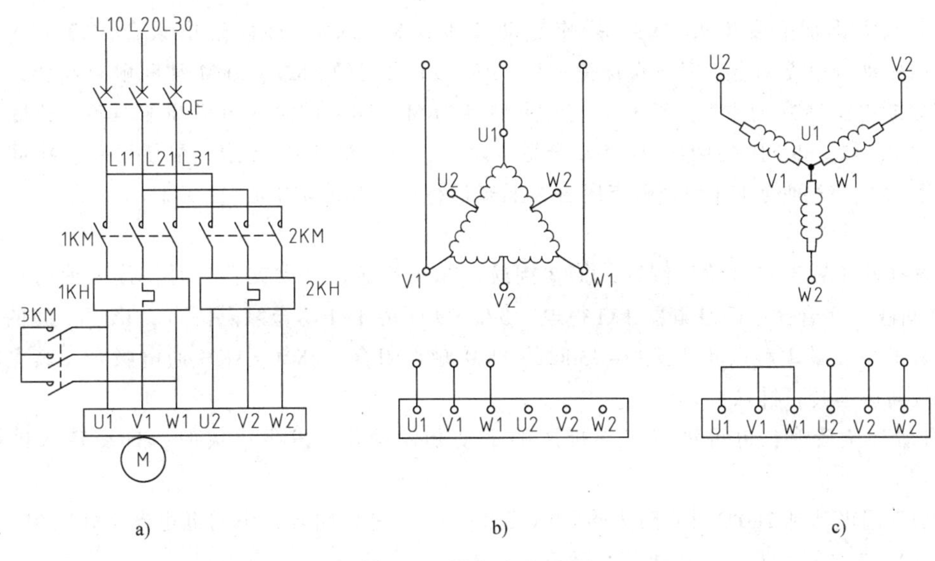

图 D-1　风机主电路图

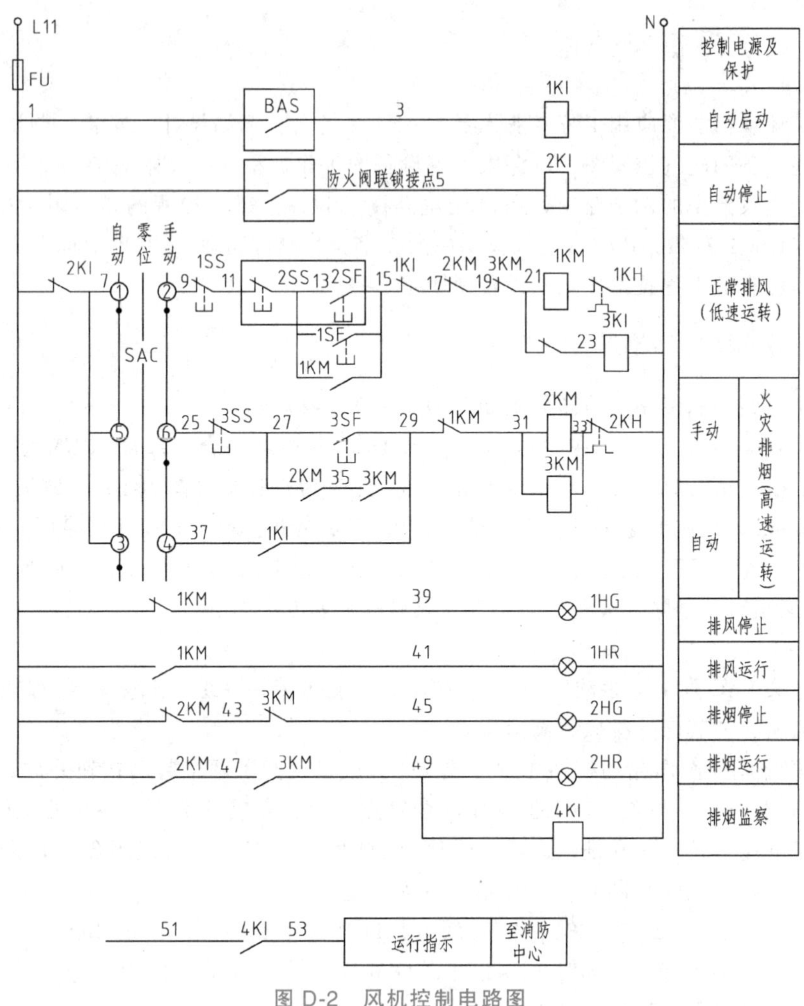

图 D-2 风机控制电路图

(2) 火灾排烟　发生火灾时，操作起动按钮 3SF，2KM、3KM 通电吸合，27、29 之间的 2KM、3KM 动合触点闭合，完成自保持；17、19、21 之间的 2KM、3KM 动断触点动作，断开电路，1KM 断电，1KM 的主触点断开。同时主触点 2KM、3KM 闭合，风机高速运转，排除火灾烟气。同时 1、47、49 间的 2KM、3KM 动合触点闭合，指示灯 2HR 接通，显示红色；中间继电器 4KI 得电，51、53 间的 4KI 动合触点闭合，通知运行中心和消防中心。

2. 自动时

将选择开关置于“自动”位置，①②接通、③④接通。当火灾发生时，接入消防中心 BAS 的 1、3 间触点闭合，中间继电器 1KI 得电，37、29 间的 1KI 动合触点闭合，15~17 间的 1KI 断开，1KM 断电，其主触点断开；29~33 间的 1KM 触点闭合，2KM、3KM 通电吸合，其主触点闭合，风机高速运转，排除火灾烟气。

“自动”位置时，也可进行正常排风的手动起停操作，发生火灾时，自动转入排烟运行模式。

当烟气温度达到 280℃时，防火阀联锁接点（1、5 间）闭合，中间继电器 2KI 得电，2KI 常闭触点（1、7 之间）断开，风机停止运行。

二、生活给水泵电气控制（两台互为备用）

两台给水泵补水，一用一备，在建筑设备工程中经常遇到。例如，生活给水、消防给水、锅炉给水、供热供冷管路的定压补水。水泵通常由高位水箱的水位或管网中某点的压力进行控制。下面以设有高位水箱的生活给水泵为例进行介绍。

低水位起动泵，高水位停泵。工作泵发生故障，备用泵延时自动投入使用，故障报警。生活水泵是起停频繁的水泵，常设计成两台，一用一备，互为备用，备用延时自动投入使用、自动转换的工作方式，以使其使用时间大体相当。其主电路如图 D-3 所示，其控制电路如图 D-4 所示。

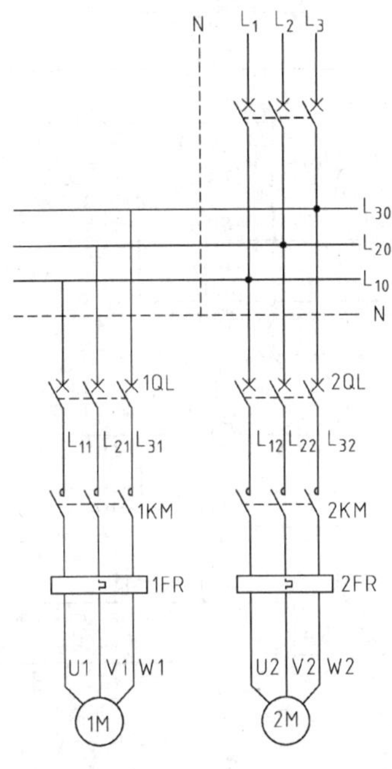

图 D-3 水泵主电路图

如图 D-4 所示，水泵的运行由水源水位器 1SL 和屋顶水箱液位器 2SL、3SL 控制。控制过程说明如下：

1）在 1 号泵控制回路中，当选择开关 SAC 置于自动位置时，③~④、⑤~⑥接通。当水箱内水在低水位时 3SL 接通，继电器 2KA 通电吸合，并与 3SL 并联的常开触点接通自保持。此时若水源水池有水，1 号泵运行供水，水源水池液位器 1SL 不接通，而延时继电器 1KT 得电，其瞬时动作常开触点接通，完成自保持，其延时常开触点经延时后闭合使继电器 3KA 得电吸合并自保持，处于等待状态。

2）当屋顶水箱水位达到规定水位时，2SL 打开，继电器 2KA 断电使 1-13 与 1-15 常开触点 2KA 释放断开，接触器 1KM 断电，1 号泵停机。

3）当屋顶水箱水位再次下降后，2SL 复位闭合，3SL 受压而闭合，2KA 再次得电吸合，由于 3KA 处于闭合状态，所以接触器 2KM 得电，2 号泵起动运行供水，从而实现了两台水泵自动轮换供水。

继电器 3KA 是使两台水泵轮换工作的主要元件，它是否吸合，决定了两台泵中哪一台工作，分两种状况来说明：一是如果 1 号泵在起动时发生故障，接触器 1KM 刚通电便跳闸（如过载故障）或未吸合，作为备用的 2 号泵经 1KT 延时后，继电器 3KA 吸合，接触器 KM 通电吸合，2 号

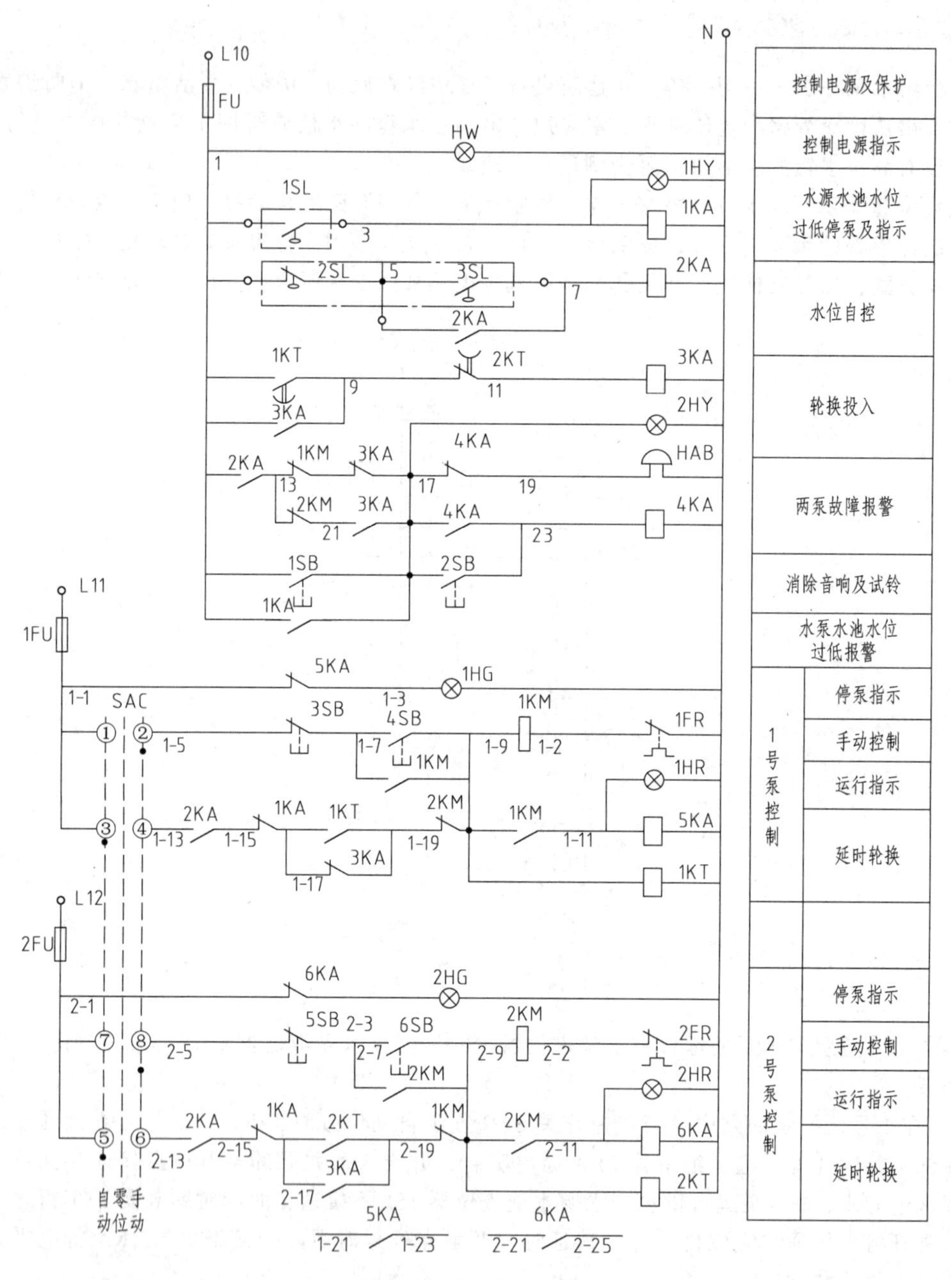

图 D-4 水泵控制电路

泵起动；二是如果 1 号泵的故障是发生在运行一段时间之后，故障时，时间继电器 1KT 的延时已到，继电器 3KA 已经吸合，此时，1 号泵的接触器一旦故障跳闸，其常闭触头 1KM 复位，2 号泵将立即起动。从而实现了备用投入功能。

两台泵的故障报警回路以继电器 2KA 已经吸合为前提（若 2KA 没有吸合，则水泵不运行，报警没有意义），1 号泵的故障报警是接触器 1 KM 常闭触点和继电器 3KA 常闭触点串联；2 号泵的故障报警是接触器 2KM 常闭触点和继电器 3KA 常开触点串联。若要求某一水泵运行，因故不能运行便报警。当水源水池的水位过低已达到消防预留水位时，水位控制器 1SL 闭合，使继电器

1KA 得电吸合，强迫所有泵停机，并同时报警，以通知值班人员进行检查。

继电器 5KA、6KA 分别控制两台泵的停泵指示。手动控制时，选择开关 SAC 的①~②、⑦~⑧两路接通。

三、恒温恒湿空调机组的电气控制

某整体式恒温恒湿空调机组为直接蒸发式，首先将回风与新风混合，经过蒸发器后，再经过电加湿器，后经风机送出。送风管道上设有电加热器。

该空调机组电气控制电路（图 D-5）可分成主电路、控制电路和信号灯、电磁阀控制电路三部分。当空调机组需要投入运行时，合上电源总开关 QS，所有接触器的上接线端子，控制电路 U、V 两相电源和控制变压器 TC 均有电。

机组的冷源由自带的制冷系统供给，压缩机电动机 M2 的起动由开关 S2 控制，其制冷量是利用控制电磁阀 YV1、YV2 调节蒸发器的制冷投入面积来实现的，并由转换开关 SA 控制是否全部投入。

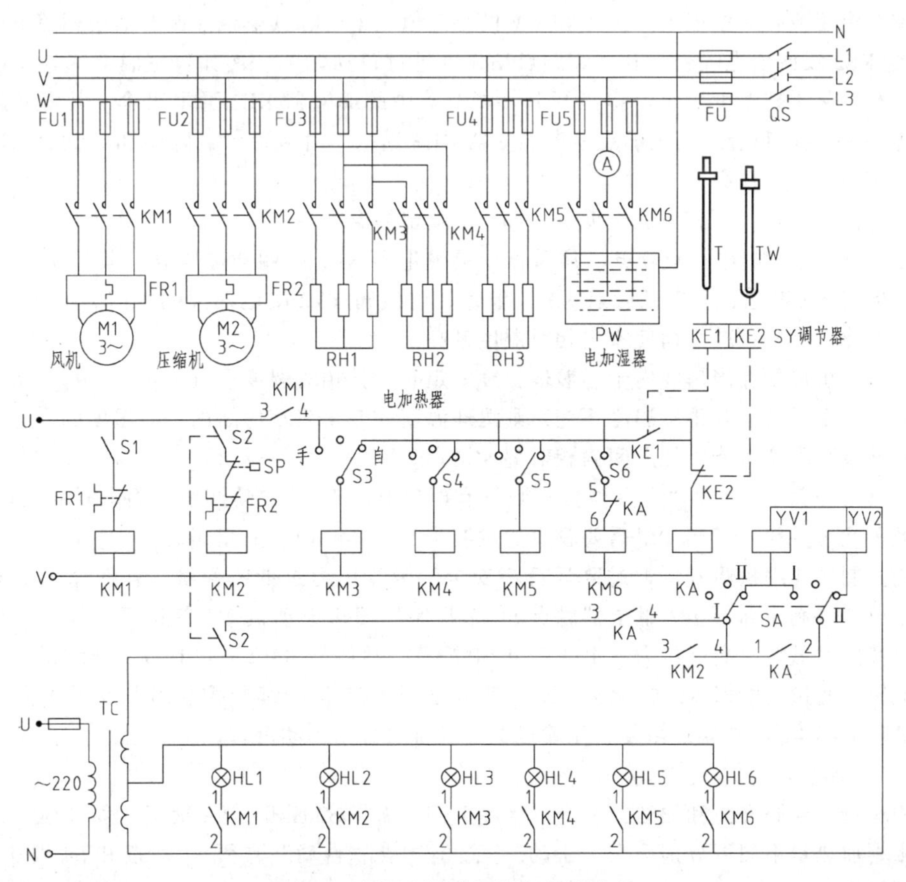

图 D-5 恒温恒湿空调机组控制电路

机组的热源由电加热器供给。电加热器分成三组（RH1、RH2、RH3），分别由开关 S3、S4 和 S5 控制，每个开关各有“手动”“停止”和“自动”三个位置，当扳到“自动”位置时，可以实现自动调节。

当合上开关 S1 时，接触器 KM1 通电吸合；其主触点闭合，使风机电动机 M1 起动运行；辅

助触点 $KM1_{1,2}$ 闭合，指示灯 HL1 亮；$KM1_{3,4}$ 闭合，为温度调节做好准备，此触点称为联锁保护触点，即风机未起动前，电加热器、电加湿器等都不能投入运行，避免发生事故。

1. 夏季运行的温、湿度调节

夏季运行需降温和减湿，压缩机电动机需投入运行，电磁阀 YV1 和 YV2 是否全部投入使用应根据室内温度而定。设开关 SA 扳在Ⅱ档，电磁阀 YV1、YV2 均可投入使用，而 YV2 是否投入使用受自动调节环节控制。电加热器可有一组（如 RH3）投入运行，作为精加热用于恒温，此时应将 S3、S4 扳至“停止”档，S5 扳至“自动”档。

当合上开关 S2 时，接触器 KM2 通电吸合，其主触点闭合，压缩机电动机 M2 起动运行；其辅助触点 $KM2_{1,2}$ 闭合，指示灯 HL 2 亮；$KM2_{3,4}$ 闭合，电磁阀 YV1 通电打开，蒸发器有 2/3 面积投入制冷。由于刚开机时，室内温度较高，检测元件干球温度计 T 和湿球温度计 TW 的电接点都是接通的，与其相联的调节器中的灵敏继电器 KE1 和 KE2 线圈都为继电状态，KE2 的常闭触点使继电器 KA 通电吸合，其触点 $KA_{1,2}$ 闭合，使电磁阀 YV2 通电打开，蒸发器全部面积投入制冷，空调机组向室内送入冷风，使室内空气冷却降温减湿。

当室内温度或相对湿度下降到 T 和 TW 的整定值以下时，其电接点断开而使调节器中的继电器 KE1 或 KE2 线圈通电吸合，利用其触点动作可进行自动调节。例如：室温下降到 T 的整定值以下，检测元件干球温度计 T 电接点断开，调节器中的继电器 KE1 通电吸合，其常开触点闭合使接触器 KM5 通电吸合，其主触点使电加热器 RH3 通电，对风道中被降温和减湿后的冷风进行精加热，其温度相对提高。

如室内温度一定，而相对湿度低于 T 和 TW 整定的温度差时，湿球温度计 TW 上的水分蒸发快而带走热量，使 TW 电接点断开，调节器中的继电器 KE2 线圈通电吸合，其常闭触点 KE2 断开，使继电器 KA 断电，其常开触点 $KA_{1,2}$ 恢复，电磁阀 YV2 断电而关闭阀门。蒸发器只有 2/3 面积投入制冷，制冷量减少而使室内相对湿度升高。

从上述分析可知，当房间内干、湿球温度一定时，其相对湿度也就确定了。每一个干、湿球温度差对应一个湿度。若干球温度不变，则湿球温度的变化表示房间内相对湿度的变化，只要能控制住湿球温度不变就能维持房间内相对湿度恒定。

如果转换开关 SA 扳到“Ⅰ”位置，则只有电磁阀 YV1 受自动调节，而电磁阀 YV2 不投入运行。此种状态一般用于制冷量需要较少的过渡季节，其原理与上相同。

为防止制冷压缩机吸气压力过高运行不安全和吸气压力过低不经济，在压缩机上安装有高低压力继电器，利用高低压力继电器触点 SP 来控制压缩机电动机 M2 的运行和停止。当发生吸气压力过高或过低时，高低压力继电器触点 SP 断开，接触器 KM2 断电释放，压缩机电动机停止运行。此时，通过继电器 KA 的触点 $KA_{3,4}$ 使电磁阀 YV1 仍继续受控。当蒸发器压力恢复正常时，高低压力继电器 SP 触点恢复，压缩机电动机再次自动起动运行。

2. 冬季运行的温、湿度调节

冬季运行主要是升温和加湿，制冷机组不工作，需将 S2 断开，SA 扳至“停”位。加热器有三组，根据加热量不同可分别选在“手动”“停止”或“自动”位置。设 S3 和 S4 扳在“手动”位置，接触器 KM3、KM4 通电，RH1、RH2 投入运行。将 S5 扳到“自动”位置，RH3 受温度调节控制。当室内温度低时，干球温度计 T 接点断开，调节器中的继电器 KE1 通电，其常开触点闭合使 KM5 通电吸合，其主触点闭合使 RH3 投入运行，送风温度升高。如室温较高，T 接点闭合，KE1 断电释放而使 KM5 断电，RH3 即退出运行。

室内相对湿度调节是将开关 S6 合上，利用湿球温度计 TW 电接点的通断而进行控制。例如，当室内相对湿度低时，TW 温包上水分蒸发快而带走热量，TW 电接点断开，调节器中继电器 KE2 通电，其常闭触点断开使继电器 KA 断电释放，常闭触点 $KA_{5,6}$ 恢复而使接触器 KM6 通电吸合；其主触点闭合，使电加湿器 RW 通电，加热水而产生蒸汽对送风进行加湿。当相对湿度较高时，TW 和 T 的温差小，TW 接点闭合，KE2 释放，继电器 KA 通电，其触点 $KA_{5,6}$ 断开使 KM6 断电而停止加湿。保持干球温度计 T 和湿球温度计 TW 的温差就可维持室内相对湿度不变。

该机组的恒温恒湿调节属于位式调节，只能在制冷压缩机和电加热器的额定负荷以下保证温度和湿度的调节。

参考文献

[1] 王旭，王裕林．管道工识图教材［M］．2版．上海：上海科学技术出版社，1998.

[2] 李峥嵘，等．空调通风工程识图与施工［M］．合肥：安徽科学技术出版社，2001.

[3] 王子茹．房屋建筑设备识图［M］．北京：中国建材工业出版社，2001.

[4] 崔文富．直燃型溴化锂吸收式制冷工程设计［M］．北京：中国建筑工业出版社，2000.

[5] 全国暖通空调技术信息网．集中供暖住宅分户热计量实例图集［M］．北京：中国建材工业出版社，2001.

[6] 中国建筑标准设计研究院．《建筑电气制图标准》图示［S］．北京：中国计划出版社，2012.

[7] 廖远明，叶晓芹．建筑工程图与设计［M］．北京：中国建筑工业出版社，1997.

[8] 曹宝新，齐群．画法几何及土建制图［M］．北京：中国建材工业出版社，2001.

[9] 何铭新．画法几何及土木工程制图［M］．武汉：武汉工业大学出版社，2000.

[10] 杨光臣．建筑电气工程图识图与绘制［M］．2版．北京：中国建筑工业出版社，2001.

[11] 周治湖．建筑电气设计［M］．北京：中国建筑工业出版社，1996.

[12] 陆文华．建筑电气识图教材［M］．上海：上海科学技术出版社，1997.

[13] 胡国文，胡乃定．民用建筑电气技术与设计［M］．2版．北京：清华大学出版社，2001.

[14] 长沙泛华中央空调研究所．中央空调工程精选图集［M］．北京：中国电力出版社，2004.

[15] 何耀东．暖通空调制图与设计施工规范应用手册［M］．北京：中国建筑工业出版社，1999.

[16] 黄炜．建筑设备工程制图与CAD［M］．重庆：重庆大学出版社，2006.

[17] 张培红，王增欣．建筑消防［M］．北京：机械工业出版社，2008.

[18] 王增长．建筑给水排水工程［M］．4版．北京：中国建筑工业出版社，1998.

[19] 黄甫平．工程图学实践与CAD［M］．北京：人民邮电出版社，2003.

[20] 王权凤．快速识读建筑施工图［M］．福州：福建科学技术出版社，2004.

[21] 姜湘山．怎样看懂建筑设备图［M］．北京：机械工业出版社，2003.

[22] 张志勇．建筑安装工程施工图集：1消防 电梯 保温 水泵 风机 工程［M］．3版．北京：中国建筑工业出版社，2007.

[23] 柳涌．建筑安装工程施工图集：6弱电工程［M］．3版．北京：中国建筑工业出版社，2007.

[24] 张立茂，吴贤国．BIM技术与应用［M］．北京：中国建筑工业出版社，2017.

[25] 许可，高治军，高宾．BIM设计及设备应用［M］．北京：中国电力出版社，2017.

[26] 梁若冰，等．空调系统BIM集成化工程设计方法［M］．北京：中国建筑工业出版社，2017.

[27] 刘荣桂，等．BIM技术及应用［M］．北京：中国建筑工业出版社，2017.

信息反馈表

尊敬的老师：您好！

感谢您多年来对机械工业出版社的支持和厚爱！为了进一步提高我社教材的出版质量，更好地为我国高等教育发展服务，欢迎您对我社的教材多提宝贵意见和建议。另外，如果您在教学中选用了《建筑设备工程 CAD 制图与识图》第 4 版（于国清 主编），欢迎您提出修改建议和意见。索取课件的授课教师，请填写下面的信息，发送邮件即可。

一、基本信息

姓名：__________ 性别：__________ 职称：__________ 职务：__________

邮编：__________ 地址：__________

学校：__________ 院系：__________ 任课专业：__________

任教课程：__________ 手机：__________ 电话：__________

电子邮箱：__________ QQ：__________

二、您对本书的意见和建议

（欢迎您指出本书的疏误之处）

三、您对我们的其他意见和建议

请与我们联系：

100037 机械工业出版社·高等教育分社

Tel：010-8837 9542（O）刘涛

E-mail：Ltao929@163.com QQ：1847737699

http：//www.cmpedu.com（机械工业出版社·教育服务网）

http：//www.cmpbook.com（机械工业出版社·门户网）